村镇常用建筑材料与施工便携手册

村镇建筑工程

魏文彪　主编

中国铁道出版社

2012年·北京

内 容 提 要

本书主要内容包括：常用建筑材料、土方与地基工程、砌筑工程、钢筋混凝土工程、屋(地)面工程、防水工程、村镇住宅建造等。

本书内容丰富，技术实用性、针对性强，可作为村镇住宅建造和改造的工程技术人员和管理人员的指导用书。

图书在版编目(CIP)数据

村镇建筑工程/魏文彪主编 . —北京：中国铁道出版社，2012.12
（村镇常用建筑材料与施工便携手册）
ISBN 978-7-113-15492-9

Ⅰ.①村… Ⅱ.①魏… Ⅲ.①乡镇—建筑工程—工程施工—技术手册 Ⅳ.①TU7-62

中国版本图书馆 CIP 数据核字（2012）第 239260 号

书　　名：村镇常用建筑材料与施工便携手册
　　　　　村镇建筑工程
作　　者：魏文彪

策划编辑：江新锡　曹艳芳
责任编辑：冯海燕　　　　电话：010-51873193
封面设计：郑春鹏
责任校对：孙　玫
责任印制：郭向伟

出版发行：中国铁道出版社（100054，北京市西城区右安门西街 8 号）
网　　址：http://www.tdpress.com
印　　刷：北京市燕鑫印刷有限公司
版　　次：2012 年 12 月第 1 版　　2012 年 12 月第 1 次印刷
开　　本：787mm×1092mm　1/16　印张：19.25　字数：469 千
书　　号：ISBN 978- 7- 113- 15492- 9
定　　价：45.00 元

前　　言

国家"十二五"规划提出改善农村生活条件之后,党和政府相继出台了一系列相关政策,强调"加强对农村建设工作的指导",并要求发展资源型、生态型、城镇型新农村,这为我国村镇的发展指明了方向。同时,这也对村镇建设工作者及其管理工作者提出了更高的要求。为了推进社会主义新农村建设,提高村镇建设的质量和效益,我们组织编写了《村镇常用建筑材料与施工便携手册》丛书。

本丛书依据"十二五"规划和《国务院关于推进社会主义新农村建设的若干意见》对建设社会主义新农村的部署与具体要求,结合我国村镇建设的现状,介绍了村镇建设的特点、基础知识,重点介绍了村镇住宅、村镇道路以及园林等方面的内容。编写本书的目的是为了向村镇建设的设计工作者、管理工作者等提供一些专业方面的技术指导,扩展他们的有关知识,提高其专业技能,以适应我国村镇建设的不断发展,更好地推进村镇建设。

《村镇常用建筑材料与施工便携手册》丛书包括七分册,分别为:

《村镇建筑工程》;

《村镇电气安装工程》;

《村镇装饰装修工程》;

《村镇给水排水与采暖工程》;

《村镇道路工程》;

《村镇建筑节能工程》;

《村镇园林工程》。

本系列丛书主要针对村镇建设的园林规划,道路、给水排水和房屋施工与监督管理环节,系统地介绍和讲解了相关理论知识、科学方法及实践,尤其注重基础设施建设、新能源、新材料、新技术的推广与使用,生态环境的保护,村镇改造与规划建设的管理。

参加本丛书的编写人员有魏文彪、王林海、孙培祥、栾海明、孙占红、宋迎迎、张正南、武旭日、白宏海、孙欢欢、王双敏、王文慧、彭美丽、张婧芳、李仲杰、李芳芳、乔芳芳、张凌、蔡丹丹、许兴云、张亚等。在此一并表示感谢!

由于我们编写水平有限,书中的缺点在所难免,希望专家和读者给予指正。

编　者

2012 年 11 月

目　　录

第一章 常用建筑材料

第一节 墙体材料

一、烧结普通砖

1. 烧结普通砖的种类和规格

(1)分类。按主要原料烧结普通砖可分为黏土砖(N)、页岩砖(Y)、煤矸石砖(M)和粉煤灰砖(F)。

(2)质量等级。

1)根据抗压强度分为 MU30、MU25、MU20、MU15、MU10 五个强度等级。

2)强度和抗风化性能合格的砖,根据尺寸偏差、外观质量、泛霜和石灰爆裂分为优等品(A)、一等品(B)、合格品(C)三个质量等级。

优等品适用于清水墙和墙体装饰,一等品、合格品可用于混水墙。中等泛霜的砖不能用于潮湿部位。

(3)规格。

1)砖的外形为直角六面体,其公称尺寸为:长 240 mm,宽 115 mm,高 53 mm。

2)常用配砖规格:175 mm×115 mm×53 mm。装饰砖的主要规格同烧结普通砖,配砖、装饰砖的其他规格由供需双方协商确定。

(4)产品标记。

1)砖的产品标记按产品名称、规格、品种、强度等级、质量等级和标准编号顺序编写。

2)标记示例:规格 240 mm×115 mm×53 mm,强度等级 MU15,一等品的黏土砖,其标记为:烧结普通砖 N MU15 B GB 5101。

2. 烧结普通砖的技术要求

(1)尺寸允许偏差见表 1-1。

表 1-1 尺寸允许偏差 (单位:mm)

公称尺寸	优等品		一等品		合格品	
	样本平均偏差	样本极差	样本平均偏差	样本极差	样本平均偏差	样本极差
240	±2.0	≤6	±2.5	≤7	±3.0	≤8
115	±1.5	≤5	±2.0	≤6	±2.5	≤7
53	±1.5	≤4	±1.6	≤5	±2.0	≤6

(2)普通砖的外观质量见表 1-2。

表 1-2　外观质量　　　　　　　　　　　　　　　(单位:mm)

项　目		优等品	一等品	合格品
两条面高度差		≤2	≤3	≤4
弯曲		≤2	≤3	≤4
杂质凸出高度		≤2	≤3	≤4
缺棱掉角的三个破坏尺寸,不得同时大于		5	20	30
裂纹长度	大面上宽度方向及其延伸至条面的长度	≤30	≤60	≤80
	大面上长度方向及其延伸至顶面的长度或条顶面上水平裂纹的长度	≤50	≤80	≤100
完整面,不得少于		两条面和两顶面	一条面和一顶面	—
颜色		基本一致	—	—

注:凡有下列缺陷之一者,不得称为完整面。

(1)缺损在条面或顶面上造成的破坏面尺寸同时大于 10 mm×10 mm。

(2)条面或顶面上裂纹宽度大于 1 mm,其长度超过 30 mm。

(3)压陷、粘底、焦花在条面或顶面上的凹陷或凸出超过 2 mm,区域尺寸同时大于 10 mm×10 mm。

(3)强度等级见表 1-3。

表 1-3　强度等级　　　　　　　　　　　　　　　(单位:MPa)

强度等级	抗压强度平均值 f	变异系数 $\delta \leqslant 0.21$	变异系数 $\delta > 0.21$
		强度标准值 f_k	单块最小抗压强度值 f_{min}
MU30	≥30.0	≥22.0	≥25.0
MU25	≥25.0	≥18.0	≥22.0
MU20	≥20.0	≥14.0	≥16.0
MU15	≥15.0	≥10.0	≥12.0
MU10	≥10.0	≥6.5	≥7.5

(4)抗风化性能。

1)风化区的划分见表 1-4。

表 1-4　风化区的划分

严重风化区		非严重风化区	
1. 黑龙江省	11. 河北省	1. 山东省	11. 福建省
2. 吉林省	12. 北京市	2. 河南省	12. 台湾省
3. 辽宁省	13. 天津市	3. 安徽省	13. 广东省
4. 内蒙古自治区		4. 江苏省	14. 广西壮族自治区
5. 新疆维吾尔自治区		5. 湖北省	15. 海南省
6. 宁夏回族自治区		6. 江西省	16. 云南省
7. 甘肃省		7. 浙江省	17. 西藏自治区
8. 青海省		8. 四川省	18. 上海市
9. 陕西省		9. 贵州省	19. 重庆市
10. 山西省		10. 湖南省	

2)严重风化区中的1、2、3、4、5地区的砖必须进行冻融试验,其他地区的砖的抗风化性能符合表1-5规定时可不做冻融试验,否则,必须进行冻融试验。

项目 砖种类	严重风化区				非严重风化区			
	5 h沸煮吸水率(%)		饱和系数		5 h沸煮吸水率(%)		饱和系数	
	平均值	单块最大值	平均值	单块最大值	平均值	单块最大值	平均值	单块最大值
黏土砖	≤18	≤20	≤0.85	≤0.87	≤19	≤20	≤0.88	≤0.90
粉煤灰砖	≤21	≤23			≤23	≤25		
页岩砖	≤16	≤18	≤0.74	≤0.77	≤18	≤20	≤0.78	≤0.80
煤矸石砖								

注:粉煤灰砖当粉煤灰掺入量(体积比)小于30%时,抗风化性能指标按黏土砖规定。

(5)泛霜。每块砖样应符合下列规定:①优等品:无泛霜;②一等品:不允许出现中等泛霜;③合格品:不允许出现严重泛霜。

(6)石灰爆裂。

1)优等品:不允许出现最大破坏尺寸大于2 mm的爆裂区域。

2)一等品:①最大破坏尺寸大于2 mm且小于等于10 mm的爆裂区域,每组砖样不得多于15处;②不允许出现最大破坏尺寸大于10 mm的爆裂区域。

3)合格品:①最大破坏尺寸大于2 mm且小于等于15 mm的爆裂区域,每组砖样不得多于15处,其中大于10 mm的不得多于7处;②不允许出现最大破坏尺寸大于15 mm的爆裂区域。

二、烧结多孔砖

1. 烧结多孔砖的规格和等级

(1)规格。砖的规格尺寸:290 mm、240 mm、190 mm、180 mm、140 mm、115 mm、90 mm。

(2)等级划分。

1)强度等级。根据抗压强度分为MU30、MU25、MU20、MU15、MU10五个强度等级。

2)密度等级。砖的密度等级分为1 000 kg/m³、1 100 kg/m³、1 200 kg/m³、1 300 kg/m³四个等级。

(3)产品标记。按产品名称、品种、规格、强度等级、密度等级和标准编号顺序编写。

2. 烧结多孔砖的技术要求

(1)尺寸允许偏差见表1-6。

表 1-6　尺寸允许偏差　　　　　　　　　　　　　　　　　(单位:mm)

尺寸	样本平均偏差	样本极差
>400	±3.0	≤10.0
300~400	±2.5	≤9.0
200~300	±2.5	≤8.0
100~200	±2.0	≤7.0
<100	±1.5	≤6.0

(2)砖的外观质量规定见表1-7。

表1-7　外观质量　　　　　　　　　　（单位：mm）

项　目		指　标
完整面		大于等于一条面和一顶面
缺棱掉角的三个破坏尺寸，不得同时大于		30
裂纹长度	大面（有孔面）上深入孔壁15 mm以上宽度方向及其延伸到条面的长度	≤80
	大面（有孔面）上深入孔壁15 mm以上长度方向及其延伸到顶面的长度	≤100
	条顶面上的水平裂纹	≤100
杂质在砖面上造成的凸出高度		≤5

注：凡有下列缺陷之一者，不能称为完整面。

(1)缺损在条面或顶面上造成的破坏面尺寸同时大于20 mm×30 mm。

(2)条面或顶面上裂纹宽度大于1 mm，其长度超过70 mm。

(3)压陷、焦花、粘底在条面或顶面上的凹陷或凸出超过2 mm，区域最大投影尺寸同时大于20 mm×30mm。

(3)密度等级规定见表1-8。

表1-8　密度等级　　　　　　　　　　（单位：kg/m³）

密 度 等 级		3块砖或砌块干燥表观密度平均值
砖	砌块	
—	900	≤900
1 000	1 000	900～1 000
1 100	1 100	1 000～1 100
1 200	1 200	1 100～1 200
1 300	—	1 200～1 300

(4)强度等级规定见表1-9。

表1-9　强度等级　　　　　　　　　　（单位：MPa）

强度等级	抗压强度平均值 $\bar{f}$	强度标准值 f_k
MU30	≥30.0	≥22.0
MU25	≥25.0	≥18.0
MU20	≥20.0	≥14.0
MU15	≥15.0	≥10.0
MU10	≥10.0	≥6.5

（5）孔型、孔结构及孔洞率的规定见表1-10。

表1-10　孔型、孔结构及孔洞率

孔型	孔洞尺寸(mm)		最小外壁厚(mm)	最小肋厚(mm)	孔洞率(%)		孔洞排列
	孔宽度尺寸 b	孔长度尺寸 L			砖	砌块	
矩型条孔或矩型孔	≤13	≤40	≥12	≥5	≥28	≥33	（1）所有孔宽应相等。孔采用单向或双向交错排列。 （2）孔洞排列上下、左右应对称，分布均匀，手抓孔的长度方向尺寸必须平行于砖的条面

注：1. 矩型孔的孔长 L、孔宽 b 满足式 $L \geq 3b$，为矩型条孔。

2. 孔四个角应做成过渡圆角，不得做成直尖角。

3. 如设有砌筑砂浆槽，则砌筑砂浆槽不计算在孔洞率内。

4. 规格大的砖和砌块应设置手抓孔，手抓孔尺寸为(30～40) mm×(75～85) mm

（6）泛霜。每块砖或砖块不允许出现严重泛霜。

（7）石灰爆裂。

1）破坏尺寸大于 2 mm 且小于或等于 15 mm 的爆裂区域，每组砖和砌块不得多于 15 处；其中大于 10 mm 的不得多于 7 处。

2）不允许出现破坏尺寸大于 15 mm 的爆裂区域。

三、烧结空心砖

1. 烧结空心砖的种类和规格

烧结空心砖是以黏土、页岩、煤矸石、粉煤灰为主要原料，经焙烧而成的主要用于建筑物非承重部位的块体材料。烧结空心砖的外形为直角六面体，其长度、宽度、高度的尺寸有：390 mm、290 mm、240 mm、190 mm、180(175) mm、140 mm、115 mm、90 mm。其他规格尺寸由供需双方协商确定。

2. 烧结空心砖的技术要求

（1）尺寸允许偏差见表1-11。

表1-11　尺寸允许偏差　　　　　　　　　　　　　　（单位：mm）

尺　寸	优等品		一等品		合格品	
	样本平均偏差	样本极差	样本平均偏差	样本极差	样本平均偏差	样本极差
＞300	±2.5	≤6.0	±3.0	≤7.0	±3.5	≤8.0
200～300	±2.0	≤5.0	±2.5	≤6.0	±3.0	≤7.0
100～200	±1.5	≤4.0	±2.0	≤5.0	±2.5	≤6.0
＜100	±1.5	≤3.0	±1.7	≤4.0	±2.0	≤5.0

(2)外观质量见表1-12。

表 1-12 外观质量 　　　　　　　　　　　　　　(单位:mm)

项　　　目	优等品	一等品	合格品
弯曲	≤3	≤4	≤5
缺棱掉角的三个破坏尺寸,不得同时大于	15	30	40
垂直度差	≤3	≤4	≤5
未贯穿裂纹长度			
(1)大面上宽度方向及其延伸到条面的长度	不允许	≤100	≤120
(2)大面上长度方向或条面上水平面方向的长度	不允许	≤120	≤140
贯穿裂纹长度			
(1)大面上宽度方向及其延伸到条面的长度	不允许	≤40	≤60
(2)壁、肋沿长度方向、宽度方向及其水平方向的长度	不允许	≤40	≤60
肋、壁内残缺长度	不允许	≤40	≤60
完整面	大于等于一条面 和一大面	大于等于一条面 或一大面	—

注:凡有下列缺陷之一者,不能称为完整面。

(1)缺损在大面、条面上造成的破坏面尺寸同时大于 20 mm×30 mm。

(2)大面、条面上裂纹宽度大于 1 mm,其长度超过 70 mm。

(3)压陷、粘底、焦花在大面、条面上的凹陷或凸出超过 2 mm,区域尺寸同时大于 20 mm×30 mm。

(3)强度等级见表1-13。

表 1-13 强度等级

强度等级	抗压强度(MPa)			密度等级范围 (kg/m³)
	抗压强度平均值 $\bar{f}$	变异系数 δ≤0.21 强度标准值 f_k	变异系数 δ≤0.21 单块最小抗压强度值 f_{min}	
MU10.0	≥10.0	≥7.0	≥8.0	≤1 100
MU7.5	≥7.5	≥5.0	≥5.8	
MU5.0	≥5.0	≥3.5	≥4.0	
MU3.5	≥3.5	≥2.5	≥2.8	
MU2.5	≥2.5	≥1.6	≥1.8	≤800

(4)密度等级见表1-14。

表 1-14 密度等级 　　　　　　　　　　　　　　(单位:kg/m³)

密度等级	5 块密度平均值	密度等级	5 块密度平均值
800	≤800	1 000	901~1 000
900	801~900	1 100	1 001~1 100

(5)孔洞率和孔洞排数见表1-15。

表 1-15　孔洞排列及其结构

等级	孔洞排列	孔洞排数（排）		孔洞率（%）
		宽度方向	高度方向	
优等品	有序交错排列	$b \geq 200$ mm，≥ 7	≥ 2	
		$b < 200$ mm，≥ 5		
一等品	有序排列	$b \geq 200$ mm，≥ 5	≥ 2	≥ 40
		$b < 200$ mm，≥ 4		
合格品	有序排列	≥ 3	—	

注：b 为宽度的尺寸。

(6)泛霜。

1)优等品：无泛霜。

2)一等品：不允许出现中等泛霜。

3)合格品：不允许出现严重泛霜。

(7)石灰爆裂。

1)优等品：不允许出现最大破坏尺寸大于 2 mm 的爆裂区域。

2)一等品：①最大破坏尺寸大于 2 mm 且小于等于 10 mm 的爆裂区域，每组砖和砌块不得多于 15 处；②不允许出现最大破坏尺寸大于 10 mm 的爆裂区域。

3)合格品：①最大破坏尺寸大于 2 mm 且小于等于 15 mm 的爆裂区域，每组砖和砌块不得多于 15 处，其中大于 10 mm 的不得多于 7 处；②不允许出现最大破坏尺寸大于 15 mm 的爆裂区域。

(8)吸水率平均值见表1-16。

表 1-16　吸水率 （%）

等级	吸水率，$\leq$	
	黏土砖和砌块、页岩砖和砌块、煤矸石砖和砌块	粉煤灰砖和砌块[①]
优等品	16.0	20.0
一等品	18.0	22.0
合格品	20.0	24.0

①粉煤灰掺入量（体积比）小于 30% 时，按黏土砖和砌块规定判定。

四、粉煤灰砖

1. 粉煤灰砖的种类和规格

(1)规格。砖的外形为直角六面体，其公称尺寸为：长 240 mm、宽 115 mm，高 53 mm。

(2)等级划分。

1)根据抗压强度和抗折强度将强度级分为 MU30、MU25、MU20、MU15、MU10 五个级别。

2)根据尺寸偏差、外观质量、强度等级和干燥收缩分为：优等品(A)；一等品(B)；合格品(C)。

(3)产品标记。

1)粉煤灰砖按产品名称(FB)、颜色、强度等级、质量等级、标准编号顺序编号。

2)强度等级为 20 级的优等品彩色粉煤灰砖标记为：FB Co 20 A JC 239－2001。

2. 粉煤灰砖的技术要求

(1)尺寸偏差和外观质量见表 1-17。

表 1-17 尺寸偏差和外观质量 　　　　　　　　(单位:mm)

项　　目	指　　标		
	优等品(A)	一等品(B)	合格品(C)
尺寸允许偏差: 　长 　宽 　高	±2 ±2 ±1	±3 ±3 ±2	±4 ±4 ±3
对应高度差	≤1	≤2	≤3
缺棱掉角的最小破坏尺寸	≤10	≤15	≤20
完整面	不少于二条面和一顶面或二顶面和一条面	不少于一条面和一顶面	不少于一条面和一顶面
裂纹长度: 　大面上宽度方向的裂纹(包括延伸到条面上的长度) 　其他裂纹	≤30 ≤50	≤50 ≤70	≤70 ≤100
层裂	不允许		

注:在条面或顶面上破坏面的两个尺寸同时大于 10 mm 和 20 mm 者为非完整面。

(2)强度等级见表 1-18,优等品的强度级别应不低于 MU15 级。

表 1-18 粉煤灰砖强度指标 　　　　　　　　(单位:MPa)

强度等级	抗压强度		抗折强度	
	10 块平均值	单块值	10 块平均值	单块值
MU30	≥30.0	≥24.0	≥6.2	≥5.0
MU25	≥25.0	≥20.0	≥5.0	≥4.0
MU20	≥20.0	≥16.0	≥4.0	≥3.2
MU15	≥15.0	≥12.0	≥3.3	≥2.6
MU10	≥10.0	≥8.0	≥2.5	≥2.0

(3)抗冻性见表 1-19。

表 1-19 粉煤灰砖抗冻性

强度等级	抗压强度(MPa),平均值	砖的干质量损失(%),单块值
MU30	≥24.0	
MU25	≥20.0	
MU20	≥16.0	≤2.0
MU15	≥12.0	
MU10	≥8.0	

(4)干燥收缩和碳化性能。

1)干燥收缩值:优等品和一等品应不大于 0.65 mm/m;合格品应不大于0.75 mm/m。

2)碳化性能:碳化系数 $K_c \geqslant 0.8$。

五、普通混凝土小型空心砌块

1. 普通混凝土小型空心砌块的种类和规格

(1)等级划分。

1)按其尺寸偏差、外观质量分为:优等品(A)、一等品(B)及合格品(C)。

2)按其强度等级可分为:MU3.5、MU5.0、MU7.5、MU10.0、MU15.0、MU20.0。

(2)标记。按产品名称(代号 NHB)、强度等级、外观质量等级和标准编号顺序进行标记。

(3)标记示例。强度等级为 MU7.5,外观质量为优等品(A)的砌块,其标记为:NHB MU7.5A GB 8239。

2. 普通混凝土小型空心砌块的技术要求

(1)规格划分。

1)主规格尺寸为 390 mm×190 mm×190 mm,其他规格尺寸可由供需双方协商。

2)最小外壁厚应不小于 30 mm,最小肋厚应不小于 25 mm。

3)空心率应不小于 25%。

4)尺寸允许偏差见表1-20。

表1-20 尺寸允许偏差　　　　　　　　　(单位:mm)

项目名称	优等品(A)	一等品(B)	合格品(C)
长度	±2	±3	±3
宽度	±2	±3	±3
高度	±2	±3	+3 −4

(2)外观质量见表1-21。

表1-21 外观质量

项目名称		优等品(A)	一等品(B)	合格品(C)
弯曲(mm)		≤2	≤2	≤3
缺棱掉角	个数(个)	≤0	≤2	≤2
	三个方向投影尺寸的最小值(mm)	≤0	≤20	≤30
裂纹延伸的投影尺寸累计(mm)		≤0	≤20	≤30

(3)相对含水率见表1-22。

表1-22 相对含水率　　　　　　　　　(%)

使用地区	潮　湿	中　等	干　燥
相对含水率	≤45	≤40	≤35

注:1. 潮湿——系指年平均相对湿度大于 75% 的地区。

　　2. 中等——系指年平均相对湿度 50%~75% 的地区。

　　3. 干燥——系指年平均相对湿度小于 50% 的地区。

(4)强度等级见表1-23。

表1-23 强度等级 (单位:MPa)

强度等级	砌块抗压强度	
	平均值不小于	单块最小值不小于
MU3.5	3.5	2.8
MU5.0	5.0	4.0
MU7.5	7.5	6.0
MU10.0	10.0	8.0
MU15.0	15.0	12.0
MU20.0	20.0	16.0

(5)用于清水墙的砌块,其抗渗性见表1-24。

表1-24 抗渗性 (单位:mm)

项目名称	指标
水面下降高度	三块中任一块不大于10

(6)砌块的抗冻性见表1-25。

表1-25 抗冻性

使用环境条件		抗冻等级	指标
非采暖地区		不规定	—
采暖地区	一般环境	F15	强度损失≤25%
	干湿交替环境	F25	重量损失≤5%

注:1. 非采暖地区指最冷月份平均气温高于−5℃的地区。

2. 采暖地区指最冷月份平均气温低于或等于−5℃的地区。

第二节 混 凝 土

一、混凝土的分类

1. 按表观密度分类

(1)重混凝土:表观密度大于2 600 kg/m³的混凝土,是用特别密实和特别重的骨料制成的,例如重晶石混凝土、钢屑混凝土等。它们具有防辐射的性能,主要用作原子能工程的屏蔽材料。

(2)普通混凝土:表观密度为1 950～2 600 kg/m³,是用天然的砂、石作骨料配制成的。这类混凝土在土木工程中最常用,如房屋及桥梁等承重结构,道路建筑中的路面等。

(3)轻混凝土:表观密度小于1 950 kg/m³的混凝土。它又可以分为三类:①轻骨料混凝土,其表观密度范围是800～1 950 kg/m³,是用轻骨料如浮石、火山渣、陶粒、膨胀珍珠岩、膨胀矿渣、煤渣等配制而成;②多孔混凝土(泡沫混凝土、加气混凝土),其表观密度范围是300～

$1\,000\ kg/m^3$,泡沫混凝土是由水泥浆或水泥砂浆与稳定的泡沫制成的,加气混凝土是由水泥、水与发气剂配制成的;③大孔混凝土(普通大孔混凝土、轻骨料大孔混凝土),其组成中无细骨料,普通大孔混凝土的表观密度范围为$1\,500\sim1\,900\ kg/m^3$,是用碎石、卵石、重矿渣作骨料配制成的。轻骨料大孔混凝土的表现密度范围为$500\sim1\,500\ kg/m^3$,是用陶粒、浮石、碎砖、煤渣等作骨料配制成的。

2. 按结构分类

(1)普通结构混凝土。以碎石或卵石、砂、水泥和水制成的混凝土为普通混凝土。

(2)细粒混凝土。由细骨料和胶结材料制成,主要用于制造薄壁构件。

(3)大孔混凝土。由粗骨料和胶结材料制成。骨料外包胶结材料,骨料彼此以点接触,骨料之间有较大的空隙。主要用于墙体内隔层等填充部位。

(4)多孔混凝土。这种混凝土无粗细骨料,全由磨细的胶结材料和其他粉料加水拌成料浆,用机械方法或化学方法使之形成许多微小的气泡后再经硬化制成。

3. 按用途和施工方法分类

主要有结构混凝土、防水混凝土、隔热混凝土、耐酸混凝土、装饰混凝土、纤维混凝土、防辐射混凝土、沥青混凝土、泵送混凝土、喷射混凝土、高强混凝土、高性能混凝土等。

4. 按胶结材料分类

(1)无机胶结材料混凝土。包括水泥混凝土、硅酸盐混凝土、石膏混凝土、水玻璃氟硅酸钠混凝土等。

(2)有机胶结材料混凝土。包括沥青混凝土、硫磺混凝土、聚合物混凝土等。

(3)有机无机复合胶结材料混凝土。包括聚合物水泥混凝土、聚合物浸渍混凝土等。

二、混凝土的特点

(1)自重大,比强度(强度与表观密度之比)小。每$1\ m^3$普通混凝土重达$2\,400\ kg$左右,致使在建筑工程中形成肥梁胖柱、厚基础,对高层、大跨度建筑不利。

(2)抗拉强度低。一般其抗拉强度为抗压强度的$1/20\sim1/10$,因此受拉时易产生脆性破坏。

(3)热导率大。普通混凝土热导率为$1.40\ W/(m\cdot K)$,为红砖的2倍,故保温隔热性能差。

(4)硬化较慢,生产周期长。在标准条件下养护$28\ d$后,混凝土强度增长才趋于稳定,在自然条件下养护的混凝土预制构件,一般要养护$7\sim14\ d$方可投入使用。

三、常用混凝土外加剂的特点、适用范围与技术要点

(1)减水剂的技术要求见表1-26和表1-27。

表 1-26 普通减水剂的技术要求

项　　目	内　　容
特点	(1)木质素磺酸盐能增大新拌混凝土的坍落度$60\sim80\ mm$,能减少用水量,减水率小于10%。 (2)使混凝土含气量增大。 (3)减少泌水和离析。 (4)降低水泥水化放热速率和放热高峰。 (5)使混凝土初凝时间延迟,且随温度降低而加剧

项　目	内　容
适用范围	适用于各种现浇及预制(不经蒸养工艺)混凝土、钢筋混凝土及预应力混凝土;中低强度混凝土。适用于大模板施工、滑模施工及日最低气温＋5℃以上混凝土施工。多用于大体积混凝土、热天施工混凝土、泵送混凝土、有轻度缓凝要求的混凝土。以小剂量与高效减水剂复合来增加后者的坍落度和扩展度,降低成本,提高效率
技术要点	(1)普通减水剂适宜掺量 0.2%～0.3%,随气温升高可适当增加,但不超过 0.5%,计量误差不大于±5%。 　(2)宜以溶液形式掺入,可与拌和水同时加入搅拌机内。 　(3)混凝土从搅拌出机至浇筑入模的间隔时间宜为:气温 20℃～30℃,间隔不超过 1 h;气温 10℃～19℃,间隔不超过 1.5 h;气温 5℃～9℃,间隔不超过 2.0 h。 　(4)普通减水剂适用于日最低气温 5℃以上的混凝土施工,低于 5℃时应与早强剂复合使用。 　(5)需经蒸汽养护的预制构件使用木质素减水剂时,掺量不宜大于 0.05%,并且不宜采用腐殖酸减水剂

表 1-27　高效减水剂的技术要求

项　目	内　容
品种及特点	高效减水剂对水泥有强烈分散作用,能大大提高水泥拌和物流动性和混凝土坍落度,同时大幅度降低用水量,显著改善混凝土工作性;能大幅度降低用水量因而显著提高混凝土各龄期强度。 　高效减水剂基本不改变混凝土凝结时间,掺量大时(超剂量掺入)稍有缓凝作用,但并不延缓硬化混凝土早期强度的增长。在保持强度恒定值时,则能节约水泥 10%或更多。不含氯离子,对钢筋不产生锈蚀作用。能提高混凝土的抗渗、抗冻及耐腐蚀性,增强耐久性。掺量过大则产生泌水。 　常用高效减水剂主要包括。多环芳香族磺酸盐类:萘和萘的同系磺化物与甲醛缩合的盐类、胺基磺酸盐等;水溶性树脂磺酸盐类:磺化三聚氰胺树脂、磺化古码隆树脂等;脂肪族类:聚羧酸盐类、聚丙烯酸盐类、脂肪族羟甲基磺酸盐高缩聚物等;其他:改性木质素磺酸钙、改性丹宁等
适用范围	适用于各类工业与民用建筑、水利、交通、港口、市政等工程建设中的预制和现浇钢筋混凝土、预应力钢筋混凝土工程;适用于高强、超高强、中等强度混凝上,早强、浅度抗冻、大流动混凝土;适宜作为各类复合型外加剂的减水组分
技术要点	(1)高效减水剂的适宜掺量是:引气型如甲基萘系、稠环芳香族的蒽系等掺量为0.5%～1.0%水泥用量;非引气型如密胺树脂系、萘系减水剂掺量可在 0.3%～5%之间选择,最佳掺量为 0.7%～1.0%,在需经蒸养工艺的预制构件中应用,掺量应适当减少。 　(2)高效减水剂以溶液方式掺入为宜。但溶液中的水分应从总用水量中扣除。 　(3)最常用的推荐使用的方法是与拌和水一起加入(稍后于最初一部分拌和用水的加入)。 　(4)复合型高效减水剂成分不同,品牌极多,是否适用必须先经试配考察。高效减水剂亦因水泥品种、细度、矿物组分差异而存在对水泥适应性问题,宜先试验后采用。 　(5)高效减水剂除胺基磺酸类、接枝共聚物类以外,混凝土的坍落度损失都很大,30 min 可以损失 30%～50%,使用中须加以注意

(2)引气剂与引气减水剂的技术要求见表1-28。

表1-28 引气剂与引气减水剂的技术要求

项 目	内 容
品种及特点	(1)引气剂主要品种有松香树脂类:如松香热聚物、松香皂等;烷基苯磺酸盐类:如烷基苯磺酸盐、烷基苯酚聚氧乙烯醚等;脂肪醇磺酸盐类:如脂肪醇聚氧乙烯醚、脂肪酸聚氧乙烯磺酸钠等;其他:如蛋白质盐、石油磺酸盐。 (2)引气减水剂主要品种有:改性木质素磺酸盐类;烷基芳香基磺酸盐类,如萘磺酸盐甲醛缩合物;由各类引气剂与减水剂组成的复合剂。 引气剂是在混凝土搅拌过程中,能引入大量分布均匀的微小气泡,以减少混凝土拌和物泌水离析,改善和易性,并能显著提高硬化混凝土抗冻融耐久性的外加剂。兼有引气和减水作用的外加剂称为引气减水剂
适用范围	引气剂及引气减水剂,可用于抗冻混凝土、防渗混凝土、抗硫酸盐混凝土、泌水严重的混凝土、贫混凝土、轻骨料混凝土以及对饰面有要求的混凝土。 引气剂不宜用于蒸养混凝土及预应力混凝土
技术要点	(1)抗冻性要求高的混凝土,必须掺用引气剂或引气减水剂,其掺量应根据混凝土的含气量要求,通过试验加以确定。加引气剂及引气减水剂混凝土的含气量,不宜超过表1-29的规定。 (2)引气剂及引气减水剂配制溶液时,必须充分溶解,若产生絮凝或沉淀现象,应加热使其溶化后方可使用。 (3)引气剂可与减水剂、早强剂、缓凝剂、防冻剂一起复合使用,配制溶液时如产生絮凝或沉淀现象,应分别配制溶液并分别加入搅拌机内。 (4)检验引气剂和引气减水剂混凝土中的含气量,应在搅拌机出料口进行取样,并应考虑混凝土在运输和振捣过程中含气量的损失

表1-29 引气剂或引气减水剂混凝土的含气量

粗骨料最大粒径(mm)	混凝土的含气量(%)	粗骨料最大粒径(mm)	混凝土的含气量(%)
10	7.0	40	4.5
15	6.0	50	4.0
20	5.5	80	3.5
25	5.0	100	3.0

(3)缓凝剂与缓凝减水剂的技术要求见表1-30。

表1-30 缓凝剂与缓凝减水剂的技术要求

项 目	内 容
特点	缓凝剂与缓凝减水剂在净浆及混凝土中均有不同的缓凝效果。缓凝效果随掺量增加而增加,超掺会引起水泥水化完全停止。随着气温升高,羟基羧酸及其盐类的缓凝效果明显降低,而在气温降低时,缓凝时间会延长,早期强度降低也更加明显。羟基羧酸盐缓凝剂会增大混凝土的泌水,尤其会使大水胶比、低水泥用量的贫混凝土产生离析

项　目	内　容
品种及性能	(1)糖类及碳水化合物:葡萄糖、糖蜜、蔗糖、已糖酸钙等。 (2)多元醇及其衍生物:多元醇、胺类衍生物、纤维素、纤维素醚。 (3)羟基羧酸类:酒石酸、乳酸、柠檬酸、酒石酸钾钠、水杨酸、醋酸等。 (4)木质素磺酸盐类:有较强减水增强作用,而缓凝性能较温和,故一般被列入普通减水剂。 (5)无机盐类:硼酸盐、磷酸盐、氟硅酸钠、亚硫酸钠、硫酸亚铁、锌盐等。 (6)减水剂主要有糖蜜减水剂、低聚糖减水剂等
技术要点	(1)缓凝剂用于控制混凝土坍落度经时损失,使其在较长时间范围内保持良好的和易性,应首先选择能显著延长初凝时间,但初凝时间间隔短的一类缓凝剂;用于降低大块混凝土的水化热,并推迟放热峰的出现,应首选显著影响终凝时间或初、终凝间隔较长但不影响后期水化和强度增长的缓凝剂;用于提高混凝土的密实性,改善耐久性,则应选择同前一种的缓凝剂。 (2)缓凝剂及缓凝减水剂可用于大体积混凝土、炎热气候条件下施工的混凝土,以及需较长时间停放或长距离运输的混凝土。 (3)缓凝剂及缓凝减水剂不宜用于日最低气温5℃以下施工的混凝土,也不宜单独用于有早强要求的混凝土及蒸养混凝土。 (4)柠檬酸、酒石酸钾钠等缓凝剂,不宜单独使用于水泥用量较低、水胶比较大的贫混凝土。 (5)在用硬石膏或工业废料石膏作调凝剂的水泥中掺用糖类缓凝剂时,应先做水泥适应性试验,合格后方可使用

(4)早强剂与早强减水剂的技术要求见表 1-31。

表 1-31　早强剂与早强减水剂的技术要求

项　目	内　容
品种及特点	早强剂主要品种有强电解质无机盐类早强剂:如硫酸盐、硫酸复盐、硝酸盐、亚硝酸盐、氯盐等;水溶性有机化合物:如三乙醇胺、甲酸盐、乙酸盐、丙酸盐等。由早强剂与减水剂组成的为早强型减水剂
适用范围	(1)早强剂及早强减水剂适用于蒸养混凝土及常温、低温和最低温度不低于−5℃环境中施工的有早强或防冻要求的混凝土工程。 (2)掺入混凝土后对人体产生危害或对环境产生污染的化学物质不得用作早强剂。含有六价铬盐、亚硝酸盐等有害成分的早强剂,严禁用于饮水工程及与食品相接触的工程。硝类不得用于办公、居住等建筑工程。 (3)下列结构中不得采用含有氯盐配制的早强剂及早强减水剂。 1)预应力混凝土结构。 2)在相对湿度大于80%环境中使用的结构、处于水位变化部位的结构、露天结构及经常受水淋、受水流冲刷的结构,如:给水排水构筑物、暴露在海水中的结构、露天结构等。 3)大体积混凝土。

项　目	内　容
适用范围	4)直接接触酸、碱或其他侵蚀性介质的结构。 5)经常处于温度为60℃以上的结构,需经蒸养的钢筋混凝土预制构件。 6)有装饰要求的混凝土,特别是要求色彩一致的或是表面有金属装饰的混凝土。 7)薄壁混凝土结构,中级和重级工作制吊车梁、屋架、落锤及锻锤混凝土基础结构。 8)骨料具有碱活性的混凝土结构
技术要点	(1)早强剂、早强减水剂进入工地(或混凝土搅拌站)的检验项目应包括密度(或细度),1 d、3 d、7 d抗压强度及对钢筋的锈蚀作用,早强减水剂应增测减水率,混凝土有饰面要求的还应观测硬化后混凝土表面是否析盐。符合要求后,方可入库使用。 (2)常用早强剂掺量应符合表1-32的规定。 (3)粉剂早强剂和早强减水剂直接掺入混凝土干料中应延长搅拌时间30 s。 (4)常温及低温下使用早强剂或早强减水剂的混凝土采用自然养护时,宜使用塑料薄膜覆盖或喷洒养护液。终凝后应立即浇水潮湿养护。最低气温低于0℃时,除塑料薄膜外还应加盖保温材料。最低气温低于5℃时应使用防冻剂。 (5)掺早强剂或早强减水剂的混凝土采用蒸汽养护时,其蒸养制度宜通过试验确定。尤其含三乙醇胺类早强剂、早强减水剂的混凝土蒸养制度更应经试验确定。 (6)常用复合早强剂、早强减水剂的组分和剂量,可根据表1-33选用

表 1-32　常用早强剂掺量限值

混凝土种类	使用环境	早强剂名称	掺量限值(以水泥质量%计)不大于
预应力 混凝土	干燥环境	三乙醇胶	0.05
		硫酸钠	1.0
钢筋混凝土	干燥环境	氯离子[Cl⁻]	0.6
		硫酸钠	2.0
		与缓凝减水剂复合的硫酸钠	3.0
		三乙醇胺	0.05
	潮湿环境	硫酸钠	1.5
		三乙醇胺	0.05
有饰面要求的混凝土		硫酸钠	0.8
素混凝土		氯离子[Cl⁻]	1.8

注:预应力混凝土及潮湿环境中使用的钢筋混凝土中不得掺氯盐早强剂。

表 1-33　常用复合早强剂、早强减水剂的组成和剂量

类　　型	外加剂组分	常用剂量(以下水泥质量%计)
复合早强剂	三乙醇胺＋氯化钠	(0.03～0.05)＋0.5
	三乙醇胺＋氯化钠＋亚硝酸钠	0.05＋(0.3～0.5)＋(1～2)
	硫酸钠＋亚硝酸钠＋氯化钠＋氯化钙	(1～1.5)＋(1～3)＋(0.3～0.5)＋(0.3～0.5)
	硫酸钠＋氯化钠	(0.5～1.5)＋(0.3～0.5)
	硫酸钠＋亚硝酸钠	(0.5～1.5)＋1.0
	硫酸钠＋三乙醇胺	(0.5～1.5)＋0.05
	硫酸钠＋二水石膏＋三乙醇度	(1～1.5)＋2＋0.05
	亚硝酸钠＋二水石膏＋三乙醇胺	1.0＋2＋0.05
早强减水剂	硫酸钠＋萘系减水剂	(1～3)＋(0.5～1.0)
	硫酸钠＋木质素减水剂	(1～3)＋(0.15～0.25)
	硫酸钠＋糖钙减水剂	(1～3)＋(0.05～0.12)

(5)防冻剂的技术要求见表 1-34。

表 1-34　防冻剂的技术要求

项　　目	内　　容
品种及特点	(1)无机盐类防冻剂见表 1-35。 1)氯盐类:以氯盐(如氯化钙、氯化钠等)为防冻组分的外加剂。 2)氯盐阻锈类:以氯盐与阻锈组分为防冻组分的外加剂。 3)无氯盐类:以亚硝酸盐、碳酸盐等无机盐为防冻组分的外加剂。 (2)有机化合物类:以某些酸类为防冻组分的外加剂。 (3)有机化合物与无机盐复合类。 (4)复合型防冻剂:以防冻组分复合早强、引气、减水等组分的外加剂
适用范围	(1)氯盐类防冻剂、氯盐阻锈类防冻剂可用于混凝土工程、钢筋混凝土工程,严禁用于预应力混凝土工程,并应符合《混凝土外加剂应用技术规范》(GB 50119—2003)的规定。亚硝酸盐、碳酸盐等无机盐防冻剂严禁用于预应力混凝土及与镀锌钢材相接触的混凝土结构。 (2)有机化合物类防冻剂可用于混凝土工程、钢筋混凝土工程及预应力混凝土工程。 (3)有机化合物、无机盐复合防冻剂及复合型防冻剂可用于混凝土工程、钢筋混凝土工程及预应力混凝土工程。 (4)含有六价铬盐、亚硝酸盐等有害成分的防冻剂,严禁用于饮水工程及与食品相接触的部位,严禁食用。 (5)含有硝铵、尿素等产生刺激性气味的防冻剂,不得用于办公、居住等建筑工程。 (6)对水工、桥梁及有特殊抗冻融性要求的混凝土工程,应通过试验确定防冻剂品种及掺量

项 目	内 容
技术要点	(1)防冻剂的选用应符合下列规定。 1)在日最低气温为 0℃~5℃,混凝土采用塑料薄膜和保温材料覆盖养护时,采用早强剂或早强减水剂。 2)在日最低气温为 -10℃~-5℃、-15℃~-10℃、-20℃~15℃,采用上述保温措施时,宜分别采用规定温度为 -5℃、-10℃和-15℃的防冻剂。 3)防冻剂的规定温度为按《混凝土防冻剂》(JC 475—2004)规定的试验条件成形的试件,在恒负温条件下养护的温度。施工使用的最低气温可比规定温度低 5℃。 (2)防冻剂运到工地(或混凝土搅拌站),首先应检查是否有沉淀、结晶或结块,检验项目应包括密度(或细度)R_{-7}、R_{+28} 抗压强度比,钢筋锈蚀试验,合格后方可使用。 (3)掺防冻剂混凝土所用原材料,应符合下列要求。 1)宜选用硅酸盐水泥、普通硅酸盐水泥。 2)水泥存放期超过 3 个月时,使用前必须进行强度检验,合格后方可使用。 3)粗、细骨料必须清洁,不得含有冰、雪等冻结物及易冻裂的物质。 (4)掺防冻剂混凝土的质量控制。 1)混凝土浇筑后,在结构最薄弱和易冻的部位,应加强保温防冻措施,并应在有代表性的部位或易冷却的部位布置测温点。 2)掺防冻剂混凝土的质量,应满足设计要求,并应在浇筑地点制作一定数量的混凝土试件进行强度试验。其中一组试件应在标准条件下养护,其余放置在工程条件下养护

表 1-35　防冻组分掺量

防水剂类别	防冻组分掺量
氯盐类	氯盐掺量不得大于拌和水质量的 7%
氯盐阻锈类	(1)总量不得大于拌和水质量的 15%。 (2)当氯盐掺量为水泥质量的 0.5%~1.5%时,亚硝酸钠与氯盐之比应大于 1。 (3)当氯盐掺量为水泥质量的 1.5%~3%时,亚硝酸钠与氯盐之比应大于 1.3
无氯盐类	总量不得大于拌和水质量的 20%,其中亚硝酸钠、亚硝酸钙、硝酸钠、硝酸钙均不得大于水泥质量的 8%,尿素不得大于水泥质量的 4%,碳酸钾不得大于水泥质量的 10%

(6)泵送剂的技术要求见表 1-36。

表 1-36　泵送剂的技术要求

项 目	内 容
特点	泵送剂是流化剂中的一种,它除了能大大提高拌和物流动性以外,还能使新拌混凝土在 60~180 min 时间内保持其流动性,剩余坍落度应不低于原始的 55%。此外,它不是缓凝剂。缓凝时间不宜超过 120 min(有特殊要求除外)
适用范围	(1)适用于各种需要采用泵送工艺的混凝土。超缓凝泵送剂用于大体积混凝土,含防冻组分的泵送剂适用于冬期施工混凝土。

项　目	内　容
适用范围	（2）泵送混凝土是在泵压作用下，经管道实行垂直及水平输送的混凝土。与普通混凝土相同的是要求具有一定的强度和耐久性指标，不同的是必须有相应的流动性和稳定性。 （3）可泵性与流动性是两个不同的概念，泵送剂的组分较流态剂要复杂得多。泵送混凝土是流化混凝土的一种，不是所有的流态混凝土都适合泵送
技术要点	（1）泵送剂运到工地（或混凝土搅拌站）的检验项目应包括 pH 值、密度（或细度）、坍落度增加值及坍落度损失。符合要求方可入库、使用。 （2）含有水不溶物的粉状泵送剂应与胶凝材料一起加入搅拌机中；水溶性粉状泵送剂宜用水溶解后或直接加入搅拌机中，应延长混凝土搅拌时间 30 s。 （3）液体泵送剂应与拌合水一起加入搅拌机中，溶液中的水应从拌合水中扣除。 （4）泵送剂的品种、掺量应按供货单位提供的推荐掺量和环境温度、泵送高度、泵送距离、运输距离等要求经混凝土试配后确定。 （5）配制泵送混凝土的砂、石应符合下列要求： 1）粗骨料最大粒径不宜超过 40 mm。泵送高度越过 50 m 时，碎石最大粒径不宜超过 25 mm，卵石最大粒径不宜超过 30 mm； 2）骨料最大粒径与输送管内径之比，碎石不宜大于混凝土输送管内径的 1/3，卵石不宜大于混凝土输送管内径的 2/5； 3）粗骨料应采用连续级配，针片状颗粒含量不宜大于 10%； 4）细骨料宜采用中砂，通过 0.315 mm 筛孔的颗粒含量不宜小于 15%，且不大于 30%，通过 0.160 mm 筛孔的颗粒含量不宜小于 5%。 （6）掺泵送剂的泵送混凝土配合比设计应符合下列规定： 1）泵送混凝土的胶凝材料总量不宜小于 300 kg/m³； 2）泵送混凝土的砂率宜为 35%～45%； 3）泵送混凝土的水胶比不宜大于 0.6； 4）泵送混凝土含气量不宜超过 5%； 5）泵送混凝土坍落度不宜小于 100 mm。 （7）在不可预测情况下造成商品混凝土坍落度损失过大时，可采用后添加泵送剂的方法掺入混凝土搅拌运输车中，必须快速运转，搅拌均匀后，测定坍落度符合要求后方可使用。后添加的量应预先试验确定

（7）膨胀剂的技术要求见表 1-37。

表 1-37　膨胀剂的技术要求

项　目	内　容
适用范围	膨胀剂的适用范围见表 1-38
技术要点	（1）掺膨胀剂混凝土对原材料的要求。 1）膨胀剂：应符合《混凝土膨胀剂》（GB 23439—2009）标准的规定；膨胀剂运到工地（或混凝土搅拌站）应进行限制膨胀率检测，合格后方可入库、使用。 2）水泥：应符合现行通用水泥国家标准，不得使用硫铝酸盐水泥、铁铝酸盐水泥和高铝水泥。 （2）掺膨胀剂的混凝土的配合比设计，水胶比不宜大于 0.5。

项　目	内　容
技术要点	（3）用于抗渗的膨胀混凝土的水泥用量应不小于 320 kg/m³，当掺入掺合料时，其水泥用量不应小于 280 kg/m³。 （4）补偿收缩混凝土的膨胀剂掺量不宜大于 12%，不宜小于 6%。填充用膨胀混凝土的膨胀剂掺量不宜大于 15%，不宜小于 10%。 （5）其他外加剂用量的确定方法。膨胀剂可与其他混凝土外加剂氯盐类外加剂复合使用，应有较好的适应性；外加剂品种和掺量应通过试验确定

表 1-38　膨胀剂的适用范围

用　途	适用范围
补偿收缩混凝土	地下、水中、海水中、隧道等构筑物、大体积混凝土（除大坝外）。配筋路面和板、屋面与厕浴间防水、构件补强、渗漏修补、预应力钢筋混凝土、回填槽等
填充用膨胀混凝土	结构后浇缝、隧洞堵头、钢筋与隧道之间的填充等
填充用膨胀砂浆	机械设备的底座灌浆、地脚螺栓的固定、梁柱接头、构件补强、加固
自应力混凝土	仅用于常温下使用的自应力钢筋混凝土压力管

四、混凝土配合比设计的基本要求

（1）混凝土的配合比应根据设计的混凝土强度等级、耐久性、坍落度的要求确定，不得使用经验配合比。

（2）普通混凝土的配合比设计应按现行国家标准《普通混凝土配合比设计规程》（JGJ 55—2011）的规定通过试配确定。

（3）抗冻混凝土的配合比设计除应满足普通混凝土设计要求外，尚应满足表 1-39 的规定。

表 1-39　抗冻混凝土配合比设计要求

项　目			配合比设计要求	
			无引气剂时	掺引气剂时
粗骨料			最大粒径不宜大于 40 mm，含泥量不得大于 1.0%，泥块含量不得大于 0.5%	
细骨料			含泥量不得大于 3.0%，泥块含量不得大于 1.0%	
每立方米混凝土中的水泥和矿物掺合料总量			不宜小于 320 kg	
砂率			30%～45%	
供试配用的最大水胶比	抗冻等级	F50	0.55	0.60
		F100	0.5	0.55
		不低于 F150	—	0.50

(4)抗渗混凝土的配合比设计除应满足普通混凝土设计要求外,尚应满足表1-40的规定。

表 1-40　抗渗混凝土配合比设计要求

<table>
<tr><td rowspan="2" colspan="3">项　　目</td><td colspan="2">配合比设计要求</td></tr>
<tr><td>C20~C30</td><td>C30 以上</td></tr>
<tr><td colspan="3">水泥</td><td colspan="2">应选用硅酸盐或普通硅酸盐水泥,不宜选用火山灰质硅酸盐水泥</td></tr>
<tr><td colspan="3">粗骨料</td><td colspan="2">含泥量不得大于 1.0%,泥块含量不得大于 0.5%。</td></tr>
<tr><td colspan="3">细骨料</td><td colspan="2">含泥量不得大于 3.0%,泥块含量不得大于 1.0%</td></tr>
<tr><td rowspan="3">供试配用的最大水胶比</td><td rowspan="3">抗渗等级</td><td>P6</td><td>0.60</td><td>0.55</td></tr>
<tr><td>P8~P12</td><td>0.55</td><td>0.50</td></tr>
<tr><td>P12 以上</td><td>0.50</td><td>0.45</td></tr>
<tr><td colspan="3">引气剂含气量</td><td colspan="2">3%~5%</td></tr>
</table>

注:1. 抗渗混凝土配合比设计时,应增加抗冻融性能试验。

　2. P8 及以上混凝土粗、细骨料应进行坚固性试验。

(5)其他有特殊要求的混凝土配合比设计除应符合《普通混凝土配合比设计规程》(JGJ 55—2011)的要求外,还应符合现行国家有关标准的专门规定。

(6)首次使用的混凝土配合比应进行开盘鉴定,以验证其工作性满足设计配合比要求。

(7)首次使用的配合比开始生产时,应留置至少一组标准养护试件,以验证是否满足配合比的要求。

(8)混凝土拌制前,应测定现场砂、石含水率,并根据测定结果调整试验室配合比,以确定施工配合比。

(9)混凝土的最大水胶比、最小胶凝材料用量见表1-41。

表 1-41　混凝土中最大水胶比、最小胶凝材料用量要求

最大水胶比	最小胶凝材料用量(kg/m³)		
	素混凝土	钢筋混凝土	预应力混凝土
0.60	250	280	300
0.55	280	300	300
0.50	320		
≤0.45	330		

(10)坍落度的要求见表1-42。

表 1-42　混凝土拌合物的坍落度等级划分　　　　　(单位:mm)

等　　级	坍落度
S1	10~40
S2	50~90
S3	100~150
S4	160~210
S5	≥220

五、加气混凝土的品种

（1）水泥－矿渣－砂加气混凝土。这种混凝土是先将矿渣和砂子混合磨成浆状物，再加入水泥、发气剂、气泡稳定剂等配制而成。

（2）水泥－石灰－砂加气混凝土。将砂子加水湿润并磨细，生石灰干磨，再加入水泥、水及发泡剂配制而成。

（3）水泥－石灰－粉煤灰加气混凝土。将粉煤灰、石灰和适量的石膏混合磨浆，再加入水泥、发泡剂配制而成。

六、泵送混凝土对原材料的要求

（1）水泥应符合国家现行标准《通用硅酸盐水泥》(GB 175—2007)的规定，防水混凝土使用的水泥的强度等级不应低于 32.5 MPa。

（2）水应符合国家现行标准《混凝土用水标准》(JGJ 63—2006)的规定。

（3）砂宜用中砂级配Ⅱ区，应符合国家现行标准《普通混凝土用砂、石质量及检验方法标准》(JGJ 52—2006)的规定，通过 0.315 mm 筛孔的砂，不应少于 15%。砂率 38%～45%，含泥量不大于 3%，含泥块不大于 1%，地下工程碱活性试验合格。

（4）石子宜用碎石或卵石，应符合国家现行标准《普通混凝土用砂、石质量及检验方法标准》(JGJ 52—2006)的规定，应连续级配，针片状颗粒含量不宜大于 10%，粗骨料最大粒径与输送管直径之比：泵送高度在 50 m 以下时，对碎石不宜大于 1∶3，对卵石不宜大于 1∶2.5；泵送高度在 50～100 m 时宜在 (1∶3)～(1∶4)，骨粒最大粒径不大于 1/4 混凝土最小断面，不大于 3/4 受力筋最小净距；泵送高度在 100 mm 以上时，宜为 (1∶4)～(1∶5)，吸水率不应大于 1.5%（地下工程碱活性试验合格，含泥量不大于 1%，含泥块不大于 0.5%）。

（5）掺合料泵送混凝土宜掺适量粉煤灰，并应符合国家现行标准《用于水泥和混凝土中的粉煤灰》(GB/T 1596—2005)的有关规定，粉煤灰的级别不应低于二级，掺量不宜大于 20% 水泥用量。

（6）外加剂应符合国家现行标准《混凝土外加剂定义、分类、命名与术语》(GB/T 8075—2005)、《混凝土外加剂应用设计规范》(GB 50119—2003)、《预拌混凝土》(GB/T 14902—2003)的规定，掺用引气型外加剂的泵送混凝土的含气量不宜大于 4%。同时，要有外加剂效果试验，有外加剂掺入程序要求，有厂家资质证明、性能说明，并进行指标达标试验，进场复试。

第三节　常用水泥

一、通用型水泥

1. 通用型水泥的主要性能

（1）凝结时间的概念和影响因素。

1）水泥的凝结时间分初凝时间和终凝时间。自加水起至水泥浆开始失去塑性、流动性减小所需的时间，称为初凝时间；自加水起至水泥浆完全失去塑性、开始有一定结构强度所需的时间，称为终凝时间。

2）水泥凝结时间与水泥的单位加水量有关，单位加水量越大，凝结时间越长，反之越短。国家标准规定，凝结时间的测定是以标准稠度的水泥净浆，在规定温度和湿度下，用凝结时间测定仪来测定。所谓标准稠度,是指水泥净浆达到规定稠度时所需的拌合水量,以占水泥质量的百分比表示。通用水泥的标准稠度一般在23%~28%之间,水泥磨得越细,标准稠度越大,标准稠度与水泥品种也有较大关系。

(2)强度等级。国家标准规定,采用水泥胶砂法测定水泥强度。该法是将水泥和标准砂按质量1∶3混合,水灰比为0.5,按规定方法制成40 mm×40 mm×160 mm的试件,带模进行标准养护[(20±1)℃,相对湿度大于90%]24 h,再脱模放在标准温度[(20±2)℃]的水中养护,分别测定其3 d和28 d的抗压强度和抗折强度。根据测定结果,可确定该水泥的强度等级,其中有代号R者为早强型水泥。

(3)体积安定性的定义和检验。

1)水泥体积安定性是指水泥在凝结硬化过程中体积变化的均匀性。如果水泥硬化后产生不均匀的体积变化,会使水泥制品、混凝土构件产生膨胀性裂缝,降低工程质量,甚至引起严重事故,此即体积安定性不良。

2)引起水泥体积安定性不良的原因是由于其熟料矿物组成中含有过多的游离氧化钙(f-CaO)和游离氧化镁(f-MgO),以及粉磨水泥时掺入的石膏超量所致。熟料中所含的游离氧化钙(f-CaO)和游离氧化镁(f-MgO)处于过烧状态,水化很慢,它在水泥凝结硬化后才慢慢开始水化,水化时体积膨胀,引起水泥石不均匀体积变化而开裂;石膏过量时,多余的石膏与固态水化铝酸钙反应生成钙矾石,体积膨胀1.5倍,从而造成硬化水泥石开裂破坏。

3)由游离氧化钙(f-CaO)引起的水泥安定性不良用沸煮法检验,沸煮的目的是为了加速游离氧化钙(f-CaO)的水化。沸煮法包括试饼法和雷氏法。试饼法是将标准稠度水泥净浆做成试饼,连同玻璃在标准条件下(20℃±2℃,相对湿度大于90%)养护24 h后,取下试饼放入沸煮箱蒸煮3 h之后,用肉眼观察未发现裂纹、崩溃,用直尺检查没有弯曲现象,则为安定性合格,反之,为不合格。雷氏法是测定水泥浆在雷氏夹中硬化沸煮后的膨胀值,当两个试件沸煮后的膨胀值的平均值不大于5.0 mm时,即判为该水泥安定性合格,反之为不合格。当试饼法和雷氏法两者结论相矛盾时,以雷氏法为准。

4)由游离氧化镁(f-MgO)和三氧化硫(SO_3)引起的体积安定性不良不便快速检验,游离氧化镁(f-MgO)的危害必须用压蒸法才能检验,三氧化硫(SO_3)的危害需经长期在常温水中才能发现。这两种成分的危害,常用在水泥生产时严格限制含量的方法来消除。

(4)密度是指水泥在自然状态下单位体积的质量。分松散状态下的密度和紧密状态下的密度两种。松散条件下的密度为900~1 300 kg/m³,紧密状态下的密度为1 400~1 700 kg/m³,通常取1 300 kg/m³。影响密度的主要因素为熟料矿物组成和煅烧程度、水泥的贮存时间和条件,以及混合材料的品种和掺入量等。

(5)细度的定义和性质。

1)细度是指水泥颗粒的粗细程度,它对水泥的凝结时间、强度、需水量和安定性有较大影响,是鉴定水泥品质的主要项目之一。

2)水泥颗粒越细,总表面积越大,与水的接触面积也大,因此水化迅速、凝结硬化也相应增快,早期强度也高。但水泥颗粒过细,会增加磨细的能耗和提高成本,且不宜久存,过细水泥硬化时还会产生较大收缩。一般认为,水泥颗粒小于40 μm时就具有较高的活性,大于100 μm时活性较小。通常,水泥颗粒的粒径在7~200 μm范围内。

2.通用型水泥的主要技术性质

(1)通用硅酸盐水泥的化学指标见表1-43。

表 1-43　通用硅酸盐水泥的化学指标　　　　　　　　　　　　　　　　　　　　（%）

品　种	代号	不溶物 （质量分数）	烧失量 （质量分数）	三氧化硫 （质量分数）	氧化硫 （质量分数）	氧离子 （质量分数）
硅酸盐水泥	P·I	≤0.75	≤3.0	≤3.5	≤5.0①	≤0.06③
	P·II	≤1.5	≤3.5			
普通硅酸盐水泥	P·O	—	≤5.0			
矿渣硅酸盐水泥	P·S·A	—	—	≤4.0	≤6.0②	
	P·S·B	—	—		—	
火山灰质硅酸盐水泥	P·P	—	—	≤3.5	≤6.0②	
粉煤灰硅酸盐水泥	P·F	—	—			
复合硅酸盐水泥	P·C	—	—			

①如果水泥压蒸试验合格,则水泥中氧化镁的含量（质量分数）允许放宽至 6.0%。
②如果水泥中氧化镁的含量（质量分数）大于 6.0%时,需进行水泥压蒸安定性试验并合格。
③当有更低要求时,该指标由买卖双方协商确定。

（2）通用硅酸盐水泥的规定龄期的强度要求见表 1-44。

表 1-44　通用硅酸盐水泥的规定龄期的强度要求　　　　　　　（单位：MPa）

品　种	强度等级	抗压强度		抗折强度	
		3 d	28 d	3 d	28 d
硅酸盐水泥	42.5	≥17.0	≥42.5	≥3.5	≥6.5
	42.5R	≥22.0		≥4.0	
	52.5	≥23.0	≥52.5	≥4.0	≥7.0
	52.5R	≥27.0		≥5.0	
	62.5	≥28.0	≥62.5	≥5.0	≥8.0
	62.5R	≥32.0		≥5.5	
普通硅酸盐水泥	42.5	≥17.0	≥42.5	≥3.5	≥6.5
	42.5R	≥22.0		≥4.0	
	52.5	≥23.0	≥52.5	≥4.0	≥7.0
	52.5R	≥27.0		≥5.0	
矿渣硅酸盐水泥 火山灰质硅酸盐水泥 粉煤灰硅酸盐水泥 复合硅酸盐水泥	32.5	≥10.0	≥32.5	≥2.5	≥5.5
	32.5R	≥12.0		≥3.5	
	42.5	≥15.0	≥42.5	≥3.5	≥6.5
	42.5R	≥19.0		≥4.0	
	52.5	≥21.0	≥52.5	≥4.0	≥7.0
	52.5R	≥23.0		≥4.5	

(3)通用硅酸盐水泥的特征见表1-45。

表1-45　通用硅酸盐水泥的特征

品种	性能	
	优　点	缺　点
硅酸盐水泥	(1)早期强度高。 (2)凝结硬化快。 (3)抗冻性好	(1)水化热较高。 (2)耐热性较差。 (3)耐酸碱和硫酸盐类的化学侵蚀性差
普通硅酸盐水泥	(1)早期强度高。 (2)凝结硬化快。 (3)抗冻性好	(1)水化热较高。 (2)耐热性较高。 (3)抗水性差。 (4)耐酸碱和硫酸盐类化学侵蚀性差
矿渣硅酸盐水泥	(1)对硫酸盐类侵蚀性的抵抗能力及抗水性好。 (2)耐热性好。 (3)水化热低。 (4)在蒸汽养护中强度发展较快。 (5)在潮湿环境中后期强度增长率大	(1)早期强度较低,凝结较慢,在低温环境中尤甚。 (2)抗冻性较差。 (3)干缩性大,有泌水现象
火山灰质硅酸盐水泥	(1)对硫酸盐类侵蚀的抵抗能力及抗水性较好。 (2)水化热较低。 (3)在潮湿环境中后期强度增长率大。 (4)在蒸汽养护中强度发展较快	(1)早期强度低,凝结较慢,在低温环境中尤甚。 (2)抗冻性较差。 (3)吸水性大。 (4)干缩性较大

3. 通用型水泥储运的技术要求

(1)入库的水泥应按品种、强度等级、出厂日期分别堆放,并树立标志。做到先到先用,并防止混掺使用。

(2)为了防止水泥受潮,现场仓库应尽量密闭。包装水泥存放时,应垫起离地约 30 cm,离墙亦应在 30 cm 以上。堆放高度一般不要超过 10 包。临时露天暂存水泥也应用防雨篷布盖严,底板要垫高,并采取防潮措施。

(3)水泥贮存时间不宜过长,以免结块降低强度。常用水泥在正常环境中存放 3 个月,强度将降低 10%～20%;存放 6 个月,强度将降低 15%～30%。为此,水泥存放时间按出厂日期起算,超过 3 个月应视为过期水泥,使用时必须重新检验确定其强度等级。

(4)水泥不得和石灰石、石膏、白灰等粉状物料混放在一起。

4. 通用型水泥进场验收标准

(1)编号及取样。

1)水泥出厂前按同品种、同强度等级编号和取样。袋装水泥和散装水泥应分别进行编号和取样。每一编号为一取样单位。水泥出厂编号按年生产能力规定为:①200×10⁴ t 以上,不超过 4 000 t 为一编号；②120×10⁴～200×10⁴ t,不超过 2 400 t 为一编号；③60×10⁴～120×10⁴ t,不超过 1 000 t 为一编号；④30×10⁴～60×10⁴ t,不超过 600 t 为一编号；⑤10×10⁴～30×10⁴ t,不超过 400 t 为一编号；⑥10×10⁴ t 以下,不超过 200 t 为一编号。

2)取样方法按《水泥取样方法》(GB 12573－2008)进行。可连续取,亦可从 20 个以上不同部位取等量样品,总量至少 12 kg。当散装水泥运输工具的容量超过该厂规定出厂编号吨数时,允许该编号的数量超过取样规定吨数。

(2)验收。

1)水泥进场时应对其品种、级别、包装或散装仓号、出厂日期等进行检查,并应对其强度、安定性及其他必要的性能指标进行复验,其质量必须符合现行国家标准《通用硅酸盐水泥》(GB 175—2007)等的规定。

2)当在使用中对水泥质量有怀疑或水泥出厂超过三个月(快硬硅酸盐水泥超过一个月)时,应进行复验,并按复验结果使用。

3)钢筋混凝土结构、预应力混凝土结构中,严禁使用含氯化物的水泥。

4)检查数量:按同一生产厂家、同一等级、同一品种、同一批号且连续进场的水泥,袋装不超过 200 t 为一批,散装不超过 500 t 为一批,每批抽样不少于一次。

5)检验方法:检查产品合格证、出厂检验报告和进场复验报告。为能及时得知水泥强度,可按《水泥强度快速检验方法》(JC/T 738—2004)预测水泥 28 d 强度。

5. 通用型水泥的品种、组分与代号

通用型水泥的品种、组分与代号见表 1-46。

表 1-46　通用型硅酸盐水泥的组分与代号　　　　　　　　　　　（%）

品　种	代　号	组　分				
		熟料＋石膏	粒化高炉矿渣	火山灰质混合材料	粉煤灰	石灰石
硅酸盐水泥	P·I	100	—	—	—	—
	P·II	≥95	≤5	—	—	—
		≥95	—	—	—	≤5
普通硅酸盐水泥	P·O	≥80 且＜95	>5 且≤20			
矿渣硅酸盐水泥	P·S·A	≥50 且＜80	>20 且≤50	—	—	—
	P·S·B	≥30 且＜50	>50 且≤70	—	—	—
火山灰质硅酸盐水泥	P·P	≥60 且＜80		>20 且≤40	—	—
粉煤灰硅酸盐水泥	P·F	≥60 且＜80	—	—	>20 且≤40	—
复合硅酸盐水泥	P·C	≥50 且＜80	>20 且≤50			

二、硅酸盐水泥

(1)白色硅酸盐水泥的技术要求。

1)三氧化硫(SO₃):水泥中三氧化硫(SO₃)的含量应不超过 3.5%。

2)细度:80 μm 方孔筛筛余应不超过 10%。

3)凝结时间:初凝应不早于 45 min,终凝应不迟于 10 h。

4)安定性:用沸煮法检验必须合格。

5)水泥白度:水泥白度值应不低于 87。

6)强度:各龄期强度应不低于表 1-47 中的数值。

表 1-47 白色硅酸盐水泥各龄期强度取值

强度等级	抗压强度(MPa)		抗折强度(MPa)	
	3 d	28 d	3 d	28 d
32.5	12.0	32.5	3.0	6.0
42.5	17.0	42.5	3.5	6.5
52.5	22.0	52.5	4.0	7.0

(2)白色硅酸盐水泥的材料要求见表 1-48。

表 1-48 白色硅酸盐水泥的材料要求

项　　目	内　　容
熟料	以适当成分的生料烧至部分熔融,所得以硅酸钙为主要成分,氧化铁含量少的熟料。 熟料中氧化镁的的含量不宜超过 5.0%,如果熟料经压蒸安定性试验合格,则熟料中氧化镁的含量允许放宽到 6.0%
石膏	天然石膏:应符合《天然石膏》(GB/T 5483—2008)规定 G 类或 A 类二级(含)以上的石膏或硬石膏。 工业副产石膏:工业生产中以硫酸钙为主要成分的副产品。采用工业副产石膏时,应经过试验证明对水泥性能无害
助磨剂	水泥粉磨时,允许加入助磨剂,加入量应不超过水泥质量的 1%
混合材料	指石灰石和窑灰。混合材料掺量为水泥质量的 0～10%

(3)白色硅酸盐水泥的检验规则见表 1-49。

表 1-49 白色硅酸盐水泥的检验规则

项　　目	内　　容
编号	5 万 t 以上,不超过 200 t 为一编号; 1 万～5 万 t,不超过 150 t 位一编号; 1 万 t 以下,不超过 50 t 或不超过三天产量为一编号
取样	应该有代表性,可连续取,亦可从 20 个以上不同部位取等量样品,总数至少 12 kg
出厂水泥	保证强度等级且符合技术规定
废品	凡三氧化硫、初凝时间、安定性中任一项不符合规定或强度低于最低等级的指标时为废品

项　目	内　容
不合格品	凡细度、终凝时间、强度和白度中任一项不符合规定时为不合格品,水泥保证标志中,水泥品种、生产者名称和出厂编号不全的页属于不合格品
试验报告	试验报告内容应包括本标准各项技术要求及试验结果,有助磨剂、工业副产石膏、外加物的名称及掺加量。当用户需要时水泥厂应在水泥发出日起 7 d 内,寄发水泥品质报告。试验报告中应包括除 28 d 强度以外各项试验结果。28 d 强度数值应在水泥发出日起 32 d 内补报
交货与验收	(1)交货时水泥的质量验收可抽取实物试样以其检验结果为依据,也可以水泥厂同编号的检验报告为依据。采取何种方法验收由买卖双方商定,并在合同或协议中注明。 　(2)以抽取实物试样的检验结果为验收依据时,买卖双方应在发货前或交货地共同取样和封存。取样方法按《水泥取样方法》(GB 12573—2008)进行,取样数量为 22 kg,缩分为二等份。一份由卖方保存 40 d,一份由买方按《水泥取样方法》(GB 12573—2008)规定的项目和方法进行检验。在 40 d 以内,买方检验认为质量不符合《水泥取样方法》(GB 12573—2008)要求,而卖方又有异议时双方应将卖方保存的另一份试样送省级或省级以上国家认可的水泥质量监督机构进行仲裁检验。 　(3)以水泥厂同编号水泥的检验报告为验收依据时,在发货前或交货时买方在同编号水泥中抽取试样,双方共同签封后保存三个月;或委托卖方在同编号水泥中抽取试样,签封后保存三个月。在三个月内,买方对水泥质量有疑问时,则买卖双方应将签封的试样送省级或省级以上国家认可的水泥质量监督机构进行仲裁检验

(4)白色硅酸盐水泥的包装、标志、运输与贮存见表 1-50。

表 1-50　白色硅酸盐水泥的包装、标志、运输与贮存

项目	内　容
包装	水泥的包装可以袋装或散装,袋装水泥每袋净含量为 50 kg,且不得少于标志质量的 98%;随机取 20 袋总质量不得少于 1 000 kg。其他包装形式由供需双方协商确定,但有关袋装质量要求,必须符合上述规定
标志	包装袋上应清楚标明:产品名称、标准代号、净含量、强度等级、白度、生产者名称和地址、出厂编号、执行的标准号、包装年、月、日。包装袋两侧也应印有水泥名称、强度等级和白度
运输与贮存	水泥在运输与贮存时,不得受潮和混入杂物,不同强度等级水泥应分别贮运,不得混杂

三、铝酸盐水泥

1. 铝酸盐水泥(高铝水泥)的用途

配制不定形耐火材料;配制膨胀水泥、自应力水泥、化学建材的添加料等;抢建、抢修、抗硫酸盐侵蚀和冬季施工等特殊需要的工程。

2. 铝酸盐水泥(高铝水泥)的储存要求

铝酸盐水泥运输和贮存时应特别注意防潮和不与其他品种水泥混杂。

3. 铝酸盐水泥(高铝水泥)的使用注意事项

(1)在施工过程中,为防止凝结时间失控一般不得与硅酸盐水泥、石灰等能析出氢氧化钙的胶凝物质混合,使用前拌和设备等必须冲洗干净。

(2)不得用于接触碱性溶液的工程。

(3)铝酸盐水泥水化热集中于早期释放,从硬化开始应立即浇水养护。一般不宜浇筑大体积混凝土。

(4)铝酸盐水泥混凝土后期强度下降较大,应按最低稳定强度设计 CA—50 铝酸盐水泥混凝土最低稳定强度值以试体脱模后放入 50℃±2℃ 水中养护,取龄期为 7 d 和 14 d 强度值之低者来确定。

(5)若用蒸汽养护加速混凝土硬化时,养护温度不得高于 50℃。

(6)用于钢筋混凝土时,钢筋保护层的厚度不得小于 60 mm。

(7)未经试验,不得加入任何外加剂。

(8)不得与未硬化的硅酸盐水泥混凝土接触使用;可以与具有脱模强度的硅酸盐水泥混凝土接触使用,但接茬处不应长期处于潮湿状态。

4. 铝酸盐水泥(高铝水泥)的技术要求

(1)铝酸盐水泥的化学成分见表 1-51。

表 1-51　铝酸盐水泥的化学成分

(%)

类型	Al_2O_3	SiO_2	Fe_2O_3	R_2O $(Na_2O+0.658K_2O)$	$S^①$ (全硫)	$Cl^①$
CA—50	≥50,<60	≤8.0	≤2.5			
CA—60	≥60,<68	≤5.0	≤2.0	≤0.40	≤0.1	≤0.1
CA—70	≥68,<77	≤1.0	≤0.7			
CA—80	≥77	≤0.5	≤0.5			

①当用户需要时,生产厂应提供结果和测定方法。

(2)铝酸盐水泥的物理性能见表 1-52 和表 1-53。

表 1-52　凝结时间

水泥类型	初凝时间不得早于(min)	终凝时间不得迟于(h)
CA—50,CA—70,CA—80	30	6
CA—60	60	18

表 1-53　水泥胶砂强度

水泥类型	抗压强度(MPa)				抗折强度(MPa)			
	6 h	1 d	3 d	28 d	6 h	1 d	3 d	28 d
CA—50	$20^①$	40	50	—	$3.0^①$	5.5	6.5	—

水泥类型	抗压强度（MPa）				抗折强度（MPa）			
	6 h	1 d	3 d	28 d	6 h	1 d	3 d	28 d
CA－60	—	20	45	85	—	2.5	5.0	10.0
CA－70		30	40	—		5.0	6.0	—
CA－80	—	25	30	—	—	4.0	5.0	—

①当用户需要时,生产厂应提供结果。

第四节　建筑钢材

一、钢　材

1. 钢材的力学性能

(1)屈服强度。对于不可逆(塑性)变形开始出现时金属单位截面上的最低作用外力,定义为屈服强度或屈服点。它标志着金属对初始塑性变形的抗力。

钢材在单向均匀拉力作用下,根据应力一应变($\sigma-\varepsilon$)曲线图如图 1-1 所示,可分为弹性、弹塑性、屈服、强化四个阶段。

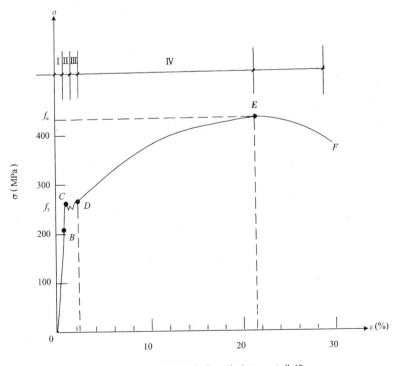

图 1-1　低碳钢的应力一应变($\sigma-\varepsilon$)曲线

钢结构强度校核时根据荷载算得的应力小于材料的容许应力$[\sigma_s]$时结构是安全的。

容许应力$[\sigma_s]$可用下式计算:

$$\left[\sigma_s = \frac{\sigma_s}{K}\right] = \frac{\sigma_s}{K}$$

式中　σ_s——材料屈服强度；

K——安全系数。

屈服强度是作为强度计算和确定结构尺寸的最基本参数。

(2)抗拉强度。钢材的抗拉强度表示能承受的最大拉应力值(图 1-1 中的 E 点)。在建筑钢结构中，以规定抗拉强度的上、下限作为控制钢材冶金质量的一个手段。

1)如抗拉强度太低，意味着钢的生产工艺不正常，冶金质量不良(钢中气体、非金属夹杂物过多等)；如抗拉强度过高，则反映轧钢工艺不当，终轧温度太低，使钢材过分硬化，从而引起钢材塑性、韧性的下降。

2)规定了钢材强度的上下限就可以使钢材与钢材之间，钢材与焊缝之间的强度较为接近，使结构具有等强度的要求，从而避免了因材料强度不均而产生过度的应力集中。

3)控制抗拉强度范围还可以避免因钢材的强度过高而给冷加工和焊接带来困难。

由于钢材应力超过屈服强度后会出现较大的残余变形，结构不能正常使用，因此钢结构设计是以屈服强度作为承载力极限状态的标志值，相应地在一定程度上抗拉强度即作为强度储备。其储备率可以抗拉强度与屈服强度的比值强屈比(f_u/f_y)表示，强屈比越大则强度储备越大。所以对钢材除要求其符合屈服强度外，尚应符合抗拉强度的要求。

(3)断后伸长率。断后伸长率是钢材加工工艺性能的重要指标，并显示钢材冶金质量的好坏。断后伸长率是衡量钢材塑性及延性性能的指标。断后伸长率越大，表示塑性及延性性能越好，钢材断裂前永久塑性变形和吸收能量的能力越强。对建筑结构钢的断后伸长率要求应在 $16\%\sim23\%$ 之间。钢的断后伸长率太低，可能是由钢的冶金质量不好所致；伸长率太高，则可能引起钢的强度、韧性等其他性能的下降。随着钢的屈服强度等级的提高，断后伸长率的指标可以有少许降低。

(4)疲劳破坏。钢筋混凝土构件在交变荷载的反复作用下，往往在应力远小于屈服点时，发生突然的脆性断裂，这种现象叫做疲劳破坏。

(5)冷弯试验。冷弯试验是测定钢材变形能力的重要手段。它以试件在规定的弯心直径下弯曲到一定角度不出现裂纹、裂断或分层等缺陷为合格标准。在试验钢材冷弯性能的同时，也可以检验钢的冶金质量。在冷弯试验中，钢材开始出现裂纹时的弯曲角度及裂纹的扩展情况显示了钢的抗裂能力，在一定程度上也反映了钢的韧性。

(6)冲击韧性。钢材的冲击韧性是衡量钢材断裂时所做功的指标，以及在低温、应力集中、冲击荷载等作用下，衡量抵抗脆性断裂的能力。钢材中非金属夹杂物、脱氧不良等都将影响其冲击韧性。为了保证钢结构建筑物的安全，防止低应力脆性断裂，建筑结构钢还必须具有良好的韧性。目前关于钢材脆性破坏的试验方法较多，冲击试验是最简便的检验钢材缺口韧性的试验方法，也是作为建筑结构钢的验收试验项目之一。

钢材的冲击韧性采用 V 形缺口的标准试件，冲击韧性指标以冲击荷载使试件断裂时所吸收的冲击功 A_{KV} 表示，单位为 J。

2. 钢材的主要化学成分对钢材性能的影响

(1)碳可提高钢材的强度，但会导致钢材塑性和韧性降低，而且焊接性也随之降低。建筑结构钢的含碳量不宜太高，一般不应超过 0.22%，在焊接性能要求高的结构钢中，含碳量则应控制在 0.2% 以内。

(2)硫(S)和磷(P)是钢中极有害的杂质元素,硫(S)在钢中形成低熔点(1 190℃)的FeS,而FeS与Fe又形成低熔点(985℃)的共晶体分布在晶界上。当钢在1 000℃～1 200℃进行焊接或热加工时,这些低熔点的共晶体先熔化导致钢断裂,出现热脆性。磷(P)能增加钢的强度,其强化能力是碳(C)的1/2,但也能使钢的塑性和韧性显著降低,尤其在低温下使钢严重变脆,发生冷脆性。因此建筑结构钢对磷(P)、硫(S)含量必须严格控制。

(3)建筑结构钢材中,各种化学成分对钢材性能的影响见表1-54。

表1-54 化学成分对钢材性能的影响

化学成分	在钢材中的作用	对钢材性能的影响
碳 (C)	决定钢材强度的主要因素。碳素钢含碳量应在0.04%～1.7%之间,合金钢含碳量在0.5%～0.7%之间	含碳量增高,强度和硬度增高,塑性和冲击韧性下降,脆性增大,冷弯性能、焊接性能变差
硅 (Si)	加入少量能提高钢的强度、硬度和弹性,能使钢脱氧,有较好的耐热性、耐酸性。在碳素钢中含量不超过0.5%,超过限值则成为合金钢的合金元素	含量超过1%时,则使钢的塑性和冲击韧性下降,冷脆性增大,可焊性、抗腐蚀性变差
锰 (Mn)	提高钢强度和硬度,可使钢脱氧去硫。含量在1%以下;合金钢含量大于1%时即成为合金元素	少量锰可降低钢的脆性,改善其塑性、韧性、热加工性和焊接性能,含量较高时,会使钢塑性和韧性下降,脆性增大,焊接性能变坏
磷 (P)	磷是有害元素,可降低钢的塑性和韧性,出现冷脆性,但能使钢的强度显著提高,同时提高大气腐蚀稳定性,含量应限制在0.05%以下	含量提高,在低温下使钢变脆,在高温下使钢缺乏塑性和韧性,焊接及冷弯性能变坏,其危害与含碳量有关,在低碳钢中影响较少
硫 (S)	硫是有害元素,使钢热脆性增大,含量限制在0.05%以下	含量高时,钢的焊接性能、韧性和抗蚀性将变坏;在高温热加工时,容易产生断裂,形成热脆性
钒、铌 (V、Nb)	使钢脱氧除气,显著提高强度。合金钢含量应小于0.5%	少量可提高钢的低温韧性,改善可焊性;含量多时,会降低钢的焊接性能
(钛) (Ti)	为钢的强脱氧剂和除气剂,可显著提高强度,能与碳和氮作用生成碳化钛(TiC)和氮化钛(TiN)。低合金钢其含量在0.06%～0.12%之间	少量可改善钢的塑性、韧性和焊接性能,降低热敏感性
铜 (Cu)	含少量铜对钢不起显著变化,但可提高钢的抗大气腐蚀性	含量增到0.25%～0.3%时,钢的焊接性能变坏,增到0.4%时,钢发生热脆现象

3. 普通碳素结构钢的质量标准

普通碳素结构钢的化学成分、力学及工艺性能见表1-55～表1-57。

表 1-55　碳素结构钢的化学成分

牌号	统一数字代号①	等级	厚度(或直径)(mm)	脱氧方法	化学成分(质量分数,%),≤				
					C	Si	Mn	P	S
Q195	U11952	—	—	F、Z	0.12	0.30	0.50	0.035	0.040
Q215	U12152	A	—	F、Z	0.15	0.35	1.20	0.045	0.050
	U12155	B							0.045
Q235	U12352	A	—	F、Z	0.22	0.35	1.40	0.045	0.050
	U12355	B			0.20②				0.045
	U12358	C		Z	0.17			0.040	0.040
	U12359	D		TZ				0.035	0.035
Q275	U12752	A	—	F、Z	0.24	0.35	1.50	0.045	0.050
	U12755	B	≤40	Z	0.21			0.045	0.045
			>40		0.22				
	U12758	C	—	Z	0.20			0.040	0.040
	U12759	D		TZ				0.035	0.035

①表中为镇静钢、特殊镇静钢牌号的统一数字,沸腾钢牌号的统一数字代号如下。

Q195F——U11950。

Q215AF——U12150,Q215BF——U12153。

Q235AF——U12350,Q235BF——U12353。

Q275AF——U12750。

②经需方同意,Q235B 的碳含量(质量)可不大于 0.22%。

表 1-56　碳素结构钢的冷弯试验

牌号	试样方向	冷弯试验180°,$B=2a$①	
		钢材厚度(直径)②(mm)	
		≤60	60~100
		弯心直径 d	
Q195	纵向	0	—
	横向	0.5a	
Q215	纵向	0.5a	1.5a
	横向	a	2a
Q235	纵向	a	2a
	横向	1.5a	2.5a
Q275	纵向	1.5a	2.5a
	横向	2a	3a

①B 为试样宽度,a 为试样厚度(或直径)。

②钢材厚度(或直径)大于 100 mm 时,弯曲试验由双方协商确定。

表 1-57　碳素结构钢的拉伸、冲击性能

牌号	等级	屈服强度①R_{eH}(N/mm²),≥						抗拉强度②R_m(N/mm²)	断后伸长率 A(%),≥					冲击试验(V型缺口)	
		厚度(或直径)(mm)							厚度(或直径)(mm)					温度(℃)	冲击吸收功(纵向)(J) ≥
		≤16	16~40	40~60	60~100	100~150	150~200		≤40	40~60	60~100	100~150	150~200		
Q195	—	195	185	—	—	—	—	315~430	33	—	—	—	—	—	—
Q215	A	215	205	195	185	175	165	335~450	31	30	29	27	26	—	—
	B													+20	27
Q235	A	235	225	215	215	195	185	370~500	26	25	24	22	21	—	—
	B													+20	27③
	C													0	
	D													−20	
Q275	A	275	265	255	245	225	215	410~540	22	21	20	18	17	—	—
	B													+20	27
	C													0	
	D													−20	

①Q195 的屈服强度值仅供参考,不作交货条件。

②厚度大于 100 mm 的钢材,抗拉强度下限允许降低 20 N/mm²。宽带钢(包括剪切钢板)抗拉强度上限不作交货条件。

③厚度小于 25 mm 的 Q235B 级钢材,如供方能保证冲击吸收功值合格,经需方同意,可不做检验。

4. 低合金高强度结构钢的质量标准

(1)化学成分。各牌号低合金高强度结构钢的化学成分(熔炼分析)见表 1-58。

表 1-58　低合金高强度结构钢的化学成分

牌号	质量等级	化学成分①·②(质量分数)(%)													
		C	Si	Mn	P	S	Nb	V	Ti	Cr	Ni	Cu	N	Mo	B	Als
					不大于											不小于
Q345	A	≤0.20	≤0.50	≤1.70	0.035	0.035	0.07	0.15	0.20	0.30	0.50	0.30	0.012	0.10	—	—
	B				0.035	0.035										—
	C				0.030	0.030										0.015
	D	≤0.18			0.030	0.025										
	E				0.025	0.020										

.村镇建筑工程.

牌号	质量等级	化学成分①·②（质量分数）（%）														
		C	Si	Mn	P	S	Nb	V	Ti	Cr	Ni	Cu	N	Mo	B	Als
								不大于									不小于
Q390	A	≤0.20	≤0.50	≤1.70	0.035	0.035	0.07	0.20	0.20	0.30	0.50	0.30	0.15	0.10	—	—
	B				0.035	0.035										
	C				0.030	0.030										0.015
	D				0.030	0.025										
	E				0.025	0.020										
Q420	A	≤0.20	≤0.50	≤1.70	0.035	0.035	0.07	0.20	0.20	0.30	0.80	0.30	0.15	0.20	—	—
	B				0.035	0.035										
	C				0.030	0.030										0.015
	D				0.030	0.025										
	E				0.025	0.020										
Q460	C	≤0.20	≤0.60	≤1.80	0.030	0.030	0.11	0.20	0.20	0.30	0.80	0.55	0.15	0.20	0.004	0.015
	D				0.030	0.025										
	E				0.025	0.020										
Q500	C	≤0.18	≤0.60	≤1.80	0.030	0.030	0.11	0.12	0.20	0.60	0.80	0.55	0.15	0.20	0.004	0.015
	D				0.030	0.025										
	E				0.025	0.020										
Q550	C	≤0.18	≤0.60	≤2.00	0.030	0.030	0.11	0.12	0.20	0.80	0.80	0.80	0.015	0.30	0.004	0.015
	D				0.030	0.025										
	E				0.025	0.020										
Q620	C	≤0.18	≤0.60	≤2.00	0.030	0.030	0.11	0.12	0.20	1.00	0.80	0.80	0.15	0.30	0.004	0.015
	D				0.030	0.025										
	E				0.025	0.020										
Q690	C	≤0.18	≤0.60	≤2.00	0.030	0.030	0.11	0.12	0.20	1.00	0.80	0.80	0.15	0.30	0.004	0.015
	D				0.030	0.025										
	E				0.025	0.020										

①型材及棒材 P、S 含量可提高 0.005%，其中 A 级钢上限可为 0.045%。

②当细化晶粒元素组合加入时，20(Nb＋V＋Ti)≤0.22%，20(Mo＋Cr)≤0.30%。

（2）机械性能的要求见表 1-59。

表1-59　钢材的拉伸性能①②③

(单位:mm)

牌号	质量等级	拉伸试验①②③ 以下公称厚度(直径,边长)下屈服强度(R_{eL})(MPa)									以下公称厚度(直径,边长)抗拉强度(R_m)(MPa)							断后伸长率(A)(%) 公称厚度(直径,边长)					
		≤16	16~40	40~63	63~80	80~100	100~150	150~200	200~250	250~400	≤40	40~63	63~80	80~100	100~150	150~200	200~400	≤40	40~63	63~100	100~150	150~250	250~400
Q345	A	≥345	≥335	≥325	≥315	≥305	≥285	≥275	≥265	—	470~630	470~630	470~630	470~630	450~600	450~600	—	≥20	≥19	≥19	≥18	≥17	—
	B	≥345	≥335	≥325	≥315	≥305	≥285	≥275	≥265	—	470~630	470~630	470~630	470~630	450~600	450~600	—	≥20	≥19	≥19	≥18	≥17	—
	C	≥345	≥335	≥325	≥315	≥305	≥285	≥275	≥265	—	470~630	470~630	470~630	470~630	450~600	450~600	—	≥21	≥20	≥20	≥19	≥18	≥17
	D	≥345	≥335	≥325	≥315	≥305	≥285	≥275	≥265	≥265	470~630	470~630	470~630	470~630	450~600	450~600	450~600	≥21	≥20	≥20	≥19	≥18	≥17
	E	≥345	≥335	≥325	≥315	≥305	≥285	≥275	≥265	≥265	470~630	470~630	470~630	470~630	450~600	450~600	450~600	≥21	≥20	≥20	≥19	≥18	≥17
Q390	A	≥390	≥370	≥350	≥330	≥330	≥310	—	—	—	490~650	490~650	490~650	490~650	470~620	—	—	≥20	≥19	≥19	≥18	—	—
	B	≥390	≥370	≥350	≥330	≥330	≥310	—	—	—	490~650	490~650	490~650	490~650	470~620	—	—	≥20	≥19	≥19	≥18	—	—
	C	≥390	≥370	≥350	≥330	≥330	≥310	—	—	—	490~650	490~650	490~650	490~650	470~620	—	—	≥20	≥19	≥19	≥18	—	—
	D	≥390	≥370	≥350	≥330	≥330	≥310	—	—	—	490~650	490~650	490~650	490~650	470~620	—	—	≥20	≥19	≥19	≥18	—	—
	E	≥390	≥370	≥350	≥330	≥330	≥310	—	—	—	490~650	490~650	490~650	490~650	470~620	—	—	≥20	≥19	≥19	≥18	—	—
Q420	A	≥420	≥400	≥380	≥360	≥360	≥340	—	—	—	520~680	520~680	520~680	520~680	500~650	—	—	≥19	≥18	≥18	≥18	—	—
	B	≥420	≥400	≥380	≥360	≥360	≥340	—	—	—	520~680	520~680	520~680	520~680	500~650	—	—	≥19	≥18	≥18	≥18	—	—
	C	≥420	≥400	≥380	≥360	≥360	≥340	—	—	—	520~680	520~680	520~680	520~680	500~650	—	—	≥19	≥18	≥18	≥18	—	—
	D	≥420	≥400	≥380	≥360	≥360	≥340	—	—	—	520~680	520~680	520~680	520~680	500~650	—	—	≥19	≥18	≥18	≥18	—	—
	E	≥420	≥400	≥380	≥360	≥360	≥340	—	—	—	520~680	520~680	520~680	520~680	500~650	—	—	≥19	≥18	≥18	≥18	—	—

村 镇 建 筑 工 程

牌号	质量等级	拉伸试验①②③																					
		以下公称厚度(直径、边长)下屈服强度(R_{eL})(MPa)									以下公称厚度(直径、边长)抗拉强度(R_m)(MPa)							断后伸长率(A)(%)					
																			公称厚度(直径、边长)				
		≤16	16~40	40~63	63~80	80~100	100~150	150~200	200~250	250~400	≤40	40~63	63~80	80~100	100~150	150~200	200~400	≤40	40~63	63~100	100~150	150~250	250~400
Q460	C																						
	D	≥460	≥440	≥420	≥400	≥400	≥380	—	—	—	550~720	550~720	550~720	550~720	530~700	—	—	≥17	≥16	≥16	≥16	—	—
	E																						
Q500	C																						
	D	≥500	≥480	≥470	≥450	≥440	—	—	—	—	610~770	600~760	590~750	540~730	—	—	—	≥17	≥17	—	—	—	—
	E																						
Q550	C																						
	D	≥550	≥530	≥520	≥500	≥490	—	—	—	—	670~830	620~810	600~790	590~780	—	—	—	≥16	≥16	≥16	—	—	—
	E																						
Q620	C																						
	D	≥620	≥600	≥590	≥570	—	—	—	—	—	710~880	690~880	670~860	—	—	—	—	≥15	≥15	≥15	—	—	—
	E																						
Q690	C																						
	D	≥690	≥670	≥660	≥640	—	—	—	—	—	770~940	750~920	730~900	—	—	—	—	≥14	≥14	≥14	—	—	—
	E																						

① 当屈服不明显时,可测量 $R_{p0.2}$ 代替下屈服强度。

② 宽度不小于600 mm扁平材,拉伸试验取横向试样;宽度小于600 mm的扁平材、型材及棒材取纵向试样,断后伸长率最小值相应提高1%(绝对值)。

③ 厚度大于250~400 mm的数值适用于扁平材。

（3）低合金高强度结构钢的特性及应用。由于合金元素的细晶强化作用和固深强化等作用，使低合金高强度结构钢与碳素结构钢相比，既具有较高的强度，同时又有良好的塑性、低温冲击韧性、焊接性能和耐蚀性等特点，是一种综合性能良好的建筑钢材。

Q345级钢是钢结构的常用牌号，Q390也是推荐使用的牌号。与碳素结构钢Q235相比，低合金高强度结构钢Q345的强度更高，等强度代换时可以节省钢材15%～25%，并可减轻结构自重。另外，Q345具有良好的承受动荷载能力和耐疲劳性。

低合金高强度结构钢被广泛应用于钢结构和钢筋混凝土结构中，特别是大型结构、重型结构、大跨度结构、高层建筑、桥梁工程、承受动荷载和冲击荷载的结构。

5. 优质碳素结构钢的质量标准

（1）优质碳素结构钢的化学成分允许偏差见表 1-60。

表 1-60　钢材（或坯）的化学成分允许偏差

组　　别	化学成分（质量分数）（%），≤	
	P	S
优质钢	0.035	0.035
高级优质钢	0.030	0.030
特级优质钢	0.025	0.020

（2）优质碳素结构钢的力学性能。用热处理（正火）毛坯制成的试样测定钢材的纵向力学性能（不包括冲击吸收功）见表 1-61。

表 1-61　优质碳素结构钢的力学性能

牌号	试样毛坯尺寸（mm）	推荐热处理（℃）			力学性能					钢材交货状态硬度 HBS10/3 000≤	
		正火	淬火	回火	σ_b（MPa）	σ_s（MPa）	δ_5（%）	ψ（%）	A_{KU_2}（J）		
					≥					未热处理钢	退火钢
08F	25	930	—	—	295	175	35	60	—	131	—
10F	25	930	—	—	315	185	33	55	—	137	—
15F	25	920	—	—	355	205	29	55	—	143	—
08	25	930	—	—	325	195	33	60	—	131	—
10	25	930	—	—	335	205	31	55	—	137	—
15	25	920	—	—	375	225	27	55	—	143	—
20	25	910	—	—	410	245	25	55	—	156	—
25	25	900	870	600	450	275	23	50	71	170	—
30	25	880	860	600	490	295	21	50	63	179	—
35	25	870	850	600	530	315	20	45	55	197	—
40	25	860	840	600	570	335	19	45	47	217	187
45	25	850	840	600	600	355	16	40	39	229	197
50	25	830	830	600	630	375	14	40	31	241	207

牌号	试样毛坯尺寸(mm)	推荐热处理(℃)			力学性能					钢材交货状态硬度 HBS10/3 000≤	
		正火	淬火	回火	σ_b (MPa)	σ_s (MPa)	δ_5 (%)	ψ (%)	A_{KU_2} (J)		
					≥					未热处理钢	退火钢
55	25	820	820	600	645	380	13	35	—	255	217
60	25	810	—	—	675	400	12	35	—	255	229
65	25	810	—	—	695	410	10	30	—	255	229
70	25	790	—	—	715	420	9	30	—	269	229
75	试样	—	820	480	1 080	880	7	30	—	285	241
80	试样	—	820	480	1 080	930	6	30	—	285	241
85	试样	—	820	480	1 130	980	6	30	—	302	255
15Mn	25	920	—	—	410	245	26	55	—	163	—
20Mn	25	910	—	—	450	275	24	50	—	197	—
25Mn	25	900	870	600	490	295	22	50	71	207	—
30Mn	25	880	860	600	540	315	20	45	63	217	187
35Mn	25	870	850	600	560	335	18	45	55	229	197
40Mn	25	860	840	600	590	355	17	45	47	229	207
45Mn	25	850	840	600	620	375	15	40	39	241	217
50Mn	25	830	830	600	645	390	13	40	31	255	217
60Mn	25	810	—	—	695	410	11	35	—	269	229
65Mn	25	830	—	—	735	430	9	30	—	285	229
70Mn	25	790	—	—	785	450	8	30	—	285	229

注：1. 对于直径或厚度小于 25 mm 的钢材,热处理是在与成品截面尺寸相同的试样毛坯上进行。

2. 表中所列正火推荐保温时间不少于 30 min,空冷;淬火推荐保温时间不少于 30 min,75、80 和 85 钢油冷,其余钢水冷;回火推荐保温时间不少于 1 h。

3. 表中所列的力学性能仅适用于截面尺寸不大于 80 mm 的钢材。对于大于 80 mm 的钢材,允许其断后伸长率和断面收缩率比表中数值分别降低 2%(绝对值)及 5%(绝对值)。

4. 切削加工用钢材或冷拔坯料用钢材的交货状态硬度应符合表中规定。

二、钢　筋

1. 钢筋的分类

(1)按化学成分分类,钢筋可分为碳素钢钢筋和普通低合金钢钢筋两种。

1)碳素钢钢筋是由碳素钢轧制而成。碳素钢钢筋按含碳量多少又分为:低碳钢钢筋($w_c < 0.25\%$);中碳钢钢筋($w_c = 0.25\% \sim 0.6\%$);高碳钢钢筋($w_c > 0.60\%$)。常用的有 Q235、Q215 等品种。含碳量越高,强度及硬度也越高,但塑性、韧性、冷弯及焊接性等均降低。

2)普通低合金钢钢筋是在低碳钢和中碳钢的成分中加入少量元素(硅、锰、钛、稀土等)制成的钢筋。普通低合金钢的主要优点是强度高,综合性能好,用钢量比碳素钢少 20% 左右。常用的有 24MnSi、25MnSi、40MnSiV 等品种。

(2)按生产工艺可分为热轧钢筋、余热处理钢筋、冷拉钢筋、冷拔钢丝、热处理钢筋、碳素钢丝、刻痕钢丝、钢绞线、冷轧带肋钢筋、冷轧扭钢筋等。

1)热轧钢筋是用加热钢坯轧成的条形钢筋。由轧钢厂经过热轧成材供应,钢筋直径一般为 5～50 mm。分直条和盘条两种。

2)余热处理钢筋又称调质钢筋,是经热轧后立即穿水,进行表面控制冷却,然后利用芯部余热自身完成回火处理所得的成品钢筋。其外形为有肋的月牙肋。

3)冷加工钢筋有冷拉钢筋和冷拔低碳钢丝两种。冷拉钢筋是将热轧钢筋在常温下进行强力拉伸使其强度提高的一种钢筋。冷拔低碳钢丝由直径6～8 mm 的普通热轧圆盘条经多次冷拔而成,分甲、乙两个等级。

4)碳素钢丝是由优质高碳钢盘条经淬火、酸洗、拔制、回火等工艺而制成的。按生产工艺可分为冷拉及校直回火两个品种。

5)刻痕钢丝是把热轧大直径高碳钢加热,并经铅浴淬火,然后冷拔多次,钢丝表面再经过刻痕处理而制得的钢丝。

6)钢绞线是把光圆碳素钢丝在绞线机上进行捻合而成的钢绞线。

2. 钢筋的牌号

钢筋的牌号分为 HPB235、HRB335、HRB400、HRB500 级,HPB235 级钢筋为光圆钢筋,热轧直条光圆钢筋强度等级代号为 R235。低碳热轧圆盘条按其屈服强度代号为 Q195、Q215、Q235,供建筑用钢筋为 Q235。HRB335、HRB400、HRB500 级为热轧带肋钢筋。其中 Q 为"屈服"的汉语拼音字头,H、R、B 分别为热轧(Hot rolled)、带肋(Ribbed)、钢筋(Bars)三个词的英文首位字母。

(1)交货质量:钢筋可按实际质量或理论质量交货。

(2)质量允许偏差:根据需方要求,钢筋按质量偏差交货时,其实际质量与理论质量的允许偏差见表 1-62。

表 1-62　热轧钢筋的实际质量与理论质量的允许偏差

公称直径(mm)	6～12	14～20	22～50
实际质量与理论质量的偏差(%)	±7	±5	±4

3. 冷轧带肋钢筋的技术性能

(1)冷轧带肋钢筋成品公称直径范围为 4～12 mm。其外形尺寸、技术性能等见表 1-63～表 1-66。

表 1-63　三面肋和二面肋钢筋的尺寸、质量及允许偏差

公称直径 d (mm)	公称横截面积 (mm²)	质量		横肋中点高		横肋 1/4 处高 h₁/₄ (mm)	横肋顶宽 b(mm)	横肋间隙		相对肋面积 fᵣ,不小于
		理论质量 (kg/m)	允许偏差 (%)	h (mm)	允许偏差 (mm)			l(mm)	允许偏差(%)	
4	12.6	0.099		0.30		0.24		4.0		0.036
4.5	15.9	0.125		0.32		0.25		4.0		0.039
5	19.6	0.154		0.32		0.26		4.0		0.039
5.5	23.7	0.186	±4	0.40	+0.10 −0.05	0.32	−0.2d	5.0	±15	0.039
6	28.3	0.222		0.40		0.32		5.0		0.039
6.5	33.2	0.261		0.46		0.37		5.0		0.045
7	38.5	0.302		0.46		0.37		5.0		0.045

公称直径 d (mm)	公称横截面积 (mm²)	质量		横肋中点高		横肋 1/4 处高 $h_{1/4}$ (mm)	横肋顶宽 b(mm)	横肋间隙		相对肋面积 f_r,不小于
		理论质量 (kg/m)	允许偏差 (%)	h (mm)	允许偏差 (mm)			l(mm)	允许偏差(%)	
7.5	44.2	0.347		0.55		0.44		6.0		0.045
8	50.3	0.395		0.55		0.44		6.0		0.045
8.5	56.7	0.445		0.55		0.44		7.0		0.045
9	63.6	0.499		0.75		0.60		7.0		0.052
9.5	70.8	0.556	±4	0.75	±0.10	0.60	−0.2d	7.0	±15	0.052
10	78.5	0.617		0.75		0.60		7.0		0.052
10.5	86.5	0.679		0.75		0.60		7.4		0.052
11	95.0	0.745		0.85		0.68		7.4		0.056
11.5	103.8	0.815		0.95		0.76		8.4		0.056
12	113.1	0.888		0.95		0.76		8.4		0.056

注:1. 横肋 1/4 处高、横肋顶宽供孔型设计用。

2. 二面肋钢筋允许有高度不大于 0.5h 的纵肋。

表 1-64 力学性能和工艺性能

牌号	$R_{p0.2}$(MPa) 不小于	R_m(MPa) 不小于	伸长率(%),不小于		弯曲试验 180°	反复弯曲次数	应力松弛初始应力应相当于公称抗拉强度的 70%
			$A_{11.3}$	A_{100}			1 000 h 松弛率(%),不大于
CRB550	500	550	8.0	—	$D=3d$	—	—
CRB650	585	650	—	4.0	—	3	8
CRB800	720	800	—	4.0	—	3	8
CRB970	875	970	—	4.0	—	3	8

注:表中 D 为弯心直径,d 为钢筋公称直径。

表 1-65 反复弯曲试验的弯曲半径 （单位:mm）

钢筋公称直径	4	5	6
弯曲半径	10	15	15

表 1-66 冷轧带肋钢筋用盘条的参考牌号和化学成分

钢筋牌号	盘条牌号	化学成分(质量分数)(%)					
		C	Si	Mn	V、Ti	S	P
CRB550 CRB650	Q215	0.09～0.15	≤0.30	0.25～0.55	—	≤0.050	≤0.045
	Q235	0.14～0.22	≤0.30	0.30～0.65	—	≤0.050	≤0.045
CRB850	24MnTi	0.19～0.27	0.17～0.37	1.20～1.60	Ti:0.01～0.05	≤0.045	0.045
	20MnSi	0.17～0.25	0.40～.80	1.20～1.60	—	≤0.045	0.045

钢筋牌号	盘条牌号	化学成分(质量分数)(%)					
		C	Si	Mn	V、Ti	S	P
CRB970	41MnSiV	0.37~0.45	0.60~1.10	1.00~1.40	V:0.05~0.12	≤0.045	≤0.045
	60	0.57~0.65	0.17~0.37	0.50~0.80	—	≤0.035	≤0.035

4. 冷轧扭钢筋的技术性能

冷轧扭钢筋的技术性能见表1-67～表1-69。

表1-67 冷轧扭钢筋的力学性能指标

级 别	型 号	抗拉强度 R_m (N/mm²)	断后伸长率 (%)	180°弯曲(弯心直径=3d)
CTB550	Ⅰ	≥550	$A_{11.3}$≥4.5	受弯曲部位钢筋表面不得产生裂纹
	Ⅱ	≥550	A≥10	
	Ⅲ	≥550	A≥12	
CTB650	Ⅲ	≥650	A_{100}≥4	

注:1. d 为冷轧扭钢筋标志直径。

2. A、$A_{11.3}$分别表示以标距5.65$\sqrt{S_0}$或11.3$\sqrt{S_0}$(S_0为试样原始截面面积)的试样断后伸长率,A_{100}表示标距为100 mm的试样断后伸长率。

表1-68 冷轧扭钢筋的规格及截面参数

强度级别	型 号	标志直径 d (mm)	公称截面面积 A_s (mm²)	理论质量 G (kg/m)
CTB550	Ⅰ	6.5	29.50	0.232
		8	45.30	0.356
		10	68.30	0.536
		12	96.14	0.755
	Ⅱ	6.5	29.20	0.229
		8	42.30	0.332
		10	66.10	0.519
		12	92.74	0.728
	Ⅲ	6.5	29.86	0.234
		8	45.24	0.355
		10	70.69	0.555
CTB650	Ⅲ	6.5	28.20	0.221
		8	42.73	0.335
		10	66.76	0.524

注:Ⅰ型为矩形截面;Ⅱ型为方形截面;Ⅲ型为圆形截面。

表 1-69　冷轧扭钢筋的截面控制尺寸、节距

强度级别	型号	标志直径 d(mm)	截面控制尺寸(mm),≥				节距 l_1 (mm),≤
			轧扁厚度 t_1	方形边长 a_1	外圆直径 d_1	内圆直径 d_2	
CTB550	I	6.5	3.7	—	—	—	75
		8	4.2	—	—	—	95
		10	5.3	—	—	—	110
		12	6.2	—	—	—	150
	II	6.5	—	5.4	—	—	30
		8	—	6.5	—	—	40
		10	—	8.1	—	—	50
		12	—	9.6	—	—	80
	III	6.5	—	—	6.17	5.67	40
		8	—	—	7.59	7.09	60
		10	—	—	9.49	8.89	70
CTB650	III	6.5	—	—	6.00	5.50	30
		8	—	—	7.38	6.88	50
		10	—	—	9.22	8.67	70

5. 低碳钢热轧圆盘条钢筋的技术性能

低碳钢热轧圆盘条钢筋的技术性能要求见表 1-70。

表 1-70　低碳钢热轧圆盘条钢筋技术性能要求

牌　号	力学性能		冷弯试验 180° d=弯心直径 a=试样直径
	抗拉强度 R_m(N/mm²) 不大于	断后伸长率 $A_{11.3}$(%) 不小于	
Q195	410	30	d=0
Q215	435	28	d=0
Q235	500	23	d=0.5a
Q275	540	21	d=1.5a

6. 热轧光圆钢筋的技术性能

(1)热轧光圆钢筋公称直径。钢筋的公称直径范围为 6~22 mm,推荐的钢筋公称直径为 6 mm、8 mm、10 mm、12 mm、16 mm、20 mm。

(2)热轧光圆钢筋的公称横截面积与理论质量见表 1-71。

表 1-71　热轧光圆钢筋公称横截面积与理论质量

公称直径(mm)	公称横截面面积(mm²)	理论质量(kg/m)
6(6.5)	28.27(33.18)	0.222(0.260)

公称直径(mm)	公称横截面面积(mm²)	理论质量(kg/m)
8	50.27	0.395
10	78.54	0.617
12	113.1	0.888
14	153.9	1.21
16	201.1	1.58
18	254.5	2.00
20	314.2	2.47
22	380.1	2.98

注:表中理论质量按密度为 7.85g/cm² 计算。公称直径为 6.5 mm 的产品为过滤性产品。

(3)钢筋牌号及化学成分(熔炼分析)见表 1-72。

表 1-72　化学成分要求

牌号	化学成分(质量分数)(%),不大于				
	C	Si	Mn	P	S
HPB235	0.22	0.30	0.65	0.045	0.050
HPB300	0.25	0.55	1.50		

(4)热轧光圆钢筋力学性能见表 1-73。

表 1-73　力学性能

牌号	屈服强度 R_{eL} (MPa)	抗拉强度 R_m (MPa)	断后伸长率 A (%)	最大力总伸长率 A_{gt} (%)	冷弯试验 180° d—弯芯直径 a—钢筋公称直径
	不小于				
HPB235	235	370	25.0	10.0	$d=a$
HPB300	300	420			

7. 热轧带肋钢筋的技术性能

(1)热轧带肋钢筋的公称直径、质量。

1)公称直径范围及推荐直径:热轧带肋钢筋的公称直径范围为 6～50 mm,推荐的钢筋公称直径为 6 mm、8 mm、10 mm、12 mm、16 mm、20 mm、25 mm、32 mm、40 mm、50 mm。

2)公称横截面积与理论质量:热轧带肋钢筋的公称横截面积与公称质量见表 1-74。

表 1-74　热轧带钢筋的公称横截面积与理论质量

公称直径 （mm）	公称横截面面积 （mm）	理论质量 （kg/m）	公称直径 （mm）	公称横截面面面积 （mm²）	理论质量 （kg/m）
6	28.27	0.222	22	380.1	2.98
8	50.27	0.395	25	490.9	3.85
10	78.54	0.617	28	615.8	4.83
12	113.1	0.888	32	804.2	6.31
14	153.9	1.21	36	1 018	7.99
16	201.1	1.58	40	1 257	9.87
18	254.5	2.00	50	1 964	15.42
20	314.2	2.47			

注：表中理论质量按密度为 7.85 g/cm³ 计算。

（2）热轧带肋钢筋的技术性能要求见表 1-75。

表 1-75　热轧带肋钢筋的技术性能指标

牌号	化学成分（质量分数）（%）						公称直径 d(mm)	屈服强度 R_{eL} （MPa）	抗拉强度 R_m （MPa）	断后伸长率 A （%）	最大伸长率 A_{gt} （%）	弯芯直径(mm)
	C	Si	Mn	Ceq	P	S						
	不大于							不小于				
HRB335 HRBF335	0.25	0.80	1.60	0.52	0.045	0.045	6～25	335	455	17	7.5	3d
							28～40					4d
							＞40～50					5d
HRB400 HRBF400	0.25	0.80	1.60	0.54	0.045	0.045	6～25	400	540	16	7.5	4d
							28～40					5d
							＞40～50					6d
HRB500 HRBF500	0.25	0.80	1.60	0.55	0.045	0.045	6～25	500	630	15	7.5	6d
							28～40					7d
							＞40～50					8d

8. 冷拔低碳钢丝的技术性能

冷拔低碳钢丝是用普通低碳钢热轧圆盘条钢筋拔制而成。冷拔低碳钢丝的母材牌号及直径可按表 1-76 的规定确定。冷拔加工时，每次拉拔的面缩率不宜大于 25%。

表 1-76　冷拔低碳钢丝的母材牌号及直径

冷拔低碳钢丝直径(mm)	母材牌号	母材直径(mm)
3	Q195、Q215	6.5,6
4	Q195、Q215	6.5,6

冷拔低碳钢丝直径(mm)	母材牌号	母材直径(mm)
5	Q215、Q235、HPB235	6.5,8
6	Q215、Q235、HPB235	8
7	Q215、Q235、HPB235	10
8	Q235、HPB235	10

9. 钢筋表面质量

建筑钢筋表面质量见表1-77。

表 1-77　建筑钢筋表面质量

钢筋种类	表　面　质　量
热轧钢筋	表面不得有裂缝、结疤和折叠,如有凸块不得超过螺纹高度,其他缺陷的高度和深度不得大于所在部位的允许偏差
热处理钢筋	表面无肉眼可见裂纹、结疤、折叠,如有凸块不得超过横肋高度,表面不得沾有油污
冷拉钢筋	表面不得有裂纹和局部缩颈
碳素钢丝	表面不得有裂纹、小刺、机械损伤、氧化铁皮和油迹,允许有浮锈
刻痕钢丝	表面不得有裂纹、分层、铁锈、结疤,但允许有浮锈
钢绞线	不得有折断、横裂和相互交叉的钢丝,表面不得有润滑剂、油渍,允许有轻微浮锈,但不得有锈麻坑

10. 钢筋力学性能复验

钢筋力学性能复验见表1-78。

表 1-78　钢筋力学性能复验

钢筋种类	验收批钢筋组成	每批数量	取样数量	复验与判定
热轧钢筋	(1)每批应由同一牌号、同一炉罐号、同一规格、同一交货状态的钢筋组成。 (2)同一钢号的混合批,不超过6个炉罐号	≤60 t	在任意2根钢筋上,分别从每根上切取1根拉力试件和1根冷弯试件	如果某一项试验结果不符合标准要求,则从同一批中再任取双倍数量的试件进行该不合格项目的复验,复验结果(包括该项试验所要求的任一指标)即使一个指标不合格,则整批不合格
余热处理钢筋	(1)每批由同一外形截面尺寸、同一热处理制度、同一炉罐号钢筋组成。 (2)同钢号混合批不超过10个炉罐号	≤60 t	取 10% 的盘数(不少于25盘),每盘取1根拉力试件	

钢筋种类	验收批钢筋组成	每批数量	取样数量	复验与判定
刻痕钢丝	同一钢号、同一形状尺寸、同一交货状态		取5%的盘数(但不少于3盘),优质钢丝取10%(不少于3盘),每盘取1根拉力和1根弯曲试件	如有某一项试验结果不符合标准要求,则从同一批中再任取双倍数量的试件进行该不合格项目的复验,复验结果(包括该项试验所要求的任一指标)即使一个指标不合格,则整批不合格
钢绞线	同一钢号,同一规格,同一生产工艺	≤60 t	任取3盘,每盘取1根拉力试件	
冷拉钢筋	同级别,同直径	≤20 t	任取2根钢筋,分别从每根上切取1根拉力和1根冷弯试件	当有一项试验不合格时,应另取双倍数量试件重做各项试验,如仍有一项不合格时,则为不合格

11. 钢筋化学成分检验

钢筋在加工过程中发现脆断、焊接性能不良或力学性能显著不正常等现象,应根据现行国家有关标准对该批钢筋进行化学成分检验或其他专项检验。

钢筋的化学成分检验通常是分批进行含碳量及碳当量、含硫量、含磷量的检验。

化学成分检验结果,国产钢筋应符合相应钢筋标准的规定。进口钢筋含碳量不大于0.3%、碳当量不大于0.55%,硫、磷含量均不大于0.05%。

对有抗震要求的框架结构纵向受力钢筋检验所得的抗拉强度实测值 σ_b 和屈服强度实测值 σ_s 的比值不应小于1.25。钢筋的屈服强度实测值与钢筋的强度标准值的比值 $\sigma_s/\sigma_{标}$,按一级抗震设计时不应大于1.25,按二级抗震设计时不应大于1.4,要求计算 σ_b/σ_s 和 $\sigma_s/\sigma_{标}$。

钢筋集中加工的规定:钢筋在工厂或施工现场集中加工,应由加工单位出具钢筋的质量证明书,还应出具钢筋加工后的出厂合格证以及有关的试验报告单。

三、型 钢

1. 型钢的分类

(1)按材质分为普通型钢和优质型钢。

1)普通型钢是由碳素结构钢和低合金高强度结构钢制成的,主要用于建筑结构和工程结构。

2)优质型钢也称优质型材,是由优质钢,如优质碳素结构钢、合金结构钢、易切削结构钢、弹簧钢、滚动轴承钢、碳素工具钢、合金工具钢、高速工具钢、不锈耐酸钢、耐热钢等制成的,主要用于各种机器结构、工具及有特殊性能要求的结构。

(2)按生产方法的不同,型钢分为热轧(锻)型钢、冷弯型钢、冷拉型钢、挤压型钢和焊接型钢。

1)用热轧方法生产型钢,具有生产规模大、效率高、能耗少和成本低等优点,是型钢生产的主要方法。

2)用焊接方法生产型材,是将校直后的钢板或钢带剪裁、组合并焊接成形,不但节约金属,而且可生产特大尺寸的型材,生产工字型材的最大尺寸目前已达到2 000 mm×508 mm×76 mm。

(3)按截面形状的不同,型钢分圆钢、方钢、扁钢、六角钢、等边角钢、不等边角钢、工字钢、槽钢和异形型钢等。

1)圆钢、方钢、扁钢、六角钢、等边角钢及不等边角钢等的截面没有明显的凸凹分枝部分,也称简单截面型钢或棒钢,在简单截面型钢中,优质钢与特殊性能钢占有相当的比重。

2)工字钢、槽钢和异形型钢的截面有明显的凸凹分支部分,成形比较困难,也称复杂截面型钢,即通常意义上的型钢。

2. 型钢的包装

(1)尺寸小于或等于 30 mm 的圆钢、方钢、钢筋、六角钢、八角钢和其他小型型钢;边宽小于 50 mm 的等边角钢;边宽小于 63 mm×40 mm 的不等边角钢;宽度小于 60 mm 的扁钢;每米质量不大于 8 kg 的其他型钢必须成捆交货。每捆型钢必须用钢带、盘条或钢丝均匀捆扎结实,并一端平齐。根据需方要求并在合同中注明亦可先捆扎成小捆,然后将数小捆再捆成大捆。

(2)成捆交货型钢的包装见表 1-79。1 类、2 类包装需经供需双方协议并在合同中注明。

表 1-79　成捆交货型钢的包装

包装类别	每捆质量(kg) ≤	捆扎道次		同捆长度差(m) ≤
		长度≤6 m	长度＞6 m	
		≥		
1	2 000	4	5	定尺长度允许偏差
2	4 000	3	4	2
3	5 000	3	4	—

1)倍尺交货的型钢、同捆长度差不受表 1-79 的限制。

2)同一批中的短尺应集中捆扎,少量短尺集中捆扎后可并入大捆中,与该大捆的长度差不受表 1-79 的限制。

3)长度小于或等于 2 m 的锻制钢材,捆扎道次应不少于 2 道。

4)采用人工进行装卸的型钢,需在合同中注明。每捆质量不得大于 80 kg,长度等于或大于 6 m,均匀捆扎不少于 3 道;长度小于 6 m,捆扎不少于 2 道。

(3)成捆交货的工字钢、角钢、槽钢、方钢、扁钢等应采用咬合法或堆垛法包装。

(4)特殊中型型钢应成捆交货,普通中型钢也可成捆交货。

(5)冷拉钢应成捆或成盘交货,包装除符合表 1-79 的规定外,还必须涂防锈油或其他防锈涂剂,用中性防潮纸和包装材料依次包裹,钢线捆牢,捆重不得大于 2 t。银亮钢除上述包装外,还应装箱。

(6)热轧盘条应成盘或成捆(由数盘组成)交货。盘和捆均用钢丝、盘条或钢带捆扎牢固,不少于 2 道,成捆交货时捆重不大于 2 t。

(7)同一车厢内装有数批不打捆型钢时,应将不同批的型钢分隔开。

3. 角钢的种类、型号表示方法

(1)常用热轧角钢有等边角钢和不等边角钢两种,如图 1-2 所示,其长度一般为 3~19 m。

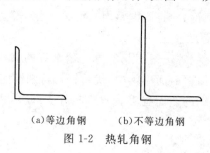

(a)等边角钢　　(b)不等边角钢

图 1-2　热轧角钢

(2)热轧等边角钢的型号用符号"∟"和肢宽×肢厚(mm×mm)表示,如∟100×10 为肢宽 100 mm、肢厚 10 mm 的等边角钢。

4. 槽钢的种类、型号表示方法

(1)槽钢分普通槽钢和轻型槽钢两种,型号用符号"["和"Q["及号数表示,号数也代表截面高度的厘米数。[14 号和[25 号以上的普通槽钢同一号数中又分 a、b 和 a、b、c 类型,其腹板厚度和翼缘宽度均分别递增 2 mm。如[36a 表示截面高度为 360 mm、腹板厚度为 a 类的普通槽钢。同样,轻型槽钢的翼缘相对于普通槽钢宽而薄,故较经济。

5. 工字钢钢的种类、型号表示方法

(1)工字钢有普通工字钢和轻型工字钢之分,分别用符号"工"和"Q工"及号数表示,号数代表截面高度的厘米数。

1)工 20 和工 32 以上的普通工字钢,同一号数中又分 a、b 和 b、c 类型,其腹板厚度和翼缘宽度均分别递增 2 mm。如工36a 表示截面高度为 360 mm、腹板厚度为 a 类的普通工字钢。工字钢宜尽量选用腹板厚度最薄的 a 类,这是因其线密度低,而截面惯性矩相对较大。

2)轻型工字钢的翼缘相对于普通工字钢宽而薄,故回转半径相对较大,可节省钢材。工字钢由于宽度方向的惯性矩和回转半径比高度方向的小得多,因而在应用上有一定的局限性,一般宜用于单向受弯构件。

(2)工字钢通常长度见表 1-80。每米弯曲度不大于 2 mm,总弯曲度不大于总长度的 0.2%,并不得有明显的扭曲。

表 1-80　工字钢长度

(单位:m)

型　　号	长　　度	型　　号	长　　度
10~18 号	5~19	20~63 号	6~19

6. 型钢的技术指标

型钢的技术指标见表 1-81~表 1-84。

表 1-81　工字钢、槽钢尺寸、外形允许偏差　　　　　（单位:mm）

项目		允许偏差	图示
高度 (h)	<100	±1.5	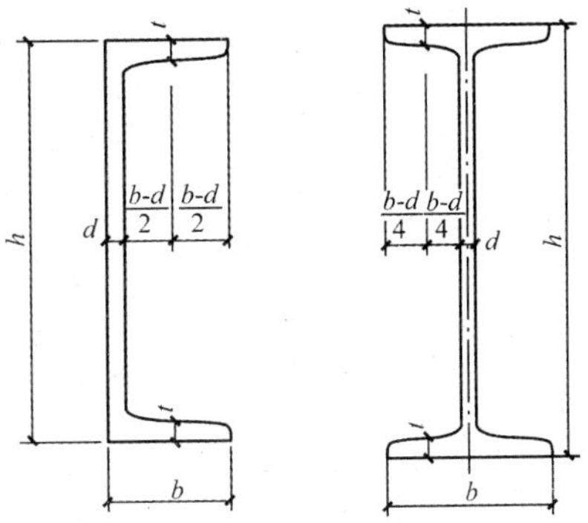
	100~200	±2.0	
	200~400	±3.0	
	≥400	±4.0	
腿宽度 (b)	<100	±1.5	
	100~150	±2.0	
	150~200	±2.5	
	200~300	±3.0	
	300~400	±3.5	
	≥400	±4.0	
腰宽度 (d)	<100	±0.4	
	100~200	±0.5	
	200~300	±0.7	
	300~400	±0.8	
	≥400	±0.9	
外缘斜度(T)		$T \leqslant 1.5\%b$ $2T \leqslant 2.5\%b$	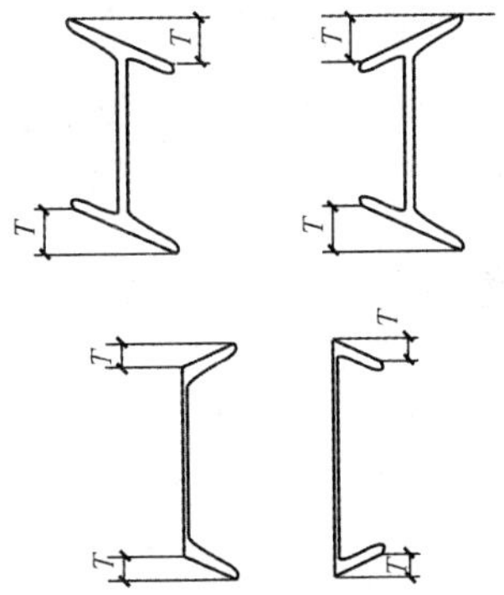
弯腰挠度(W)		$W \leqslant 0.15d$	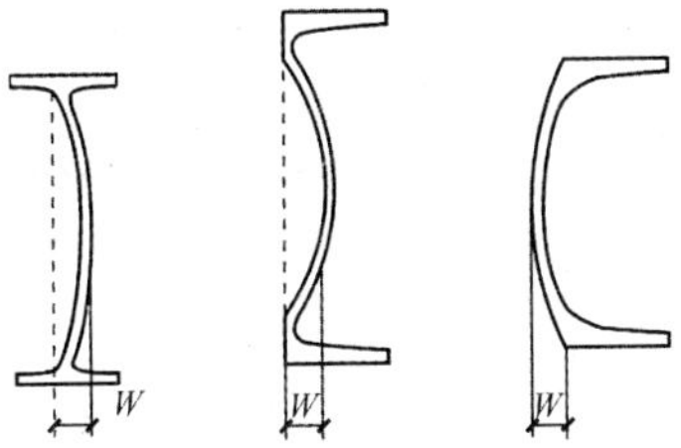
弯曲度	工字钢	每米弯曲度≤2 mm 总弯曲度≤ 总长度的0.20%	适用于上下、左右大弯曲
	槽钢	每米弯曲度≤3 mm 总弯曲度≤ 总长度的0.30%	

表 1-82　角钢尺寸、外形允许偏差　　　　　　　　　（单位:mm）

项目		允许偏差		图示
		等边角钢	不等边角钢	
边宽度 (B,b)	边宽度①≤56	±0.8	±0.8	
	56～90	±1.2	±1.5	
	90～140	±1.8	±2.0	
	140～200	±2.5	±2.5	
	＞200	±3.5	±3.5	
边厚度 (d)	边宽度①≤56	±0.4		
	56～90	±0.6		
	90～140	±0.7		
	140～200	±1.0		
	＞200	±1.4		
顶端直角		α≤50′		
弯曲度		每米弯曲度＜3 mm 总弯曲度≤总长度的 0.30%		适用于上下、左右大弯曲

①不等边角钢按长边宽度 B。

表 1-83　L 型钢尺寸、外形允许偏差　　　　　　　　　（单位:mm）

项　　目			允许偏差	图示
边宽度(B,b)			±4.0	
边厚度	长边厚度(D)		+1.6 −0.4	
	短边厚度 (d)	≤20	+2.0 −0.4	
		20～30	+2.0 −0.5	
		30～35	+2.5 −0.6	
垂直度(T)			T≤2.5%b	
长边平直度(W)			W≤0.15D	
弯曲度			每米弯曲度≤3 mm 总弯曲度≤总长度的 0.30%	适用于上下、左右大弯曲

表 1-84　型钢的长度允许偏差　　　　　　　　　　　　　　　　（单位：mm）

长　度	允许偏差
≤8 000	+50 0
>8 000	+80 0

四、钢管和钢板

1. 钢管的化学成分

建筑结构用无缝钢管的化学成分见表 1-85。

表 1-85　建筑结构用无缝钢管的化学成分

牌号	质量等级	化学成分（质量分数）[1]（%）					
		C	Si	Mn	P	S	Alt(全铝)[2]
					不大于		
Q235	A	≤0.22	≤0.35	≤1.40	0.030	0.030	—
	B	≤0.20					—
	C	≤0.17			0.030	0.030	—
	D				0.025	0.025	≥0.020
Q275	A	≤0.24	≤0.35	≤1.50	0.030	0.030	—
	B	≤0.21					—
	C	≤0.20			0.030	0.030	—
	D				0.025	0.025	≥0.020

①残余元素 Cr、Ni 的含量应各不大于 0.30%，Cu 的含量应不大于 0.20%。

②当分析 Als（酸溶铝）时，Als≥0.015%。

2. 钢管的包装

（1）捆扎包装。钢管一般采用捆扎成捆的包装方式交货。每捆应是同一批号（产品标准允许并批准者除外）的钢管。每捆钢管不应超过 5 000 kg。外径大于 159 mm 的钢管或截面周长大于 500 mm 的异型钢管，可散装交货。经供需双方协议，每捆钢管的质量可超过 5 000 kg，也可小包装交货。

1）成捆钢管应用钢带或钢丝捆扎牢固。每捆钢管的捆扎道数见表 1-86。

表 1-86　每捆钢管的捆扎道数

每捆钢管长度（m）	最少捆扎道数	每捆钢管长度（m）	最少捆扎道数
≤3	2	>7 且≤10	5

每捆钢管长度(m)	最少捆扎道数	每捆钢管长度(m)	最少捆扎道数
>3 且≤4.5	3	>10	6
>4.5 且≤7	4		

成捆钢管一端应放置整齐。短尺长度钢管应单独捆扎包装交货。定尺长度(或倍尺长度)交货的钢管,其搭交的非定尺(或非倍尺)长度钢管,应单独捆扎包装。

2)壁厚大于 1.5 mm 的冷拔或冷轧不锈钢管,应用不小于 2 层的麻袋布或塑料布紧密包裹,钢带或钢丝捆扎(经需方同意也可裸体捆扎)。每捆最大质量为 2 000 kg。

3)抛光钢管、有表面粗糙度要求的钢管,内外表面应涂防锈油或其他防锈剂。然后用防潮纸,再用麻袋布或塑料布,依次包裹,钢带或钢丝捆扎。每捆最大质量为 2 000 kg。

4)每根车螺纹钢管的一端应打有管接头。钢管及其管接头的螺纹和加工表面,必须涂以防锈油或其他防锈剂。在管端和内接头上,应拧上护螺纹环。车螺纹的低压流体输送用焊接钢管,不拧护螺纹环。但公称通径不小于 65 mm 的低压流体输送用焊接钢管(包括镀锌焊接钢管),可护螺纹环。

5)根据需方要求,钢管表面可涂保护层。保护涂层是防腐蚀材料时,应考虑容易涂上也容易除去。保护涂层材料见表 1-87。选择保护涂层由供方决定。

表 1-87　保护涂层材料

涂层类型	涂层的方法	目　　的
A 型——由溶在石油中的防锈剂组成的软质保护剂	冷喷、浸或刷	保护钢管在短期(室内贮存不超过三个月)保存期内不腐蚀、不生锈
C 型——硬质无水清漆、树脂或塑料涂层	冷喷、浸或刷	保护钢管在运输和室外贮存不超过六个月内不腐蚀
D 型——溶在溶剂的中等软质薄膜保护剂	冷喷、浸或刷	保护定尺长度钢管的边部

(2)容器包装。对于壁厚不大于 1.5 mm 的冷拔或冷轧无缝钢管;壁厚不大于 1 mm 的电焊钢管;经表面抛光的热轧不锈钢管;表面粗糙度 R_a≤3.2 μm 的精密钢管,应用坚固的容器(例如铁箱和木箱)包装。

(3)包装后的容器质量见表 1-88。经供需双方协议,每个容器的质量可以适当加大。

表 1-88　包装后的容器质量

钢管类型	每个容器的最大质量(kg)
外径不小于 20 mm 的钢管和截面周长不小于 65 mm 的异型钢管	2 000
外径小于 20 mm 的钢管和截面周长小于 65 mm 的异型钢管	1 500

3. 钢管的技术要求

(1)建筑工程中,常用钢管的规格见表 1-89~表 1-93。

表 1-89　热轧无缝钢管的规格

尺寸(mm)		截面面积 A	线密度	尺寸(mm)		截面面积 A	线密度
d	t	(cm²)	(kg/m)	d	t	(cm²)	(kg/m)
32	2.5	2.32	1.82	60	3.0	5.37	4.22
	3.0	2.73	2.15		3.5	6.21	4.88
	3.5	3.13	2.46		4.0	7.04	5.52
	4.0	3.52	2.76		4.5	7.85	6.16
38	2.5	2.79	2.19		5.0	8.64	6.78
	3.0	3.30	2.59		5.5	9.42	7.39
	3.5	3.79	2.98		6.0	10.18	7.99
	4.0	4.27	3.35	63.5	3.0	5.70	4.48
42	2.5	3.10	2.44		3.5	6.60	5.18
	3.0	3.68	2.89		4.0	7.48	5.87
	3.5	4.23	3.32		4.5	8.34	6.55
	4.0	4.78	3.75		5.0	9.19	7.21
45	2.5	3.34	2.62		5.5	10.02	7.87
	3.0	3.96	3.11		6.0	10.84	8.51
	3.5	4.56	3.58	68	3.0	6.13	4.81
	4.0	5.15	4.04		3.5	7.09	5.57
50	2.5	3.73	2.93		4.0	8.04	6.31
	3.0	4.43	3.48		4.5	8.98	7.05
	3.5	5.11	4.01		5.0	9.90	7.77
	4.0	5.78	4.54		5.5	10.80	8.48
	4.5	6.43	5.05		6.0	11.69	9.17
	5.0	7.07	5.55	70	3.0	6.31	4.96
54	3.0	4.81	3.77		3.5	7.31	5.74
	3.5	5.55	4.36		4.0	8.29	6.51
	4.0	6.28	4.93		4.5	9.26	7.27
	4.5	7.00	5.49		5.0	10.21	8.01
	5.0	7.70	6.04		5.5	11.14	8.75
	5.5	8.38	6.58		6.0	12.06	9.47
	6.0	9.05	7.10	73	3.0	6.60	5.18
57	3.0	5.09	4.00		3.5	7.64	6.00
	3.5	5.88	4.62		4.0	8.67	6.81
	4.0	6.66	5.23		4.5	9.68	7.60
	4.5	7.42	5.83		5.0	10.68	8.38
	5.0	8.17	6.41		6.5	11.66	9.16
	5.5	8.90	6.99		6.0	12.63	9.91
	6.0	9.61	7.55				

尺寸(mm)		截面面积 A	线密度	尺寸(mm)		截面面积 A	线密度
d	t	(cm²)	(kg/m)	d	t	(cm²)	(kg/m)
76	3.0	6.88	5.40	114	4.0	13.82	10.85
	3.5	7.97	6.26		4.5	15.48	12.15
	4.0	9.05	7.10		5.0	17.12	13.44
	4.5	10.11	7.93		5.5	18.75	14.72
	5.0	11.15	8.75		6.0	20.36	15.98
	5.5	12.18	9.56		6.5	21.95	17.23
	6.0	13.19	10.36		7.0	23.53	18.47
83	3.5	8.74	6.86		7.5	25.09	19.70
	4.0	9.93	7.79		8.0	26.64	20.91
	4.5	11.10	8.71	121	4.0	14.70	11.54
	5.0	12.25	9.62		4.5	16.47	12.93
	5.5	13.39	10.51		5.0	18.22	14.30
	6.0	14.51	11.39		5.5	19.96	15.67
	6.5	15.62	12.26		6.0	21.68	17.02
	7.0	16.71	13.12		6.5	23.38	18.35
89	3.5	9.40	7.38		7.0	25.07	19.68
	4.0	10.68	8.38		7.5	26.74	20.99
	4.5	11.95	9.38		8.0	28.40	22.29
	5.0	13.19	10.36	127	4.0	15.46	12.13
	5.5	14.43	11.33		4.5	17.32	13.59
	6.0	15.65	12.28		5.0	19.16	15.04
	6.5	16.85	13.22		5.5	20.99	16.48
	7.0	18.03	14.16		6.0	22.81	17.90
95	3.5	10.06	7.90		6.5	24.61	19.32
	4.0	11.44	8.98		7.0	26.39	20.72
	4.5	12.79	10.04		7.5	28.16	22.10
	5.0	14.14	11.10		8.0	29.91	23.48
	5.5	15.46	12.14	133	4.0	16.21	12.73
	6.0	16.78	13.17		4.5	18.17	14.26
	6.5	18.07	14.19		5.0	20.11	15.78
	7.0	19.35	15.19		5.5	22.03	17.29
102	3.5	10.83	8.50		6.0	23.94	18.79
	4.0	12.32	9.67		6.5	25.83	20.28
	4.5	13.78	10.82		7.0	27.71	21.75
	5.0	15.24	11.96		7.5	29.57	23.21
	5.5	16.67	13.09		8.0	31.42	24.66
	6.0	18.10	14.21				
	6.5	19.50	15.31				
	7.0	20.89	16.40				

尺寸（mm）		截面面积 A	线密度	尺寸（mm）		截面面积 A	线密度
d	t	（cm²）	（kg/m）	d	t	（cm²）	（kg/m）
140	4.5	19.16	15.04	168	4.5	23.11	18.14
	5.0	21.21	16.65		5.0	25.60	20.10
	5.5	23.24	18.24		5.5	28.08	22.04
	6.0	25.26	19.83		6.0	30.54	23.97
	6.5	27.26	21.40		6.5	32.98	25.89
	7.0	29.25	22.96		7.0	35.41	27.79
	7.5	31.22	24.51		7.5	37.82	29.69
	8.0	33.18	26.04		8.0	40.21	31.57
	9.0	37.04	29.08		9.0	44.96	35.29
	10	40.84	32.06		10	49.64	38.97
146	4.5	20.00	15.70	180	5.0	27.49	21.58
	5.0	22.15	17.39		5.5	30.15	23.67
	5.5	24.28	19.06		6.0	32.80	25.75
	6.0	26.39	20.72		6.5	35.43	27.81
	6.5	28.49	22.36		7.0	38.04	29.87
	7.0	30.57	24.00		7.5	40.64	31.91
	7.5	32.63	25.62		8.0	43.23	33.93
	8.0	34.68	27.23		9.0	48.35	37.95
	9.0	38.74	30.41		10	53.41	41.92
	10	42.73	33.54		12	63.33	49.72
152	4.5	20.85	16.37	194	5.0	29.69	23.31
	5.0	23.09	18.13		5.5	32.57	25.57
	5.5	25.31	19.87		6.0	35.44	27.82
	6.0	27.52	21.60		6.5	38.29	30.06
	6.5	29.71	23.32		7.0	41.12	32.28
	7.0	31.89	25.03		7.5	43.94	34.50
	7.5	34.05	26.73		8.0	46.75	36.70
	8.0	36.19	28.41		9.0	52.31	41.06
	9.0	40.43	31.74		10	57.81	45.38
	10	44.61	35.02		12	68.61	53.86
159	4.5	21.84	17.15	203	6.0	37.13	29.15
	5.0	24.19	18.99		6.5	40.13	31.50
	5.5	26.52	20.82		7.0	43.10	33.84
	6.0	28.84	22.64		7.5	46.06	36.16
	6.5	31.14	24.45		8.0	49.01	38.47
	7.0	33.43	26.24		9.0	54.85	43.06
	7.5	35.70	28.02		10	60.63	47.60
	8.0	37.95	29.79		12	72.01	56.52
	9.0	42.41	33.29		14	83.13	65.25
	10	46.81	36.75		16	94.00	73.79

尺寸(mm)		截面面积 A	线密度	尺寸(mm)		截面面积 A	线密度
d	t	(cm²)	(kg/m)	d	t	(cm²)	(kg/m)
219	6.0	40.15	31.52	299			
	6.5	43.39	34.06				
	7.0	46.62	36.60		7.5	68.68	53.92
	7.5	49.83	39.12		8.0	73.14	57.41
	8.0	53.03	41.63		9.0	82.00	64.37
	9.0	59.38	46.61		10	90.79	71.27
	10	65.66	51.54		12	108.20	84.93
	12	78.04	61.26		14	125.35	98.40
	14	90.16	70.78		16	142.25	111.67
	16	102.04	80.10				
245	6.5	48.70	38.23	325			
	7.0	52.34	41.08		7.5	74.81	58.73
	7.5	55.96	43.93		8.0	79.67	62.54
	8.0	59.56	46.76		9.0	89.35	70.14
	9.0	66.73	52.38		10	98.96	77.68
	10	73.83	57.95		12	118.00	92.63
	12	87.84	68.95		14	136.78	107.38
	14	101.60	79.76		16	155.32	121.93
	16	115.11	90.36				
273	6.5	54.42	42.72	351			
	7.0	58.50	45.92		8.0	86.21	67.67
	7.5	62.56	49.11		9.0	96.70	75.91
	8.0	66.60	52.28		10	107.13	84.10
	9.0	74.64	58.60		12	127.80	100.32
	10	82.62	64.86		14	148.22	116.35
	12	98.39	77.24		16	168.39	132.19
	14	113.91	89.42				
	16	129.18	101.41				

d—钢管外径(mm);

t—钢管壁厚(mm)

表 1-90　电焊钢管的规格

d—钢管外径(mm)；

t—钢管壁厚(mm)

尺寸(mm)		截面面积 A	线密度	尺寸(mm)		截面面积 A	线密度
d	t	(cm²)	(kg/m)	d	t	(cm²)	(kg/m)
32	2.0	1.88	1.48	70	2.0	4.27	3.35
	2.5	2.32	1.82		2.5	5.30	4.16
38	2.0	2.26	1.78		3.0	6.31	4.96
	2.5	2.79	2.19		3.5	7.31	5.74
40	2.0	2.39	1.87		4.5	9.26	7.27
	2.5	2.95	2.31	76	2.0	4.65	3.65
42	2.0	2.51	1.97		2.5	5.77	4.53
	2.5	3.10	2.44		3.0	6.88	5.40
45	2.0	2.70	2.12		3.5	7.97	6.26
	2.5	3.34	2.62		4.0	9.05	7.10
	3.0	3.96	3.11		4.5	10.11	7.93
51	2.0	3.08	2.42	83	2.0	5.09	4.00
	2.5	3.81	2.99		2.5	6.32	4.96
	3.0	4.52	3.55		3.0	7.54	5.92
	3.5	5.22	4.10		3.5	8.74	6.86
53	2.0	3.20	2.52		4.0	9.93	7.79
	2.5	3.97	3.11		4.5	11.10	8.71
	3.0	4.71	3.70	89	2.0	5.47	4.29
	3.5	5.44	4.27		2.5	6.79	5.33
57	2.0	3.46	2.71		3.0	8.11	6.36
	2.5	4.28	3.36		3.5	9.40	7.38
	3.0	5.09	4.00		4.0	10.68	8.38
	3.5	5.88	4.62		4.5	11.95	9.38
60	2.0	3.64	2.86	95	2.0	5.84	4.59
	2.5	4.52	3.55		2.5	7.26	5.70
	3.0	5.37	4.22		3.0	8.67	6.81
	3.5	6.21	4.88		3.5	10.06	7.90
63.5	2.0	3.86	3.03	102	2.0	6.28	4.93
	2.5	4.79	3.76		2.5	7.81	6.13
	3.0	5.70	4.48		3.0	9.33	7.32
	3.5	6.60	5.18		3.5	10.83	8.50
					4.0	12.32	9.67
					4.5	13.78	10.82
					5.0	15.24	11.96

尺寸(mm)		截面面积 A	线密度	尺寸(mm)		截面面积 A	线密度
d	t	(cm^2)	(kg/m)	d	t	(cm^2)	(kg/m)
108	3.0	9.90	7.77		3.5	14.24	11.18
	3.5	11.49	9.02	133	4.0	16.21	12.73
	4.0	13.07	10.26		4.5	18.17	14.26
					5.0	20.11	15.78
114	3.0	10.46	8.21				
	3.5	12.15	9.54		3.5	15.01	11.78
	4.0	13.82	10.85		4.0	17.09	13.42
	4.5	15.48	12.15	140	4.5	19.16	15.04
	5.0	17.12	13.44		5.0	21.21	16.65
					5.5	23.24	18.24
121	3.0	11.12	8.73				
	3.5	12.92	10.14				
	4.0	14.70	11.54		3.5	16.33	12.82
					4.0	18.60	14.60
127	3.0	11.69	9.17	152	4.5	20.85	16.37
	3.5	13.58	10.66		5.0	23.09	18.13
	4.0	15.46	12.13		5.5	25.31	19.87
	4.5	17.32	13.59				
	5.0	19.16	15.04				

注:电焊钢管的通常长度,$d=32\sim70$ mm 时,为 $3\sim10$ m;$d=76\sim152$ mm 时,为 $4\sim10$ m。

表 1-91　冷弯薄壁方钢管的规格

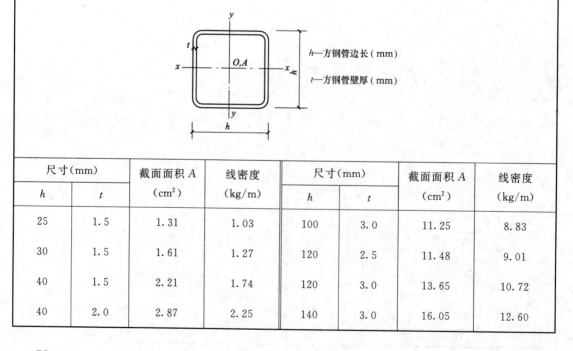

尺寸(mm)		截面面积 A	线密度	尺寸(mm)		截面面积 A	线密度
h	t	(cm^2)	(kg/m)	h	t	(cm^2)	(kg/m)
25	1.5	1.31	1.03	100	3.0	11.25	8.83
30	1.5	1.61	1.27	120	2.5	11.48	9.01
40	1.5	2.21	1.74	120	3.0	13.65	10.72
40	2.0	2.87	2.25	140	3.0	16.05	12.60

尺寸(mm)		截面面积 A (cm²)	线密度 (kg/m)	尺寸(mm)		截面面积 A (cm²)	线密度 (kg/m)
d	t			d	t		
50	1.5	2.81	2.21	140	3.5	18.58	14.59
50	2.0	3.67	2.88	140	4.0	21.07	16.44
60	2.0	4.47	3.51	160	3.0	18.45	14.49
60	2.5	5.48	4.30	160	3.5	21.38	16.77
80	2.0	6.07	4.76	160	4.0	24.27	19.05
80	2.5	7.48	5.87	160	4.5	27.12	21.05
100	2.5	9.48	7.44	160	5.0	29.93	23.35

表 1-92 冷弯薄壁矩形钢管的规格

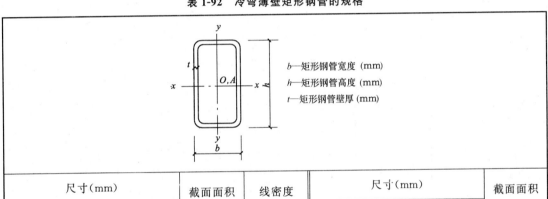

b—矩形钢管宽度 (mm)
h—矩形钢管高度 (mm)
t—矩形钢管壁厚 (mm)

尺寸(mm)			截面面积 (cm²)	线密度 (kg/m)	尺寸(mm)			截面面积 (cm²)
h	b	t			h	b	t	
30	15	1.5	1.20	0.95	90	50	3.0	7.81
40	20	1.6	1.75	1.37	100	50	3.0	8.41
40	20	2.0	2.14	1.68	100	60	2.6	7.88
50	30	1.6	2.39	1.88	120	60	2.0	6.94
50	30	2.0	2.94	2.31	120	60	3.2	10.85
60	30	2.5	4.09	3.21	120	60	4.0	13.35
60	30	3.0	4.81	3.77	120	80	3.2	12.13
60	40	2.0	3.74	2.94	120	80	4.0	14.96
60	40	3.0	5.41	4.25	120	80	5.0	18.36
70	50	2.5	5.59	4.20	120	80	6.0	21.63
70	50	3.0	6.61	5.19	140	90	3.2	14.05
80	40	2.0	4.54	3.56	140	90	4.0	17.35
80	40	3.0	6.61	5.19	140	90	5.0	21.36
90	40	2.5	6.09	4.79	150	100	3.2	15.33
90	50	2.0	5.34	4.19				

表 1-93 冷弯薄壁焊接圆钢管的规格

d—钢管外径 (mm)

t—钢管壁厚 (mm)

尺寸(mm)		截面面积 A	线密度	尺寸(mm)		截面面积 A	线密度
d	t	(cm²)	(kg/m)	d	t	(cm²)	(kg/m)
25	1.5	1.11	0.87	133	2.5	10.25	8.05
30	1.5	1.34	1.05	133	3.0	12.25	9.62
30	2.0	1.76	1.38	133	3.5	14.24	11.18
40	1.5	1.81	1.42	140	2.5	10.80	8.48
40	2.0	2.39	1.88	140	3.0	12.91	10.13
51	2.0	3.08	2.42	140	3.5	15.01	11.78
57	2.0	3.46	2.71	152	3.0	14.04	11.02
60	2.0	3.64	2.86	152	3.5	16.33	12.82
70	2.0	4.27	3.35	152	4.0	18.60	14.60
76	2.0	4.65	3.65	159	3.0	14.70	11.54
83	2.0	5.09	4.00	159	3.5	17.10	13.42
83	2.5	6.32	4.96	159	4.0	19.48	15.29
89	2.0	5.47	4.29	168	3.0	15.55	12.21
89	2.5	6.79	5.33	168	3.5	18.09	14.20
95	2.5	7.26	5.70	168	4.0	20.61	16.18
102	2.0	6.28	4.93	180	3.0	16.68	13.09
102	2.5	7.81	6.14	180	3.5	19.41	15.24
102	3.0	9.33	7.33	180	4.0	22.12	17.36
108	2.0	6.66	5.23	194	3.0	18.00	14.13
108	2.5	8.29	6.51	194	3.5	20.95	16.45
108	3.0	9.90	7.77	194	4.0	23.88	18.75
114	2.0	7.04	5.52	203	3.0	18.85	15.00
114	2.5	8.76	6.87	203	3.5	21.94	17.22
114	3.0	10.46	8.21	203	4.0	25.01	19.63
121	2.0	7.48	5.87	219	3.0	20.36	15.98
121	2.5	9.31	7.31	219	3.5	23.70	18.61
121	3.0	11.12	8.73	219	4.0	27.02	21.81
127	2.0	7.85	6.17	245	3.0	22.81	17.91
127	2.5	9.78	7.68	245	3.5	26.55	20.84
127	3.0	11.69	9.18	245	4.0	30.28	23.77

(2)钢管外径和壁厚的允许偏差见表 1-94。

表 1-94　钢管外径和壁厚的允许偏差　　　　　　　　（单位:mm）

钢管种类	钢管尺寸		允许偏差	
			普通级	较高级
热轧（挤、扩）管	外径	＜50	±0.50%	±0.25%
		≥50	±1%	±0.5%
	壁厚	≤4	±12.5%	±10%
		4~20	+15% −12.5%	
		＞20	±12.5%	
冷拔（轧）管	外径	6~10	±0.20%	±0.10%
		10~30	±0.40%	±0.20%
		30~50	±0.45%	±0.25%
		50	±1%	±0.5%
	壁厚	≤1	±0.15%	±0.12%
		1~3	+15% −10%	±10%
		＞3	+12% −10%	±10%

4. 钢板的包装

(1)包装方法。钢板与钢带进行包装时,应采用保证产品在运输和贮存期间不致松散、受潮、变形和损坏的包装方法。

各类产品的包装方法应按其相应产品标准的规定执行。当相应产品标准中无明确规定时,可按该标准的规定执行,并应在合同中注明包装种类。若未注明时,则由供方选择。需方有责任向供方提出对防护包装材料的要求以及提供其卸货方法和有关设备的资料。

供需双方协商,亦可采用其他包装方法。

(2)包装材料。包装材料应符合有关标准的规定。如果该标准中没有具体规定的材料,其质量应当与预定的用途相适应。包装材料可根据技术和经济的发展而定。

1)防护包装材料。其目的是:阻止湿气渗入,尽量减少油损和防止沾污产品。常用的防护包装材料有牛皮纸、普通纸、气相防锈纸、防油纸、塑料薄膜等。

2)保护涂层。在运输和贮存期间,为保护钢材在选用防腐剂时,应考虑到涂敷的方法、涂层厚度和容易去除。保护涂层的种类由供方确定。如需方有特殊要求时,应在合同中注明。

3)包装捆带。包装件应用包装捆带捆紧。包装捆带可以是窄钢带或钢丝等。

4)保护材料。对某些产品,为保护其不受损坏或捆带不被切断就必须使用保护材料。保护材料和捆带保护材料可以是木材、金属、纤维板、塑料或其他适宜的材料。

(3)质量和捆扎道数。包装件的最大质量应与捆扎方式和捆扎道数相匹配。经供需双方协商,可以增加包装件质量。增加包装件质量,必须相应增加捆扎道数,有时还应改变捆扎方式。当包装件质量小于 2 t 时,捆扎道数可以酌减。

5. 钢板的技术要求

(1)根据钢板的薄厚程度,钢板大致可分为薄钢板(厚度不大于 4 mm)和厚钢板(厚度大于 4 mm)两种。在实际工作中,常将厚度介于 4~20 mm 的钢板称为中板;将厚度介于 20~60 mm 的钢板称为厚板;将厚度大于 60 mm 的钢板称为特厚板,也统称为中厚钢板。成张钢板的规格以厚度×宽度×长度的毫米数表示。

(2)钢带也分为两种,当宽度大于或等于 600 mm 时,为宽钢带;当宽度小于 600 mm 时,则称为窄钢带。钢带的规格以厚度×宽度的毫米数表示。

(3)对于宽度大于或等于 600 mm,厚度为 0.35~200 mm 的热轧钢板,其厚度偏差见表 1-95和表 1-96,厚度测量点位于距边缘不小于 40 mm 处。

表 1-95　较高轧制精度钢板厚度允许偏差　(单位:mm)

公称厚度	负偏差	钢板宽度													
		1 000~1 200	1 200~1 500	1 500~1 700	1 700~1 800	1 800~2 000	2 000~2 300	2 300~2 500	2 500~2 600	2 600~2 800	2 800~3 000	3 000~3 200	3 200~3 400	3 400~3 600	3 600~3 800
13~25	0.8	0.2	0.2	0.3	0.4	0.6	0.8	0.8	1.0	1.1	1.2				
25~30	0.9	0.2	0.2	0.3	0.4	0.6	0.8	0.9	1.0	1.1	1.2				
30~34	1.0	0.2	0.3	0.3	0.4	0.6	0.8	1.0	1.0	1.1	1.2				
34~40	1.1	0.3	0.4	0.5	0.6	0.7	0.9	1.0	1.1	1.3	1.4				
40~50	1.2	0.4	0.5	0.6	0.7	0.8	1.0	1.1	1.2	1.4	1.5				
50~60	1.3	0.6	0.7	0.8	0.9	1.0	1.1	1.1	1.3		1.5				
60~80	1.8			1.0	1.0	1.0	1.0	1.1	1.2	1.3	1.3	1.3	1.3	1.4	1.4
80~100	2.0			1.2	1.2	1.2	1.2	1.3	1.3	1.3	1.4	1.4	1.4	1.4	1.4
100~150	2.2			1.3	1.3	1.3	1.4	1.5	1.5	1.6	1.6	1.6	1.6	1.6	1.6
150~200	2.6			1.5	1.5	1.5	1.7	1.7	1.7	1.7	1.8	1.8	1.8	1.8	1.8

表 1-96　普通轧制钢板厚度允许偏差　(单位:mm)

公称厚度	钢板宽度						
	0~750	750~1 000	1 000~1 500	1 500~2 000	2 000~2 300	2 300~2 700	2 700~3 000
0.35~0.50	±0.07	±0.07					
0.50~0.60	±0.08	±0.08					
0.60~0.75	±0.09	±0.09					
0.75~0.90	±0.10	±0.10					
0.90~1.10	±0.11	±0.12					

公称厚度	钢板宽度						
	0～750	750～1 000	1 000～1 500	1 500～2 000	2 000～2 300	2 300～2 700	2 700～3 000
1.10～1.20	±0.12	±0.13	±0.15				
1.20～1.30	±0.13	±0.14	±0.15				
1.30～1.40	±0.14	±0.15	±0.18				
1.40～1.60	±0.15	±0.15	±0.18				
1.60～1.80	±0.15	±0.17	±0.18				
1.80～2.00	±0.16	±0.17	±0.18	±0.20			
2.00～2.20	±0.17	±0.18	±0.19	±0.20			
2.20～2.50	±0.18	±0.19	±0.20	±0.21			
2.50～3.00	±0.19	±0.20	±0.21	±0.22	±0.25		
3.00～3.50	±0.20	±0.21	±0.22	±0.24	±0.29		
3.50～4.00	±0.23	±0.26	±0.23	±0.28	±0.33		
4.00～5.50	+0.20 −0.40	±0.30 −0.40	±0.30 −0.50	±0.40 −0.50	+0.45 −0.50		
5.50～7.50	+0.20 −0.50	+0.20 −0.60	+0.25 −0.60	+0.40 −0.60	+0.45 −0.60		
7.50～10.00	+0.20 −0.80	+0.20 −0.80	+0.30 −0.80	+0.35 −0.80	+0.45 −0.80	+0.60 −0.80	
10.00～13.00	+0.20 −0.80	+0.20 −0.80	+0.30 −0.80	+0.40 −0.80	+0.50 −0.80	+0.70 −0.80	+1.00 −0.80

五、钢材的选用及验收

1. 钢材选用的原则

钢材的选用原则见表1-97。

表 1-97　结构钢材的选择

项次	结构类型			计算温度	选用牌号
1	焊接结构	直接承受动力荷载的结构	重级工作制吊车梁或类似结构	—	Q235镇静钢或Q345钢
2			轻、中级工作制吊车梁或类似结构		
3		承受静力荷载或间接承受动力荷载的结构		等于或低于−20℃	同1项
4				高于−20℃	Q235沸腾钢
5				等于或低于−30℃	同1项
				高于−30℃	同3项
6	非焊接结构	直接承受动力荷载的结构	重级工作制吊车梁或类似结构	等于或低于−20℃	同1项
7				高于−20℃	同3项
8			轻、中级工作制吊车梁或类似结构	—	同3项
9		承受静力荷载或间接承受动力荷载的结构		—	同3项

2. 钢材的性能要求

承重结构的钢材,应保证抗拉强度(σ_b)、伸长率(δ_5、δ_{10})、屈服点(σ_s)和硫(S)、磷(P)的极限含量。焊接结构的钢材应保证碳(C)的极限含量。必要时还应有冷弯试验的合格证。

重级工作制的非焊接吊车梁,必要时其钢材也应具有冲击韧性的保证。

根据《钢结构设计规范》(GB 50017—2003)的规定,对于高层建筑钢结构的钢材,宜采用牌号 Q235 中 B、C、D 等级的碳素结构钢和牌号 Q345 中 B、C、D 等级的低合金结构钢。承重结构的钢材一般应保证抗拉强度、伸长率、屈服点、冷弯试验、冲击韧性合格和硫、磷含量的极限值,对焊接结构尚应保证碳含量的极限值。对构件节点约束较强,以及板厚等于或大于 50 mm,并承受沿板厚方向拉力作用的焊接结构,应对板厚方向的断面收缩率加以控制。

3. 钢材检验的内容

(1)钢材的数量和品种应与订货合同相符。

(2)钢材的质量保证书应与钢材上打印的记号符合。每批钢材必须具备生产厂提供的材质证明书,写明钢材的炉号、钢号、化学成分和机械性能。对钢材的各项指标可根据国标的规定进行核验。

(3)核对钢材的规格尺寸。各类钢材尺寸的容许偏差,可参照有关国标或行业标准中的规定进行核对。

(4)钢材表面质量检验。不论扁钢、钢板和型钢,其表面均不允许有结疤、裂纹、折叠和分层等缺陷。如有上述缺陷的应另行堆放,以便研究处理。钢材表面的锈蚀深度,不得超过其厚度负偏差值的 1/2。锈蚀等级的划分和除锈等级参见《涂装前钢材表面锈蚀等级和除锈等级》(GB 8923—1988)和《涂覆涂料前钢材表面处理 表面清洁度的目视评定 第 2 部分:已涂覆过的钢材表面局部清除原有涂层后的处理等级》(GB/T 8923.2—2008)。

经检验发现钢材质量保证书上数据不清、不全,材质标记模糊,表面质量、外观尺寸不符合有关标准要求时,应视具体情况重新进行复核和复验鉴定。经复核复验鉴定合格的钢材方准予正式入库,不合格钢材应另作处理。

4. 钢材检验的类型

(1)免检。免去质量检验过程。对有足够质量保证的一般材料,以及实践证明质量长期稳定,且质量保证资料齐全的材料,可予免检。

(2)抽检。按随机抽样的方法对材料进行抽样检验。当对材料的性能不清楚,或对质量保证有怀疑,或对成批生产的构配件,均应按一定比例进行抽样检验。

(3)全部检验。凡对进口的材料、设备的重要工程部位的材料,以及贵重的材料,应进行全部检验,以确保材料和工程质量。

5. 钢材检验的方法

(1)书面检验。通过对提供的材料质量保证资料、试验报告等进行审核,取得认可后方能使用。

(2)外观检验。对材料从品种、规格、标志、外形尺寸等进行直观检查,查其有无质量问题。

(3)理化检验。借助试验设备和仪器对材料样品的化学成分、机械性能等进行科学的鉴定。

(4)无损检验。在不破坏材料样品的前提下,利用超声波、X 射线、表面探伤仪等进行检测。

钢材的质量检验项目要求见表 1-98。

表 1-98　钢材的质量检验项目要求

序号	材料名称	书面检查	外观检查	理化试验	无损检测
1	钢板	必须	必须	必要时	必要时
2	型钢	必须	必须	必要时	必要时

6. 钢材检验的标准

(1)钢结构所用的钢材品种、规格、性能等应符合现行国家产品标准和设计要求。进口的钢材产品的质量应符合设计和合同规定的标准要求。所有钢材进场后,监理人员首先要进行书面检查。

检查数量:钢材的书面检查要求做到全数检查。

检验方法:主要检查钢材质量合格证明文件、中文标准及检验报告等。不论钢材的品种、规格、性能如何都要求三证齐全。为防止假冒伪劣钢材进入钢结构市场,在进行书面检查时,监理人员一定要注意仔细辨别钢材质量合格证明、中文标志及检验报告的真伪,最好要求厂家提供书面资料原件,并加盖生产厂家及销售单位的公章。

(2)对属于下列情况之一的钢材,应进行抽样复验,其复验结果应符合国家产品标准和设计要求。

1)国外进口的钢材。

2)钢材混批。

3)板厚大于或等于 40 mm,且设计有双向性能要求的厚板。

4)建筑结构安全等级为一级,大跨度钢结构中主要受力构件所采用的钢材。

5)设计有复检要求的钢材。

6)业主或监理人员对质量有疑义时,或当合同有特殊要求需作跟踪追溯的材料。

检查数量:全数检查。

检验方法:检查复验报告。

(3)钢板的厚度及截面尺寸偏差直接影响结构的承载能力、整体稳定性和局部稳定性,直接关系结构的安全度和可靠性,监理人员必须对钢板的截面尺寸的检查高度重视。设计文件对构件所用的钢板的厚度有明确的表示,国家钢结构有关规范对钢板的厚度允许偏差也有明确的规定,钢结构所用的钢板的厚度和允许偏差都要满足设计文件和国家标准的要求。

检查数量:每一品种、规格的钢板随机抽查 5 处。

检验方法:用游标卡尺进行量测。

(4)型钢的截面尺寸及允许偏差均要满足设计文件要求和国家标准的规定。

检查数量:每一品种、规格的钢板随机抽查 5 处。

检验方法:用游标卡尺进行量测。

(5)钢材的表面外观质量除应符合国家现行有关标准的规定外,还应符合下列规定。

1)当钢材的表面有锈蚀、麻点或划痕等缺陷时,其深度不得大于该钢材厚度负允许偏差值的 1/2。

2)钢材表面的锈蚀等级应符合现行国家标准《涂装前钢材表面锈蚀等级和除锈等级》(GB 8923—1988)和《涂覆涂料前钢材表面处理 表面清洁度的目视评定 第 2 部分:已涂覆过的钢材表面局部清除原有涂层后的处理等级》(GB/T 8923.2—2008)规定的 C 级及 C 级以上。

3）钢材端边或断口处不应有分层、夹渣等缺陷。

检查数量：钢材进场后，监理人员要对钢材的表面外观质量进行全数检查。

检验方法：用小锤敲击，观察检查。

7. 钢材的储运

建筑钢材应按不同的品种、规格分别堆放。在条件允许的情况下，建筑钢材应尽可能存放在库房或料棚内（特别是有精度要求的冷拉、冷拔等钢材），若采用露天存放，则料场应选择地势较高而又平坦的地面，经平整、夯实、预设排水沟道、安排好垛底后方能使用。为避免因潮湿环境而引起的钢材表面锈蚀现象，雨雪季节建筑钢材要用防雨材料覆盖。

施工现场堆放的建筑钢材应注明"合格"、"不合格"、"在检"、"待检"等产品质量状态，注明钢材生产企业名称、品种规格、进场日期及数量等内容，并以醒目标识标明，工地应由专人负责建筑钢材收货和发料。

8. 钢材的防护

（1）防腐处理。钢材表面与周围介质发生作用而引起破坏的现象称作腐蚀（也称锈蚀）。腐蚀不仅使钢材有效截面积减小，还会产生局部锈坑，引起应力集中；腐蚀也会显著降低钢的强度、塑性、韧性等力学性能。

根据钢材与环境介质的作用原理，腐蚀可分为化学腐蚀和电化学腐蚀。化学腐蚀是指钢材与周围介质（如氧气、二氧化碳、二氧化硫和水等）直接发生化学作用，生成疏松的氧化物而引起的腐蚀。钢材由不同的晶体组织构成，并含有杂质，由于这些成分的电极电位不同，当有电解质溶液（如水）存在时，就在钢材表面形成许多微小的局部原电池，从而形成电化学腐蚀。

钢材在大气中的腐蚀，实际上是化学腐蚀和电化学腐蚀共同作用所致，但以电化学腐蚀为主。

钢材的腐蚀既有内因（材质），又有外因（环境介质的作用），因此要防止或减少钢材的腐蚀，可以从改变钢材本身的易腐蚀性、隔离环境中的侵蚀性介质或改变钢材表面的电化学过程三方面入手。

（2）防火处理。钢是不燃性材料，但这并不表明钢材能够抵抗火灾。耐火试验与火灾案例调查表明：以失去支持能力为标准，无保护层时钢柱和钢屋架的耐火极限只有 0.25 h，而裸露钢梁的耐火极限仅为 0.15 h。温度在 200℃以内，可以认为钢材的性能基本不变；超过 300℃以后，其弹性模量、屈服点及极限强度均开始显著下降，应变急剧增大；到达 600℃时已失去承载能力。所以，没有防火保护层的钢结构是不耐火的。

钢结构防火保护的基本原理是采用绝热或吸热材料，阻隔火焰和热量，推迟钢结构的升温速率。防火方法以包覆法为主，即以防火涂料、不燃性板材或混凝土和砂浆将钢构件包裹起来。

第五节　防水材料

一、防水卷材

1. 石油沥青纸胎油毡

（1）石油沥青纸胎油毡种类及规格。

1）油毡按卷重和物理性能分为Ⅰ型、Ⅱ型、Ⅲ型。

2)油毡幅宽为 1 000 mm,其他规格可由供需双方商定。

3)按产品名称、类型和标准号顺序标记。示例,Ⅲ型石油沥青纸胎油毡标记为:油毡Ⅲ型 GB 326—2007。

4)Ⅰ、Ⅱ型油毡适用于辅助防水、保护隔离层、临时性建筑防水、防潮及包装等。Ⅲ型油毡 适用于屋面工程的多层防水。

5)每卷油毡的卷重见表1-99。

表 1-99　卷　　重

类型	Ⅰ型	Ⅱ型	Ⅲ型
卷重(kg/卷)	≥17.5	≥22.5	≥28.5

6)外观要求:①成卷油毡应卷紧、卷齐,端面里进外出不得超过 10 mm;②成卷油毡在 10℃~45℃任一产品温度下展开,在距卷芯 1 000 mm 长度外不应有10 mm以上的裂纹或粘 结;③纸胎必须浸透,不应有未被浸透的浅色斑点,不应有胎基外露和涂油不均;④毡面不应有 孔洞、硌伤,不应有长度 20 mm 以上的疙瘩、浆糊状粉浆、水迹,不应有距卷芯 1 000 mm 以外 长度 100 mm 以上的折纹、折皱;20 mm 以内的边缘裂口或长 20 mm、深 20 mm 以内的缺边不 应超过 4 处;⑤每卷油毡中允许有一处接头,其中较短的一段长度不应少于 2 500 mm,接头处 应剪切整齐,并加长 150 mm,每批卷材中接头不应超过 5%。

(2)石油沥青纸胎油毡的技术要求。油毡的物理性能见表1-100。

表 1-100　物理性能

项　　目		指　　标		
		Ⅰ型	Ⅱ型	Ⅲ型
单位面积浸涂材料总量(g/m²)		≥600	≥750	≥1 000
不透水性	压力(MPa)	≥0.02	≥0.02	≥0.10
	保持时间(min)	≥20	≥30	≥30
吸水率(%)		≤3.0	≤2.0	≤1.0
耐热度		(18±2)℃,2 h涂盖层无滑动、流淌和集中性气泡		
拉力(纵向)(N/50 mm)		≥240	≥270	≥340
柔度		(18±2)℃,绕 φ20 棒或弯板无裂纹		

注:本标准Ⅲ型产品物理性能要求为强制性的,其余为推荐性的。

2. 石油沥青玻璃布胎油毡

(1)石油沥青玻璃布胎油毡的种类及规格。

1)按物理性能分为一等品(B)和合格品(C)两个等级。

2)按幅宽分为 915 mm 和 1 000 mm 两种。

3)按产品名称、等级、标准代号依次标记。如石油沥青玻璃布胎油毡一等品可标记为:玻 璃布油毡(B)JC/T 84。

(2)石油沥青玻璃布胎油毡的技术要求。

1)每卷质量应不小于 15 kg(包括不大于 0.5 kg 的硬质卷芯),总面积为(20±0.3)m²。

2)外观质量要求如下:①成卷油毡应卷紧、卷齐;②成卷油毡在5℃～45℃的环境温度下应易于展开,不得有粘结和裂纹;③浸涂材料应均匀、致密地浸涂玻璃布胎基;④油毡表面必须平整,不得有裂纹、孔洞、扭曲;⑤涂布或撒布的隔离材料应均匀、紧密地粘附于油毡表面;⑥每卷油毡接头,不应超过一处,其中较短的一段不得少于2 000 mm。接头处应剪切整齐,并加长150 mm备做搭接。

3. 弹性体改性沥青防水卷材

(1)弹性体改性沥青防水卷材种类及规格。

1)类型:①按胎基分为聚酯毡(PY)、玻纤毡(G)、玻纤增强聚酯毡(PYG);②按上表面隔离材料分为聚乙烯膜(PE)、细砂(S)、矿物粒料(M);下表面隔离材料为细砂(S)、聚乙烯膜(PE);细砂为粒径不超过0.60 mm的矿物颗粒;③按材料性能分为Ⅰ型和Ⅱ型。

2)规格:①卷材公称宽度为1 000 mm;②聚酯毡卷材公称厚度为3 mm、4 mm、5 mm;③玻纤毡卷材公称厚度为3 mm、4 mm;④玻纤增强聚酯毡卷材公称厚度为5 mm;⑤每卷卷材公称面积为7.5 m²、10 m²、15 m²。

3)标记:产品按名称、型号、胎基、上表面材料、下表面材料、厚度、面积和标准编号顺序标记;示例:10 m²面积、3 mm厚上表面为矿物粒料、下表面为聚乙烯膜聚酯毡Ⅰ型弹性体改性沥防水卷材标记为:SBS Ⅰ PY M PE 3 10 GB 18242—2008。

4)用途:①弹性体改性沥青防水卷材主要适用于工业与民用建筑的屋面和地下防水工程;②玻纤增强聚酯毡卷材可用于机械固定单层防水,但需通过抗风荷载试验;③玻纤毡卷材适用于多层防水中的底层防水;④外露使用采用上表面隔离材料为不透明的矿物粒料的防水卷材;⑤地下工程防水采用表面隔离材料为细砂的防水卷材。

(2)弹性体改性沥青防水卷材技术要求。

1)单位面积质量、面积及厚度见表1-101。

表1-101　单位面积质量、面积及厚度

规格(公称厚度)(mm)		3			4			5		
上表面材料		PE	S	M	PE	S	M	PE	S	M
下表面材料		PE	PE、S		PE	PE、S		PE	PE、S	
面积 (m²/卷)	公称面积	10、15			10、7.5			7.5		
	偏差	±0.10			±0.10			±0.10		
单位面积质量(kg/m²),≥		3.3	3.5	4.0	4.3	4.5	5.0	5.3	5.5	6.0
厚度 (mm)	平均值,≥	3.0			4.0			5.0		
	最小单值	2.7			3.7			4.7		

2)外观:①成卷卷材应卷紧卷齐,端面里进外出不得超过10 mm;②成卷卷材在(4～50)℃任一产品温度下展开,在距卷芯1 000 mm长度外不应有10 mm以上的裂纹或粘结;③胎基应浸透,不应有未被浸渍处;④卷材表面必须平整,不允许有孔洞、缺边和裂口,矿物粒料粒度应均匀一致并紧密地粘附于卷材表面;⑤每卷接头处不应超过一个,较短的一段不应少

于 1 000 mm,接头应剪切整齐,并加长 150 mm。

3)材料性能:材料性能见表 1-102。

表 1-102　材料性能

序号	项 目			指　标				
				I		II		
				PY	G	PY	G	PYG
1	可溶物含量(g/m²),≥		3 mm	2 100			—	
			4 mm	2 900			—	
			5 mm	3 500				
			试验现象	—	胎基不燃	—	胎基不燃	
2	耐热性		℃	90		105		
			≤mm	2				
			试验现象	无流滴、滴落				
3	低温柔性(℃)			—20		—25		
				无裂缝				
4	不透水性 30 min			0.3 MPa	0.2 MPa	0.3 MPa		
5	拉力	最大峰拉力(N/50 mm),≥		500	350	800	500	900
		次高峰拉力(N/50 mm),≥		—	—	—	—	800
		试验现象		拉伸过程中,试件中部无沥青涂盖层开裂或与胎基分离现象				
6	延伸率	最大峰时延伸率(%),≥		30		40		—
		第二峰时延伸率(%),≥		—		—		15
7	浸水后质量增加(%),≤		PE、S	1.0				
			M	2.0				
8	热老化	拉力保持率(%),≥		90				
		延伸率保持率(%),≥		80				
		低温柔性(℃)		—15		—20		
				无裂缝				
		尺寸变化率(%),≤		0.7	—	0.7	—	0.3
		质量损失(%),≤		1.0				
9	渗油性	张数,≤		2				
10	接缝剥离强度(N/mm),≥			1.5				
11	钉杆撕裂强度①(N),≥			—				300
12	矿物粒料粘附性②(g),≤			2.0				
13	卷材下表面沥青涂盖层厚度③(mm),≥			1.0				

序号	项 目		指 标				
			I		II		
			PY	G	PY	G	PYG
14	人工气候加速老化	外观	无滑动、流滴、滴落				
		拉力保持率(%),≥	80				
		低温柔性(℃)	−15		−20		
			无裂缝				

①仅适用于单层机械固定施工方式卷材。

②仅适用于矿物粒料表面的卷材。

③仅适用于热熔施工的卷材。

4. 塑性体改性沥青防水卷材

(1)塑性体改性沥青防水卷材类型及规格。

1)类型:①按胎基分为聚酯胎(PY)、玻纤毡(G)、玻纤增强聚酯毡(PYG)三类;②按上表面材料分为聚乙烯膜(PE)、细砂(S)、矿物粒料(M)三种;下表面隔离材料为细砂(S)、聚乙烯膜(PE);细砂为粒径不超过 0.60 mm 的矿物颗粒;③按材料性能分为 I 型和 II 型。

2)规格:①卷材公称宽度为 1 000 mm;②聚酯毡卷材公称厚度为 3 mm、4 mm、5 mm;③玻纤毡卷材公称厚度为 3 mm、4 mm;④玻纤增强聚酯毡卷材公称厚度为 5 mm;⑤每卷卷材公称面积为 7.5 m²、10 m²、15 m²。

3)标记:①产品按名称、型号、胎基、上表面材料、下表面材料、厚度、面积和标准编号顺序标记;②示例:10 m² 面积、3 mm 厚上表面为矿物粒料、下表面为聚乙烯膜聚酯毡 I 型塑性体改性沥青防水卷材标记为:APP I PY M PE 3 10 GB 18243—2008。

4)用途:①塑性体改性沥青防水卷材适用于工业与民用建筑的屋面和地下防水工程;②玻纤增强聚酯毡卷材可用于机械固定单层防水,但需通过抗风荷载试验;③玻纤毡卷材适用于多层防水中的底层防水;④外露使用应采用上表面隔离材料为不透明的矿物粒料的防水卷材;⑤地下工程防水应采用表面隔离材料为细砂的防水卷材。

(2)塑性体改性沥青防水卷材技术要求。

1)单位面积质量、面积及厚度见表 1-101。

2)外观:外观要求同弹性体改性沥青防水卷材。

3)材料性能见表 1-103。

表 1-103 材料性能

序号	项 目		指 标				
			I		II		
			PY	G	PY	G	PYG
1	可溶物含量 (g/m²),≥	3 mm	2 100				—
		4 mm	2 900				—

序号	项目		指标				
			I		II		
			PY	G	PY	G	PYG
1	可溶物含量(g/m²),≥	5 mm	3 500				
		试验现象	—	胎基不燃	—	胎基不燃	
2	耐热性	℃	110		130		
		≤mm	2				
		试验现象	无流滴、滴落				
3	低温柔性(℃)		−7		−15		
			无裂缝				
4	不透水性 30 min		0.3 MPa	0.2 MPa	0.3 MPa		
5	拉力	最大峰拉力(N/50 mm),≥	500	350	800	500	900
		次高峰拉力(N/50 mm),≥	—	—	—	—	800
		试验现象	拉伸过程中,试件中部无沥青涂盖层开裂或与胎基分离现象				
6	延伸率	最大峰时延伸率(%),≥	25	—	40	—	
		第二峰时延伸率(%),≥	—	—	—	—	15
7	浸水后质量增加(%),≤	PE、S	1.0				
		M	2.0				
8	热老化	拉力保持率(%),≥	90				
		延伸率保持率(%),≥	80				
		低温柔性(℃)	−2		−10		
			无裂缝				
		尺寸变化率(%),≤	0.7	—	0.7	—	0.3
		质量损失(%),≤	1.0				
9	接缝剥离强度(N/mm),≥		1.0				
10	钉杆撕裂强度①(N),≥		—				300
11	矿物粒料粘附性②(g),≤		2.0				
12	卷材下表面沥青涂盖层厚度③(mm),≥		1.0				
13	人工气候加速老化	外观	无滑动、流滴、滴落				
		拉力保持率(%),≥	80				
		低温柔性(℃)	−2		−10		
			无裂缝				

①仅适用于单层机械固定施工方式卷材。
②仅适用于矿物粒料表面的卷材。
③仅适用于热熔施工的卷材。

第一章 常用建筑材料·

5. 氯化聚乙烯防水卷材

(1)氯化聚乙烯防水卷材的分类、规格、标记见表1-104。

表1-104　分类、规格、标记

项目	内　　容
分类	(1)产品按有无复合层分类。无复合层的为N类,用纤维单面复合的为L类,织物内增强的为W类。 (2)每类产品按理化性能分为Ⅰ型和Ⅱ型
规格	(1)卷材长度规格为10 m、15 m、20 m。 (2)厚度规格为1.2 mm、1.5 mm、2.0 mm。 (3)其他长度、厚度规格可由供需双方商定,厚度规格不得小于1.2 mm
标记	(1)标记方法。按产品名称(代号CPE卷材)、外露或非外露使用、类、型、厚度、长×宽和标准号顺序标记。 (2)标记示例。长度20 m、宽度1.2 m、厚度1.5 mm的Ⅱ型L类外露使用氯化聚乙烯防水卷材标记为CPE卷材外露 L Ⅱ 1.5/20×1.2 GB 12953—2003

(2)氯化聚乙烯防水卷材技术要求。

1)尺寸偏差:①长度、宽度不小于规定值的99.5%;②厚度偏差和最小单值见表1-105。

表1-105　厚　　度　　　　　　　　　　　　(单位:mm)

厚　　度	允许偏差	最小单值
1.2	±0.10	1.00
1.5	±0.15	1.30
2.0	±0.20	1.70

2)外观:①卷材的接头不多于1处,其中较短的一段长度不少于1.5 m,接头应剪切整齐并加长150 mm;②卷材表面应平整,边缘整齐,无裂纹、孔洞、粘结、气泡和疤痕。

3)理化性能:①N类无复合层的卷材理化性能见表1-106;②L类纤维单面复合及W类织物内增强的卷材理化性能见表1-107。

表1-106　N类卷材理化性能

序号	项　　目	Ⅰ　型	Ⅱ　型
1	拉伸强度(MPa)	≥5.0	≥8.0
2	断裂伸长率(%)	≥200	≥250
3	热处理尺寸变化率(%)	≤3.0	纵向2.5 横向1.5
4	低温弯折性	−20℃无裂纹	−25℃无裂纹
5	抗穿孔性	不渗水	
6	不透水性	不透水	
7	剪切状态下的粘合性(N/mm)	≥3.0或卷材破坏	

序号	项 目		Ⅰ 型	Ⅱ 型
8	热老化处理	外观	无起泡、裂纹、粘结和孔洞	
		拉伸强度变化率 (%)	+50 −20	±20
		断裂伸长率变化率 (%)	+50 −30	±20
		低温弯折性	−15℃无裂纹	−20℃无裂纹
9	耐化学侵蚀	拉伸强度变化率 (%)	±30	±20
		断裂伸长率变化率 (%)	±30	±20
		低温弯折性	−15℃无裂纹	−20℃无裂纹
10	人工气候 加速老化	拉伸强度变化率 (%)	+50 −20	±20
		断裂伸长率变化率 (%)	+50 −30	±20
		低温弯折性	−15℃无裂纹	−20℃无裂纹

注:非外露使用可以不考核人工气候加速老化性能。

表 1-107 L 类及 W 类卷材理化性能

项 目		Ⅰ 型	Ⅱ 型
拉力(N/cm)		≥70	≥120
断裂伸长率(%)		≥125	≥250
热处理尺寸变化率(%)		≤1.0	≤1.0
低温弯折性		−20℃无裂纹	−25℃无裂纹
抗穿孔性		不渗水	
不透水性		不透水	
剪切状态下的粘合性 (N/mm)	L 类	≥3.0 或卷材破坏	
	W 类	≥6.0 或卷材破坏	
热老化处理	外观	无起泡、裂纹、粘结和孔洞	
	拉力(N/cm)	55	100
	断裂伸长率(%)	100	200
	低温弯折性	−15℃无裂纹	−20℃无裂纹
耐化学侵蚀	拉力(N/cm)	55	100
	断裂伸长率(%)	100	200
	低温弯折性	−15℃无裂纹	−20℃无裂纹

项 目		Ⅰ 型	Ⅱ 型
人工气候加速老化	拉力(N/cm)	55	100
	断裂伸长率(%)	100	200
	低温弯折性	−15℃无裂纹	−20℃无裂纹

二、刚性防水剂堵漏材料

1. 无机防水堵漏材料

(1)无机防水堵漏材料种类及规格。无机防水堵漏材料的定义、分类及产品标记见表 1-108。

表 1-108　无机防水堵漏材料的定义、分类、产品标记

项目	内　容
定义	以水泥为主要组分,掺入添加剂经一定工艺加工制成的用于防水、抗渗、堵漏用粉状无机材料
分类	根据凝结时间和用途分为缓凝型(Ⅰ型)和速凝型(Ⅱ型)。 (1)缓凝型主要用于潮湿和微渗基层上做防水抗渗工程。 (2)速凝型主要用于渗漏或涌水基体上做防水堵漏工程
产品标记	(1)标记方法。产品按名称、类别、标准号顺序标记。 (2)标记示例。缓凝型无机防水堵漏材料标记为 FD Ⅰ GB 23440—2009

(2)无机防水堵漏材料技术要求。

1)外观要求。产品外观为色泽均匀、无杂质、无结块的粉末。

2)无机防水堵漏材料的物理力学性能见表 1-109。

表 1-109　物理力学性能

序号	项　目		缓凝型 Ⅰ 型	速凝型 Ⅱ 型
1	凝结时间	初凝(min)	≥10	≤5
		终凝(min)	≤360	≤10
2	抗压强度(MPa)	1 h	—	≥4.5
		3 d	≥13.0	≥15.0
3	抗折强度(MPa)	1 h	—	≥1.5
		3 d	≥3.0	≥4.0
4	抗渗压力差值(MPa)(7 d)		≥0.4	—
	抗渗压力(MPa)(7 d)		≥1.5	≥1.5
5	粘粘强度(MPa)(7 d)		≥0.6	≥0.6
6	耐热性,100℃,5 h		无开裂、起皮和脱落	
7	冻融循环(−15℃~20℃),20 次		无开裂、起皮和脱落	

2. 高分子防水材料止水带

(1)高分子防水材料止水带种类及规格。

1)分类。止水带按其用途分为以下三类:①适用于变形缝用止水带,用 B 表示;②适用于施工缝用止水带,用 S 表示;③适用于有特殊耐老化要求的接缝用止水带,用 J 表示。具有钢边的止水带,用 G 表示。

2)产品标记:①产品的永久性标记应按下列顺序标记:类型、规格(长度×宽度×厚度);②标记示例。长度为 12 000 mm,宽度为 380 mm,公称厚度为 8 mm 的 B 类具有钢边的止水带标记为 BG-12 000 mm×380 mm×8 mm。

(2)高分子防水材料止水带技术要求。

1)尺寸公差。止水带的结构示意图如图 1-3 所示,其尺寸公差见表 1-110。

2)外观质量:①止水带表面不允许有开裂、缺胶、海绵状等影响使用的缺陷,中心孔偏心不允许超过管状断面厚度的 1/3;②止水带表面允许有深度不大于 2 mm、面积不大于 16 mm² 的凹痕、气泡、杂质、明疤等缺陷不超过 4 处;但设计工作面仅允许有深度不大于 1 mm、面积不大于 10 mm² 的缺陷不超过 3 处。

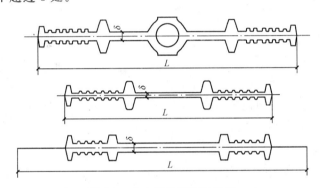

图 1-3 止水带的结构示意图

L—止水带公称宽度;δ—止水带公称厚度。

表 1-110 尺寸公差

项目	公称厚度 δ(mm)			宽度 L(%)
	4~6	6~10	10~20	
极限偏差	+1 0	+1.3 0	+2 0	±3

3)止水带的物理性能见表 1-111。

表 1-111 止水带的物理性能

项　　目	指　　标[①]		
	B	S	J
硬度(邵尔 A)(°)	60±5	60±5	60±5
拉伸强度(MPa)	≥15	≥12	≥10
扯断伸长率(%)	≥380	≥380	≥300

项　　目		指　　标[①]		
		B	S	J
压缩永久变形	70℃×24 h(%)	≤35	≤35	≤35
	23℃×168 h(%)	≤20	≤20	≤20
撕裂强度[②](kN/m)		≥30	≥25	≥25
脆性温度(℃)		≤−45	≤−40	≤−40
热空气老化	70℃×168 h　硬度变化(邵尔 A)(°)	≤+8	≤+8	—
	70℃×168 h　拉伸强度(MPa)	≥12	≥10	—
	70℃×168 h　扯断伸长率(%)	≥300	≥300	—
	100℃×168 h　硬度变化(邵尔 A)(°)	—	—	≤+8
	100℃×168 h　拉伸强度(MPa)	—	—	≥9
	100℃×168 h　扯断伸长率(%)	—	—	≥250
臭氧老化 0.5μg/g:20%,48 h		2 级	2 级	0 级
橡胶与金属粘合		断面在弹性体内		

①橡胶与金属粘合项仅适用于具有钢边的止水带。

②若有其他特殊需要时,可由供需双方协议适当增加检验项目,如根据用户需求酌情考核霉菌试验,但其防霉性能应等于或高于 2 级。

3. 防水密封胶剂

(1)防水密封胶剂种类及规格。

1)分类:①产品按工艺可分为制品型(PZ)和腻子型(PN);②产品按其在静态蒸馏水中的体积膨胀倍率(%)可分别分为制品型:150%～250%(包括 150%),250%～400%(包括 250%),400%～600%(包括 400%),≥600%等几类;腻子型:≥150%,≥220%,≥300%等几类。

2)产品标记:①产品应按类型、体积膨胀倍率、规格(宽度×厚度)顺序标记;②标记示例。a. 宽度为 30 mm、厚度为 20 mm 的制品型膨胀橡胶,体积膨胀倍率≥400%,标记为:PZ-400 型 30 mm×20 mm。b. 长轴 30 mm、短轴 20 mm 的椭圆形膨胀橡胶,体积膨胀倍率≥250%,标记为:PZ-250 型 R15 mm×R10 mm。c. 宽度为 200 mm、厚度为 6 mm 施工缝(S)用止水带,复合两条体积膨胀倍率≥400%的制品型膨胀橡胶,标记为:S-200 mm×6 mm/PZ-400×2 型。

(2)防水密封胶剂技术要求。

1)制品型尺寸公差。膨胀橡胶的断面结构示意图如图 1-4 所示。制品型尺寸公差见表1-112。

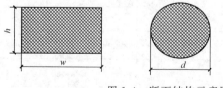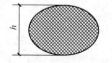

图 1-4　断面结构示意图

表 1-112　尺寸公差　　　　　　　　　　　　　　　　　　　　（单位：mm）

项　目	厚度 h			直径 d			椭圆（以短径 h 为主）			宽度 w		
	≤10	10～30	>30	≤30	30～60	>60	<20	20～30	>30	≤50	50～100	>100
极限偏差	±1.0	+1.5 −1.0	+2 −1	±1	±1.5	±2	±1	±1.5	±2	+2 −1	+3 −1	+4 −1

注：其他规格及异形制品尺寸公差由供需双方商定，异形制品的厚度为其最大工作面厚度。

2）外观质量：①膨胀橡胶表面不允许有开裂、缺胶等影响使用的缺陷；②每米膨胀橡胶表面不允许有深度大于 2 mm、面积大于 16 mm² 的凹痕、气泡、杂质、明疤等缺陷超过 4 处；③有特殊要求者，由供需双方商定。

3）物理性能。膨胀橡胶的物理性能见表 1-113 及表 1-114，如有体积膨胀倍率大于 600% 要求者，由供需双方商定。

表 1-113　制品型膨胀橡胶的物理性能

项　目		指　标			
		PZ-150	PZ-250	PZ-400	PZ-600
硬度（邵尔 A）（°）		42±7		45±7	48±7
拉伸强度（MPa）		≥3.5		≥3	
扯断伸长率（%）		≥450		≥350	
体积膨胀倍率（%）		≥150	≥250	≥400	≥600
反复浸水试验	拉伸强度（MPa）	≥3		≥2	
	拉断伸长率（%）	≥350		≥250	
	体积膨胀倍率（%）	≥150	≥250	≥300	≥500
低温弯折（−20℃×2 h）		无裂纹			

注：1. 硬度为推荐项目。
　　2. 成品切片测试应达到本标准的 80%。
　　3. 接头部位的拉伸强度指标不得低于本表中标准性能的 50%。

表 1-114　腻子型膨胀橡胶的物理性能

项　目	指　标		
	PN-150	PN-220	PN-300
体积膨胀倍率①（%）	≥150	≥220	≥300
高温流淌性（80℃×5 h）	无流淌	无流淌	无流淌
低温试验（−20℃×2 h）	无脆裂	无脆裂	无脆裂

①检验结果应注明试验方法。

三、防水涂料

1. 水乳型沥青防水涂料

（1）水乳型沥青防水涂料种类及规格。

1)类型。产品按性能分为 H 型和 L 型。

2)标记。按产品类型和标准号顺序标记。示例：H 型水乳型沥青防水涂料标记为：水乳型沥青防水涂料 H JC/T 408—2005。

(2)水乳型沥青防水涂料的技术要求。

1)样品搅拌后均匀无色差、无凝胶、无结块，无明显沥青丝。

2)物理力学性能见表 1-115。

表 1-115　水乳型沥青防水涂料物理力学性能

项　　目		L	H
固体含量(%)		≥45	
耐热度(℃)		80±2	110±2
		无流淌、滑动、滴落	
不透水性		0.10 MPa，30 min 无渗水	
粘结强度(MPa)		≥0.30	
表干时间(h)		≤8	
实干时间(h)		≤24	
低温柔度①(℃)	标准条件	−15	0
	碱处理	−10	5
	热处理		
	紫外线处理		
断裂伸长率(%)	标准条件	≥600	
	碱处理		
	热处理		
	紫外线处理		

①供需双方可以商定温度更低的低温柔度指标。

2. 聚氯乙烯弹性防水涂料

(1)聚氯乙烯弹性防水涂料种类及规格。

1)分类：①PVC 防水涂料按施工方式分为热塑型(J 型)和热熔型(G 型)两种类型；②PVC 防水涂料按耐热和低温性能分为 801 和 802 两个型号。"80"代表耐热温度为 80℃，"1"、"2"代表低温柔性温度分别为"−10℃"、"−20℃"。

2)产品标记方法。产品按下列顺序标记为名称、类型、型号、标准号。标记示例：

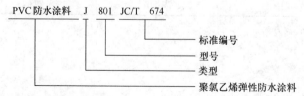

(2)聚氯乙烯弹性防水涂料技术要求。

1)外观：①J 型防水涂料应为黑色均匀粘稠状物，无结块、无杂质；②G 型防水涂料应为黑色块状物，无焦渣等杂物，无流淌现象。

2)物理力学性能。PVC 防水涂料的物理力学性能见表 1-116。

表 1-116　PVC 防水涂料的物理力学性能

项　　目		技术指标	
		801	802
密度(g/cm³)		规定值①±0.1	
耐热性(80℃,5 h)		无流淌、起泡和滑动	
低温柔性(φ20)(℃)		−10	−20
		无裂纹	
断后伸长率(%)	无处理	≥350	
	加热处理	≥280	
	紫外线处理	≥280	
	碱处理	≥280	
恢复率(%)		≥70	
不透水性(0.1 MPa,30 min)		不渗水	
粘结强度(MPa)		≥0.20	

①规定值是指企业标准或产品说明所规定的密度值。

3. 聚氨酯防水涂料

(1)聚氨酸防水涂料种类及规格。

1)分类。产品按组分分为单组分(S)、多组分(M)两种。产品按拉伸性能分为Ⅰ、Ⅱ两类。

2)标记。按产品名称、组分、类和标准号顺序标记。示例：Ⅰ类单组分聚氨酯防水涂料标记为 PU 防水涂料ＳⅠ GB/T 19250—2003。

(2)聚氨酯防水涂料技术要求。

1)外观。产品为均匀粘稠体，无凝胶、结块。

2)物理力学性能。单组分聚氨醋防水涂料的物理力学性能见表 1-117,多组分聚氨醋防水涂料的物理力学性能见表 1-118。

表 1-117　单组分聚氨酯防水涂料的物理力学性能

序号	项　　目	Ⅰ	Ⅱ
1	拉伸强度(MPa)	≥1.9	≥2.45
2	断后伸长率(%)	≥550	≥450
3	撕裂强度(N/mm)	≥12	≥14
4	低温弯折性(℃)	≤−40	
5	不透水性(0.3 MPa,30 min)	不透水	
6	固体含量(%)	≥80	

序号	项 目		Ⅰ	Ⅱ
7	表干时间(h)			≤12
8	实干时间(h)			≤24
9	加热伸缩率(%)			≤1.0
				≥-4.0
10	潮湿基面粘结强度①(MPa)			≥0.50
11	定伸时老化	加热老化		无裂纹及变形
		人工气候老化②		无裂纹及变形
12	热处理	拉伸强度保持率(%)		80~150
		断裂伸长率(%)	≥500	≥400
		低温弯折性(℃)		≤-35
13	碱处理	拉伸强度保持率(%)		60~150
		断裂伸长率(%)	≥500	≥400
		低温弯折性(℃)		≤-35
14	酸处理	拉伸强度保持率(%)		80~150
		断裂伸长率(%)	≥500	≥400
		低温弯折性(℃)		≤-35
15	人工气候老化②	拉伸强度保持率(%)		80~150
		断裂伸长率(%)	≥500	≥400
		低温弯折性(℃)		≤-35

①仅用于地下工程潮湿基面时要求。
②仅用于外露使用的产品。

表 1-118 多组分聚氨酯防水涂料的物理力学性能

序号	项 目	Ⅰ	Ⅱ
1	拉伸强度(MPa)	≥1.9	≥2.45
2	断后伸长率(%)	≥450	≥450
3	撕裂强度(N/mm)	≥12	≥14
4	低温弯折性(℃)		≤-35
5	不透水性(0.3 MPa,30 min)		不透水
6	固体含量(%)		≥92
7	表干时间(h)		≤8
8	实干时间(h)		≤24
9	加热伸缩率(%)		≤1.0
			≥-4.0

序号	项　目		I	II
10	潮湿基面粘结强度①(MPa)			≥0.50
11	定伸时老化	加热老化		无裂纹及变形
		人工气候老化②		无裂纹及变形
12	热处理	拉伸强度保持率(%)		80～150
		断裂伸长率(%)		≥400
		低温弯折性(℃)		≤−30
13	碱处理	拉伸强度保持率(%)		60～150
		断裂伸长率(%)		≥400
		低温弯折性(℃)		≤−30
14	酸处理	拉伸强度保持率(%)		80～150
		断裂伸长率(%)		≥400
		低温弯折性(℃)		≤−30
15	人工气候老化②	拉伸强度保持率(%)		80～150
		断裂伸长率(%)		≥400
		低温弯折性(℃)		≤−30

①仅用于地下工程潮湿基面时要求。

②仅用于外露使用的产品。

4. 溶剂型橡胶沥青防水涂料

(1)溶剂型橡胶沥青防水涂料种类及规格。

1)等级。溶剂型橡胶沥青防水涂料按产品的抗裂性、低温柔性分为一等品(B)和合格品(C)。

2)标记：①标记方法。溶剂型橡胶沥青防水涂料按下列顺序标记为产品名称、等级、标准号；②标记示例。溶剂型橡胶沥青防水涂料 C JC/T 852—1999。

(2)溶剂型橡胶沥青防水涂料技术要求。

1)外观。黑色、粘稠状、细腻、均匀胶状液体。

2)物理力学性能。溶剂型橡胶沥青防水涂料的物理力学性能见表1-119。

表1-119　物理力学性能

项　目		技术指标	
		一等品	合格品
固体含量(%)			≥48
抗裂性	基层裂缝(mm)		
	涂膜状态		无裂纹
低温柔性(φ10,2 h)℃		−15℃	−10℃
			无裂纹

项　　目	技术指标	
	一等品	合格品
粘结性（MPa）	≥0.20	
耐热性（80℃,5 h）	无流淌、鼓泡、滑动	
不透水性（0.2 MPa,30 min）	不渗水	

5. 水泥基渗透结晶型防水涂料

（1）水泥基渗透结晶型防水涂料的种类及规格。

1）分类。①按照使用方法分为两种：一种是水泥基渗透结晶型防水涂料（C），水泥基渗透结晶型防水涂料是一种粉状材料，经与水拌合可调配成刷涂或喷涂在水泥混凝土表面的浆料；亦可将其以干粉撒覆并压入未完全凝固的水泥混凝土表面；另一种是水泥基渗透结晶型防水剂（A），水泥基渗透结晶型防水剂是一种掺入混凝土内部的粉状材料。②水泥基渗透结晶型防水涂料按物理力学性能分为Ⅰ型、Ⅱ型两种类型。

2）标记。按照产品名称、类型、型号、标准号顺序排列。标记示例：Ⅰ型水泥基渗透结晶型防水涂料标记为：CCCW C Ⅰ GB 18445。

（2）水泥基渗透结晶型防水涂料技术要求。

1）匀质性指标。匀质性指标见表1-120。

表 1-120　匀质性指标

试　验　项　目	指　　标
含水量	应在生产厂控制值相对量的5%之内
总碱量（$Na_2O+0.65\ K_2O$）	
氯离子含量	
细度（0.315 mm 筛）	应在生产厂控制值相对量的10%之内

注：生产厂控制值应在产品说明书中告知用户。

2）水泥基渗透结晶型防水涂料的物理力学性能。受检涂料的物理力学性能见表1-121。

表 1-121　受检涂料的物理力学性能

试　验　项　目		性　能　指　标	
		Ⅰ	Ⅱ
安定性		合格	
凝结时间	初凝时间（min）	≥20	
	终凝时间（h）	≤24	
抗折强度（MPa）	7 d	≥2.80	
	28 d	≥3.50	
抗压强度（MPa）	7 d	≥12.0	
	28 d	≥18.0	

试验项目	性能指标	
	Ⅰ	Ⅱ
湿基面粘结强度(MPa)	≥1.0	
抗渗压力(28 d)(MPa)	≥0.8	≥1.2
第二次抗渗压力(56 d)(MPa)	≥0.6	≥0.8
渗透压力比(28 d)(%)	≥200	≥300

3)水泥基渗透结晶型防水剂的物理力学性能。掺防水剂混凝土的物理力学性能见表1-122。

表1-122 掺防水剂混凝土的物理力学性能

试验项目		性能指标
减水率(%)		≥10
泌水率比(%)		≤70
抗压强度比	7 d(%)	≥120
	28 d(%)	≥120
含气量(%)		≤4.0
凝结时间差	初凝(min)	>−90
	终凝(min)	—
收缩率比(28 d)(%)		≤125
渗透压力比(28 d)(%)		≥200
第二次抗渗压力(56 d)(MPa)		≥0.6
对钢筋的锈蚀作用		对钢筋无锈蚀危害

第二章　土方与地基工程

第一节　土方开挖

一、土方开挖施工要求

1. 施工降排水要求

（1）在山坡地区施工，应按设计要求先做好永久性截水沟或设置临时截水沟，阻止山坡水流入施工场地。沟壁、沟底应防止渗漏。在平坦地区施工，可采用挖临时排水沟或筑土堤等措施，阻止场外水流入施工场地。

（2）临时排水沟和截水沟的纵向坡度应根据地形确定，一般不应小于 3‰，平坦地区不应小于 2‰，沼泽地区可减至 1‰。

（3）临时排水沟和截水沟的横断面应根据当地气象资料，按照施工期内最大流量确定。

（4）边坡坡度应根据土质和沟的深度确定，一般为（1：0.7）～（1：1.5），岩石边坡可适当放陡。

（5）出水口应设置在远离建筑物或构筑物的低洼地点，并应保证排水畅通。排水暗沟的出水口应防止冻结。

（6）在地形、地质条件复杂（如山坡陡峻、地下有溶洞、边坡上有滞水层或坡脚处地下水位较高等）有可能发生滑坡、坍塌的地段，挖方时可根据设计单位确定的方案进行排水、降水。

（7）基坑（槽）、管沟的开挖高程低于地下水位时，应根据当地工程地质资料、挖方尺寸选用集水坑降水、井点降水等措施降低地下水位，以防止地基土结构遭受破坏。采用正铲挖掘机、铲运机、推土机等挖方时，应使地下水位经常低于开挖底面，并不少于 0.5 m。

2. 边坡坡度要求

（1）永久性挖方边坡坡度应符合设计要求。当工程地质与设计资料不符合需修改边坡坡度时，应由设计单位确定。

（2）使用时间较长的临时性挖方边坡坡度，应根据工程地质和边坡高度，结合当地同类土体的稳定坡度值确定，或参照表 2-1 的规定放坡。挖方经过不同类别的土（岩）层或深度超过 10 m 时，其边坡可做成折线形或台阶形。

表 2-1　临时性挖方边坡值

土 的 类 别		边坡值（高：宽）
砂土（不包括细砂、粉砂）		（1：1.25）～（1：1.50）
一般性黏土	硬	（1：0.75）～（1：1.00）
	硬、塑	（1：1.00）～（1：1.25）
	软	1：1.50 或更缓

土 的 类 别		边坡值(高：宽)
碎石类土	充填坚硬、硬塑黏性土	(1：0.50)～(1：1.00)
	充填砂地土	(1：1.00)～(1：1.50)

注:1. 设计有要求时,应符合设计标准。

    2. 如采用降水或其他加固措施,可不受本表限制,但应计算复核。

    3. 开挖深度,对软土不应超过 4 cm,对硬土不应超过 8 cm。

3. 挖方要点

(1)土方开挖宜从上到下分层分段依次进行,随时做成一定的坡势以利泄水,并不得在影响边坡稳定的范围内积水。

(2)在挖方上侧弃土时,应保证挖方边坡的稳定。弃土堆坡脚至挖方上边缘的距离,应根据挖方深度、边坡坡度和土的性质确定。弃土堆应连续堆置,其顶面应向外倾斜,防止水流入挖方场地。

(3)在挖方下侧弃土时,应将弃土堆表面整平并向外倾斜。弃土堆表面应低于相邻挖方场地的设计高程,或在弃土堆与挖方场地之间设置排水沟,防止地面水流入挖方场地。在河岸、荒野地方弃土时,不得阻塞河道或影响排水。

(4)在挖方边坡上如发现岩(土)内有倾向于挖方的软弱夹层或裂隙面时,应通知设计单位采取措施,防止岩(土)下滑。

(5)在滑坡地段挖方时,应符合下列规定。

1)施工前应熟悉工程地质勘察资料,了解现场地形、地貌及滑坡迹象等情况。

2)不宜在雨期施工。

3)应遵循先整治后开挖的施工程序。

4)不应破坏挖方上坡的自然植被和排水系统,防止地面水渗入土体。

5)应先做好地面和地下排水设施。

6)严禁在滑坡体上部弃土或堆放材料。

7)必须遵循由上至下的开挖顺序,严禁先切除坡脚。

8)机械开挖时,边坡坡度应适当减缓,然后用人工修整,达到设计要求。

9)抗滑挡土墙应尽量在旱季施工,基槽开挖应分(隔)段进行,开挖一段应及时做好挡土墙,并按规定做好墙后的填土工作。

(6)在土方开挖过程中,如出现滑坡迹象(如裂隙、滑动等)时,应立即采取下列措施:

1)暂停施工。必要时所有人员和机械撤至安全地点。

2)通知设计单位提出处理措施。

3)根据滑动迹象设置观测点,观测滑坡体平面位移和沉降变化,并做好记录。

4. 冬雨期施工注意事项

雨期、冬期施工的注意事项见表 2-2。

表 2-2 雨期、冬期施工的注意事项

项目	注 意 事 项
雨期施工	(1)雨期施工的工作面不宜过大,应逐段、逐片的分期完成。挖方时并应预留 20～30 cm 厚度,待施工垫层前挖除。重要的或特殊的土方工程,应尽量在雨期前完成。

项目	注意事项
雨期施工	(2)雨期施工中应有保证工程质量和安全施工的技术措施,并应随时掌握气象变化情况。 (3)雨期施工前,应对施工场地原有排水系统进行检查、疏浚或加固,应增备排水设备及设施,保证水流畅通。在施工场地周围应防止地面水流入场内。在傍山、沿河地区施工,应采取必要的防洪措施。 (4)雨期施工时,应保证现场运输道路畅通。道路路面应根据需要加铺炉渣、砂砾或其他防滑材料,必要时应加高加固路基。道路两侧应修好排水沟,在低洼积水处应设置涵管,以利泄水。 (5)对于湿陷性黄土和膨胀土,雨期施工应注意防水、排水,必要时应采取覆盖措施
冬期施工	(1)冬期开挖土方时,可在冻结前用保温材料覆盖或将表层土翻耕耙松,其翻耕深度应根据当地气候条件确定,一般不小于 0.3 m。如基础垫层不能紧跟施工,应将基坑(槽)覆盖,防止基土结冻。 (2)破碎冻土采用的机具和方法,应根据土质、冻结深度、机具性能和施工条件等确定。当冻土层厚度较小时,可采用铲运机、推土机或挖土机直接开挖。当冻土层厚度较大时,可用松土机、破冻土犁、重锤冲击、劈土锥(楔)或爆破法破碎。 (3)冬期开挖土方时,如可能引起临近建筑物(或构筑物)的地基或其他地下设施产生冻结破坏时,应采取防冻措施。 (4)在挖方上侧弃置冻土时,弃土堆坡脚至挖方上边缘的距离,应为常温条件下规定的距离再加上弃土堆的高度。 (5)冬期施工时,运输机械和行驶道路均应采取防滑措施,以保证安全。因冻结可能遭受损坏的机械设备和降低地下水位设施等,应采取保温或防冻措施

二、土方开挖质量要求

土方开挖前应检查定位放线、排水和降低地下水位系统,合理安排土方运输车的行走路线及弃土场。施工过程中应检查平面位置、水平高程、边坡坡度、压实度、排水、降低地下水位系统,并随时观测周围的环境变化。对回填土方还应检查回填土料、含水量、分层厚度、压实度,对分层挖方,也应检查开挖深度等。

土方开挖工程质量检验标准见表 2-3。

表 2-3　土方开挖工程质量检验标准　　　　　　　　　　　　　(单位:mm)

		项　　目	允许偏差或允许值					检验方法
			柱基基坑基槽	挖方场地平整		管沟	地(路)面基层	
				人工	机械			
主控项目	1	标高	−50	±30	±50	−50	−50	水准仪
	2	长度、宽度(由设计中心线向两边量)	+200, −50	+300, −100	+500, −150	+100	—	经纬仪,用钢尺量
	3	边坡	设计要求					观察或用坡度尺检查

续上表

项　　目		允许偏差或允许值					检验方法
		柱基基坑基槽	挖方场地平整		管沟	地(路)面基层	
			人工	机械			
一般项目	1	表面平整度	20	20	50	20	20	用 2 m 靠尺和楔形塞尺检查
	2	基底土性	设计要求					观察或土样分析

注:地(路)面基层的偏差只适用于直接在挖、填方上做地(路)面的基层。表中所列数值适用于附近无重要建筑物或重要公共设施,且基坑暴露时间不长的条件。

第二节　土方回填

一、土方回填施工要求

1. 填土填筑厚度和压实遍数要求

填方每层填筑厚度和压实遍数应根据土质、压实系数和机具性能确定,如无试验依据,可按照表 2-4 的规定选用。

表 2-4　填土施工时的分层厚度及压实遍数

压实机具	分层高度(mm)	每层压实遍数	压实机具	分层厚度(mm)	每层压实遍数
平碾	250～300	6～8	柴油打夯机	200～250	3～4
振动压实机	250～350	3～4	人工打夯	<200	3～4

2. 取土要求

取土坑的位置和要求应由设计单位(或建设单位)确定,但不得影响建筑物(或构筑物)安全和挖、填方边坡的稳定。取土坑的排水设施应按设计要求施工。土的最优含水量和最大干密度见表 2-5。

表 2-5　土的最优含水量和最大干密度

土的类型	最优含水量(%)(质量比)	最大干密度(g/cm³)
砂土	8～12	1.80～1.38
黏土	19～23	1.58～1.70
粉质黏土	12～15	1.85～1.95
粉土	16～22	1.61～1.80

3. 填土要点

(1)振动平碾适用于填料为爆破石渣、碎石类土、杂填土或粉土的大型填方。使用 8～15 t

重的振动平碾压实爆破石渣或碎石类土时,铺土厚度一般为 0.6~1.5 m,宜先静压、后振压,碾压遍数应由现场试验确定,一般为 6~8 遍。碾压时,轮(夯)迹应相互搭接,防止漏压。

(2)碾压机械压实填方时,应控制行驶速度,一般不应超过下列规定:平碾 2 km/h;羊足碾 3 km/h;动碾 2 km/h。

(3)采用机械填方时,应保证边缘部位的压实质量。填土后,如设计不要求边坡修整,宜将填方边缘宽填 0.5 m;如设计要求边坡整平拍实,宽填可为 0.2 m。

(4)分段填筑时,每层接缝处应做成斜坡形,碾迹重叠 0.5~1.0 m。上、下层接缝应错开不小于 500 mm。

(5)填方应按设计要求预留沉降量,如设计无要求时,可根据工程性质、填方高度、填料种类、压实系数和地基情况等由试验确定。

(6)填方中采用两种透水性不同的填料分层填筑时,上层填筑透水性较小的填料,下层宜填筑透水性较大的填料。填方基土表面应做成适当的排水坡度,边坡不得用透水性较小的填料封闭。如因施工条件限制,上层必须填筑透水性较大的填料时,应将下层透水性较小的土层表面做成适当的排水坡度或设置盲沟。

(7)挡土墙后的填土,应选用透水性较好的土或在黏性土中掺入石块作填料。填土时,应分层夯实,确保填土质量,并应按设计要求做好滤水层和排水盲沟。在季节性冻土区域挡土墙后的填土宜采用非冻胀性填料。

(8)黏性土填料施工含水量的控制范围,应在填料的干密度至含水量关系曲线中,根据设计干密度确定。如无击实试验条件,设计压实系数为 0.9 时,施工含水量与最优含水量之差可控制在-4%~+2%范围内(使用振动碾时,可控制在-6%~+2%范围内)。

(9)填料为黏性土时,填土前应检验其含水量是否在控制范围内。含水量试验一般方法为烘干法、酒精燃烧法、比重法、碳化钙气压法。如含水量偏高,则可采用翻松、晾晒、均匀掺入干土(或吸水性填料)等措施;含水量偏低,则可采用预先洒水润湿、增加压实遍数或使用大功能压实机械等措施。

(10)填料为红黏土时,其施工含水量宜高于最优含水量 2%~4%,填筑中应防止土料干缩、结块现象。填方压实宜使用中、轻型碾压机械。

(11)基础及地下室侧面和地面面层下的填方,填料中不得含有冻土块。填土完成后至地面施工前,应采取防冻措施。

(12)冬期施工时,运输机械和行驶道路均应采取防滑措施,以保证安全。因冻结可能遭受损坏的机械设备、炸药、油料和降低地下水位设施等,应采取保温或防冻措施。

二、土方回填质量要求

土方回填前应清除基底的垃圾、树根等杂物,抽除坑穴积水、淤泥,验收基底标高。如在耕植上或松土上填方,应在基底压实后再进行。对填方土料应按设计要求验收后方可填入。

土方施工过程中应检查排水措施,每层填筑厚度、含水量控制、压实程度、填筑厚度及压实遍数应根据土质、压实系数及所用机具确定。如无试验依据见表 2-4。

填方工程的施工参数如每层填筑厚度、压实遍数及压实系数,对重要工程均应做现场试验后确定,或由设计单位提供。

填方施工结束后,应检查标高、边坡坡度、压实程度等,检验标准见表 2-6。

表 2-6 填土工程质量检验标准

项　　目	序号	内　　容	允许偏差或允许值(mm)					检验方法
			柱基基坑基槽	场地平整		管沟	地(路)面基层	
				人工	机械			
主控项目	1	标高	−50	±30	±50	−50	−50	水准仪
	2	分层压实系数	设计要求					按规定方法
一般项目	1	回填土料	设计要求					取样检查或直观鉴别
	2	分层厚度及含水量	设计要求					水准仪及抽样检查
	3	表面平整度	20	20	30	20	20	用靠尺和水准仪

第三节　基槽和管沟

一、基本规定

(1)基坑(槽)、管沟的开挖或回填应连续进行,尽快完成。施工中应防止地面水流入坑、沟内,以免边坡塌方或基土遭到破坏;基坑(槽)、管沟挖好后不能及时进行下一工序,雨期施工时,可在基底标高以上留 150~300 mm 一层不挖,待下一工序开始前再挖除;采用机械开挖基坑(槽)或管沟时,可在基底标高以上预留一层用人工清理,其厚度应根据施工机械确定,且不得小于 0.3 m。

(2)基坑(槽)底部的开挖宽度,除基础底部宽度外,应根据施工需要增加工作面、排水设施和支撑结构的宽度。当无排水明沟时不小于 0.6 m,有排水沟时不小于 1.2 m。

(3)管沟底部开挖宽度(有支撑者为撑板间的净宽),除结构宽度外,应增加工作面宽度。

(4)基坑(槽)或管沟挖好后,应及时进行地下结构和安装工程施工。在施工过程中,应经常检查坑壁的稳定情况。

(5)基坑(槽)或管沟需设置坑壁支撑时,应根据开挖深度、土质条件、地下水位、施工方法、相邻建筑物和构筑物等情况进行选择和设计。支撑必须牢固可靠,确保安全施工。

(6)开挖基坑(槽)或管沟时,应合理确定开挖顺序和分层开挖深度。当接近地下水位时,应先完成标高最低的挖方,以便于在该处集中排水。

(7)基坑(槽)或管沟挖至基底标高后,应会同设计单位(或建设单位)检查基底土质是否符合要求,并做出隐蔽工程记录。验收合格后方可施工下一工序。

(8)开挖基坑(槽)或管沟不得超过基底标高,如个别地方超挖时,应用与基土相同的土料填补,并夯实至要求的密实度,或用碎石类土填补并夯实。在重要部位超挖时,可用低标号混凝土填补,并应取得设计单位同意。

(9)地质条件良好、土质均匀且地下水位低于基坑(槽)或管沟底面标高时,挖方深度在 5 m 以内不加支撑的边坡的最陡坡度见表 2-7。

表 2-7　深度在 5 m 内的基坑(槽)、管沟边坡的最陡坡度

土 的 类 别	边坡坡度(高∶宽)		
	坡顶无荷载	坡顶有静载	坡顶有动载
中密的砂土	1∶1.00	1∶1.25	1∶1.50
中密的碎石类土(填充物为砂土)	1∶0.75	1∶1.00	1∶1.25
硬塑的粉土	1∶0.67	1∶0.75	1∶1.00
中密的碎石类土(填充物为黏性土)	1∶0.50	1∶0.67	1∶0.75
硬塑的粉质黏土、黏土	1∶0.33	1∶0.50	1∶0.67
老黄土	1∶0.10	1∶0.25	1∶0.33
软土(经井点降水后)	1∶1.00	—	—

二、软土地区开挖要求

(1)施工前必须做好地面排水和降低地下水位工作,地下水位应降低至基底以下 0.5～1.0 m 后,方可开挖。降水工作应持续到回填完毕。

(2)施工机械行驶道路应填筑适当厚度的碎(砾)石,必要时应铺设工具式路基箱(板)或梢排等。

(3)相邻基坑(槽)和管沟开挖时,应遵循先深后浅或同时进行的施工顺序,并应及时做好基础。

(4)在密集群桩上开挖基坑时,应在打桩完成后间隔一段时间,再对称挖土。在密集群桩附近开挖基坑(槽)时,应采取措施防止桩基位移。

(5)基坑(槽)开挖后,应尽量减少对基土的扰动。如基础不能及时施工时,可在基底标高以上留 0.1～0.3 m 土层不挖,待做基础时挖除。

(6)挖出的土不得堆放在边坡顶上或建筑物(构筑物)附近。

三、膨胀土和湿陷性黄土地区开挖要求

(1)基坑(槽)或管沟的开挖,地基与基础的施工和回填土等应连续进行,并应避免在雨天施工。

(2)开挖前应做好排水工作,防止地表水、施工用水和生活废水浸入施工场地或冲刷边坡。

(3)开挖后,基土不得受烈日暴晒或雨水浸泡。必要时可预留一层不挖,待做基础时挖除。

(4)采用砂垫层地基时,应先将砂浇水至饱和后再密实,不得采用向基坑(槽)或管沟内浇水使砂沉落的施工方法。

第四节　地基工程

一、灰土地基施工

1. 施工要求

(1)基层处理。

1)基坑开挖时应避免坑底土层被扰动,可保留 200 mm 左右厚土层暂时不挖,待铺填灰土

前再用人工挖至设计标高。尤其垫层为软弱基层,应严禁扰动、践踏、受冻或水浸。

2)灰土基层一般应四壁稳固,底面坚实而平坦,无孔洞、垃圾及松散坍塌土,否则需区别情况进行处理。

3)基坑、地槽应按要求进行钎探,当灰土垫层底部存在古井、古墓、洞穴、旧基础、暗塘等软硬不均的部位时,应根据建筑对不均匀沉降的要求予以处理,经检验合格后,方可铺填垫层。

4)四壁如有孔洞、易松散坍塌土应予堵塞和砌护壁支护。

5)松散的粉细砂基层,除四周做护壁外,底面宜就地摊平,先用平板振动器洒水振实,再铺设 50~100 mm 厚、粒径为 40~60 mm 碎石或卵石,洒水振实,以加强基层表面强度,便于灰土施工。

6)淤泥质软弱土基层不易直接铺打灰土,应在灰土地基与基层间增设 300~500 mm 中粗砂或砂石垫层,既可保证夯打灰土时不搅动基层方便灰土施工,又能给基层提供负荷后固化排水的通道。铺砂石垫层前应先用一层砂铺底,保护基层面层。

7)地下水位以下的基层宜在坑、槽开挖前设置井点或管井抽水降低地下水位,使水位降至灰土基层顶面以下 300~500 mm,且保证在灰土施工期间及灰土全部竣工后 3 d 内水位不回升,灰土垫层工程必须在无水条件下施工。

8)基坑和地槽底坪有高差时,应用台阶形式或斜坡过渡,台阶宽度不应小于 500 mm,宽高比不应小于 2,并按先深后浅的顺序进行施工,搭接处夯压密实。

(2)灰土拌和。

1)常用灰土配合比(体积比)有 3:7 和 2:8(石灰:土)等,建筑工程地基灰土配合比应用 3:7 或遵照设计要求施工。垫层灰土必须用标准斗计量,严格控制配合比,拌和时必须均匀一致,至少翻拌两次,拌和好的灰土颜色应一致。

2)灰土施工时,应适当控制含水量,工地检验方法是:用手将灰土紧握成团,用指轻捏即碎为宜。如土料水分过大或不足时,应晾干或洒水润湿。

(3)铺摊。

1)铺摊灰土前,宜进行基层原土打夯或碾压(软弱土例外)。

2)铺土和夯(压)实厚度见表 2-8。

表 2-8　灰土铺土、夯实厚度

序号	设备机具	质量	虚铺厚度(mm)	备注
1	石夯、木夯	40~80 kg	200~250	人力打夯,落高 400~500 mm
2	轻型夯实工具	—	200~250	蛙式打夯机,柴油打夯机
3	压路机	6~10 t	200~300	双轮

3)铺灰土应根据水平木桩拉线控制铺摊高度,并用木耙耙平。

4)灰土应铺满坑槽,基坑、地槽长度尺度应满足灰土按刚性角扩展面积的需要,如坑、槽四壁不全,缺壁边铺摊灰土应比扩展后边界再宽出 600~1 000 mm。

(4)夯打或压实。

1)夯打(压)遍数应根据设计要求的干土密度和现场试验确定,一般不少于 3 遍。

2)用蛙式打夯机夯打灰土时,每台机应两人操作,一人扶夯,一人牵线,操作程序是后行压前行的半行,循序渐进。

　　3)用压路机碾压灰土,应使后遍轮压前遍轮印的半轮,循序渐进。

　　4)用木夯或石夯进行人工夯打灰土,举夯高度不应小于 600 mm(即夯底高过膝盖),夯打程序分 4 步:①夯倚夯,行倚行;②夯打夯间,一夯压半夯;③夯打行间,一行压半行;④行间打夯,仍应一夯压半夯。

　　5)使用机械夯压灰土的现场,机械夯压不到的部位必须用人工补夯。

　　6)灰土夯打遍数,施工现场以夯实程度确定,夯(压)至密实为止。

　　7)灰土地基完工后,应及时进行上部基础施工和基坑、槽回填,否则需做临时遮盖,防止暴晒、雨淋。

　　8)留槎、接槎、压槎。每层灰土应尽量整体连续施工,如需分段施工、隔日施工或有高低错台时,要按下列方法留槎与接槎:①一层当天夯(压)不完需隔日施工留槎时,在留槎处保留 300～500 mm 虚铺灰土不夯(压),待次日接槎时与新铺灰土拌和重铺后再进行夯(压);②需分段施工的灰土地基,留槎位置应避开墙角、柱基及承重的窗间墙位置;留槎位置至墙角距离不应小于 5 m,虚铺灰土越过留槎位置应不少于 600 mm,夯(压)实灰土应越过留槎位置不少于 300 mm,接槎时应沿槎垂直切齐;③灰土基层有高低差时,台阶上下层间压槎宽度应不小于灰土地基厚度。

　　9)灰土回填每层夯(压)实后,应根据规范进行环刀取样,测出灰土的质量密度,达到设计要求时,才能进行上一层灰土的铺摊。压实系数 λ_c 采用环刀法取土检验,压实标准一般取 $\lambda_c=0.95$。

　　10)灰土最上一层验收完后,应拉线或用靠尺检查标高和平整度,超高处用铁锹铲平,低洼处应及时补打灰土。

　　(5)灰土地基雨期、冬期施工的主要要求见表 2-9。

表 2-9　灰土地基雨期、冬期施工的主要要求

项目	要　　求
雨期施工	灰土地基不宜在雨期施工,如避不开雨期时应采取以下防雨措施。 (1)坑、槽四周应设挡水堤,防止雨水灌入坑、槽。 (2)石灰应尽量堆放在高处,宜搭防雨棚遮盖。 (3)灰土用土宜用篷布覆盖。 (4)坑、槽内四周需在灰土边沿外侧设排水盲沟,宽 200～400 mm,深度随灰土厚度,用碎石(卵石)或粗砂充填,与灰土同时夯压。 (5)在盲沟外侧设集水坑与盲沟相连,随时用抽水设备排除雨水。 (6)消石灰、土料都宜随筛随用,拌和前应消除潮湿的土团和灰团。 (7)铺打灰土宜多组垂直流水作业,多层灰土同时施工,快速一气呵成。 (8)未及夯、压的虚铺灰土,被雨淋后,应清除上部松软部分,其余与新铺灰土拌和重铺再夯打。 (9)雨期排水应及时,施工过程中不允许雨淋、水泡
冬期施工	灰土地基可在气候不太冷的初冬时期施工,并应注意以下事项。 (1)灰土地基宜在日平均温度 0℃ 左右时施工,施工温度不应低于−4℃。 (2)铺摊灰土前应清除基层表面冻土层和积水,随清随铺灰土。 (3)消石灰、土料宜随筛随用,不得含有冻块和杂草。 (4)土堆应用草席覆盖,取土时应清除霜雪和冻块。

项目	要 求
冬期施工	(5)开挖基坑、基槽时应避免坑底土层受扰动,可保留约200 mm土层暂不挖去,待铺摊灰土前再挖至设计标高,或随挖随铺。也可全部挖完后,上铺50~100 mm松土作保温层,铺摊灰土前再清除。 (6)铺打灰土宜多组垂直流水作业,有混凝土垫层者宜满坑、满槽覆盖灰土,基础完工后应及时回填坑、槽。 (7)施工期间,发现因气温过低而造成土粒发散,夯压不实现象应停止施工。 (8)下雪天不得进行灰土施工。冬、雨期不宜做灰土工程,施工时严格执行施工方案中的冬、雨期施工技术措施,防止造成灰土被水浸泡和冻胀等质量事故

2. 质量要求

(1)灰土土料、石灰或水泥(当水泥替代灰土中的石灰时)等材料及配合比应符合设计要求,灰土应搅拌均匀。灰土的土料宜用黏土、粉质黏土,严禁采用冻土、膨胀土和盐渍土等活动性较强的土料。

(2)施工过程中应检查分层铺设的厚度、分段施工时上下两层的搭接长度、夯实时加水量、夯压遍数、压实系数。验槽发现有软弱土层或孔穴时,应挖除并用素土或灰土分层填实。最优含水量可通过击实试验确定。

(3)施工结束后,应检验灰土地基的承载力。

(4)灰土地基的质量验收标准见表2-10。

表2-10 灰土地基质量检验标准

项目	序号	检查内容	允许偏差或允许值		检查方法
			单位	数值	
主控项目	1	地基承载力	设计要求		按规定方法
	2	配合比	设计要求		按拌和时的体积比
	3	压实系数	设计要求		现场实测
一般项目	1	石灰粒径	mm	≤5	筛选法
	2	土料有机质含量	%	≤5	试验室焙烧法
	3	土颗粒粒径	mm	≤15	筛分法
	4	含水量(与要求的最优含水量比较)	%	±2	烘干法
	5	分层厚度偏差(与设计要求比较)	mm	±50	水准仪

二、砂和砂石地基施工

1. 施工要求

(1)垫层铺设时,严禁扰动垫层下卧层及侧壁的软弱土层,防止被践踏、受冻或受浸泡而降低其强度。在碎石或卵石垫层底部宜设置150~300 mm厚的砂垫层或铺一层土工织物后再铺碎石,以防止软弱土层表面的局部破坏,同时必须防止基坑边坡坍土混入垫层。

（2）垫层应分层铺填，分层夯压。基坑内预先安好 5 m×5 m 网格标桩，控制每层砂、石的铺设厚度。施工机具、方法和每层铺填厚度、每层压实遍数及砂石料最优含水量控制等宜通过试验确定，亦可见表 2-11。

表 2-11 砂垫层和砂石垫层铺设厚度及施工最优含水量

捣实方法	每层铺设厚度（mm）	施工时最优含水量（%）	施工要点	备注
平振法	200～250	15～20	用平板式振动器往复振捣，往复次数以简易测定密实度合格为准；振动器移动时，每行应搭接 1/3，以防振动器移动而不搭接	不宜使用于细砂或含泥量较大的砂铺筑砂垫层
插振法	振动器插入深度	饱和	用插入式振动器；插入间距可根据机械振动大小决定；不应插至下卧黏性土层；插入振动完毕所留的孔洞应用砂填实；应有控制地注水和排水	不宜使用于细砂或含泥量高的砂铺筑砂垫层
水撼法	250	饱和	注水高度略超过铺设面层；用钢叉摇撼捣实，插入点间距 100 mm 左右；有控制地注水和排水；钢叉分四齿，齿的间距 3 mm，长 300 mm，木柄长 900 mm，质量 4 kg	湿陷性黄土、膨胀土、细砂地基上不得使用
夯实法	150～200	8～12	用木夯或机械夯；木夯重 40 kg，落距 400～500 mm；一夯压半夯，全面夯实	适用于砂石垫层
碾压法	150～350	8～12	用压路机往复碾压，碾压次数以达到要求密实度为准，一般不少于 4 遍；用振动压实机械，振动 3～5 min	适用于大面积的砂石垫层，不宜用地下水位以下的砂垫层

（3）垫层振夯压要做到交叉重叠 1/3，防止漏振、漏压。夯实、碾压遍数、振实时间应通过试验确定。用细砂作垫层材料时，不宜使用振捣法或水撼法，以免产生液化现象。排水砂垫层可用人工铺设，也可用推土机来铺设。

（4）当地下水位较高或在饱和的软弱地基上铺设垫层时，应加强基坑内及外侧四周的排水工作，防止砂垫层泡水引起砂的流失，保持基坑边坡稳定；或采取降低地下水位措施，使地下水位降低到基坑底 500 mm 以下。

（5）当采用水撼法或插振法施工时，以振捣棒振幅半径的 1.75 倍为间距（一般为 400～500 mm）插入振捣，依次振实，以不再冒气泡为准，直至完成；同时应采取措施有控制地注水和排水。垫层接头应重复振捣，插入式振捣棒振完所留孔洞，应用砂填实；在振动首层垫层时，不得将振动棒插入原土层或基槽边部，以防扰动原土和避免使软土混入砂垫层而降低砂垫层的强度。

(6)砂和砂石垫层每层夯(振)实后,经检验合格方可进行上层施工。

(7)冬期施工时,对砂石垫层采取防冻措施。

2. 质量要求

(1)砂、石等原材料质量配合比应符合设计要求,砂、石应搅拌均匀。原材料宜用中砂、粗砂、砾砂、碎石(卵石)、石屑。细砂应同时掺入 25%～35%碎石或卵石。

(2)施工过程中必须检查分层厚度、分段施工时搭接部分的压实情况、加水量、压实遍数、压实系数。砂和砂石地基每层铺筑厚度及最优含水量见表 2-11。

(3)施工结束后,应检验砂石地基的承载力。

(4)砂和砂石地基的质量验收标准见表 2-12。

表 2-12　砂及砂石地基质量检验标准

项目	序号	检查项目	允许偏差或允许值		检查方法
			单位	数值	
主控项目	1	地基承载力	设计要求		按规定方法
	2	配合比	设计要求		检查拌和时的体积比或质量比
	3	压实系数	设计要求		现场实测
一般项目	1	砂石料有机质含量	%	≤5	焙烧法
	2	砂石料含泥量	%	≤5	水洗法
	3	石料粒径	mm	≤100	筛分法
	4	含水量(与最优含水量比较)	%	±2	烘干法
	5	分层厚度(与设计要求比较)	mm	±50	水准仪

三、土工合成材料地基施工

1. 施工要求

土工合成材料地基施工的施工要求应符合表 2-13 的规定。

表 2-13　土工合成材料地基施工要求

项目	施工要求
场地和基层	(1)平整施工场地,清除影响铺设的障碍物,平整铺放土工合成材料的基层,做到基层局部高差不大于 50 mm。凹坑可用含泥量小于 5%的砂铺平压实,避免损伤破坏土工合成材料。 (2)路基表面应留 3%～5%坡面,排水沟应留 1%～3%坡度以利排水
材料铺放和连接	(1)将无损伤破坏检查后合格的土工合成材料按主要受力方向从一端向另一端铺设。铺放时应用人工拉紧,材料表面没有皱折且紧贴下承层。然后随铺随及时压住,避免被风吹掀起。 (2)土工合成材料铺放时,两端需有富余量,富余量每端不少于 100 cm,端头应按设计要求加以固定。

项目	施工要求
材料铺放 和连接	(3)相邻土工合成材料的连接,对土工格栅可采用密贴排放或重叠搭接,用聚合材料绳或棒或特种连接件连接。对土工织物及土工膜可采用搭接、缝合、胶合、钉合等方法连接。当加筋层采用多层土工材料时,上下层土工材料的接缝应交替错开,错开距离不小于 500 mm。连接处强度不得低于设计的强度。搭接长度一般情况下采用 300～500 mm。对荷载较大、地形倾斜、地基很软弱时,搭接长度不小于 500 mm。在水下铺设时,搭接长度不小于 1 000 mm。土工织物、土工膜上铺有砂垫层时不宜用搭接法。采用缝合方法时,应用尼龙或涤纶线将土工织物或土工膜双道缝合,针距7～8 mm,两道缝线间距一般为 10～25 mm。采用胶结方法时,应用热粘接或胶粘接。粘接时搭接宽度不宜小于 100 mm。 (4)有影响工程效果的材料破损,应从破损处剪断,重新连接,对材料的小裂缝或孔洞,可在其上缝补,缝补时应用面积不小于破坏面积的 4 倍,边长不小于 1 000 mm 的新材料连接。土工布与结构的连接质量是保证合成材料地基承载力和抗拉的关键,必须选定切实可行的连接方法以保证连接牢固
填料	(1)用土工合成材料做垫层地基时,所用的回填材料种类、垫层高度、回填料的碾压密实度等都应按设计要求进行,一般是在土工布下设置碎石或砾石垫层,在布上设砂卵石保护层。回填料为中、粗砂、砾砂或细粒碎石类时,在距土工织物或土工膜 80 mm范围内,最大粒径应小于 60 mm,当采用黏性土时,填料含水量应能满足设计要求的压实度。回填时,黏性土填料,含水量控制在最佳含量的±2%以内为宜,第一层填料铺垫厚应小于 500 mm 并应防止施工损坏纤维。 (2)用土工纤维作反滤层时,土工纤维不得出现扭曲、折皱。应先在土工纤维上面铺设厚 300 mm 卵石层后才允许做上面抛石层,抛石层施工抛掷高度小于 500 mm。抛石层高度按设计要求,一般小于 1 500 mm。 (3)当使用块石做土工合成材料保护层时,应先在土工合成材料上铺放厚度不小于 50 mm 的砂层。然后再做块石层,块石抛放高度应小于 300 mm。 (4)回填料的铺设应分层进行,但每层回填料的厚度应随填土的深度及所选压实机械的压实性能来确定。铺设厚度一般为 100～300 mm,但加筋布上第一层填土厚度不应小于 150 mm。回填时应根据设计要求及地基沉降情况控制回填速度。 (5)碾压土工合成材料上第一层填土时,填土机械只能沿垂直于土工合成材料的铺放方向运行。应用轻型机械(压力小于 55 kPa)摊料或碾压。当填土高度大于 600 mm后可使用重型机械。 (6)填料前必须检查土工合成材料端头的位置,并做好材料端头的锚固,然后开始回填土

2. 质量要求

(1)施工前应对土工合成材料的物理性能(单位面积的质量、厚度、密度)、强度、延伸率以及土、砂石料等做检验。土工合成材料以 100 m² 为一批,每批应抽查5%。工程所用土工合成材料的品种与性能及填料土类,应根据工程特性和地基土条件,通过现场试验确定,垫层材料宜用黏性土、中砂、粗砂、砾砂、碎石等内摩阻力高的材料。如工程要求垫层排水,垫层材料应具有良好的透水性。

（2）施工过程中应检查清基、回填料铺设厚度及平整度、土工合成材料的铺设方向、接缝搭接长度或缝接状况、土工合成材料与结构的连接状况等。土工合成材料如用缝接法或胶接法连接，应保证主要受力方向的连接强度不低于所采用材料的抗拉强度。

（3）施工结束后，应进行承载力检验。土工合成材料地基质量检验标准见表2-14。

项目	序号	检查项目	允许偏差或允许值		检查方法
			单位	数值	
主控项目	1	土工合成材料强度	%	≤5	置于夹具上做拉伸试验（结果与设计标准相比）
	2	土工合成材料延伸率	%	≤3	置于夹具上做拉伸试验（结果与设计标准相比）
	3	地基承载力	设计要求		按规定方法
一般项目	1	土工合成材料搭接长度	mm	≥300	用钢尺量
	2	土石料有机质含量	%	≤5	焙烧法
	3	层面平整度	mm	≤20	用2m靠尺
	4	每层铺设厚度	mm	±25	水准仪

四、粉煤灰地基施工

1. 施工要求

（1）粉煤灰掺入土料和石灰（水泥）时要严格控制配合比。拌和时至少翻拌2次，拌和好的粉煤灰土颜色应均匀一致。

（2）粉煤灰含水量应控制在最佳含水率（w_{op}）±2%范围内。工地检验方法是，用手将粉煤灰土紧握成团，两指轻捏即碎为宜。含水量过大时，需摊铺晾晒后再碾压。含水量过低呈松散状态时，则应洒水湿润后再碾压密实，水质不得含有油质，pH值应为6～9。

（3）铺填粉煤灰前，应将基坑（槽）底或基土表面清理干净。在软地基上填筑粉煤灰垫层时，应先铺设20 cm的中、粗砂或炉渣，以免软土层表面受到扰动，同时有利于下卧软土层的排水固结并切断毛细水的上升。

（4）地下水位较高时，粉煤灰垫层施工必须采取排水、降水措施，不能在饱和状态或浸水状态下施工，更不能用水沉法施工。

（5）垫层应分层铺设与碾压，分层厚度、压实遍数等施工参数应根据机具种类、功能大小、设计要求通过试验确定。每层摊铺后随之耙平，与设在坑（槽）边壁上或地坪上的标准木桩对应检查。

（6）铺填厚度，用机动夯为300～400 mm，夯完后厚度为150～200 mm；用压路机铺填厚度为300～400 mm，压实后为250 mm左右；对小面积基坑槽垫层，可用人工分层摊铺，人工打夯应一夯压半夯，夯夯相接，行行相接，纵横交叉；用平板振动器和蛙式打夯机压实，每次振（夯）板应重叠1/3～1/2板，往复压实由两侧或周边向中间进行，夯实不少于3遍；大面积垫层

· 第二章 土方与地基工程 ·

应用推土机摊铺,先用推土机压2遍,然后用8 t压路机碾压,施工时压轮重叠1/3～1/2轮宽,往复碾压4～6遍。粉煤灰铺设后,应于当天压完。

(7)粉煤灰分段施工时,不得在墙角、柱基及承重窗间墙下接槎。当粉煤灰垫层基础标高不同时,应做成阶梯形,上下层的接槎距离不得小于500 mm。接槎的槎子应垂直切齐。

(8)雨期、冬期施工。雨期、冬期不宜做粉煤灰土工程,否则应制定严格的雨期、冬期施工措施。

1)基坑(槽)或管沟地基应连续进行,尽快完成。施工中应防止地面水流入槽坑内,以免边坡塌方或基土遭到破坏。

2)应采取防雨或排水措施,刚打完毕或尚未夯实的粉煤灰,如遭雨淋浸泡,应将受浸湿的粉煤灰晾干后,再夯打密实。

3)原料中不得有冻块,要做到随筛、随拌、随打、随盖,认真执行留、接槎和分层夯实的规定。气温在0℃以下时不宜施工,否则应采取冬期施工措施。

2. 质量要求

(1)施工前应检查粉煤灰材料,并对基槽清底状况、地质条件予以检验。粉煤灰材料可用电厂排放的硅铝型低钙粉煤灰。$SiO_2 + Al_2O_3$ 总含量(或 $SiO_2 + Al_2O_3 + Fe_2O_3$ 总含量)不低于70%,烧失量不大于12%。

(2)施工过程中应检查铺筑厚度、碾压遍数、施工含水量控制、搭接区碾压程度、压实系数等。粉煤灰填筑的施工参数宜试验后确定。每摊铺一层后,先用履带式机具或轻型压路机初压1～2遍,然后用中、重型振动压路机振碾3～4遍,速度为2.0～2.5 km/h,再静碾1～2遍,碾压轮迹应相互搭接,后轮必须超过两施工段的接缝。

(3)施工结束后,应检验地基的承载力。粉煤灰地基质量检验标准见表2-15。

表 2-15　粉煤灰地基质量检验标准

项目	序号	检查项目	允许偏差或允许值		检查方法
			单位	数值	
主控项目	1	压实系数	设计要求		现场实测
	2	地基承载力	设计要求		按规定方法
一般项目	1	粉煤灰粒径	mm	0.001～2.000	过筛
	2	氧化铝及二氧化硅含量	%	≥70	试验室化学分析
	3	烧失量	%	≤12	试验室烧结法
	4	每层铺筑厚度	mm	±50	水准仪
	5	含水量(与最优含水量比较)	%	±2	取样后试验室确定

五、强夯地基施工

1. 施工要求

(1)清理并平整施工场地。

(2)标出第一遍夯点位置,并测量场地高程。

(3)夯击点位置可根据基底平面形状采用等边三角形、等腰三角形或正方形布置。第一遍夯击点间距可取夯锤直径的 2.5～3.5 倍,第二遍夯击点位于第一遍夯击点之间,以后各遍夯击点间距可适当减小。对处理深度较深或单击夯击能较大的工程,第一遍夯击点间距宜适当增大。

(4)起重机就位,夯锤置于夯点位置,测量夯前锤顶高程。

(5)将夯锤起吊到预定高度,开启脱钩装置,待夯锤脱钩自由下落后,放下吊钩,测量锤顶高程,若发现因坑底倾斜而造成夯锤歪斜时,应及时将坑底整平。

(6)重复步骤(4),按设计规定的夯击次数及控制标准,完成单个夯点的夯击。

(7)换夯点,重复步骤(3)～(5),完成第一遍全部夯点的夯击;用推土机将夯坑填平,并测量场地高程。

(8)在规定的间隔时间后,按上述步骤逐次完成全部夯击遍数,最后用低能量满夯,将场地表层松土夯实,并测量夯后场地高程。

(9)两遍夯击之间应有一定的时间间隔,该间隔时间取决于超静孔隙水压力的消散时间。当缺少实测资料时,可根据地基土的渗透性确定,对于渗透性较差的黏性土地基,时间间隔不应少于 3～4 周;对于渗透性较好的地基可连续夯击。

2. 质量要求

(1)施工前应检查夯锤重量、尺寸,落距控制手段,排水设施及被夯地基的土质。为避免强夯振动对周边设施的影响,施工前必须对附近建筑物进行调查,必要时应采取相应的防振或隔振措施,影响范围约 10～15 m。施工时应由邻近建筑物开始夯击逐渐向远处移动。

(2)施工中应检查落距、夯击遍数、夯点位置、夯击范围。如无经验,宜先试夯取得各类施工参数后再正式施工。对透水性差、含水量高的土层,前后两遍夯击应有一定间歇期,一般为 2～4 周。夯点超出需加固的范围为加固深度的 1/2～1/3,且不小于 3 m。施工时要有排水措施。

(3)施工结束后,检查被夯地基的强度并进行承载力检验。强夯地基质量检验标准见表 2-16。质量检验应在夯后一定的间歇之后进行,一般为 2 周。

表 2-16 强夯地基质量检验标准

项目	序号	检查项目	允许偏差或允许值		检查方法
			单位	数值	
主控项目	1	地基强度	设计要求		按规定方法
	2	地基承载力	设计要求		按规定方法
一般项目	1	夯锤落距	mm	±300	钢索设标志
	2	锤重	kg	±100	称重
	3	土颗粒粒径	设计要求		计数法
	4	夯点间距	mm	±500	用钢尺量
	5	夯击范围(超出基础范围距离)	设计要求		用钢尺量
	6	前后两遍间歇时间	设计要求		—

第三章   砌筑工程

第一节   砌筑砂浆

一、砂浆原材料要求

砌筑砂浆原材料要求见表 3-1 的规定。

表 3-1   砌筑砂浆原材料指标

材料	指标
水泥	水泥的强度等级应根据设计要求进行选择。水泥砂浆采用的水泥,其强度等级不宜大于 32.5 级;水泥混合砂浆采用的水泥,其强度等级不宜大于 42.5 级
砂	砂宜用中砂,其中毛石砌体宜用粗砂。砂的含泥量:对水泥砂浆和强度等级不小于 M5 的水泥混合砂浆不应超过 5%;强度等级小于 M5 的水泥混合砂浆,不应超过 10%
石灰膏	生石灰熟化成石灰膏时,应用孔径不大于 3 mm×3 mm 的网过滤,熟化时间不得少于 7 d;磨细生石灰粉的熟化时间不得小于 2 d。沉淀池中贮存的石灰膏,应采取防止干燥、冻结和污染的措施。配制水泥石灰砂浆时,不得采用脱水硬化的石灰膏
黏土膏	采用黏土或粉质黏土制备黏土膏时,宜用搅拌机加水搅拌,通过孔径不大于 3 mm×3 mm 的网过筛。用比色法鉴定黏土中的有机物含量时应浅于标准色
电石膏	制作电石膏的电石渣应用孔径不大于 3 mm×3 mm 的网过滤,检验时应加热至 70℃并保持 20 min,没有乙炔气味后,方可使用
粉煤灰	粉煤灰的品质指标见表 3-2
磨细生石灰粉	磨细生石灰粉的品质指标见表 3-3
有机塑化剂	有机塑化剂应符合相应的有关标准和产品说明书的要求。当对其质量有怀疑时,经试验检验合格后,方可使用
水	宜采用饮用水。当采用其他来源水时,水质必须符合《混凝土用水标准》(JGJ 63－2006)的规定
外加剂	引气剂、早强剂、缓凝剂及防冻剂应符合国家质量标准或施工合同确定的标准,并应具有法定检测机构出具的该产品砌体强度型式检验报告,经砂浆性能试验合格后方可使用。其掺量应通过试验确定

表 3-2　粉煤灰品质指标 （%）

指　　　标	级　别			指　　　标	级　别		
	Ⅰ	Ⅱ	Ⅲ		Ⅰ	Ⅱ	Ⅲ
细度(0.045 mm 方孔筛筛余)	≤12	≤20	≤45	含水量	≤1	≤1	≤1
需水量比	≤95	≤105	≤115	三氧化硫	≤3	≤3	≤3
烧失量	≤5	≤8	≤15				

表 3-3　建筑生石灰粉品质指标 （%）

指　　　标		钙质生石灰粉			镁质生石灰粉		
		优等品	一等品	合格品	优等品	一等品	合格品
CaO+MgO 含量		≥85	≥80	≥75	≥80	≥75	≥70
CO_2 含量		≤7	≤9	≤11	≤8	≤10	≤12
细度	0.90 mm 筛筛余	≤0.2	≤0.5	≤1.5	≤0.2	≤0.5	≤1.5
	0.125 mm 筛筛余	≤7.0	≤12.0	≤18.0	≤7.0	≤12.0	≤18.0

二、砂浆的拌制和使用

(1)砂浆的不同强度等级是用不同数量的原材料拌制成的。各种材料的比例称为配合比。

(2)配合比由专业试验室根据水泥强度等级、砂子级别、塑化剂的种类进行设计试配而确定的,然后下发到施工工地执行。砂浆搅拌时间,自投料完算起应符合下列规定。

1)水泥砂浆和水泥混合砂浆,不得少于 2 min。

2)粉煤灰砂浆及掺用外加剂的砂浆,不得少于 3 min。

3)掺用微沫剂的砂浆为 3~5 min。

(3)砌筑砂浆拌合物的表观密度见表 3-4。

表 3-4　砌筑砂浆的表观密度 （单位:kg/m³）

砂浆种类	表观密度
水泥砂浆	≥1 900
水泥混合砂浆	≥1 800
预拌砌筑砂浆	≥1 800

(4)砂浆拌成后和使用时,均应盛入贮灰器中。如砂浆出现泌水现象,应在砌筑前再次拌和。

(5)砂浆应随拌随用。水泥砂浆和水泥混合砂浆必须分别在拌成后 3 h 和 4 h 内使用完毕;当施工期间最高气温超过 30℃时,必须分别在拌成后 2 h 和 3 h 内使用完毕。对掺用缓凝剂的砂浆,其使用时间可根据具体情况延长。

三、砌筑砂浆施工质量要求

1. 水泥的使用

(1)水泥进场时应对其品种、等级、包装或散装仓号、出厂日期等进行检查,并应对其强度、安定性进行复验,其质量必须符合现行国家标准《通用硅酸盐水泥》(GB 175—2007)的有关规定。

(2)当在使用中对水泥质量有怀疑或水泥出厂超过三个月(快硬硅酸盐水泥超过一个月)时,应复查试验,并按复验结果使用。

(3)不同品种的水泥,不得混合使用。

(4)抽检数量:按同一生产厂家、同品种、同等级、同批号连续进场的水泥,袋装水泥不超过200 t为一批,散装水泥不超过500 t为一批,每批抽样不少于一次。

(5)检验方法:检查产品合格证、出厂检验报告和进场复验报告。

2. 砂浆用砂的要求

(1)不应混有草根、树叶、树枝、塑料、煤块、炉渣等杂物。

(2)砂中含泥量、泥块含量、石粉含量、云母、轻物质、有机物、硫化物、硫酸盐及氯盐含量(配筋砌体砌筑用砂)等应符合现行行业标准《普通混凝土用砂、石质量及检验方法标准》(JGJ 52—2006)的有关规定。

(3)人工砂、山砂及特细砂,应经试配能满足砌筑砂浆技术条件要求。

3. 拌制水泥混合砂浆的材料

(1)粉煤灰、建筑生石灰、建筑生石灰粉的品质指标应符合现行行业标准《建筑生石灰》(JC/T 479—1992)、《建筑生石灰粉》(JC/T 480—1992)的有关规定。

(2)建筑生石灰、建筑生石灰粉熟化为石灰膏,其熟化时间分别不得少于 7 d 和 2 d;沉淀池中储存的石灰膏,应防止其干燥、冻结和污染,严禁采用脱水硬化的石灰膏;建筑生石灰粉、消石灰粉不得替代石灰膏配制水泥石灰砂浆。

(3)石灰膏的用量,应按稠度 120 mm±5 mm 计量,现场施工中石灰膏不同稠度的换算系数见表 3-5。

表 3-5　石灰膏不同稠度的换算系数

稠度(mm)	120	110	100	90	80	70	60	50	40	30
换算系数	1.00	0.99	0.97	0.95	0.93	0.92	0.90	0.88	0.87	0.86

4. 拌制砂浆用水的水质要求

拌制砂浆用水的水质,应符合现行行业标准《混凝土用水标准》(JGJ 63—2006)的有关规定。

5. 砌筑砂浆配合比设计

砌筑砂浆应进行配合比设计。当砌筑砂浆的组成材料有变更时,其配合比应重新确定。砌筑砂浆的稠度宜按表 3-6 的规定采用。

表 3-6　砌筑砂浆的稠度

砌体种类	砂浆稠度(mm)
烧结普通砖砌体 蒸压粉煤灰砖砌体	70～90
混凝土实心砖、混凝土多孔砖砌体 普通混凝土小型空心砌块砌体 蒸压灰砂砖砌体	50～70

砌体种类	砂浆稠度(mm)
烧结多孔砖、空心砖砌体 轻骨料小型空心砌块砌体 蒸压加气混凝土砌块砌体	60～80
石砌体	30～50

注:1. 采用薄灰砌筑法砌筑蒸压加气混凝土砌块砌体时,加气混凝土粘结砂浆的加水量按照其产品说明书控制。

2. 当砌筑其他块体时,其砌筑砂浆的稠度可根据块体吸水特性及气候条件确定。

6. 水泥砂浆强度要求

施工中不应采用强度等级小于 M5 水泥砂浆替代同强度等级水泥混合砂浆,如需替代,应将水泥砂浆提高一个强度等级。

7. 砂浆掺入外加剂的要求

在砂浆中掺入的砌筑砂浆增塑剂、早强剂、缓凝剂、防冻剂、防水剂等砂浆外加剂,其品种和用量应经有资质的检测单位检验和试配确定。所用外加剂的技术性能应符合国家现行有关标准《砌筑砂浆增塑剂》(JG/T 164—2004)、《混凝土外加剂》(GB 8076—2008)、《砂浆、混凝土防水剂》(JC 474—2008)的质量要求。

8. 配制砂浆的允许偏差

配制砌筑砂浆时,各组分材料应采用质量计量,水泥及各种外加剂配料的允许偏差为±2%;砂、粉煤灰、石灰膏等配料的允许偏差为±5%。

9. 砌筑砂浆搅拌时间的规定

(1)水泥砂浆和水泥混合砂浆不得少于 120 s。

(2)水泥粉煤灰砂浆和掺用外加剂的砂浆不得少于 180 s。

(3)掺增塑剂的砂浆,其搅拌方式、搅拌时间应符合现行行业标准《砌筑砂浆增塑剂》(JG/T 164—2004)的有关规定。

(4)干混砂浆及加气混凝土砌块专用砂浆宜按掺用外加剂的砂浆确定搅拌时间或按产品说明书采用。

10. 现场拌制砂浆的规定

现场拌制的砂浆应随拌随用,拌制的砂浆应在 3 h 内使用完毕;当施工期间最高气温超过 30℃时,应在 2 h 内使用完毕。预拌砂浆及蒸压加气混凝土砌块专用砂浆的使用时间应按照厂方提供的说明书确定。

11. 砌体结构使用的湿拌砂浆的规定

砌体结构工程使用的湿拌砂浆,除直接使用外必须储存在不吸水的专用容器内,并根据气候条件采取遮阳、保温、防雨雪等措施,砂浆在储存过程中严禁随意加水。

12. 砌筑砂浆试块强度规定

(1)同一验收批砂浆试块强度平均值应大于或等于设计强度等级值的 1.10 倍。

(2)同一验收批砂浆试块抗压强度的最小一组平均值应大于或等于设计强度等级值的 85%。

(3)砌筑砂浆的验收批,同一类型、强度等级的砂浆试块不应少于 3 组;同一验收批砂浆只有 1 组或 2 组试块时,每组试块抗压强度平均值应大于或等于设计强度等级值的 1.10 倍;对于建筑结构的安全等级为一级或设计使用年限为 50 年及以上的房屋,同一验收批砂浆试块的数量不得少于 3 组。砂浆强度应以标准养护,28 d 龄期的试块抗压强度为准。制作砂浆试块的砂浆稠度应与配合比设计一致。

抽检数量:每一检验批且不超过 250 m³ 砌体的各类、各强度等级的普通砌筑砂浆,每台搅拌机应至少抽检一次。验收批的预拌砂浆、蒸压加气混凝土砌块专用砂浆,抽检可为 3 组。

检验方法:在砂浆搅拌机出料口或在湿拌砂浆的储存容器出料口随机取样制作砂浆试块(现场拌制的砂浆,同盘砂浆只应做 1 组试块),试块标准养护 28 d 后做强度试验。预拌砂浆中的湿拌砂浆稠度应在进场时取样检验。

13. 现场检验的情况

当施工中或验收时出现下列情况,可采用现场检验方法对砂浆或砌体强度进行实体检测,并判定其强度:

(1)砂浆试块缺乏代表性或试块数量不足。

(2)对砂浆试块的试验结果有怀疑或有争议。

(3)砂浆试块的试验结果,不能满足设计要求。

(4)发生工程事故,需要进一步分析事故原因。

第二节　普通砖砌体工程

一、砖砌体的组砌要求

砖砌体的组砌,要求上下错缝,内外搭接,以保证砌体的整体性和稳定性。同时组砌要有规律,少砍砖,以提高砌筑效率,节约材料。砖砌体的组砌方式必须遵循下面三个原则。

(1)砌体必须错缝。砖砌体是由一块一块的砖,利用砂浆作为填缝和粘结材料,组砌成墙体和柱子。为避免砌体出现连续的垂直通缝,保证砌体的整体强度,必须上下错缝,内外搭砌,并要求砖块最少应错缝 1/4 砖长,且不小于 60 mm。在墙体两端采用"七分头"、"二寸条"来调整错缝,如图 3-1 所示。

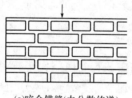

(a)咬合错缝(力分散传递)　　(b)不咬合(砌体压散)

图 3-1　砖砌体的错缝

(2)墙体连接必须有整体性。为了使建筑物的纵横墙相连搭接成一整体,增强其抗震能力,要求墙的转角和连接处要尽量同时砌筑;如不能同时砌筑时,必须在先砌的墙上留出接槎(俗称留槎),后砌的墙体要镶入接槎内(俗称咬槎)。砖墙接槎的砌筑方法合理与否、质量好坏,对建筑物的整体性影响很大。正常的接槎按规范规定采用两种形式:一种是斜槎,俗称"退槎"或"踏步槎",方法是在墙体连接处将待接砌墙的槎口砌成台阶形式:其高度一般不大于1.2 m,长度不少于高度的 2/3;另一种是直槎,俗称"马牙槎",是每隔一皮砌出墙外 1/4 砖,作为接槎之用,并且沿高度每隔 500 mm 加 2ϕ6 拉结钢筋,每边伸入墙内不宜小于 50 cm。斜槎的做法如图 3-2 所示,直槎的做法如图 3-3 所示。

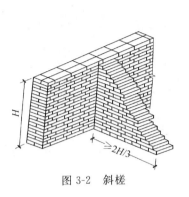

图 3-2　斜槎

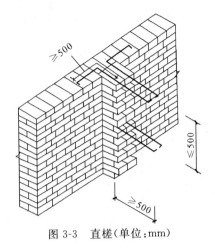

图 3-3　直槎(单位:mm)

(3)控制水平灰缝厚度。砌体水平方向的缝称为卧缝或水平缝。砌体水平灰缝规定为 8~12 mm,一般为 10 mm。如果水平灰缝太厚,会使砌体的压缩变形过大,砌上去的砖会发生滑移,对墙体的稳定性不利;水平灰缝太薄则不能保证砂浆的饱满度和均匀性,对墙体的粘结、整体性产生不利影响。砌筑时,在墙体两端和中部架设皮数杆,拉通线来控制水平灰缝厚度。同时要求砂浆的饱满程度应不低于 80%。

二、砖砌体的组砌方法

1. 单片墙的组砌方法

(1)一顺一丁法,又叫满丁满条法。这种砌法第一皮排顺砖,第二皮排丁砖,操作方便,施工效率高,又能保证搭接错缝,是一种常见的排砖形式,如图 3-4 所示。一顺一丁法根据墙面形式不同又分为“十字缝”和“骑马缝”两种。两者的区别仅在于顺砌时条砖是否对齐。

(2)梅花丁法是一面墙的每一皮中均采用丁砖与顺砖左右间隔砌成,每一块丁砖均在上下两块顺砖长度的中心,上下皮竖缝相错 1/4 砖长,如图 3-5 所示。该砌法灰缝整齐,外表美观,结构的整体性好,但砌筑效率较低,适合于砌筑一砖或一砖半的清水墙。当砖的规格偏差较大时,采用梅花丁法有利于减少墙面的不整齐性。

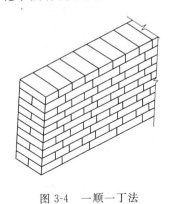

图 3-4　一顺一丁法

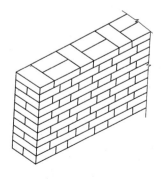

图 3-5　梅花丁法

(3)三顺一丁法是一面墙的连续三皮中全部采用顺砖与一皮中全部采用丁砖上下间隔砌成,上下相邻两皮顺砖间的竖缝相互错开 1/2 砖长(125 mm),上下皮顺砖与丁砖间竖缝相互错开1/4

砖长,如图3-6所示。该砌法因砌顺砖较多,所以砌筑速度快,但因丁砖拉结较少,结构的整体性较差,在实际工程中应用较少,适合于砌筑一砖墙和一砖半墙(此时墙的另一面为一顺三丁)。

图 3-6　三顺一丁法

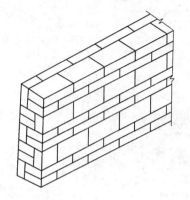

图 3-7　两平一侧法

(4)两平一侧法是一面墙连续两皮平砌砖与一皮侧立砌的顺砖上下间隔砌成。当墙厚为3/4砖时,平砌砖均为顺砖,上下皮平砌顺砖的竖缝相互错开 1/2 砖长,上下皮平砌顺砖与侧砌顺砖的竖缝相错 1/2 砖长;当墙厚为 1/4 砖时,只上下皮平砌丁砖与平砌顺砖或侧砌顺砖的竖缝相错 1/4 砖长,其余与墙厚为 3/4 砖的相同,如图 3-7 所示。两平一侧法只适用于 3/4 砖和 1/4 砖墙。

(5)全顺法是一面墙的各皮砖均为顺砖,上下皮竖缝相错 1/2 砖长,如图 3-8 所示。此砌法仅适用于半砖墙。

(6)全丁法是一面墙的每皮砖均为丁砖,上下皮竖缝相错 1/4 砖长。全丁法适于砌筑一砖、一砖半、二砖的圆弧形墙、烟囱筒身和圆井圈等,如图 3-9 所示。

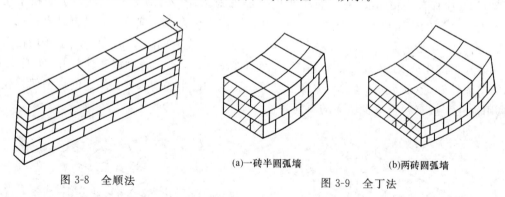

图 3-8　全顺法

(a)一砖半圆弧墙　　(b)两砖圆弧墙

图 3-9　全丁法

2. 矩形砖柱的组砌方法

砖柱一般分为矩形、圆形、正多角形和异形几种。矩形砖柱分为独立柱和附墙柱两类;圆形柱和正多角形柱一般为独立砖柱;异形砖柱较少,现在通常由钢筋混凝土柱代替。

普通矩形砖柱截面尺寸不应小于 240 mm×365 mm。

(1)240 mm×365 mm 砖柱组砌,只用整砖左右转换叠砌,但砖柱中间始终存在一道长130 mm 的垂直通缝,一定程度上削弱了砖柱的整体性,这是一道无法避免的竖向通缝;如要承受较大荷载时每隔数皮砖在水平灰缝中放置钢筋网片。如图 3-10 所示为 240 mm×365 mm砖柱的分皮砌法。

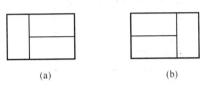

图 3-10　240 mm×365 mm 砖柱分皮砌法

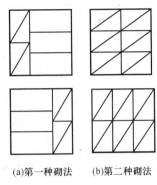

(a)第一种砌法　(b)第二种砌法

图 3-11　365 mm×365 mm 砖柱
的两种分皮砌法

(2)365 mm×365 mm 砖柱有两种组砌方法:一种是每皮中采用三块整砖与两块配砖组砌,但砖柱中间有两条长 130 mm 的竖向通缝;另一种是每皮中均用配砖砌筑,如配砖用整砖砍成,则费工费料。如图 3-11 所示为 365 mm×365 mm 砖柱的两种分皮砌法。

(3)365 mm×490 mm 砖柱有三种组砌方法。第一种砌法是隔皮用 4 块配砖,其他都用整砖,但砖柱中间有两道长 250 mm 的竖向通缝;第二种砌法是每皮中用 4 块整砖、两块配砖与一块半砖组砌,但砖柱中间有三道长 130 mm 的竖向通缝;第三种砌法是隔皮用一块整砖和一块半砖,其他都用配砖,平均每两皮砖用 7 块配砖,如配砖用整砖砍成,则费工费料。如图3-12所示。

(4)490 mm×490 mm 砖柱有三种组砌方法。第一种砌法是两皮全部整砖与两皮整砖、配砖、1/4 砖(各 4 块)轮流叠砌,砖柱中间有一定数量的通缝,但每隔一两皮便进行拉结,使之有效地避免竖向通缝的产生;第二种砌法是全部由整砖叠砌,砖柱中间每隔三皮竖向通缝才有一皮砖进行拉结;第三种砌法是每皮砖均用 8 块配砖与两块整砖砌筑,无任何内外通缝,但配砖太多,如配砖用整砖砍成,则费工费料。如图 3-13 所示。

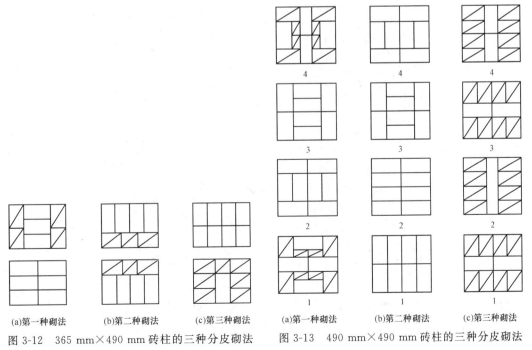

(a)第一种砌法　(b)第二种砌法　(c)第三种砌法

图 3-12　365 mm×490 mm 砖柱的三种分皮砌法

(a)第一种砌法　(b)第二种砌法　(c)第三种砌法

图 3-13　490 mm×490 mm 砖柱的三种分皮砌法

（5）365 mm×615 mm 砖柱组砌，一般可采用如图 3-14 所示的分皮砌法，每皮中都要采用整砖与配砖相邻丁砖交换一下位置。

（6）490 mm×615 mm 砖柱组砌，一般可采用如图 3-15 所示分皮砌法。砖柱中间存在两条长 60 mm 的竖向通缝。

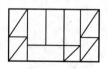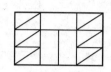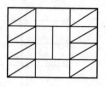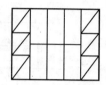

图 3-14　365 mm×615 mm 砖柱分皮砌法　　　图 3-15　490 mm×615 mm 砖柱分皮砌法

3. 空斗墙的组砌方法

（1）空斗墙是指墙的全部或大部分采用侧立丁砖和侧立顺砖相同砌筑而成，在墙中由侧立丁砖、顺砖围成许多个空斗，所有侧砌斗砖均用整砖。空斗墙的组砌方法有以下几种，如图 3-16 所示。

1）无眠空斗。无眠空斗是全部由侧立丁砖和侧立顺砖砌成的斗砖层构成的，无平卧丁砌的眠砖层。空斗墙中的侧立丁砖也可以改成每次只砌一块侧立丁砖。

2）一眠一斗。一眠一斗是由一皮平卧的眠砖层和一皮侧砌的斗砖层上下间隔砌成的。

3）一眠二斗。一眠二斗是由一皮眠砖层和二皮连续的斗砖层相间砌成的。

4）一眠三斗。一眠三斗是由一皮眠砖层和三皮连续的斗砖层相间砌成的。无论采用哪一种组砌方法，空斗墙中每一皮斗砖层每隔一块侧砌顺砖必须侧砌一块或两块丁砖，相邻两皮砖之间均不得有连通的竖缝。

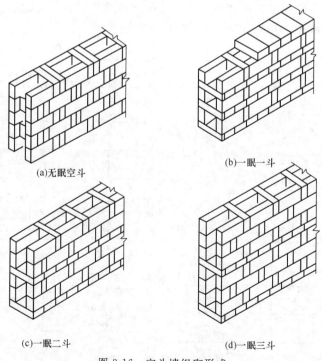

图 3-16　空斗墙组砌形式

108

（2）空斗墙一般用水泥混合砂浆或石灰砂浆砌筑。在有眠空斗墙中，眠砖层与丁砖层接触处以及丁砖层与眠砖层接触处，除两端外，其余部分不应填塞砂浆。空斗墙的水平灰缝厚度和竖向灰缝宽度一般为 10 mm，但不应小于 8 mm，也不应大于 12 mm。空斗墙中留置的洞口，必须在砌筑时留出，严禁砌完后再行砍凿。

（3）空斗墙在下列部位应用眠砖或丁砖砌成实心砌体。

1）墙的转角处和交接处。

2）室内地坪以下的全部砌体。

3）室内地坪和楼板面上要求砌三皮实心砖。

4）三层房屋的外墙底层的窗台标高以下部分。

5）楼板、圈梁、格栅和檩条等支承面下 2～4 皮砖的通长部分，且砂浆的强度等级不低于 M2.5。

6）梁和屋架支承处按设计要求的部分。

7）壁柱和洞口的两侧 24 cm 范围内。

8）楼梯间的墙、防火墙、挑檐以及烟道和管道较多的墙及预埋件处。

9）作框架填充墙时，与框架拉结筋的连接宽度内。

10）屋檐和山墙压顶下的二皮砖部分。

4. 砖垛的组砌方法

砖垛的砌筑方法，要根据墙厚不同及垛的大小而定，无论哪种砌法都应使垛与墙身逐皮搭接，切不可分离砌筑，搭接长度至少为 1/2 砖长。垛根据错缝需要，可加砌七分头砖或半砖。砖垛截面尺寸不应小于 125 mm×240 mm。

砖垛施工时，应使墙与垛同时砌，不能先砌墙后砌垛或先砌垛后砌墙。

（1）125 mm×240 mm 砖垛组砌，一般可采用如图 3-17 所示分皮砌法，砖垛的丁砖隔皮伸入砖墙内 1/2 砖长。

（2）125 mm×365 mm 砖垛组砌，一般可采用如图 3-18 所示分皮砌法，砖垛的丁砖隔皮伸入砖墙内 1/2 砖长，隔皮要用两块配砖及一块半砖。

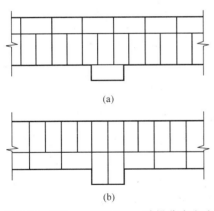

图 3-17　125 mm×240 mm 砖垛分皮砌法

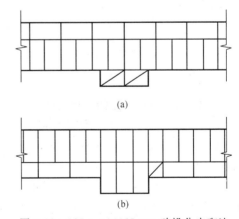

图 3-18　125 mm×365 mm 砖垛分皮砌法

（3）125 mm×490 mm 砖垛组砌，一般采用如图 3-19 所示分皮砌法，砖垛丁砖隔皮伸入砖墙内 1/2 砖长，隔皮要用两块配砖及一块半砖。

（4）240 mm×240 mm 砖垛组砌，一般采用如图 3-20 所示分皮砌法。砖垛丁砖隔皮伸入砖墙内 1/2 砖长,不用配砖。

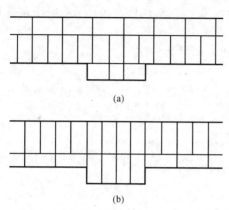

图 3-19 125 mm×490 mm 砖垛分皮砌法

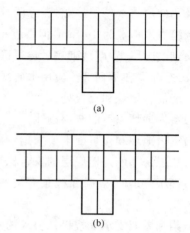

图 3-20 240 mm×240 mm 砖垛分皮砌法

(5)240 mm×365 mm 砖垛组砌,一般采用如图 3-21 所示分皮砌法。砖垛丁砖隔皮伸入砖墙内 1/2 砖长,隔皮要用两块配砖。砖垛内有两道长 120 mm 的竖向通缝。

(6)240 mm×490 mm 砖垛组砌,一般采用如图 3-22 所示分皮砌法。砖垛丁砖隔皮伸入砖墙内 1/2 砖长,隔皮要用两块配砖及一块半砖。砖垛内有三道长 120 mm 的竖向通缝。

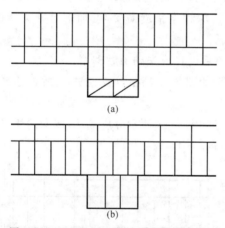

图 3-21 240 mm×365 mm 砖垛分皮砌法

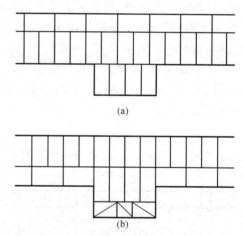

图 3-22 240 mm×490 mm 砖垛分皮砌法

5. 砖砌体转角及交界处的组砌方法

砖墙的转角处,为了使各皮间竖缝相互错开,必须在外角处砌七分头砖。当采用一顺一丁组砌时,七分头的顺面方向依次砌顺砖,丁面方向依次砌丁砖。如图 3-23 所示是一顺一丁砌一砖墙转角;如图 3-24 所示是一顺一丁砌一砖半墙转角。

当采用梅花丁组砌时,在外角仅砌一块七分头砖,七分头砖的顺面相邻砌丁砖,丁面相邻砌顺砖。如图 2-25 所示是梅花丁砌一砖墙转角;图 2-26 为梅花丁砌一砖半墙转角。

砖墙的丁字交接处应分皮相互砌通,内角相交处竖缝应错开 1/4 砖长,并在横墙端头处加砌七分头砖。如图 3-27 所示是一顺一丁砌一砖墙丁字交接处;图 3-28 为一顺一丁砌一砖半墙丁字交接处。

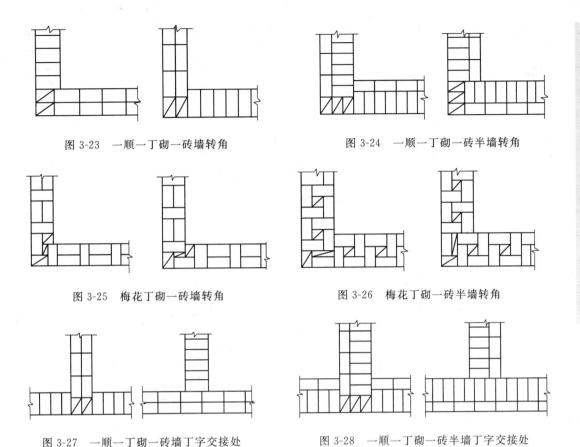

图 3-23　一顺一丁砌一砖墙转角　　　　图 3-24　一顺一丁砌一砖半墙转角

图 3-25　梅花丁砌一砖墙转角　　　　图 3-26　梅花丁砌一砖半墙转角

图 3-27　一顺一丁砌一砖墙丁字交接处　　图 3-28　一顺一丁砌一砖半墙丁字交接处

砖墙的十字交接处应分皮相互砌通,交角处的竖缝相互错开 1/4 砖长。如图 3-29 所示为一顺一丁砌一砖墙十字交接处;图 3-30 为一顺一丁砌一砖半墙十字交接处。

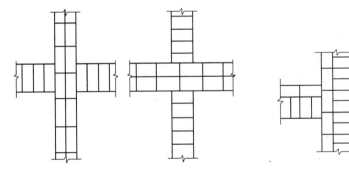
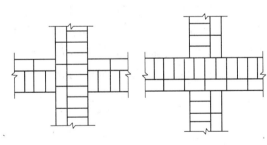

图 3-29　一顺一丁砌一砖墙十字交接处　　图 3-30　一顺一丁砌一砖半墙十字交接处

6. 砖拱的组砌方法

(1)砖平拱多用烧结普通砖与水泥混合砂浆砌成。砖的强度等级应不低于 MU10,砂浆的强度等级应不低于 M5。它的厚度一般等于墙厚,高度为一砖或一砖半,外形呈楔形,上大下小。砌筑时,先砌好两边拱脚,当墙砌到门窗上口时,开始在洞口两边墙上留出 20～30 mm 错台,作为拱脚支点(俗称碹肩),而砌拱的两膀墙为拱座(俗称碹膀子)。除立拱外,其他拱座要砍成坡面,一砖拱错台上口宽 40～50 mm,一砖半拱上口宽 60～70 mm,如图 3-31 所示。再在门窗洞口上部支设模板,模板中间应有 1% 的起拱。在模板画出砖及灰缝位置,务必使砖数为单数。然后从拱脚处开始同时向中间砌砖,正中一块砖要紧紧砌入。灰缝宽度,在过梁顶部不超过 15 mm,在过梁底部不小于 5 mm。待砂浆强度达到设计强度的 50% 以上时方可拆除模板,如图 3-32 所示。

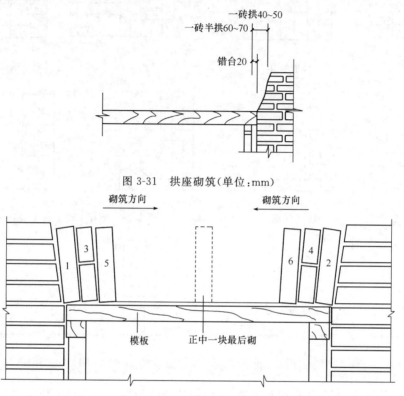

图 3-31 拱座砌筑(单位:mm)

图 3-32 平拱式过梁砌筑

(2)弧拱又称弧碹,多采用烧结普通砖与水泥混合砂浆砌成。砖的强度等级应不低于 MU10,砂浆的强度等级应不低于 M5。它的厚度与墙厚相等,高度有一砖、一砖半等,外形呈圆弧形。砌筑时,先砌好两边拱脚,拱脚斜度依圆弧曲率而定。再在洞口上部支设模板,模板中间有 1% 的起拱。在模板画出砖及灰缝位置,务必使砖数为单数,然后从拱脚处开始同时向中间砌砖,正中一块砖应紧紧砌入。灰缝宽度:在过梁顶部不超过 15 mm,在过梁底部不小于 5 mm。待砂浆强度达到设计强度的 50% 以上时方可拆除模板,如图 3-33 所示。

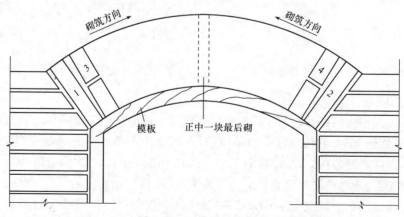

图 3-33 弧拱式过梁砌筑

7. 过梁的组砌方法

(1)过梁的形式。

1)砖砌平拱过梁。这种过梁是指将砖竖立或侧立构成跨越洞口的过梁,其跨度不宜超过 1 200 mm,用竖砖砌筑部分高度不应小于 240 mm。

2)砖砌弧拱过梁。这种过梁是指将砖竖立或侧立成弧形跨越洞口的过梁,此种形式过梁由于施工复杂,目前很少采用。砖砌过梁整体性差,抗变形能力差,因此,在受有较大振动荷载或可能产生不均匀沉降的房屋,砖砌过梁跨度不宜过大。当门窗洞口宽度较大时,应采用钢筋混凝土过梁。

3)钢筋砖过梁。这种过梁是指在洞口顶面砖砌体下的水平灰缝内配置纵向受力钢筋而形成的过梁,其净跨不宜超过 2.0 m,底面砂浆层处的钢筋直径不应小于 5 mm,间距不宜大于 120 mm,根数不应少于 2 根,末端带弯钩的钢筋伸入支座砌体内的长度不宜小于 240 mm,砂浆层厚度不宜小于 30 mm。

4)钢筋混凝土过梁。钢筋混凝土过梁在端部保证支承长度不小于 240 mm 的前提条件下,一般应按钢筋混凝土受弯构件计算。

(2)过梁的构造要求。

1)钢筋砖过梁的跨度不应超过 1.5 m。

2)砖砌平拱的跨度不应超过 1.2 m。

3)跨度超过上述限值的门窗洞口以及有较大振动荷载或可能产生不均匀沉降的房屋的门窗洞口,应采用钢筋混凝土过梁。

4)砖砌平拱应符合下列要求,如图 3-34 所示。

①截面计算高度范围内的砖的强度等级不应低于 MU10;砂浆强度等级不宜低于 M5。

②过梁底面砂浆层的厚度不宜小于 30 mm,一般采用 1∶3 水泥砂浆。

③过梁底面砂浆层内的钢筋直径不应小于 5 mm,间距不宜大于 120 mm;钢筋伸入支座砌体内的长度不宜小于 240 mm,光面圆钢筋应加弯钩。

5)钢筋砖过梁应符合下列要求,如图 3-35 所示。

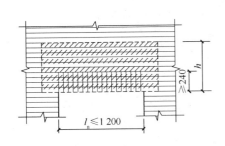

图 3-34　砖砌平拱构造(单位:mm)

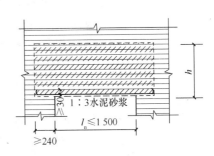

图 3-35　钢筋砖过梁构造(单位:mm)

①截面计算高度范围内的砖的强度等级不应低于 MU10;砂浆强度等级不宜低于 M5。

②用竖砖砌筑部分的高度不应小于 240 mm。

6)钢筋混凝土过梁应符合下列要求,如图 3-36 所示。

①过梁端部支承长度不宜小于 240 mm。

②当过梁承受除墙体外的其他施工荷载或过梁上墙体在冬期采用冻结法施工时,过梁下面应加设临时支撑。

（3）过梁施工的方法。

1）砌筑时，先在门窗洞口上部支设模板，模板中间应有1‰起拱。接着在模板面上铺设厚30 mm的水泥砂浆，在砂浆层上放置钢筋，钢筋两端伸入墙内不少于240 mm，其弯钩向上，再按砖墙组砌形式继续砌砖，要求钢筋上面的一皮砖应丁砌，钢筋弯钩应置入竖缝内。钢筋以上七皮砖作为过梁作用范围，此范围内的砖和砂浆强度等级应达到上述

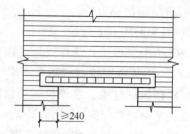

图3-36　钢筋混凝土过梁构造（单位：mm）

要求。待过梁作用范围内的砂浆强度达到设计强度50%以上方可拆除模板，如图3-37所示。

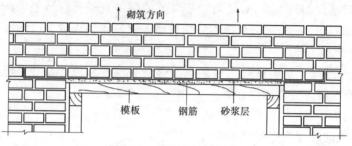

图3-37　平砌式过梁砌筑

2）砖墙砌到楼板底时应砌成丁砖层，如果楼板是现浇的，并直接支承在砖墙上，则应砌低一皮砖，使楼板的支承处混凝土加厚，支承点得到加强。填充墙砌到框架梁底时，墙与梁底的缝隙要用铁楔子或木楔子打紧，然后用1∶2水泥砂浆嵌填密实。如果是混水墙，可以用与平面交角在45°～60°的斜砌砖顶紧。假如填充墙是外墙，应等砌体沉降结束，砂浆达到强度后再用楔子楔紧，最后用1∶2水泥砂浆嵌填密实，因为这一部分是薄弱点，最容易造成外墙渗漏，施工时要特别注意。梁板底的处理如图3-38所示。

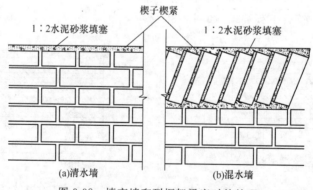

图3-38　填充墙砌到框架梁底时的处理

三、普通砖砌体工程施工质量要求

1. 一般规定

（1）用于清水墙、柱表面的砖，应边角整齐，色泽均匀。

（2）砌体砌筑时，混凝土多孔砖、混凝土实心砖、蒸压灰砂砖、蒸压粉煤灰砖等块体的产品龄期不应小于28 d。

（3）有冻胀环境和条件的地区，地面以下或防潮层以下的砌体，不应采用多孔砖。

（4）不同品种的砖不得在同一楼层混砌。

（5）砌筑烧结普通砖、烧结多孔砖、蒸压灰砂砖、蒸压粉煤灰砖砌体时，砖应提前1~2 d适度湿润，严禁采用干砖或处于吸水饱和状态的砖砌筑，块体湿润程度宜符合下列规定。

1）烧结类块体的相对含水率60%~70%。

2）混凝土多孔砖及混凝土实心砖不需浇水湿润，但在气候干燥炎热的情况下，宜在砌筑前对其喷水湿润。其他非烧结类块体的相对含水率40%~50%。

（6）采用铺浆法砌筑砌体，铺浆长度不得超过750 mm；当施工期间气温超过30℃时，铺浆长度不得超过500 mm。

（7）240 mm厚承重墙的每层墙的最上一皮砖，砖砌体的阶台水平面上及挑出层的外皮砖，应整砖丁砌。

（8）弧拱式及平拱式过梁的灰缝应砌成楔形缝，拱底灰缝宽度不宜小于5 mm，拱顶灰缝宽度不应大于15 mm，拱体的纵向及横向灰缝应填实砂浆；平拱式过梁拱脚下面应伸入墙内不小于20 mm；砖砌平拱过梁底应有1%的起拱。

（9）砖过梁底部的模板及其支架拆除时，灰缝砂浆强度不应低于设计强度的75%。

（10）多孔砖的孔洞应垂直于受压面砌筑。半盲孔多孔砖的封底面应朝上砌筑。

（11）竖向灰缝不应出现瞎缝、透明缝和假缝。

（12）砖砌体施工临时间断处补砌时，必须将接槎处表面清理干净，洒水湿润，并填实砂浆，保持灰缝平直。

（13）夹心复合墙的砌筑应符合下列规定。

1）墙体砌筑时，应采取措施防止空腔内掉落砂浆和杂物。

2）拉结件设置应符合设计要求，拉结件在叶墙上的搁置长度不应小于叶墙厚度的2/3，并不应小于60 mm。

3）保温材料品种及性能应符合设计要求。保温材料的浇注压力不应对砌体强度、变形及外观质量产生不良影响。

2. 主控项目

（1）砖和砂浆的强度等级必须符合设计要求。抽检数量：每一生产厂家，烧结普通砖、混凝土实心砖每15万块，烧结多孔砖、混凝土多孔砖、蒸压灰砂砖及蒸压粉煤灰砖每10万块各为一验收批，不足上述数量时按一批计，抽检数量为1组。砂浆试块的抽检数量执行《砌体结构工程施工质量验收规范》（GB 50203—2011）的第4.0.12条的有关规定。检验方法：查砖和砂浆试块试验报告。

（2）砌体灰缝砂浆应密实饱满，砖墙水平灰缝的砂浆饱满度不得低于80%；砖柱水平灰缝和竖向灰缝饱满度不得低于90%。抽检数量：每检验批抽查不应少于5处。检验方法：用百格网检查砖底面与砂浆的粘结痕迹面积，每处检测3块砖，取其平均值。

（3）砖砌体的转角处和交接处应同时砌筑，严禁无可靠措施的内外墙分砌施工。在抗震设防烈度为8度及8度以上地区，对不能同时砌筑而又必须留置的临时间断处应砌成斜槎，普通砖砌体斜槎水平投影长度不应小于高度的2/3，多孔砖砌体的斜槎长高比不应小于1/2。斜槎高度不得超过一步脚手架的高度。抽检数量：每检验批抽查不应少于5处。检验方法：观察检查。

（4）非抗震设防及抗震设防烈度为6度、7度地区的临时间断处，当不能留斜槎时，除转角处外,可留直槎,但直槎必须做成凸槎,且应加设拉结钢筋,拉结钢筋应符合下列规定。

1)每 120 mm 墙厚放置 1ϕ6 拉结钢筋（120 mm 厚墙应放置 2ϕ6 拉结钢筋）。

2)间距沿墙高不应超过 500 mm,且竖向间距偏差不应超过 100 mm。

3)埋入长度从留槎处算起每边均不应小于 500 mm,对抗震设防烈度 6 度、7 度的地区,不应小于 1 000 mm。

4)末端应有 90°弯钩,如图 3-39 所示。抽检数量:每检验批抽查不应少于 5 处。检验方法:观察和尺量检查。

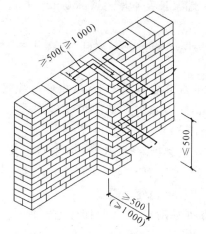

图 3-39 直槎处拉结钢筋示意图

3. 一般项目

(1)砖砌体组砌方法应正确,内外搭砌,上、下错缝。清水墙、窗间墙无通缝;混水墙中不得有长度大于 300 mm 的通缝,长度 200～300 mm 的通缝每间不超过 3 处,且不得位于同一面墙体上。砖柱不得采用包心砌法。抽检数量:每检验批抽查不应少于 5 处。检验方法:观察检查。砌体组砌方法抽检每处应为 3～5 m。

(2)砖砌体的灰缝应横平竖直,厚薄均匀,水平灰缝厚度及竖向灰缝宽度宜为 10 mm,但不应小于 8 mm,也不应大于 12 mm。抽检数量:每检验批抽查不应少于 5 处。检验方法:水平灰缝厚度用尺量 10 皮砖砌体高度折算;竖向灰缝宽度用尺量 2 m 砌体长度折算。

(3)砖砌体尺寸、位置的允许偏差及检验见表 3-7。

表 3-7 砖砌体尺寸、位置的允许偏差及检验

项次	项 目			允许偏差(mm)	检验方法	抽检数量
1	轴线位移			10	用经纬仪和尺或用其他测量仪器检查	承重墙、柱全数检查
2	基础、墙、柱顶面标高			±15	用水准仪和尺检查	不应少于 5 处
3	墙面垂直度	每层		5	用 2 m 托线板检查	不应少于 5 处
		全高	≤10 m	10	用经纬仪、吊线和尺或用其他测量仪器检查	外墙全部阳角
			>10 m	20		

项次	项 目		允许偏差(mm)	检验方法	抽检数量
4	表面平整度	清水墙、柱	5	用 2 m 靠尺和楔形塞尺检查	不应少于 5 处
		混水墙、柱	8		
5	水平灰缝平直度	清水墙	7	拉 10 m 线和尺检查	不应少于 5 处
		混水墙	10		
6	门窗洞口高、宽(后塞口)		±10	用尺检查	不应少于 5 处
7	外墙上下窗口偏移		20	以底层窗口为准,用经纬仪或吊线检查	不应少于 5 处
8	清水墙游丁走缝		20	以每层每一皮砖为准,用吊线和尺检查	不应少于 5 处

第三节　混凝土小型空心砖砌体工程

一、砌块排序

(1)砌块排列时,必须根据砌块尺寸和垂直灰缝的宽度和水平灰缝的厚度计算砌块砌筑皮数和排数,以保证砌体的尺寸;砌块排列应按设计要求,从基础面开始排列,尽可能采用主规格和大规格砌块,以提高台班产量。

(2)外墙转角处和纵横墙交接处,砌块应分皮咬槎,交错搭砌,以增加房屋的刚度和整体性。

(3)砌块墙与后砌隔墙交接处,应沿墙高每隔 400 mm 在水平灰缝内设置不少于 2φ4 钢筋,横筋间距不大于 200 mm 的焊接钢筋网片,钢筋网片伸入后砌隔墙内不应小于 600 mm,如图3-40所示。

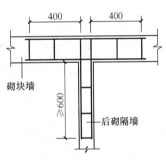

图 3-40　砌块墙与后砌隔墙交接处钢筋网片(单位:mm)

(4)砌块排列应对孔错缝搭砌,搭砌长度不应小于 90 mm,如果搭接错缝长度满足不了规定的要求,应采取压砌钢筋网片或设置拉结筋等措施,具体构造按设计规定。

(5)对设计规定或施工所需要的孔洞口、管道、沟槽和预埋件等,应在砌筑时预留或预埋,不得在砌筑好的墙体上打洞、凿槽。

(6)砌体的垂直缝应与门窗洞口的侧边线相互错开,不得同缝,错开间距应大于 150 mm,且不得采用砖镶砌。

(7)砌体水平灰缝厚度和垂直灰缝宽度一般为 10 mm,但不应大于 12 mm,也不应小于 8 mm。

(8)在楼地面砌筑一皮砌块时,应在芯柱位置侧面预留孔洞。为便于施工操作,预留孔洞的开口一般应朝向室内,以便清理杂物、绑扎和固定钢筋。

(9)设有芯柱的 T 形接头砌块第一皮至第六皮排列平面,如图 3-41 所示。第七皮开始又重复第一皮至第六皮的排列,但不用开口砌块,其排列立面如图 3-42 所示。设有芯柱的 L 形接头第一皮砌块排列平面,如图 3-43 所示。

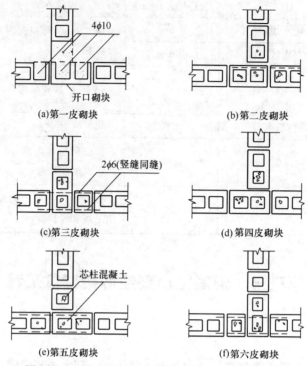

(a)第一皮砌块

(b)第二皮砌块

(c)第三皮砌块

(d)第四皮砌块

(e)第五皮砌块

(f)第六皮砌块

图 3-41 T 形芯柱接头砌块排列平面图（单位：mm）

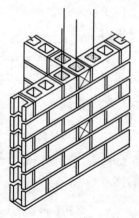

图 3-42 T 形芯柱接头砌块排列立面图

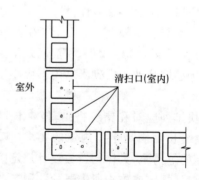

图 3-43 L 形芯柱接头第一皮砌块排列平面图

二、芯柱设置

1. 墙体宜设置芯柱的部位

(1)在外墙转角、楼梯间四角的纵横墙交接处的三个孔洞,宜设置素混凝土芯柱。

(2)五层及五层以上的房屋,应在上述的部位设置钢筋混凝土芯柱。

2. 芯柱的构造要求

(1)芯柱截面不宜小于 120 mm×120 mm,宜用不低于 C20 的细石混凝土浇灌。

(2)钢筋混凝土芯柱每孔内插竖筋不应小于 110 mm,底部应伸入室内地面以下 500 mm

或与基础圈梁锚固,顶部与屋盖圈梁锚固。

(3)在钢筋混凝土芯柱处,沿墙高每隔 600 mm 应设 4 mm 钢筋网片拉结,每边伸入墙体不小于 600 mm,如图 3-44 所示。

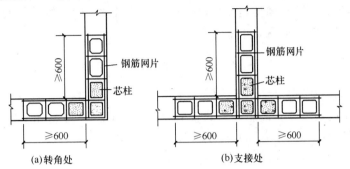

图 3-44 钢筋混凝土芯柱处拉筋(单位:mm)

(4)芯柱应沿房屋的全高贯通,并与各层圈梁整体现浇,可采用如图 3-45 所示的做法。

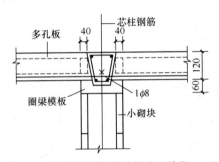

图 3-45 芯柱贯穿楼板的构造(单位:mm)

(5)在 6～8 度抗震设防烈度的建筑物中,应按芯柱位置要求设置钢筋混凝土芯柱;对医院、教学楼等横墙较少的房屋,应根据房屋增加一层的层数,按表 3-8 的要求设置芯柱。

表 3-8 抗震设防区混凝土小型空心砌块房屋芯柱设置要求

房屋层数及抗震设防烈度			设置部位	设置数量
6 度	7 度	8 度		
四	三	二	外墙转角、楼梯间四角、大房间内外墙交接处	外墙转角灌实 3 个孔;内外墙交接处灌实 4 个孔
五	四	三		
六	五	四	外墙转角、楼梯间四角、大房间内外墙交接处,山墙与内纵墙交接处,隔开间横墙(轴线)与外纵墙交接处	
七	六	五	外墙转角,楼梯间四角,各内墙(轴线)与外墙交接处;抗震设防烈度为 8 度时,内纵墙与横墙(轴线)交接处和洞口两侧	外墙转角灌实 5 个孔;内外墙交接处灌实 4 个孔;内墙交接处灌实 4～5 个孔;洞口两侧各灌实 1 个孔

（6）芯柱竖向插筋应贯通墙身且与圈梁连接；插筋不应小于 12 mm。芯柱应伸入室外地下 500 mm 或锚入浅于 500 mm 基础圈梁内。芯柱混凝土应贯通楼板，当采用装配式钢筋混凝土楼板时，可采用如图 3-46 所示的方式采取贯通措施。

（7）抗震设防地区芯柱与墙体连接处，应设置 4 mm 钢筋网片拉结，钢筋网片每边伸入墙内不宜小于 1 m，且沿墙高每隔 600 mm 设置。

三、小砌块砌筑

1.组砌形式

混凝土空心小砌块墙的立面组砌形式仅有全顺一种，上、下竖向相互错开 190 mm；双排小砌块墙横向竖缝也应相互错开 190 mm，如图 3-47 所示。

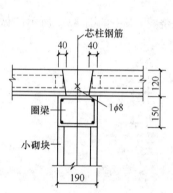

图 3-46　芯柱贯通楼板措施（单位：mm）

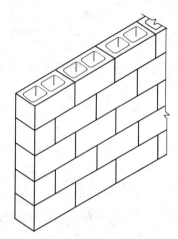

图 3-47　混凝土空心小砌块墙的立面组砌形式

2.组砌方法

混凝土空心小砌块宜采用铺灰反砌法进行砌筑。先用大铲或瓦刀在墙顶上摊铺砂浆，铺灰长度不宜超过 800 mm，再在已砌砌块的端面上刮砂浆，双手端起小砌块，并使其底面向上，摆放在砂浆层上，与前一块挤紧，并使上下砌块的孔洞对准，挤出的砂浆随手刮去。若使用一端有凹槽的砌块时，应将有凹槽的一端接着平头的一端砌筑。

3.组砌要点

普通混凝土小砌块不宜浇水；当天气干燥炎热时，可在砌块上稍加喷水润湿；轻骨料混凝土小砌块施工前可洒水，但不宜过多。龄期不足 28 d 及潮湿的小砌块不得进行砌筑。

应尽量采用主规格小的砌块，小砌块的强度等级应符合设计要求，并应清除小砌块表面污物和芯柱用小砌块孔洞底部的毛边。

在房屋四角或楼梯间转角处设立皮数杆，皮数杆间距不得超过 15 m。皮数杆上应画出各皮小砌块的高度及灰缝厚度。在皮数杆上相对小砌块上边线之间拉准线，小砌块依准线砌筑。

小砌块砌筑应从转角或定位处开始，内外墙同时砌筑，纵横墙交错搭接。外墙转角处应使小砌块隔皮露端面；T 字交接处应使横墙小砌块隔皮露端面，纵墙在交接处改砌两块辅助规格小砌块（尺寸为 290 mm×190 mm×190 mm，一头开口），所有露端面用水泥砂浆抹平，如图 3-48 所示。

小砌块应对孔错缝搭砌。上下皮小砌块竖向灰缝相互错开 190 mm。个别情况当无法对孔砌筑时,普通混凝土小砌块错缝长度不应小于 90 mm,轻骨料混凝土小砌块错缝长度不应小于 120 mm;当不能保证此规定时,应在水平灰缝中设置 2φ4 钢筋网片,钢筋网片每端均应超过该垂直灰缝,其长度不得小于 300 mm,如图 3-49 所示。

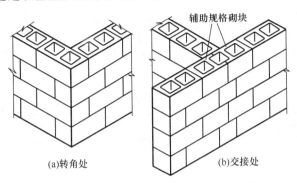

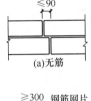

图 3-48　小砌块墙转角处及 T 字交接处砌法　　图 3-49　水平灰缝中拉结筋（单位:mm)

小砌块砌体的灰缝应横平竖直,全部灰缝均应铺填砂浆;水平灰缝的砂浆饱满度不得低于90%;竖向灰缝的砂浆饱满度不得低于 80%;砌筑中不得出现瞎缝、透明缝。水平灰缝厚度和竖向灰缝宽度应控制在 8～12 mm。当缺少辅助规格小砌块时,砌体通缝不应超过两皮砌块。

小砌块砌体临时间断处应砌成斜槎,斜槎长度不应小于斜槎高度的 2/3(一般按一步脚手架高度控制);如留斜槎有困难,除外墙转角处及抗震设防地区,砌体临时间断处不应留直槎外,可从砌体面伸出 200 mm 砌成阴阳槎,并沿砌体高每三皮砌块(600 mm),设拉结筋或钢筋网片,接槎部位宜延至门窗洞口,如图 3-50 所示。

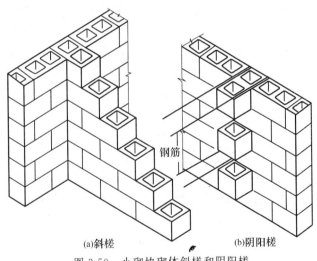

图 3-50　小砌块砌体斜槎和阴阳槎

承重砌体严禁使用断裂小砌块或壁肋中有竖向凹形裂缝的小砌块砌筑;也不得采用小砌块与烧结普通砖等其他块体材料混合砌筑。

小砌块砌体内不宜设脚手眼,如必须设置时,可用辅助规格 190 mm×190 mm×190 mm 小砌块侧砌,利用其孔洞作脚手眼,砌体完工后用 C15 混凝土填实。但在砌体下列部位不得设置脚手眼:

(1)过梁上部,与过梁成60°的三角形及过梁跨度1/2范围内。

(2)宽度不大于800 mm的窗间墙。

(3)梁和梁垫下及左右各500 mm的范围内。

(4)门窗洞口两侧200 mm内和砌体交接处400 mm的范围内。

(5)设计规定不允许设脚手眼的部位。

小砌块砌体相邻工作段的高度差不得大于一个楼层高度或4 m。

常温条件下,普通混凝土小砌块的日砌筑高度应控制在1.8 m内;轻骨料混凝土小砌块的日砌筑高度应控制在2.4 m内。

对砌体表面的平整度和垂直度,灰缝的厚度和砂浆饱满度应随时检查,校正偏差。在砌完每一楼层后,应校核砌体的轴线尺寸和标高,允许范围内的轴线及标高的偏差,可在楼板面上予以校正。

四、芯柱施工

(1)当设有混凝土芯柱时,应按设计要求设置钢筋,其搭接接头长度不应小于40d。芯柱应随砌随灌随捣实。

(2)当砌体为无楼板时,芯柱钢筋应与上、下层圈梁连接,并按每一层进行连续浇筑。

(3)混凝土芯柱宜用不低于C15的细石混凝土浇灌。钢筋混凝土芯柱宜用不低于C15的细石混凝土浇灌,每孔内插入不小于1根10 mm的钢筋,钢筋底部伸入室内地面以下500 mm或与基础圈梁锚固,顶部与屋盖圈梁锚固。

(4)在钢筋混凝土芯柱处,沿墙高每隔600 mm应设直径4 mm钢筋网片拉结,每边伸入墙体不小于600 mm。

(5)芯柱部位宜采用不封底的通孔小砌块,当采用半封底小砌块时,砌筑前应打掉孔洞毛边。

(6)混凝土浇筑前,应清理芯柱内的杂物及砂浆用水冲洗干净,校正钢筋位置,并绑扎方可浇筑。浇筑时,每浇灌400~500 mm高度捣实一次,或边浇灌边捣实。

(7)芯柱混凝土的浇筑,必须在砌筑砂浆强度大于1 MPa以上时,方可进行浇筑。同时要求芯柱混凝土的坍落度控制在120 mm左右。

五、混凝土小型空心砖砌体工程施工质量要求

1. 一般规定

(1)施工前,应按房屋设计图编绘混凝土小型空心砌块(以下简称小砌块)平、立面排块图,施工中应按排块图施工。

(2)施工采用的小砌块的产品龄期不应小于28 d。

(3)砌筑小砌块时,应清除表面污物,剔除外观质量不合格的小砌块。

(4)砌筑小砌块砌体,宜选用专用小砌块砌筑砂浆。

(5)底层室内地面以下或防潮层以下的砌体,应采用强度等级不低于C20(或Cb20)的混凝土灌实小砌块的孔洞。

(6)砌筑普通混凝土小型空心砌块砌体,不需对小砌块浇水湿润,如遇天气干燥炎热,宜在砌筑前对其喷水湿润;对轻骨料混凝土小砌块,应提前浇水湿润,块体的相对含水率宜为40%~50%。雨天及小砌块表面有浮水时,不得施工。

(7)承重墙体使用的小砌块应完整、无破损、无裂缝。

(8)小砌块墙体应孔对孔、肋对肋错缝搭砌。单排孔小砌块的搭接长度应为块体长度的1/2;多排孔小砌块的搭接长度可适当调整,但不宜小于小砌块长度的1/3,且不应小于90 mm。墙体的个别部位不能满足上述要求时,应在灰缝中设置拉结钢筋或钢筋网片,但竖向通缝仍不得超过两皮小砌块。

(9)小砌块应将生产时的底面朝上反砌于墙上。

(10)小砌块墙体宜逐块坐(铺)浆砌筑。

(11)在散热器、厨房和卫生间等设备的卡具安装处砌筑的小砌块,宜在施工前用强度等级不低于C20(或Cb20)的混凝土将其孔洞灌实。

(12)每步架墙(柱)砌筑完后,应随即刮平墙体灰缝。

(13)芯柱处小砌块墙体砌筑应符合下列规定。

1)每一楼层芯柱处第一皮砌块应采用开口小砌块。

2)砌筑时应随砌随清除小砌块孔内的毛边,并将灰缝中挤出的砂浆刮净。

(14)芯柱混凝土宜选用专用小砌块灌孔混凝土。浇筑芯柱混凝土应符合下列规定。

1)每次连续浇筑的高度宜为半个楼层,但不应大于1.8 m。

2)浇筑芯柱混凝土时,砌筑砂浆强度应大于1 MPa。

3)清除孔内掉落的砂浆等杂物,并用水冲淋孔壁。

4)浇筑芯柱混凝土前,应先注入适量与芯柱混凝土成分相同的去石砂浆。

5)每浇筑400～500 mm高度捣实一次,或边浇筑边捣实。

(15)小砌块复合夹心墙的砌筑应符合《砌体结构工程施工质量验收规范》(GB 50203—2011)的第5.1.14条的规定。

2. 主控项目

(1)小砌块和芯柱混凝土、砌筑砂浆的强度等级必须符合设计要求。抽检数量:每一生产厂家,每1万块小砌块为一验收批,不足1万块按一批计,抽检数量为1组;用于多层以上建筑的基础和底层的小砌块抽检数量不应少于2组。砂浆试块的抽检数量应执行《砌体结构工程施工质量验收规范》(GB 50203—2011)的第4.0.12条的有关规定。检验方法:检查小砌块和芯柱混凝土、砌筑砂浆试块试验报告。

(2)砌体水平灰缝和竖向灰缝的砂浆饱满度,按净面积计算不得低于90%。抽检数量:每检验批抽查不应少于5处。检验方法:用专用百格网检测小砌块与砂浆粘结痕迹,每处检测3块小砌块,取其平均值。

(3)墙体转角处和纵横交接处应同时砌筑。临时间断处应砌成斜槎,斜槎水平投影长度不应小于斜槎高度。施工洞口可预留直槎,但在洞口砌筑和补砌时,应在直槎上下搭砌的小砌块孔洞内用强度等级不低于C20(或Cb20)的混凝土灌实。抽检数量:每检验批抽查不应少于5处。检验方法:观察检查。

(4)小砌块砌体的芯柱在楼盖处应贯通,不得削弱芯柱截面尺寸;芯柱混凝土不得漏灌。抽检数量:每检验批抽查不应少于5处。检验方法:观察检查。

3. 一般项目

(1)砌体的水平灰缝厚度和竖向灰缝宽度宜为10 mm,但不应小于8 mm,也不应大于12 mm。抽检数量:每检验批抽查不应少于5处。检验方法:水平灰缝厚度用尺量5皮小砌块的高度折算;竖向灰缝宽度用尺量2 m砌体长度折算。

（2）小砌块砌体尺寸、位置的允许偏差应按《砌体结构工程施工质量验收规范》（GB 50203－2011）的第5.3.3条的规定执行。

第四节　石砌体工程

一、料石基础砌筑

1. 料石基础的构造

（1）料石基础是用毛料石或粗料石与水泥混合砂浆或水泥砂浆砌筑而成。

（2）料石基础有墙下的条形基础和柱下独立基础等。依其断面形状有矩形、阶梯形等，如图3-51所示。阶梯形基础每阶挑出宽度不大于200 mm，每阶为一皮或二皮料石。

2. 料石基础的组砌形式

料石基础砌筑形式有丁顺叠砌和丁顺组砌。丁顺叠砌是一皮顺石与一皮丁石相隔砌成，上下皮竖缝相互错开1/2石宽；丁顺组砌是同皮内1～3块顺石与一块丁石相隔砌成，丁石中距不大于2 m，上皮丁石坐中于下皮顺石，上下皮竖缝相互错开至少1/2石宽，如图3-52所示。

(a)矩形　　(b)阶梯形　　　　　　(a)丁顺叠砌　　　　　　(b)丁顺组砌

图3-51　料石基础断面形状　　　　　图3-52　料石基础砌筑形式

3. 砌筑准备

（1）放好基础的轴线和边线，测出水平标高，立好皮数杆。皮数杆间距以不大于15 m为宜，在料石基础的转角处和交接处均应设置皮数杆。

（2）砌筑前，应将基础垫层上的泥土、杂物等清除干净，并浇水湿润。

（3）拉线检查基础垫层表面标高是否符合设计要求。如第一皮水平灰缝厚度超过20 mm时，应用细石混凝土找平，不得用砂浆或在砂浆中掺碎砖或碎石代替。

（4）常温施工时，砌石前一天应将料石浇水湿润。

4. 砌筑要点

（1）料石基础宜用粗料石或毛料石与水泥砂浆砌筑。料石的宽度、厚度均不宜小于200 mm，长度不宜大于厚度的4倍。料石强度等级应不低于M20，砂浆强度等级应不低于M5。

（2）料石基础砌筑前，应清除基槽底杂物；在基础底面上弹出两侧边线；在基础两端立起皮数杆，在两皮数杆之间拉准线，依准线进行砌筑。

（3）料石基础的第一皮石块应坐浆砌筑，即先在基槽底摊铺砂浆，再将石块砌上，所有石块应丁砌，以后各皮石块应铺灰挤砌，上下错缝，搭砌紧密，上下皮石块竖缝相互错开应不少于石块宽度的1/2。料石基础立面组砌形式宜采用一顺一丁，即一皮顺石与一皮丁石相间。

(4)阶梯形料石基础,上阶的料石至少压砌下阶料石的 1/3,如图 3-53 所示。

料石基础的水平灰缝厚度和竖向灰缝宽度不宜大于 20 mm。灰缝中砂浆应饱满。

料石基础宜先砌转角处或交接处,再依准线砌中间部分,临时间断处应砌成斜槎。

二、料石墙砌筑

料石墙是用料石与水泥混合砂浆或水泥砂浆砌成。料石用毛料石、粗料石、半细料石、细料石均可。

1. 料石墙的组砌形式

料石墙砌筑形式如图 3-54 所示。

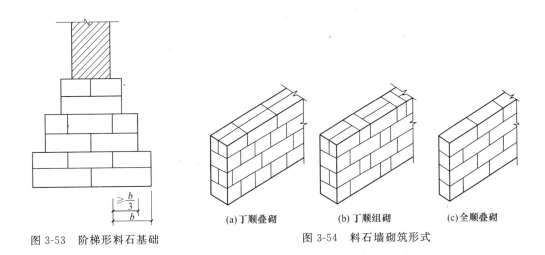

图 3-53 阶梯形料石基础

(a) 丁顺叠砌　　(b) 丁顺组砌　　(c) 全顺叠砌

图 3-54 料石墙砌筑形式

(1)丁顺叠砌。一皮顺砌石与一皮丁砌石相隔砌成,上下皮顺石与丁石间竖缝相互错开 1/2 石宽,这种砌筑形式适合于墙厚等于石长时。

(2)丁顺组砌。同皮内每 1~3 块顺石与一块丁石相间砌成,上皮丁石座中于下皮顺石,上下皮竖缝相互错开至少 1/2 石宽,丁石中距不超过 2 m。这种砌筑形式适合于墙厚等于或大于两块料石宽度时。

(3)全顺叠砌。每皮均为顺砌石,上下皮竖缝相互错开 1/2 石长,此种砌筑形式适合于墙厚等于石宽时。料石还可以与毛石或砖砌成组合墙。料石与毛石的组合墙,料石在外,毛石在里;料石与砖的组合墙,料石在里,砖在外,也可料石在外,砖在里。

2.砌筑准备

(1)基础通过验收,土方回填完毕,并办完隐检手续。

(2)在基础顶面放好墙身中线与边线及门窗洞口位置线,测出水平标高,立好皮数杆。皮数杆间距以不大于 15 m 为宜,在料石墙体的转角处和交接处均应设置皮数杆。

(3)砌筑前,应将基础顶面的泥土、杂物等清除干净,并浇水湿润。

(4)拉线检查基础顶面标高是否符合设计要求。如第一皮水平灰缝厚度超过 20 mm 时,应用细石混凝土找平,不得用砂浆或在砂浆中掺碎砖或碎石代替。

(5)常温施工时,砌石前 1 d 应将料石浇水湿润。

(6)操作用脚手架、斜道以及水平、垂直防护设施已准备妥当。

3.砌筑要点

(1)料石砌筑前,应在基础顶面上放出墙身中线和边线及门窗洞口位置线,并抄平,立皮数杆,拉准线。

(2)料石砌筑前,必须按照组砌图将料石试排妥当后,才能开始砌筑。

(3)料石墙应双面拉线砌筑,全顺叠砌单面挂线砌筑。先砌转角处和交接处,后砌中间部分。

(4)料石墙的第一皮及每个楼层的最上一皮应丁砌。

(5)料石墙采用铺浆法砌筑。料石灰缝厚度,毛料石和粗料石墙砌体不宜大于 20 mm,细料石墙砌体不宜大于 5 mm。砂浆铺设厚度略高于规定灰缝厚度,其高出厚度,细料石为 3~5 mm,毛料石、粗料石宜为 6~8 mm。

(6)砌筑时,应先将料石里口落下,再慢慢移动就位,校正垂直与水平。在料石砌块校正到正确位置后,顺石面将挤出的砂浆清除,然后向竖缝中灌浆。

(7)在料石和砖的组合墙中,料石墙和砖墙应同时砌筑,并每隔 2~3 皮料石用丁砌石与砖墙拉结砌合,丁砌石的长度宜与组合墙厚度相等,如图 3-55 所示。

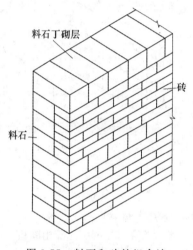

图 3-55　料石和砖的组合墙

(8)料石墙宜从转角处或交接处开始砌筑,再依准线砌中间部分,临时间断处应砌成斜槎,斜槎长度应不小于斜槎高度。料石墙每日砌筑高度宜不超过 1.2 m。

4.墙面勾缝

(1)石墙勾缝形式有平缝、凹缝、凸缝,凹缝又分为平凹缝、半圆凹缝,凸缝又分为平凸缝、半圆凸缝、三角凸缝,如图 3-56 所示。一般料石墙面多采用平缝或平凹缝。

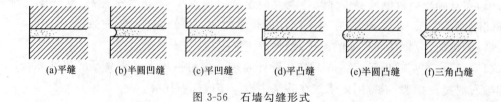

(a)平缝　　　(b)半圆凹缝　　　(c)平凹缝　　　(d)平凸缝　　　(e)半圆凸缝　　　(f)三角凸缝

图 3-56　石墙勾缝形式

(2)料石墙面勾缝前要先剔缝,将灰缝凹入 20～30 mm。墙面用水喷洒湿润,不整齐处应修整。

(3)料石墙面勾缝应采用加浆勾缝,并宜采用细砂拌制 1∶1.5 水泥砂浆,也可采用水泥石灰砂浆或掺入麻刀(纸筋)的青灰浆。有防渗要求的,可用防水胶泥材料进行勾缝。

(4)勾平缝时,用小抿子在托灰板上刮灰,塞进石缝中严密压实,表面压光。勾缝应顺石缝进行,缝与石面齐平,勾完一段后,用小抿子将缝边毛槎修理整齐。

(5)勾平凸缝(半圆凸缝或三角凸缝)时,先用 1∶2 水泥砂浆抹平,待砂浆凝固后,再抹一层砂浆,用小抿子压实、压光,稍停等砂浆收水后,用专用工具捋成 10～25 mm 宽窄一致的凸缝。

(6)石墙面勾缝按下列程序进行。

1)拆除墙面或柱面上临时装设的电缆、挂钩等物。

2)清除墙面或柱面上粘结的砂浆、泥浆、杂物和污渍等。

3)剔缝,即将灰缝刮深 20～30 mm,不整齐处加以修整。

4)用水喷洒墙面或柱面使其湿润,随后进行勾缝。

(7)料石墙面勾缝应从上向下、从一端向另一端依次进行。

(8)料石墙面勾缝缝路顺石缝进行,且均匀一致,深浅、厚度相同,搭接平整通顺。阳角勾缝两角方正,阴角勾缝不能上下直通。严禁出现丢缝、开裂或粘结不牢等现象。

(9)勾缝完毕,清扫墙面或柱面,表面洒水养护,防止干裂和脱落。

三、毛石基础砌筑

毛石基础是用乱毛石或平毛石与水泥混合砂浆或水泥砂浆砌成。乱毛石是指形状不规则的石块;平毛石是指形状不规则,但有两个平面大致平行的石块。毛石基础可作墙下条形基础或柱下独立基础。

1. 毛石基础构造

毛石基础按其断面形状有矩形、梯形和阶梯形等。基础顶面宽度应比墙基底面宽度大200 mm;基础底面宽度依设计计算而定。梯形基础坡角应大于 60°。阶梯形基础每阶高不小于 300 mm,每阶挑出宽度不小于 200 mm,如图 3-57 所示。

2. 立线杆和拉准线

在基槽两端的转角处,每端各立两根木杆,再横钉一木杆连接,在立杆上标出各放大脚的标高。在横杆上钉上中心线钉及基础边线钉,根据基础宽度拉好立线,如图 3-58 所示。然后根据边线和阴阳角(内、外角)处先砌两层较方整的石块,以此固定准线。砌阶梯形毛石基础时,应将横杆上的立线按各阶梯宽度向中间移动,移到退台所需的宽度,再拉水平准线。还有一种拉线方法是砌矩形或梯形断面的基础时,按照设计尺寸用 50 mm×50 mm 的小木条钉成基础断面形状(称样架),立于基槽两端,在样架上注明标高,两端样架相应标高用准线连接作为砌筑的依据,如图 3-59 所示。立线控制基础宽窄,水平线控制每层高度及平整度。砌筑时应采用双面挂线,每次起线高度在大放脚以上 800 mm 为宜。

3. 砌筑要点

(1)砌第一皮毛石时,应选用有较大平面的石块,先在基坑底铺设砂浆,再将毛石砌上,并使毛石的大面向下。

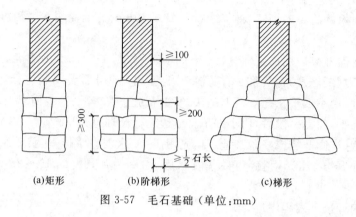

(a)矩形　　　　(b)阶梯形　　　　(c)梯形

图 3-57　毛石基础（单位：mm）

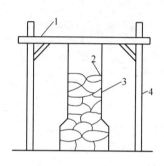

图 3-58　挂立线杆
1—横杆；2—准线；3—立线；4—立杆

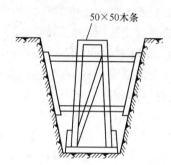

图 3-59　断面样架（单位：mm）

（2）砌第一皮毛石时，应分皮卧砌，并应上下错缝，内外搭砌，不得采用先砌外面石块后中间填心的砌筑方法。石块间较大的空隙应先填塞砂浆，后用碎石嵌实，不得采用先摆碎石后塞砂浆或干填碎石的方法。

（3）砌筑第二皮及以上各皮时，应采用坐浆法分层卧砌，砌石时首先铺好砂浆，砂浆不必铺满，可随砌随铺，在角石和面石处，坐浆略厚些，石块砌上去将砂浆挤压成要求的灰缝厚度。

（4）砌石时搬取石块应根据空隙大小、槎口形状选用合适的石料先试砌试摆一下，尽量使缝隙减少，接触紧密。但石块之间不能直接接触形成干研缝，同时也应避免石块之间形成空隙。

（5）砌石时，大、中、小毛石应搭配使用，以免将大块都砌在一侧，而另一侧全用小块，造成两侧不均匀，使墙面不平衡而倾斜。

（6）砌石时，先砌里外两面，长短搭砌，后填砌中间部分，但不允许将石块侧立砌成立斗石，也不允许先把里外皮砌成长向两行（牛槽状）。

（7）毛石基础每 0.7 m² 且每皮毛石内间距不大于 2 m 设置一块拉结石，上下两皮拉结石的位置应错开，立面砌成梅花形。如基础宽度等于或小于 400 mm，拉结石宽度应与基础宽度相等；如基础宽度大于 400 mm，可用两块拉结石内外搭接，搭接长度不应小于 150 mm，且其中一块长度不应小于基础宽度的 2/3。

（8）阶梯形毛石基础，上阶的石块应至少压砌下阶石块的 1/2，如图 3-60 所示。相邻阶梯毛石应相互错缝搭接。

（9）毛石基础最上一皮，宜选用较大的平毛石砌筑。转角处、交接处和洞口处应选用较大的平毛石砌筑。

（10）有高低台的毛石基础，应从低处砌起，并由高台向低台搭接，搭接长度不小于基础高度。

(11)毛石基础转角处和交接处应同时砌起,如不能同时砌起又必须留槎时,应留成斜槎,斜槎长度应不小于斜槎高度,斜槎面上毛石不应找平,继续砌时应将斜槎面清理干净,浇水湿润。

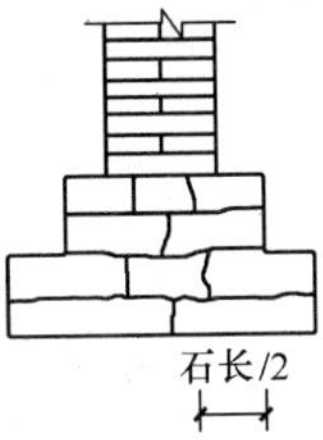

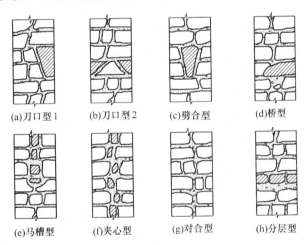

图 3-60　阶梯形毛石基础砌法

四、毛石墙砌筑

毛石墙是用平毛石或乱毛石与水泥混合砂浆或水泥砂浆砌成,墙面灰缝不规则,外观要求整齐的墙面,其外皮石材可适当加工。毛石墙的转角可用料石或平毛石砌筑。毛石墙的厚度应不小于 350 mm。

毛石可以与普通砖组合砌,墙的外侧为砖,里侧为毛石。毛石亦可与料石组合砌,墙的外侧为料石,里侧为毛石。

1. 砌筑准备

砌筑毛石墙应根据基础的中心线放出墙身里外边线,挂线分皮卧砌,每皮高约 250～350 mm。砌筑方法应采用铺浆法。用较大的平毛石,先砌转角处、交接处和门洞处,再向中间砌筑。砌前应先试摆,使石料大小搭配,大面平放,外露表面要平齐,斜口朝内,逐块卧砌坐浆,使砂浆饱满。石块间较大的空隙应先填塞砂浆,后用碎石嵌实。灰缝宽度一般控制在 20～30 mm 以内,铺灰厚度 40～50 mm。

2. 砌筑要点

(1)砌筑时,石块上下皮应互相错缝,内外交错搭砌,避免出现重缝、空缝和孔洞,同时应注意合理摆放石块,不应出现如图 3-61 所示的砌石类型,以免砌体承重后发生错位、劈裂、外鼓等现象。

(a)刀口型1　(b)刀口型2　(c)劈合型　(d)桥型

(e)马槽型　(f)夹心型　(g)对合型　(h)分层型

图 3-61　错误的砌石类型

(2)上下皮毛石应相互错缝,内外搭砌,石块间较大的空隙应先填塞砂浆,后用碎石嵌实。严禁先填塞小石块后灌浆的做法。墙体中间不得有铲口石(尖石倾斜向外的石块)、斧刃石和过桥石(仅在两端搭砌的石块),如图 3-62 所示。

(3)毛石墙必须设置拉结石,拉结石应均匀分布,相互错开,一般每 0.7 m² 墙面至少设一块,且同皮内的中距不大于 2 m。墙厚等于或小于 400 mm 时,拉结石长度等于墙厚;墙厚大于 400 mm 时,可用两块拉结石内外搭砌,搭接长度不小于 150 mm,且其中一块长度不小于墙厚的 2/3。

(4)在毛石与实心砖的组合墙中,毛石墙与砖墙应同时砌筑,并每隔 4～6 皮砖用 2～3 皮砖与毛石墙拉结砌合,两种墙体间的空隙应用砂浆填满,如图 3-63 所示。

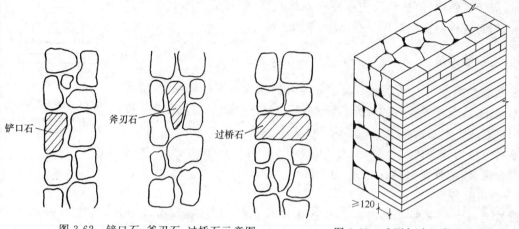

图 3-62　铲口石、斧刃石、过桥石示意图　　　　　图 3-63　毛石与砖组合墙（单位：mm）

（5）毛石墙与砖墙相接的转角处和交接处应同时砌筑。在转角处，应自纵墙（或横墙）每隔4～6皮砖高度引出不小于120 mm的阳槎与横墙相接，如图3-64所示。在丁字交接处，应自纵墙每墙4～6皮砖高度引出不小于120 mm与横墙相接，如图3-65所示。

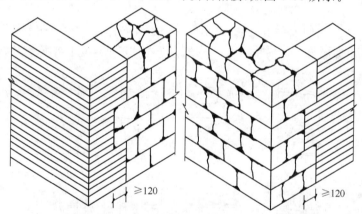

图 3-64　转角处毛石墙与砖墙相接（单位：mm）

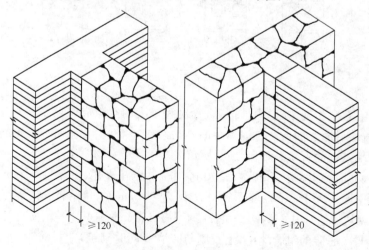

图 3-65　丁字交接处毛石墙与砖墙相接（单位：mm）

（6）砌毛石挡土墙，每砌3～4皮为一个分层高度，每个分层高度应找平一次。外露面的灰缝厚度不得大于40 mm，两个分层高度间的错缝不得小于80 mm，如图3-66所示。毛石墙每日砌筑高度不应超过1.2 m。毛石墙临时间断处应砌成斜槎。

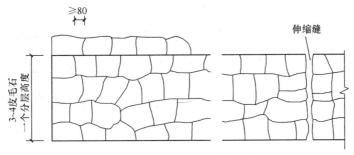

图3-66　毛石挡土墙（单位:mm）

五、石砌体工程施工质量要求

1. 一般规定

（1）石砌体采用的石材应质地坚实，无裂纹和无明显风化剥落；用于清水墙、柱表面的石材，色泽尚应均匀；石材的放射性应经检验，其安全性应符合现行国家标准《建筑材料放射性核素限量》（GB 6566—2010）的有关规定。

（2）石材表面的泥垢、水锈等杂质，砌筑前应清除干净。

（3）砌筑毛石基础的第一皮石块应坐浆，并将大面向下；砌筑料石基础的第一皮石块应用丁砌层坐浆砌筑。

（4）毛石砌体的第一皮及转角处、交接处和洞口处，应用较大的平毛石砌筑。每个楼层（包括基础）砌体的最上一皮，宜选用较大的毛石砌筑。

（5）毛石砌筑时，对石块间存在较大的缝隙，应先向缝内填灌砂浆并捣实，然后再用小石块嵌填，不得先填小石块后填灌砂浆，石块间不得出现无砂浆相互接触现象。

（6）砌筑毛石挡土墙应按分层高度砌筑，并应符合下列规定。

1）每砌3～4皮为一个分层高度，每个分层高度应将顶层石块砌平。

2）两个分层高度间分层处的错缝不得小于80 mm。

（7）料石挡土墙，当中间部分用毛石砌筑时，丁砌料石伸入毛石部分的长度不应小于200 mm。

（8）毛石、毛料石、粗料石、细料石砌体灰缝厚度应均匀，灰缝厚度应符合下列规定。

1）毛石砌体外露面的灰缝厚度不宜大于40 mm。

2）毛料石和粗料石的灰缝厚度不宜大于20 mm。

3）细料石的灰缝厚度不宜大于5 mm。

（9）挡土墙的泄水孔当设计无规定时，施工应符合下列规定。

1）泄水孔应均匀设置，在每米高度上间隔2 m左右设置一个泄水孔。

2）泄水孔与土体间铺设长宽各为300 mm、厚200 mm的卵石或碎石作疏水层。

（10）挡土墙内侧回填土必须分层夯填，分层松土厚度宜为300 mm。墙顶土面应有适当坡度使流水流向挡土墙外侧面。

（11）在毛石和实心砖的组合墙中，毛石砌体与砖砌体应同时砌筑，并每隔4～6皮砖用

2～3皮丁砖与毛石砌体拉结砌合;两种砌体间的空隙应填实砂浆。

(12)毛石墙和砖墙相接的转角处和交接处应同时砌筑。转角处、交接处应自纵墙(或横墙)每隔4～6皮砖高度引出不小于120 mm与横墙(或纵墙)相接。

2. 主控项目

(1)石材及砂浆强度等级必须符合设计要求。抽检数量:同一产地的同类石材抽检不应少于1组。砂浆试块的抽检数量执行《砌体结构工程施工质量验收规范》(GB 50203－2011)的第4.0.12条的有关规定。检验方法:料石检查产品质量证明书,石材、砂浆检查试块试验报告。

(2)砌体灰缝的砂浆饱满度不应小于80%。抽检数量:每检验批抽查不应少于5处。检验方法:观察检查。

3. 一般项目

(1)石砌体尺寸、位置的允许偏差及检验方法见表3-9。抽检数量:每检验批抽查不应少于5处。

(2)石砌体的组砌形式。

1)内外搭砌,上下错缝,拉结石、丁砌石交错设置。

2)毛石墙拉结石每0.7 m²墙面不应少于1块。检查数量:每检验批抽查不应少于5处。检验方法:观察检查。

表3-9 石砌体尺寸、位置的允许偏差及检验方法

项次	项目		允许偏差(mm)							检验方法
			毛石砌体		料石砌体					
			基础	墙	毛料石		粗料石		细料石	
					基础	墙	基础	墙	墙、柱	
1	轴线位置		20	15	20	15	15	10	10	用经纬仪和尺检查,或用其他测量仪器检查
2	基础和墙砌体顶面标高		±25	±15	±25	±15	±15	±15	±10	用水准仪和尺检查
3	砌体厚度		+30	+20 −10	+30	+20 −10	+15	+10 −5	+10 −5	用尺检查
4	墙面垂直度	每层	—	20	—	20		10	7	用经纬仪、吊线和尺检查或用其他测量仪器检查
		全高	—	30	—	30		25	10	
5	表面平整度	清水墙、柱	—	—	—	20		10	5	细料石用2 m靠尺和楔形塞尺检查,其他用两直尺垂直于灰缝拉2 m线和尺检查
		混水墙、柱	—	—	—	20		15	—	
6	清水墙水平灰缝平直度		—	—	—	—		10	5	拉10 m线和尺检查

第五节　配筋砌体工程

一、钢筋构造要求

(1)钢筋的接头应符合下列规定。钢筋的直径(d)大于 22 mm 时宜采用机械连接接头,接头的质量应符合有关标准、规范的规定;其他直径的钢筋可采用搭接接头,并应符合下列要求。

1)钢筋的接头位置宜设置在受力较小处。

2)受拉钢筋的搭接接头长度不应小于 $1.1l_a$(l_a 受拉钢筋锚固长度),受压钢筋的搭接接头长度不应小于 $0.7l_a$,但不应小于 300 mm。

3)当相邻接头钢筋的间距不大于 75 mm 时,其搭接长度应为 $1.2l_a$。当钢筋间的接头错开 $20d$ 时,搭接长度可不增加。

(2)水平受力钢筋(网片)的锚固和搭接长度。

1)在凹槽砌块混凝土带中钢筋的锚固长度不宜小于 $30d$,且其水平或垂直弯折段的长度不宜小于 $15d$ 和 200 mm;钢筋的搭接长度不宜小于 $35d$。

2)在砌体水平灰缝中,钢筋的锚固长度不宜小于 $50d$,且其水平或垂直弯折段的长度不宜小于 $20d$ 和 150 mm;钢筋的搭接长度不宜小于 $55d$。

3)在隔皮或错缝搭接的灰缝中钢筋搭接长度为 $50d+2h$,d 为灰缝受力钢筋的直径,h 为水平灰缝的间距。

(3)钢筋的最小保护层厚度。

1)灰缝中钢筋外露砂浆保护层厚度不宜小于 15 mm。

2)位于砌块孔槽中的钢筋保护层,在室内正常环境不宜小于 20 mm;在室外或潮湿环境不宜小于 30 mm。

对安全等级为一级或设计使用年限大于 50 年的配筋砌体结构构件,钢筋的保护层应比上述规定的厚度至少增加 5 mm,或采用经防腐处理的钢筋、抗渗混凝土砌块等措施。

二、配筋砌块梁、柱构造要求

配筋砌块梁由不同块形组成或由部分砌块和部分混凝土组成,其截面一般为矩形,梁宽 b 为块厚,梁高宜为块高的倍数,对 90 mm 宽梁,梁高不应小于 200 mm,对 190 mm 宽梁,梁高不宜小于 400 mm。其箍筋形式如图 3-67 所示。如图 3-68 所示给出了常用配筋砌块柱的形式。

(a)单侧　　　　　(b)两侧外箍　　　　(c)两侧内箍

图 3-67　配筋砌块梁中箍筋形式示意

三、配筋砌块砌体施工

1. 钢筋的接头

内容参见本节第一部分内容,钢筋构造要求。

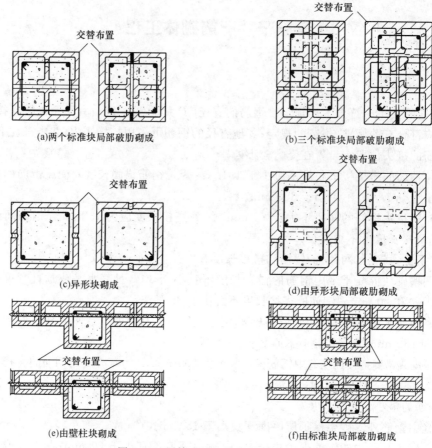

(a)两个标准块局部破肋砌成   (b)三个标准块局部破肋砌成

(c)异形块砌成   (d)由异形块局部破肋砌成

(e)由壁柱块砌成   (f)由标准块局部破肋砌成

图 3-68　配筋砌块柱的常用形式及配筋

2. 水平受力钢筋(网片)的锚固和搭接长度

内容参见本节第一部分内容,钢筋构造要求。

3. 钢筋的最小保护层厚度

内容参见本节第一部分内容,钢筋构造要求。

4. 钢筋的弯钩

钢筋骨架中的受力光面钢筋,应在钢筋末端做弯钩,在焊接骨架、焊接网以及受压构件中,可不做弯钩;绑扎骨架中的受力变形钢筋,在钢筋的末端可不做弯钩。弯钩应为 180°弯钩。

5. 钢筋的间距

(1)两平行钢筋间的净距不宜小于 25 mm。

(2)柱和壁柱中的竖向钢筋的净距不宜小于 40 mm(包括接头处钢筋间的净距)。

四、配筋砌体工程施工质量要求

1. 一般规定

(1)配筋砌体工程应满足《砌体结构工程施工质量验收规范》(GB 50203—2011)第 5 章、第 6 章及第 8 章的要求和规定。

(2)施工配筋小砌块砌体剪力墙,应采用专用的小砌块砌筑砂浆砌筑,专用小砌块灌孔混凝土浇筑芯柱。

（3）设置在灰缝内的钢筋,应居中置于灰缝内,水平灰缝厚度应大于钢筋直径 4 mm 以上。

2. 主控项目

（1）钢筋的品种、规格、数量和设置部位应符合设计要求。检验方法:检查钢筋的合格证书、钢筋性能复试试验报告、隐蔽工程记录。

（2）构造柱、芯柱、组合砌体构件、配筋砌体剪力墙构件的混凝土及砂浆的强度等级应符合设计要求。抽检数量:每检验批砌体,试块不应少于 1 组,验收批砌体试块不得少于 3 组。检验方法:检查混凝土和砂浆试块试验报告。

（3）构造柱与墙体的连接应符合下列规定。

1）墙体应砌成马牙槎,马牙槎凹凸尺寸不宜小于 60 mm,高度不应超过 300 mm,马牙槎应先退后进,对称砌筑;马牙槎尺寸偏差每一构造柱不应超过 2 处。

2）预留拉结钢筋的规格、尺寸、数量及位置应正确,拉结钢筋应沿墙高每隔 500 mm 设 2φ6,伸入墙内不宜小于 600 mm,钢筋的竖向移位不应超过 100 mm,且竖向移位每一构造柱不得超过 2 处。

3）施工中不得任意弯折拉结钢筋。抽检数量:每检验批抽查不应少于 5 处。检验方法:观察检查和尺量检查。

（4）配筋砌体中受力钢筋的连接方式及锚固长度、搭接长度应符合设计要求。检查数量:每检验批抽查不应少于 5 处。检验方法:观察检查。

3. 一般项目

（1）构造柱一般尺寸允许偏差及检验方法见表 3-10。抽检数量:每检验批抽查不应少于 5 处。

（2）设置在砌体灰缝中钢筋的防腐保护应符合《砌体结构工程施工质量验收规范》(GB 50203—2011)的第 3.0.16 条的规定,且钢筋防护层完好,不应有肉眼可见裂纹、剥落和擦痕等缺陷。抽检数量:每检验批抽查不应少于 5 处。检验方法:观察检查。

表 3-10　构造柱一般尺寸允许偏差及检验方法

项次	项　　目			允许偏差（mm）	检验方法
1	中心线位置			10	用经纬仪和尺检查或用其他测量仪器检查
2	层间错位			8	用经纬仪和尺检查或用其他测量仪器检查
3	垂直度	每层		10	用 2 m 托线板检查
		全高	≤10 m	15	用经纬仪、吊线和尺检查或用其他测量仪器检查
			>10 m	20	

（3）网状配筋砖砌体中,钢筋网规格及放置间距应符合设计规定。每一构件钢筋网沿砌体高度位置超过设计规定一皮砖厚不得多于一处。抽检数量:每检验批抽查不应少于 5 处。检验方法:通过钢筋网成品检查钢筋规格,钢筋网放置间距采用局部剔缝观察,或用探针刺入灰缝内检查,或用钢筋位置测定仪测定。

（4）钢筋安装位置的允许偏差及检验方法见表 3-11。抽检数量:每检验批抽查不应少于 5 处。

表 3-11　钢筋安装位置的允许偏差和检验方法

项 目			允许偏差（mm）	检验方法
绑扎钢筋网	长、宽		±10	钢尺检查
	网眼尺寸		±20	钢尺量连续三档,取量大值
绑扎钢筋骨架	长		±10	钢尺检查
	宽、高		±5	钢尺检查
受力钢筋	间距		±10	钢尺量两端、中间各一点
	排距		±5	取最大值
	保护层厚度	基础	±10	钢尺检查
		柱、梁	±5	钢尺检查
		板、墙、壳	±3	钢尺检查
绑扎箍筋、横向钢筋间距			±20	钢尺量连续三档,最大值
钢筋弯起点位置			20	钢尺检查
预埋件	中心线位置		5	钢尺检查
	水平高差		+3,0	钢尺和塞尺检查

注:1. 检查预埋中心线位置时,应沿纵、横两个方向量测,并到其中的较大值。

2. 表中梁类、板类构件上部纵向受力钢筋保护层厚度的合格点率应达到 90% 及以上,且不得有超过表中数值 1.5 倍的尺寸偏差。

第六节　填充墙砌体工程

一、加气混凝土砌块砌体

1. 砌块排列

(1)应根据工程设计施工图纸,结合砌块的品种规格,绘制砌体砌块的排列图,经审核无误后,按图进行排列。

(2)排列应从基础顶面或楼层面进行,排列时应尽量采用主规格的砌块,砌体中主规格砌块应占总量的 80% 以上。

(3)砌块排列应按设的要求进行,砌筑外墙时,应避免与其他墙体材料混用。

(4)砌块排列上下皮应错缝搭砌,搭砌长度一般为砌块长度的 1/3,也不应小于 150 mm。

(5)砌体的垂直缝与窗洞口边线要避免同缝。

(6)外墙转角处及纵横墙交接处,应将砌块分皮咬槎,交错搭砌,砌体砌至门窗洞口边非整块时,应用同品种的砌块加工切割成。不得用其他砌块或砖镶砌。

(7)砌体水平灰缝厚度一般为 15 mm,如果加网片筋的砌体水平灰缝的厚度为 20～25 mm,垂直灰缝的厚度为 20 mm,大于 30 mm 的垂直灰缝应用 C20 细石混凝土灌实。

(8)凡砌体中需固定门窗或其他构件以及搁置过梁、搁板等部位,应尽量采用大规格和形状规则整齐的砌块砌筑,不得使用零星砌块砌筑。

(9)砌块砌体与结构构件位置有矛盾时,应先满足构件要求。

2. 砌筑要点

加气混凝土小砌块一般采用铺灰刮浆法,即先用瓦刀或专用灰铲在墙顶上摊铺砂浆,在已砌的砌块端面刮浆,然后将小砌块放在砂浆层上并与前块挤紧,随手刮去挤出的砂浆。也可采用只摊铺水平灰缝的砂浆,竖向灰缝用内外临时夹板灌浆。

(1)将搅拌好的砂浆通过吊斗或手推车运至砌筑地点,在砌块就位前用大铁锹、灰勺,进行分块铺灰,较小的砌块最大铺灰长度不得超过 1 500 mm。

(2)砌块就位与校正。砌块砌筑前应把表面浮尘和杂物清理干净,砌块就位应先远后近,先下后上,先外后内,应从转角处或定位砌块处开始,吊砌一皮校正一皮。

(3)砌块就位与起吊应避免偏心,使砌块底面水平下落,就位时由人手扶控制对准位置,缓慢地下落,经小撬棍微撬,拉线控制砌体标高和墙面平整度,用托线板挂直,校正为止。

(4)竖缝灌砂浆。每砌一皮砌块就位后,用砂浆灌实直缝,加气混凝土砌块墙的灰缝应横平竖直,砂浆饱满,水平灰缝砂浆饱满度不应小于 90%;竖向灰缝砂浆饱满度不应小于 80%。水平灰缝厚度宜为 15 mm;竖向灰缝宽度宜为 20 mm。随后进行灰缝的勒缝(原浆勾缝),深度一般为 3~5 mm。

(5)加气混凝土砌块的切锯、钻孔打眼、镂槽等应采用专用设备、工具进行加工,不得用斧、凿随意砍凿;砌筑上墙后更要注意。

(6)外墙水平方向的凹凸部分(如线脚、雨篷、窗台、檐口等)和挑出墙面的构件,应做好泛水和滴水线槽,以免其与加气混凝土砌体交接的部位积水,造成加气混凝土盐析、冻融破坏和墙体渗漏。

(7)砌筑外墙时,砌体上不得留脚手眼(洞),可采用里脚手或双排立柱外脚手。

(8)当加气混凝土砌块用于砌筑具有保温要求的砌体时,对外露墙面的普通钢筋混凝土柱、梁和挑出的屋面板、阳台板等部位,均应采取局部保温处理措施,如用加气混凝土砌块外包等,可避免贯通式"热桥";在严寒地区,加气混凝土砌块应用保温砂浆砌筑,如图 3-69 所示。在柱上还需每隔 1 m 左右的高度甩筋或加柱箍钢筋与加气混凝土砌块砌体连接。

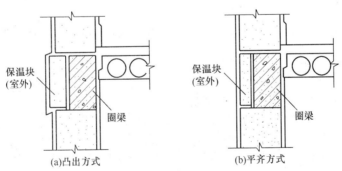

图 3-69 外墙局部保温处理

(9)砌筑外墙及非承重隔墙时,不得留脚手眼。

(10)不同干容重和强度等级的加气混凝土小砌块不应混砌,也不得用其他砖或砌块混砌。填充墙底、顶部及门窗洞口处局部采用烧结普通砖或多孔砖砌筑不视为混砌。

(11)加气混凝土砌块墙如无切实有效措施,不得使用于下列部位。

1)建筑物室内地面标高以下部位。

2)长期浸水或经常受干湿交替影响部位。

3)受化学环境侵蚀(如强酸、强碱)或高浓度二氧化碳等环境。

4)砌块表面经常处于80℃以上的高温环境。

二、粉煤灰砌块砌体

1. 砌块排列

按砌块排列图在墙体线范围内分块定尺、划线、排列砌块的方法和要求如下。

(1)砌筑前,应根据工程设计施工图,结合砌块的品种、规格绘制砌体砌块的排列图,经审核无误,按图排列砌块。

(2)砌块排列时尽可能采用主规格的砌块,砌体中主规格的砌块应占总量的75%～80%。其他副规格砌块(如580 mm×380 mm×240 mm、430 mm×380 mm×240 mm、280 mm×380 mm×240 mm)和镶砌用砖(标准砖或承重多孔砖)应尽量减少,分别控制在5%～10%以内。

(3)砌块排列上下皮应错缝搭砌,搭砌长度一般为砌块的1/2,不得小于砌块高的1/3,也不应小于150 mm。如果搭接缝长度满足不了要求,应采取压砌钢筋网片的措施,具体构造按设计规定。

(4)墙转角及纵横墙交接处,应将砌块分层咬槎,交错搭砌,如果不能咬槎时,按设计要求采取其他的构造措施;砌体垂直缝与门窗洞口边线应避开同缝,且不得采用砖镶砌。

(5)砌块排列尽量不镶砖或少镶砖,需要镶砖时,应用整砖镶砌,而且尽量分散、均匀布置,使砌体受力均匀。砖的强度等级应不小于砌块的强度等级。镶砖应平砌,不宜侧砌或竖砌,墙体的转角处和纵横墙交接处,不得镶砌;门窗洞口不宜镶砖,如需镶砖时,应用整砖镶砌,不得使用半砖镶砌。在每一楼层高度内需镶砖时,镶砌的最后一皮砖和安置有搁栅、楼板等构件下的砖层须用顶砖镶砌,而且必须用无横断裂缝的整砖。

(6)砌体水平灰缝厚度一般为15 mm,如果加钢筋网片的砌体,水平灰缝厚度为20～25 mm,垂直灰缝宽度为20 mm;大于30 mm的垂直缝,应用C20的细石混凝土灌实。

2. 砌块砌筑

(1)粉煤灰砌块墙砌筑前,应按设计图绘制砌块排列图,并在墙体转角处设置皮数杆。粉煤灰砌块的砌筑面适量浇水。

(2)粉煤灰砌块的砌筑方法可采用"铺灰灌浆法"。先在墙顶上摊铺砂浆,然后将砌块按砌筑位置摆放到砂浆层上,并与前一块砌块靠拢,留出不大于20 mm的空隙。待砌完一皮砌块后,在空隙两旁装上夹板或塞上泡沫塑料条,在砌块的灌浆槽内灌砂浆,直至灌满。等到砂浆开始硬化不流淌时,即可卸掉夹板或取出泡沫塑料条,如图3-70所示。

(3)砌块砌筑应先远后近,先下后上,先外后内。每层应从转角处或定位砌块处开始,应吊一皮,校正一皮,皮皮拉麻线控制砌块标高和墙面平整度。

(4)砌筑时,应采用无榫法操作,即将砌块直接安放在平铺的砂浆上。砌筑应做到横平竖直,砌体表面平整清洁,砂浆饱满,灌缝密实。

(5)内外墙应同时砌筑,相邻施工段之间或临时间断处的高度差不应超过一个楼层,并应留阶梯形斜槎。附墙垛应与墙体同时交错搭砌。

(6)粉煤灰砌块是立砌的,立面组砌形式只有全顺一种。上下皮砌块的竖缝相互错开440 mm,个别情况下相互错开不小于150 mm。

(7)粉煤灰砌块墙水平灰缝厚度应不大于 15 mm,竖向灰缝宽度应不大于 20 mm(灌浆槽处除外),水平灰缝砂浆饱满度应不小于 90%,竖向灰缝砂浆饱满度应不小于 80%。

(8)粉煤灰砌块墙的转角处及丁字交接处,可使隔皮砌块露头,但应锯平灌浆槽,使砌块端面为平整面,如图 3-71 所示。

(9)校正时,不得在灰缝内塞进石子、碎片,图 3-71 粉煤灰砌块墙转角处、交接处的砌法也不得强烈振动砌块;砌块就位并经校正平直、灌垂直缝后,应随即进行水平灰缝和竖缝的勒缝(原浆勾缝),勒缝的深度一般为 3~5 mm。

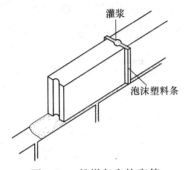

图 3-70　粉煤灰砌块砌筑

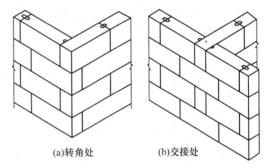

(a)转角处　　(b)交接处

图 3-71　粉煤灰砌块墙转角处、交接处的砌法

(10)粉煤灰砌块墙中门窗洞口的周边,宜用烧结普通砖砌筑,砌筑宽度应不小于半砖。

(11)粉煤灰砌块墙与承重墙(或柱)交接处,应沿墙高 1.2 m 左右在水平灰缝中设置 3 根直径 4 mm 的拉结钢筋,拉结钢筋伸入承重墙内及砌块墙的长度均不小于 700 mm。

(12)粉煤灰砌块墙砌到接近上层楼板底时,因最上一皮不能灌浆,可改用烧结普通砖或煤渣砖斜砌挤紧。

(13)砌筑粉煤灰砌块外墙时,不得留脚手眼。每一楼层内的砌块墙应连续砌完,尽量不留接槎。如必须留槎时,应留成斜槎,或在门窗洞口侧边间断。

(14)当板跨大于 4 m 并与外墙平行时,楼盖和屋盖预制板紧靠外墙的侧边宜与墙体或圈梁拉结锚固,如图 3-72 所示。

对于钢筋混凝土预制楼板相互之间以及板与梁、墙与圈梁的连接更要注意加强。

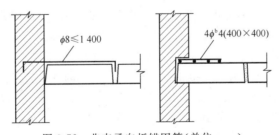

图 3-72　非支承向板锚固筋(单位:mm)

三、填充墙砌体工程施工质量要求

1. 一般规定

(1)砌筑填充墙时,轻骨料混凝土小型空心砌块和蒸压加气混凝土砌块的产品龄期不应小于 28 d,蒸压加气混凝土砌块的含水率宜小于 30%。

（2）烧结空心砖、蒸压加气混凝土砌块、轻骨料混凝土小型空心砌块等的运输、装卸过程中，严禁抛掷和倾倒；进场后应按品种、规格堆放整齐，堆置高度不宜超过 2 m。蒸压加气混凝土砌块在运输及堆放中应防止雨淋。

（3）吸水率较小的轻骨料混凝土小型空心砌块及采用薄灰砌筑法施工的蒸压加气混凝土砌块，砌筑前不应对其浇（喷）水湿润；在气候干燥炎热的情况下，对吸水率较小的轻骨料混凝土小型空心砌块宜在砌筑前喷水湿润。

（4）采用普通砌筑砂浆砌筑填充墙时，烧结空心砖、吸水率较大的轻骨料混凝土小型空心砌块应提前 1～2 d 浇（喷）水湿润。蒸压加气混凝土砌块采用蒸压加气混凝土砌块砌筑砂浆或普通砌筑砂浆砌筑时，应在砌筑当天对砌块砌筑面喷水湿润。块体湿润程度宜符合下列规定。

1）烧结空心砖的相对含水率 60%～70%。

2）吸水率较大的轻骨料混凝土小型空心砌块、蒸压加气混凝土砌块的相对吸水率 40%～50%。

（5）在厨房、卫生间、浴室等处采用轻骨料混凝土小型空心砌块、蒸压加气混凝土砌块砌筑墙体时，墙底部宜现浇混凝土坎台，其高度宜为 150 mm。

（6）填充墙拉结筋处的下皮小砌块宜采用半盲孔小砌块或用混凝土灌实孔洞的小砌块；薄灰砌筑法施工的蒸压加气混凝土砌块砌体，拉结筋应放置在砌块上表面设置的沟槽内。

（7）蒸压加气混凝土砌块、轻骨料混凝土小型空心砌块不应与其他块体混砌，不同强度等级的同类块体也不得混砌。窗台处和因安装门窗需要，在门窗洞口处两侧填充墙上、中、下部可采用其他块体局部嵌砌；对与框架柱、梁不脱开方法的填充墙，填塞填充墙顶部与梁之间缝隙可采用其他块体。

（8）填充墙砌体砌筑，应待承重主体结构检验批验收合格后进行。填充墙与承重主体结构间的空（缝）隙部位施工，应在填充墙砌筑 14 d 后进行。

2. 主控项目

（1）烧结空心砖、小砌块和砌筑砂浆的强度等级应符合设计要求。抽检数量：烧结空心砖每 10 万块为一验收批，小砌块每 1 万块为一验收批，不足上述数量时按一批计，抽检数量为 1 组。砂浆试块的抽检数量执行《砌体结构工程施工质量验收规范》（GB 50203－2011）的第 4.0.12 条的有关规定。检验方法：查砖、小砌块进场复验报告和砂浆试块试验报告。

（2）填充墙砌体应与主体结构可靠连接，其连接构造应符合设计要求，未经设计同意，不得随意改变连接构造方法。每一填充墙与柱的拉结筋的位置超过一皮块体高度的数量不得多于一处。抽检数量：每检验批抽查不应少于 5 处。检验方法：观察检查。

（3）填充墙与承重墙、柱、梁的连接钢筋，当采用化学植筋的连接方式时，应进行实体检测。锚固钢筋拉拔试验的轴向受拉非破坏承载力检验值应为 6.0 kN。抽检钢筋在检验值作用下应基材无裂缝，钢筋无滑移宏观裂损现象；持荷 2 min 期间荷载值降低不大于 5%。检验批验收可按《砌体结构工程施工质量验收规范》（GB 50203－2011）的表 B.0.1 通过正常检验一次、二次抽样判定。填充墙砌体植筋锚固力检测记录可按《砌体结构工程施工质量验收规范》（GB 50203－2011）的表 C.0.1 填写。抽检数量：见表 3-12。检验方法：原位试验检查。

表 3-12 检验批抽检锚固钢筋样本最小容量

检验批的容量	样本最小容量	检验批的容量	样本最小容量
≤90	5	281～500	20

检验批的容量	样本最小容量	检验批的容量	样本最小容量
91～150	8	501～1 200	32
151～280	13	1 201～3 200	50

3. 一般项目

(1)填充墙砌体尺寸、位置的允许偏差及检验方法见表3-13。抽检数量:每检验批抽查不应少于5处。

表 3-13　填充墙砌体尺寸、位置的允许偏差及检验方法

项次	项　　目		允许偏差(mm)	检验方法
1	轴线位移		10	用尺检查
2	垂直度 (每层)	≤3 m	5	用2 m托线板或吊线, 尺检查
		>3 m	10	
3	表面平整度		8	用2 m靠尺和楔形尺检查
4	门窗洞口高、宽(后塞口)		±10	用尺检查
5	外墙上、下窗口偏移		20	用经纬仪或吊线检查

(2)填充墙砌体的砂浆饱满度及检验方法见表3-14。抽检数量:每检验批抽查不应少于5处。

表 3-14　填充墙砌体的砂浆饱满度及检验方法

砌体分类	灰缝	饱满度及要求	检验方法
空心砖砌体	水平	≥80%	采用百格网检查 块体底面或侧面 砂浆的粘结 痕迹面积
	垂直	填满砂浆,不得有透明缝,瞎缝、假缝	
蒸压加气混凝土砌块、轻骨料 混凝土小型空心砌块砌体	水平	≥80%	
	垂直	≥80%	

(3)填充墙留置的拉结钢筋或网片的位置应与块体皮数相符合。拉结钢筋或网片应置于灰缝中,埋置长度应符合设计要求,竖向位置偏差不应超过一皮高度。抽检数量:每检验批抽查不应少于5处。检验方法:观察和用尺量检查。

(4)砌筑填充墙时应错缝搭砌,蒸压加气混凝土砌块搭砌长度不应小于砌块长度的1/3;轻骨料混凝土小型空心砌块搭砌长度不应小于90 mm;竖向通缝不应大于2皮。抽检数量:每检验批抽查不应少于5处。检验方法:观察检查。

(5)填充墙的水平灰缝厚度和竖向灰缝宽度应正确,烧结空心砖、轻骨料混凝土小型空心砌块砌体的灰缝应为8～12 mm;蒸压加气混凝土砌块砌体当采用水泥砂浆、水泥混合砂浆或蒸压加气混凝土砌块砌筑砂浆时,水平灰缝厚度和竖向灰缝宽度不应超过15 mm;当蒸压加气混凝土砌块砌体采用蒸压加气混凝土砌块粘结砂浆时,水平灰缝厚度和竖向灰缝宽度宜为3～4 mm。抽检数量:每检验批抽查不应少于5处。检验方法:水平灰缝厚度用尺量5皮小砌块的高度折算;竖向灰缝宽度用尺量2 m砌体长度折算。

第四章　钢筋混凝土工程

第一节　钢筋工程

一、钢筋加工

（1）钢筋表面应洁净，粘着的油污、泥土、浮锈使用前必须清理干净，可结合冷拉工艺除锈。

（2）钢筋调直，可用机械或人工调直，可采用机械方法，也可采用冷拉方法。当采用冷拉方法调直钢筋时，HPB235 级钢筋的冷拉率不宜大于 4％，HRB335 级、HRB400 级和 RRB400 级钢筋的冷拉率不宜大于 1％。经调直后的钢筋不得有局部弯曲、死弯、小波浪形，其表面伤痕不应使钢筋截面减小 5％。

（3）钢筋切断应根据钢筋型号、直径、长度和数量，长短搭配，先断长料后断短料，尽量减少和缩短钢筋短头，以节约钢材。

（4）钢筋下料。钢筋下料长度应根据构件尺寸、混凝土保护层厚度、钢筋弯曲调整值和弯钩增加长度等规定综合考虑。

1）直钢筋下料长度＝构件长度－保护层厚度＋弯钩增加长度。

2）弯起钢筋下料长度＝直段长度＋斜弯长度－弯曲调整值＋弯钩增加长度。

3）箍筋下料长度＝箍筋内周长＋箍筋调整值＋弯钩增加长度。

（5）受力钢筋的弯钩和弯折。

1）HPB235 级钢筋末端应做 180°弯钩，其弯弧内直径不应小于钢筋直径的 2.5 倍，弯钩的弯后平直部分长度不应小于钢筋直径的 3 倍，如图 4-1 所示。

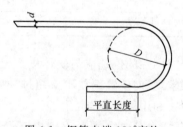

图 4-1　钢筋末端 180°弯钩

2）当设计要求钢筋末端需做 135°弯钩时，HRB335 级、HRB400 级钢筋的弯弧内直径不应小于钢筋直径的 4 倍，如图 4-2（a）所示。弯钩的弯后平直部分长度应符合设计要求。

3）钢筋做不大于 90°的弯折时，弯折处的弯弧内直径不应小于钢筋直径的 5 倍，如图 4-2（b）所示。

（6）除焊接封闭环式箍筋外，箍筋的末端应做弯钩，弯钩形式应符合设计要求；当设计无具体要求时，应符合下列规定。

1）箍筋弯钩的弯弧内直径除应满足上述的规定外，尚应不小于受力钢筋直径。

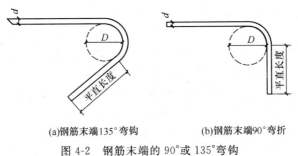

(a)钢筋末端135°弯钩   (b)钢筋末端90°弯折

图 4-2 　钢筋末端的 90°或 135°弯钩

2）箍筋弯钩的弯折角度，对一般结构，不应小于 90°；对有抗震等要求的结构应为 135°。

3）箍筋弯后平直部分长度，对一般结构，不宜小于箍筋直径的 5 倍；对有抗震等要求的结构，不应小于箍筋直径的 10 倍。

（7）弯钩的形式，可按图 4-3（a）～（c）加工，对有抗震要求和受扭的结构，应按图 4-3（c）加工。

(a)90°/180°   (b)90°/90°   (c)135°/135°

图 4-3 　箍筋示意图

二、钢筋连接

1. 钢筋绑扎连接

钢筋绑扎连接是利用混凝土的粘结锚固作用，实现两根锚固钢筋的应力传递。为保证钢筋的应力能充分传递，必须满足施工规范规定的最小搭接长度的要求。

（1）纵向受力钢筋的连接方式应符合设计要求。

（2）钢筋接头宜设置在受力较小处。同一纵向受力钢筋不宜设置两个或两个以上接头。接头末端至钢筋弯起点的距离不应小于钢筋直径的 10 倍。

（3）同一构件中相似纵向受力钢筋的绑扎搭接接头宜相互错开。绑扎搭接接头中钢筋的横向净距不应小于钢筋直径，且不应小于 25 mm。

（4）钢筋绑扎搭接接头连接区段的长度为 $1.3l$（l 为搭接长度），凡搭接接头中点位于该连接区段长度内的搭接接头均属于同一连接区段。同一连接区段内，纵向钢筋搭接接头面积百分率为该区段内有搭接接头的纵向受力钢筋截面面积与全部纵向受力钢筋截面面积的比值，如图 4-4 所示。

（5）焊接骨架和焊接网采用绑扎连接时，应符合下列规定。

1）焊接骨架的焊接网的搭接接头，不宜位于构件的最大弯矩处。

2）焊接网在非受力方向的搭接长度，不宜小于 100 mm。

3）受拉焊接骨架和焊接网在受力钢筋方向的搭接长度，应符合设计规定；受压焊接骨架和焊接网在受力钢筋方向的搭接长度，可取受拉焊接骨架和焊接网在受力钢筋方向的搭接长度的 0.7 倍。

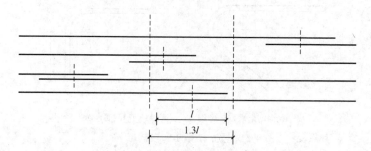

图 4-4 钢筋绑扎搭接接头连接区段及接头面积百分率

注：图中所示搭接接头同一连接区段内的搭接钢筋为两根，当各钢筋直径相同时，接头面积百分率为 50%。

（6）在绑扎骨架中非焊接的搭接接头长度范围内，当搭接钢筋为受拉时，其箍筋的间距不应大于 $5d$，且不应大于 100 mm。当搭接钢筋为受压时，其箍筋间距不应大于 $10d$，且不应大于 200 mm（d 为受力钢筋中的最小直径）。

（7）钢筋绑扎用的钢丝，可采用 20～22 号钢丝（火烧丝）或镀锌钢丝（铅丝），其中 22 号钢丝只用于绑扎直径 12 mm 以下的钢筋。

（8）控制混凝土保护层应采用水泥砂浆垫块或塑料卡。水泥砂浆垫块的厚度应等于保护层厚度。垫块的平面尺寸：当保护层厚度等于或小于 20 mm 时为 30 mm×30 mm；大于 20 mm 时为 50 mm×50 mm。当在垂直方向使用垫块时，可在垫块中埋入 20 号钢丝。

2. 钢筋网片预制绑扎

钢筋网片的预制绑扎多用于小型构件。此时，钢筋网片的绑扎多在平地上或工作台上进行，其绑扎形式如图 4-5 所示。为防止在运输、安装过程中发生歪斜、变形，大型钢筋网片的预制绑扎，应采用加固钢筋在斜向拉结，其形式如图 4-6 所示。一般大型钢筋网片预制绑扎的操作程序为：平地上画线→摆放钢筋→绑扎→临时加固钢筋的绑扎。

钢筋网片若为单向主筋时，只需将外围两行钢筋的交叉点逐点绑扎，而中间部位的交叉点可隔根呈梅花状绑扎；若为双向主筋时，应将全部的交叉点绑扎牢固。相邻绑扎点的钢丝扣要成八字形，以免网片歪斜变形。

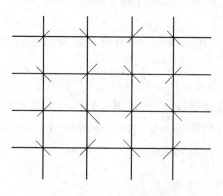

图 4-5 绑扎钢筋网片

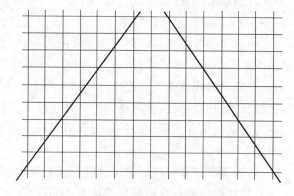

图 4-6 大型钢筋网片的预制

3. 钢筋骨架预制绑扎

绑扎钢筋骨架必须使用钢筋绑扎架，钢筋绑扎架构造是否合理，将直接影响绑扎效率及操作安全。

　　绑扎轻型骨架(如小型过梁等)时,一般选用单面或双面悬挑的钢筋绑扎架。这种绑扎架的钢筋和钢筋骨架,在绑扎操作时其穿、取、放、绑扎都比较方便。绑扎重型钢筋骨架时,可用两个三角架担一光面圆钢组成一对,并由几对三角架组成一组钢筋绑扎架。由于这种绑扎架由几个单独的三角架组成,使用比较灵活,可以调节高度和宽度,稳定性也较好,故可保证操作安全。

三、钢筋安装

1. 混凝土保护层

　　钢筋的安装除满足绑扎和焊接连接的各项要求外,尚应注意保证受力钢筋的混凝土保护层厚度,当设计无具体要求时应满足表4-1的要求。工地常用预制水泥砂浆垫块垫在钢筋与模板之间,以控制保护层厚度。为防止垫块串动,常用细钢丝将垫块与钢筋扎牢,上下钢筋网片之间的尺寸可用绑扎短钢筋的方法来控制。

表 4-1　纵向受力钢筋的混凝土保护层厚度　　　　　(单位:mm)

环境类别		板、墙、壳			梁			柱		
		≤C20	C25~C45	≥C50	≤C20	C25~C45	≥C50	≤C20	C25~C45	≥C50
一		20	15	15	30	25	25	30	30	30
二	a	—	20	20	—	30	30	—	30	30
	b	—	25	20	—	35	30	—	35	30
三		—	30	25	—	40	35	—	40	35

　　注:基础中纵向受力钢筋的混凝土保护层厚度不应小于 40 mm;当无垫层时不应小于 70 mm。

2. 钢筋的现场绑扎安装

　　(1)钢筋绑扎应熟悉施工图纸,核对成品钢筋的级别、直径、形状、尺寸和数量,核对配料表和料牌,如有出入,应予纠正或增补,同时准备好绑扎用钢丝、绑扎工具、绑扎架等。

　　(2)对形状复杂的结构部位,应研究好钢筋穿插就位的顺序及与模板等其他专业的配合先后次序。

　　(3)基础底板、楼板和墙的钢筋网绑扎,除靠近外围两行钢筋的相交点全部绑扎外,中间部分交叉点可间隔交错扎牢;双向受力的钢筋则需全部扎牢。相邻绑扎点的钢丝扣要成八字形,以免网片歪斜变形。钢筋绑扎接头的钢筋搭接处,应在中心和两端用钢丝扎牢。

　　(4)结构采用双排钢筋网时,上下两排钢筋网之间应设置钢筋撑脚或混凝土支柱(墩),每隔 1 m 放置一个,墙壁钢筋网之间应绑扎 6~10 mm 钢筋制成的撑钩,间距约为 1.0 m,相互错开排列;大型基础底板或设备基础,应用 16~25 mm 钢筋或型钢焊成的支架来支承上层钢筋,支架间距为 0.8~1.5 m;梁、板纵向受力钢筋采取双层排列时,两排钢筋之间应垫以直径 25 mm 以上短钢筋,以保证间距正确。

　　(5)梁、柱箍筋应与受力筋垂直设置,箍筋弯钩叠合处应沿受力钢筋方向张开设置,箍筋转角与受力钢筋的交叉点均应扎牢;箍筋平直部分与纵向交叉点可间隔扎牢,以防止骨架歪斜。

　　(6)板、次梁与主筋交叉处,板的钢筋在上,次梁的钢筋居中,主梁的钢筋在下;当有圈梁或垫梁时,主梁的钢筋应放在圈梁上。受力筋两端的搁置长度应保持均匀一致。框架梁牛腿及柱帽等钢筋,应放在柱的纵向受力钢筋内侧,同时要注意梁顶面受力筋间的净距要有 30 mm,

以利浇筑混凝土。

（7）预制柱、梁、屋架等构件常采取底模上就地绑扎，应先排好箍筋，再穿入受力筋，然后绑扎牛腿和节点部位钢筋，以减少绑扎困难和复杂性。

3.绑扎钢筋网与钢筋骨架安装

（1）钢筋网与钢筋骨架的分段（块），应根据结构配筋特点及起重运输能力而定。一般钢筋网的分块面积以 6～20 m² 为宜，钢筋骨架的分段长度以 6～12 m 为宜。

（2）钢筋网与钢筋骨架，为防止在运输和安装过程中发生歪斜变形，应采取临时加固措施。如图 4-7 所示是绑扎钢筋网的临时加固情况。

（3）钢筋网与钢筋骨架的吊点，应根据其尺寸、重量及刚度而定。宽度大于 1 m 的水平钢筋网宜采用四点起吊，跨度小于 6 m 的钢筋骨架宜采用两点起吊，如图 4-8(a) 所示。跨度大，刚度差的钢筋骨架宜采用横吊梁（铁扁担）四点起吊，图 4-8(b) 所示。为了防止吊点处钢筋受力变形，可采取兜底吊或加短钢筋。

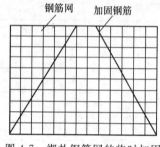

图 4-7　绑扎钢筋网的临时加固

(a)两点绑扎起吊

(b)采用铁扁担四点绑扎起吊

图 4-8　钢筋绑扎骨架起吊

1—钢筋骨架；2—吊索；3—兜底索；4—铁扁担；5—短钢筋

（4）焊接网和焊接骨架沿受力钢筋方向的搭接接头，宜位于构件受力较小的部位，如承受均布荷载的简支受弯构件，焊接网受力钢筋接头宜放置在跨度两端各四分之一跨长范围内。

（5）受力钢筋直径≥16 mm 时，焊接网沿分布钢筋方向的接头宜辅以附加钢筋网，如图4-9所示，其每边的搭接长度 $l_d=15d$（d 为分布钢筋直径），但不小于 100 mm。

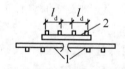

图 4-9　接头附加钢筋网

1—基本钢筋网；2—附加钢筋网

4.焊接钢筋骨架和焊接网安装

（1）焊接钢筋骨架和焊接网的搭接接头，不宜位于构件和最大弯矩处，焊接网在非受力方向的搭拉长度宜为 100 mm；受拉焊接骨架和焊接网在受力钢筋方向的搭接长度应符合设计规定；受压焊接骨架和焊接网在受力钢筋方向的搭接长度，可取受拉焊接骨架和焊接网在受力钢筋方向的搭接长度的 0.7 倍。

（2）在梁中，焊接骨架的搭接长度内应配置箍筋或短的槽形焊接网。箍筋或网中的横向钢筋间距不得大于 5d（d 为钢筋直径）。对轴心受压或偏心受压构件中的搭接长度内，箍筋或横向钢筋的间距不得大于 10d。

（3）在构件宽度内有若干焊接网或焊接骨架时，其接头位置应错开。在同一截面内搭接的受力钢筋的总截面面积不得超过受力钢筋总截面面积的 50%；在轴心受拉及小偏心受拉构件

(板和墙除外)中,不得采用搭接接头。

(4)焊接网在非受力方向的搭接长度宜为100 mm。当受力钢筋直径≥16 mm时,焊接网沿分布钢筋方向的接头宜辅以附加钢筋网,其每边的搭接长度为15d。

四、钢筋工程施工质量要求

1. 钢筋加工

(1)主控项目。

1)受力钢筋的弯钩和弯折应符合下列规定:具体规定参见一、钢筋加工中第(5)条。

检查数量:按每工作班同一类型钢筋、同一加工设备抽查不应少于3件。

检验方法:钢尺检查。

2)除焊接封闭式箍筋外,箍筋的末端应作弯钩,弯钩形式应符合设计要求,当设计无具体要求时,应符合下列规定:具体规定参见一、钢筋加工中第(6)条。

检查数量:按每工作班同一类型钢筋、同一加工设备抽查不应少于3件。检验方法:钢尺检查。

3)对各种级别普通钢筋弯钩、弯折和箍筋的弯弧内直径、弯折角度、弯后平直部分长度分别提出了要求。受力钢筋弯钩、弯折的形状和尺寸,对于保证钢筋与混凝土协同受力非常重要。根据构件受力性能的不同要求,合理配置箍筋有利于保证混凝土构件的承载力,特别是对配筋率较高的柱、受扭的梁和有抗震设防要求的结构构件更为重要。

4)对规定抽样检查的项目,应在全数观察的基础上,对重要部位和观察难以判定的部位进行抽样检查。抽样检查的数量通常采用"双控"的方法。

5)钢筋调直后应进行力学性能和重量偏差的检验,其强度应符合有关标准的规定。盘卷钢筋和直条钢筋调直后的伸长率、质量偏差见表4-2。

表4-2 盘卷钢筋和直条钢筋调直后的断后伸长率、质量负偏差要求

钢筋牌号	断后伸长率 A（%）	单位长度质量偏差（%）		
		直径 6～12 mm	直径 14～20 mm	直径 22～50 mm
HPB235、HPB300	≥21	≤10	—	—
HRB335、HRBF335	≥16	≤8	≤6	≤5
HRB400、HRBF400	≥15	≤8	≤6	≤5
HRB400	≥13	≤8	≤6	≤5
HRB500、HRBF500	≥14	≤8	≤6	≤5

注:1. 断后伸长率 A 的量测标距为5倍钢筋公称直径。

2. 质量负偏差(%)按公式$(W_0-W_d)/W_0 \times 100\%$计算,其中$W_0$为钢筋理论质量(kg/m),$W_d$为调直后钢筋的实际质量(kg/m)。

3. 对直径为28～40 mm的带肋钢筋,表中断后伸长率可降低1%;对直径大于40 mm的带肋钢筋,表中断后伸长率可降低2%。

采用无延伸功能的机械设备调直的钢筋,可不进行本条规定的检验。检查数量:同一厂家、同一牌号、同一规格调直钢筋,质量不大于30 t为一批;每批见证取样3个试件。检验方法:3个试件先进行质量偏差检验,再取其中2个试件经时效处理后进行力学性能检验。检验质量偏差时,试件切口应平滑且与长度方向垂直,长度不应小于500 mm;长度和质量的量测

精度分别不应低于 1 mm 和 1 g。

(2)一般项目。

1)钢筋调直宜采用机械方法,也可采用冷拉方法。当采用冷拉方法调直钢筋时,HPB235级的钢筋的冷拉率不宜大于 4%,HRB335 级、HRB400 级和 RRB400 级钢筋的冷拉率不宜大于 1%。检查数量:按每工作班同一类型钢筋、同一加工设备抽查不应少于 3 件。检验方法:观察、钢尺检查。

2)钢筋加工的形状、尺寸应符合设计要求,其偏差应符合表 4-3 的规定。检查数量:按每工作班同一类型钢筋、同一加工设备抽查不就少于 3 件。检验方法:钢尺检查。

表 4-3　钢筋加工的允许偏差

项　目	允许偏差(mm)
受力钢筋顺长度方向全长的净尺寸	±10
弯起钢筋的弯折位置	±20
箍筋内净尺寸	±5

2. 钢筋连接

(1)主控项目。

1)纵向受力钢筋的连接方式应符合设计要求。检查数量:全数检查。检验方法:观察。

2)在施工现场,应按国家现行标准《钢筋机械连接通用技术规程》(JGJ 107—2010)、《钢筋焊接及验收规程》(JGJ 18—2012)的规定抽取钢筋机械连接接头、焊接接头试件作力学性能检验,其质量应符合有关规程的规定。检查数量:按有关规程确定。检验方法:检查产品合格证、接头力学性能试验报告。

3)对钢筋机械连接和焊接,除应按相应规定进行型式、工艺检验外,还应从结构中抽取试件进行力学性能检验。

(2)一般项目。

1)钢筋的接头宜设置在受力较小处。同一纵向受力钢筋不宜设置两个或两个以上接头。接头末端至钢筋弯起点的距离不应小于钢筋直径的 10 倍。检查数量:全数检查。检验方法:观察、钢尺检查。

2)在施工现场,应按国家现行标准《钢筋机械连接通用技术规程》(JGJ 107—2010)、《钢筋焊接及验收规程》(JGJ 18—2003)的规定对钢筋机械连接接头、焊接接头的外观进行检查,其质量应符合有关规程的规定。检查数量:全数检查。检验方法:观察。

3)当受力钢筋采用机械连接接头或焊接接头时,设置在同一构件内的接头宜相互错开。纵向受力钢筋机械连接接头及焊接接头连接区段的长度为 $35d$(d 为纵向受力钢筋的较大直径),且不小于 500 mm,凡接头中点位于该连接区段长度内的接头均属于同一连接区段。同一连接区段内,纵向受力钢筋机械连接及焊接的接头面积百分率为该区段内有接头的纵向受力钢筋截面面积与全部纵向受力钢筋截面面积的比值。

4)同一连接区段内,纵向受拉钢筋搭接接头面积百分率应符合设计要求,当设计无具体要求时,应符合下列规定:①对梁类、板类及墙类构件,不宜大于 25%;②对柱类构件,不宜大于 50%;③当工程中确有必要增大接头面积百分率时,对梁类构件,不应大于 50%,对其他构件,可根据实际情况放宽。

5)纵向受力钢筋绑扎搭接接头的最小搭接长度见表 4-4。检查数量:在同一检验批内,对梁、柱和独立基础,应抽查构件数量的 10%,且不少于 3 件;对墙和板,应按有代表性的自然间抽查 10%,且不少于 3 间;对大空间结构,墙可按相邻轴线间高度 5 m 左右划分检查面,板可按纵、横轴线划分检查面,抽查 10%,且均不少于 3 面。检验方法:观察,钢尺检查。

表 4-4　纵向受力钢筋的的最小搭接长度

项目	内　容
一般规定	(1)当纵向受拉钢筋的绑扎搭接接头面积百分率不大于 25% 时,其最小搭接长度见表 4-5。 (2)当纵向受拉钢筋搭接接头面积百分率大于 25%,但不大于 50% 时,其最小搭接长度应按表 4-5 中的数值乘以系数 1.2 取用;当接头面积百分率大于 50% 时,应按表 4-5 中的数值乘以 1.35 取用
受拉钢筋修正规定	当符合下列条件时,纵向受拉钢筋的最小搭接长度应根据上面两条确定后按下列规定进行修正: (1)当带肋钢筋的直径大于 25 mm 时,其最小搭接长度应按相应数值乘以系数 1.1 取用。 (2)对环氧树脂涂层的带肋钢筋,其最小搭接长度应按相应数值乘以系数 1.25 取用。 (3)当在混凝土凝固过程中受力钢筋易受扰动时(如滑模施工),其最小搭接长度应按相应数值乘以系数 1.1 取用。 (4)对末端采用机械锚固措施的带肋钢筋,其最小搭接长度可按相应数值乘以系数 0.7 取用。 (5)当带肋钢筋的混凝土保护层度大于搭接钢筋直径的 3 倍且配有箍筋时,其最小搭接长度可按相应数值乘以系数 0.8 取用。 (6)对有抗震设防要求的结构构件,其受力钢筋的最小搭接长度对一、二级抗震等级应相应数值乘以系数 1.15 采用,对三级抗震等级应按相应数值乘以系数 1.05 采用。在任何情况下,受拉钢筋的搭接长度均不应小于 300 mm。 根据现行国家标准《混凝土结构设计规范》(GB 50010—2010)的规定,绑扎搭接受力钢筋的最小搭接长度应根据钢筋强度、外形、直径及混凝土强度等指标经计算确定,并根据钢筋搭接接头面积百分率等进行修正。为了方便施工及验收,给出了确定纵向受拉钢筋最小搭接长度的方法以及受拉钢筋搭接长度的最低限值
受压钢筋修正规定	纵向受压钢筋搭接时,其最小搭接长度应根据受拉钢筋的前三条的规定确定相应数值后乘以系数 0.7 取用。在任何情况下,受压钢筋的搭接长度均不应小于 200 mm

表 4-5　纵向受拉钢筋的最小搭接长度

钢筋类型		混凝土强度等级			
		C15	C20~C25	C30~C35	≥C40
光圆钢筋	HPB235 级	45d	35d	30d	25d
带肋钢筋	HRB335 级	55d	45d	35d	30d
	HRB400 级、RRB400 级	—	55d	40d	35d

注:d 指钢筋直径。

6)在梁、柱类构件的纵向受力钢筋搭接长度范围内,应按设计要求配置箍筋。当设计无具体要求时,应符合下列规定:①箍筋直径不应小于搭接钢筋较大直径的0.25倍;②受拉搭接区段的箍筋间距不应大于搭接钢筋较小直径的5倍,且不应大于100 mm;③受压搭接区段的箍筋间距不应大于搭接钢筋较小直径的10倍,且不应大于200 mm;④当柱中纵向受力钢筋直径大于25 mm时,应在搭接接头两个端面外100 mm范围内各设置两个箍筋,其间距宜为50 mm。

检查数量:在同一检验批内,对梁、柱和独立基础,就抽查构件数量的10%,且不少于3件;对墙和板,应按有代表性的自然间抽查10%,且不少于3间;对大空间结构,墙可按相邻轴线间高度5 m左右划分检查面,板可按纵、横轴线划分检查面,抽查10%,且均不少于3面。

检验方法:钢尺检查。

3. 钢筋安装

(1)主控项目。钢筋安装时,受力钢筋的品种、级别、规格和数量必须符合设计要求。

检查数量:全数检查。

检验方法:观察,钢尺检查。

(2)一般项目。钢筋安装位置的偏差应符合第三章表3-11的规定。

检查数量:在同一检验批内,对梁、柱和独立基础,应抽查构件数量的10%,且不少于3件;对墙和板,应按有代表性的自然间抽查10%,且不行于3间;对大空间结构,墙可按相邻轴线间高度5 m左右划分检查面,板可按纵、横轴线划分检查面,抽查10%,且均不少于3面。

第二节　模板工程

一、模板安装

1. 柱模板安装

模板的支设方法基本上有两种,即单块就位组拼和预组拼,其中预组拼又可分为单片组拼和整体组拼两种。采用预组拼方法,可以加快施工速度,提高模板的安装质量,但必须具备相适应的吊装设备和有较大的拼装场地。

(1)单块就位组拼安装顺序如下。

搭接安装架子→第一节钢模板安装就位→检查对角线、垂直度和位置→安装柱箍→第二、三等节模板及柱箍安装→安装有梁扣的柱模板→全面检查校正→群体牢固。

(2)单片预组拼的安装顺序如下。

单片预组合模板组拼并检查→第一片安装就位并支撑→邻侧单片预组合模板安装就位→两片模板呈L形用角模连接并支撑→安装第三、四片预组合模板并支撑→检查模板位移、垂直度和对角线并校正→由下而上安装柱箍→全面检查安装质量→群体牢固。

(3)保证柱模的长度符合模数,不符合部分放到节点部位处理;或以梁底标高为准,由上往下配模,不符合模数部分放到柱根部位处理;高度在4 m或4 m以上时,一般应四面支撑。当柱高超过6 m时,不宜单根柱支撑,宜几根柱同时支撑连成构架。

(4)柱模根部要用水泥砂浆堵严,防止跑浆;在配模时一般考虑留出柱模的浇筑口和清扫口。

(5)梁、柱模板分两次支设时,在柱子混凝土达到拆模强度时,最上一段柱模先保留不拆,以便于与梁模板连接。

(6)柱模安装就位后,立即用四根支撑或有花篮螺栓的缆风绳与柱顶四角拉结,并校正其中心线和偏斜,全面检查合格后,再群体固定,如图 4-10 所示。

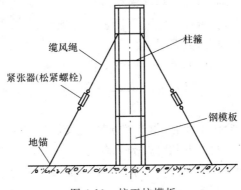

图 4-10　校正柱模板

2. 墙模板安装

墙的组合钢模板安装分为单块安装和预拼组装。无论采用哪种方法都要按设计出的模板施工图进行施工。

(1)工艺流程。弹线→抹水泥砂浆找平→做水泥砂浆定位块→安门窗洞口模板→安一侧模板→清理墙内杂物→安另一侧模板→调整固定→预检。

(2)弹线。根据轴线位置弹出模板的里皮和外皮的边线和门窗洞口的位置线。

(3)按水准仪抄处的水平线定出模板下皮的标高,并用水泥砂浆找平。

(4)组装模板时,要使两侧穿孔的模板对称放置,以使穿墙螺栓与墙模板保持垂直。

(5)相邻模板边肋用 U 形卡连接的间距,不得大于 300 mm,预组拼模板接缝处宜对严。

(6)预留门窗洞口的模板应有锥度,安装要牢固,既不变形,又便于拆除。

(7)墙模板上预留的小型设备孔洞,当遇有钢筋时,应设法确保钢筋位置正确,不得将钢筋移向一侧。

(8)墙模板的门子板,设置方法同柱模板。门子板的水平间距一般为 2.5 m。

(9)当墙面较大,模板需分几块预拼安装时,模板之间应按设计要求增加纵横附加钢楞。附加钢楞的位置在接缝处两边,与预组拼模板上钢楞的搭接长度,一般为预组拼模板全长的15%～20%。

(10)清扫墙内杂物,再安装另一侧模板,调整斜撑或拉杆使模板垂直后,拧紧穿墙螺栓。

(11)上下层墙模板接搓的处理。当采用单块就位组拼时,可在下层模板上端设一道穿墙螺栓,拆模时该层模板暂不拆除,在支上层模板时,作为上层模板的支撑面;当采取预组拼模板时,可在下层混凝土墙上端往下 200 mm 左右处,设置水平螺栓,紧固一道通长的角钢作为上层模板的支撑。

3. 梁模板安装

(1)梁口与柱头模板的节点连接,一般可采用嵌补模板或仿镶拼处理。

(2)梁模支柱的设置,应经模板设计计算决定,一般情况下采用双支柱时,间距以 60～100 cm为宜。

(3)模板支柱纵、横方向的水平拉杆、剪刀撑等,均应按设计要求布置;当设计无规定时,支柱间距一般不宜大于 2 m,纵横方向的水平拉杆的上下间距不宜大于 1.5 m,纵横方向的垂直剪刀撑的间距不宜大于 6 m。

（4）梁模板单块就位组拼。复核梁底横楞标高，按要求起拱，一般跨度大于 4 m 时，起拱 0.2‰～0.3‰。校正梁模板轴线位置，再在横楞放梁底板，拉线找直，并用钩头螺栓与横楞固定，拼接角模，然后绑扎钢筋，安装并固定两侧模板拧紧锁口管，拉线调查梁口平直，有楼板模板时，在梁上连接好阴角模，与楼梯模板拼接。

（5）安装后校正梁中线、标高、断面尺寸。将梁模板内杂物清理干净，检查合格后再预检。安装梁模板工艺流程包括：弹线→支立柱→拉线、起拱、调整梁底横楞标高→安装梁底模板→绑扎钢筋→安装侧模板→预检。

（6）采用扣件钢管脚手架作支架时，横杆的步距要按设计要求设置。采用桁架支模时，要按事先设计的要求设置，桁架的上下弦要设水平连接。

（7）由于空调等各种设备管道安装的要求，需要在模板上预留孔洞时，应尽量使穿梁管道孔分散，穿梁管道孔的位置应设置在梁中，以防削弱梁的截面，影响梁的承载能力。

（8）需在梁上预留孔洞时，应采用钢管预埋，并尽量使穿梁孔洞分散，穿孔位置宜设置在梁中，孔沿梁跨度方向的间距不少于梁高度，以防削弱梁截面。穿梁管道孔设置的高度范围如图 4-11 所示。

（9）钢模板之间应加海绵条夹紧，防止漏浆。

（10）复核检查梁模尺寸，与相邻梁柱模板连接固定。有楼板模板时，与板模拼接固定。

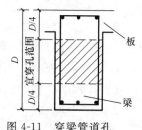

图 4-11　穿梁管道孔设置的高度范围

4. 楼板模板安装

（1）工艺流程。地面夯实→支立柱→安横楞→铺模板→校正标高→加立杆的水平拉杆→预检。

（2）土地面应夯实，并垫通长脚手板，楼层地面立支柱前也应垫通长脚手板，采用多层支架支模时，支柱应垂直，上下层支柱应在同一竖向中心线上。

（3）从边跨一侧开始安装，先安第一排支柱和背楞，临时固定，再依次逐排安装。支柱与背楞间距应根据模板设计规定。

（4）拉线，起拱，调节支柱高度，将背楞找平，起拱。

（5）采用立柱作支架时，立柱和钢楞（龙骨）的间距，根据模板设计计算确定，一般情况下，立柱与外钢楞间距为 600～1 200 mm，与内钢楞（小龙骨）间距为 400～600 mm。调平后即可铺设模板。在模板铺设完标高校正后，立柱之间应加设水平拉杆，其道数应根据立柱高度确定。一般情况下离地面 200～300 mm 处设一道，往上纵横方向每隔 1.6 m 左右设一道。

（6）采用桁架作支承结构时，一般应预先支好梁、墙模板，然后将桁架按模板设计要求支设在梁侧模通长的型钢或方木上，调平固定后再铺设模板。

（7）楼板模板当采用单块就位组拼时，宜以每个节间从四周先用阴角模板与墙、梁模板连接，然后向中央铺设。相邻模板边肋应按设计要求用 U 形卡连接，也可用钩头螺栓与钢楞连接，还可采用 U 形卡预拼大块后再吊装铺设。

（8）采用钢管脚手架作支撑时，在支柱高度方向每隔 1.2～1.3 m 设一道双向水平拉杆。

二、模板拆除

1. 一般规定

（1）拆除模板的顺序和方法，应按照模板设计的规定进行。若设计无规定时，应遵循先支后拆,后支先拆;先拆不承重的模板,后拆承重部分的模板;自上而下,先拆侧向支撑,后拆竖向支撑等原则。

(2)模板工程作业组织,应遵循支模与拆模统一由一个作业班组进行作业。其好处是支模时就考虑拆模的方便和安全,拆模时人员熟知情况,易找拆模关键点位,对拆模进度、安全、模板及配件的保护都有利。

2. 柱模的拆除

分散拆除柱模时应自上而下、分层拆除。拆除第一层时,用木锤或带橡胶垫的锤向外侧轻击模板上口,使之松动,脱离柱混凝土。依次拆下一层模板时,要轻击模板边肋,不可用撬棍从柱角撬离。拆除的模板及配件用绳子绑扎放到地下。分片拆除柱模时,要从上口向外侧轻击和轻撬连接角模,使之松动,要适当加设临时支撑,以防止整片柱模倾倒伤人。

3. 墙体模板的拆除

(1)在常温下,模板应在混凝土强度能够保证结构不变形,棱角完整时方可拆除;冬期施工时要按照设计要求和冬施方案确定拆模时间。

(2)模板拆除时首先拆下穿墙螺栓,再松开地脚螺栓,使模板向后倾斜与墙体脱开。如果模板与混凝土墙面吸附或粘结不能离开时,可用撬棍撬动模板下口,不得在墙上口撬模板或用大锤砸模板,应保证拆模时不晃动混凝土墙体,尤其是在拆门窗洞口模板时不得用大锤砸模板。

(3)模板拆除后,应清扫模板平台上的杂物,检查模板是否有钩挂兜绊的地方,然后将模板吊出。

(4)单块就位组拼墙模先拆除墙两边的接缝窄条模板,再拆除背楞和穿墙螺栓,然后逐次向墙中心方向逐块拆除。

(5)整体预组拼模板拆除时,先拆除穿墙螺栓,调节斜撑支腿丝杠,使地脚离开地面,再拆除组拼大模板端部接缝处的窄条模板,然后敲击大模板上部,使之脱离墙体,用撬棍撬组拼大模板底边肋,使之全部脱离墙体,用塔式起重机吊运拆离后的模板。

(6)大模板吊至存放地点,必须一次放稳,按设计计算确定的自稳角要求存放,并及时进行板面清理,涂刷隔离剂,防止粘连灰浆。

4. 梁板模板的拆除

(1)先拆除支架部分水平拉杆和剪刀撑,以便施工;然后拆除梁与楼板模板的连接角模及梁侧模,以使相邻模板断连。

(2)下调支柱顶托架螺杆后,先拆钩头螺栓,再拆下 U 形卡,用钢钎轻轻撬动模板,拆下第一块,然后逐块拆除。不得用钢棍或铁锤猛击乱撬,严禁将拆下的模板自由坠落于地面。

(3)对跨度较大的梁底模拆除时,应从跨中开始下调支柱托架。然后向两端逐根下调,先拆钩头螺栓,再拆下 U 形卡,然后用钢钎轻轻撬动模板,拆下第一块,然后逐块拆除。不得用钢棍或铁锤猛击乱撬,严禁将拆下的模板自由坠落于地面。

(4)拆除梁底模支柱时,应从跨中间两端作业。

三、模板工程施工质量要求

1. 模板安装

(1)主控项目。

1)安装现浇结构的上层模板及其支架时,下层楼板应具有承受上层荷载的承载能力,或加设支架。上、下层支架的立柱应对准,并铺设垫板。

检查数量:全数检查。检验方法:对照模板设计文件和施工技术方案观察。

2)在涂刷模板隔离剂时,不得沾污钢筋和混凝土接槎处。

检查数量:全数检查。检验方法:观察。

(2)一般项目。

1)模板安装应满足下列要求:①模板的接缝不应漏浆,在浇筑混凝土前,木模板应浇水湿润,但模板内不应有积水;②模板与混凝土的接触面应清理干净并涂刷隔离剂,但不得采用影响结构性能或妨碍装饰工程施工的隔离剂;③浇筑混凝土前,模板内的杂物应清理干净;④对清水混凝土工程及装饰混凝土工程,应使用能达到设计效果的模板。

检查数量:全数检查。检验方法:观察。

2)用作模板的地坪、胎模等应平整光洁,不得产生影响构件质量的下沉、裂缝、起砂或起鼓。

检查数量:全数检查。检验方法:观察。

3)对跨度不小于4 m的现浇钢筋混凝土梁、板,其模板应按设计要求起拱,当设计无具体要求时,起拱高度宜为跨度的1/1 000～3/1 000。

检查数量:在同一检验批内,对梁,应抽查构件数量的10%,且不少于3件;对板,应按有代表性的自然间抽查10%,且不少于3间;对大空间结构,板可按纵、横轴线划分检查面,抽查10%,且不少于3面。检验方法:水准仪或拉线、钢尺检查。

4)固定在模板上的预埋件、预留孔和预留洞均不得遗漏,且应安装牢固,其允许偏差见表4-6。

检查数量:在同一检验批内,对梁、柱和独立基础,应抽查构件数量的10%,且不少于3件;对墙和板,应按有代表性的自然间抽查10%,且不少于3间;对大空间结构,墙可按相邻轴线间高度5 m左右划分检查面,板可按纵横轴线划分检查面,抽查10%,且均不少于3面。检验方法:钢尺检查。

表 4-6 预埋件和预留孔洞的允许偏差

项　目		允许偏差(mm)
预埋钢板中心线位置		3
预埋管、预留孔中心线位置		3
插筋	中心线位置	5
	外露长度	+10,0
预埋螺栓	中心线位置	2
	外露长度	+10,0
预留洞	中心线位置	10
	尺寸	+10,0

注:检查中心线位置时,应沿纵、横两个方向测量,并取其中较大值。

5)现浇结构模板安装的偏差见表4-7。

检查数量:在同一检验批内,对梁、柱和独立基础,应抽查构件数量的10%,且不少于3件;对墙和板,应按有代表性的自然间抽查10%,且不少于3间;对大空间结构,墙可按相邻轴线间高度5 m左右划分检查面,板可按纵、横轴线划分检查面,抽查10%,且均不少于3面。

表 4-7　现浇结构模板安装的允许偏差及检验方法

项　　目		允许偏差(mm)	检验方法
轴线位置		5	钢尺检查
底模上表面标高		±5	水准仪或拉线、钢尺检查
截面内部尺寸	基础	±10	钢尺检查
	柱、墙、梁	+4,−5	钢尺检查
层高垂直度	不大于 5 m	6	经纬仪或吊线、钢尺检查
	大于 5 m	8	经纬仪或吊线、钢尺检查
相邻两板表面高低差		2	钢尺检查
表面平整度		5	2 m 靠尺和塞尺检查

注:检查轴线位置时,应沿纵、横两个方向测量,并取其中较大值。

6)预制构件模板安装的偏差见表 4-8。

检查数量:首次使用及大修后的模板应全数检查,使用中的模板应定期检查,并根据使用情况进行不定期抽查。

表 4-8　预制构件模板安装的允许偏差及检验方法

项　　目		允许偏差(mm)	检验方法
长度	板、梁	±5	钢尺量两角边,取其中较大值
	薄腹梁、桁架	±10	
	柱	0,−10	
	墙板	0,−5	
宽度	板、墙板	0,−5	钢尺量一端及中部,取其中较大值
	梁、薄腹梁、桁架、柱	+2,−5	
高(厚)度	板	+2,−3	钢尺量一端及中部,取其中较大值
	墙板	0,−5	
	梁、薄腹梁、桁架	+2,−5	
侧向弯曲	梁、板、柱	$l/1\,000$ 且≤15	拉线,钢尺量最大弯曲处
	墙板、薄腹梁、桁架	$l/1\,500$ 且≤15	
板的表面平整度		3	2 m 靠尺和塞尺检查
相邻两板表面高低差		1	钢尺检查
对角线差	板	7	钢尺量两个对角线
	墙板	5	
翘曲	板、墙板	$l/1\,500$	调平尺在两端量测
设计起拱	薄腹梁、桁架、梁	±3	拉线、钢尺量跨中

注:l 为构件长度(mm)。

2. 模板拆除

(1)主控项目。

1)底模及其支架拆除时的混凝土强度应符合设计要求。当设计无具体要求时,混凝土强度见表4-9。

检查数量:全数检查。检验方法:检查同条件养护试件强度试验报告。

表4-9 底模拆除时的混凝土强度要求

构件类型	构件跨度(m)	达到设计的混凝土立方体抗压强度标准值的百分率(%)
板	≤2	≥50
	>2,≤8	≥75
	>8	≥100
梁、拱、壳	≤8	≥75
	>8	≥100
悬臂构件	—	≥100

2)对后张法预应力混凝土结构构件,侧模宜在预应力张拉前拆除。底模支架的拆除应按施工技术方案执行,当无具体要求时,不应在结构构件建立预应力前拆除。

检查数量:全数检查。检验方法:观察。

3)后浇带模板的拆除和支顶应按施工技术方案执行。

检查数量:全数检查。检验方法:观察。

(2)一般项目。

1)侧模拆除时的混凝土强度应能保证其表面及棱角不受损伤。

检查数量:全数检查。检验方法:观察。

2)模板拆除时,不应对楼层形成冲击荷载。拆除的模板和支架宜分散堆放并及时清运。

检查数量:全数检查。检验方法:观察。

第三节 现浇混凝土结构

一、混凝土的拌制和运输

1. 混凝土的拌制

泵送混凝土的拌制,在各种材料的计量精度、搅拌延续时间等方面与普通混凝土相同。但对泵送混凝土所用的骨料粒径和级配应严格控制,防止骨料中混入粒径过大的颗粒和异物。当使用具有吸水性的骨料时,应事先进行充分吸水,预吸水量由试验确定。

2. 混凝土的运输

泵送混凝土运送延续时间可按下列要求执行。

(1)运输到输送入模的延续时间见表4-10。

表 4-10　运输到输送入模的延续时间　　　　　　（单位:min）

条　　件	气　　温	
	≤25℃	>25℃
不掺外加剂	90	60
掺外加剂	150	120

(2)运输、输送入模及其间歇总的时间限值见表 4-11。

表 4-11　运输、输送入模及其间歇总的时间限值　　（单位:min）

条　　件	气　　温	
	≤25℃	≤25℃
不掺外加剂	180	150
掺外加剂	240	210

(3)采用其他外加剂时,可按实际配合比和气温条件测定混凝土的初凝时间,其运输延续时间,不宜超过所测得的混凝土初凝时间的 1/2。

3. 喂料要求

(1)喂料前,应用中、高速旋转拌筒,使混凝土拌和均匀,避免出料的混凝土的分层离析。

(2)喂料时,反转卸料应配合泵送均匀进行,且应使混凝土保持在骨料斗内高度标志线以上。

(3)暂时中断泵送作业时,应使拌筒低转速搅拌混凝土。

(4)混凝土泵进料斗上,应安置网筛并设专人监视喂料,以防粒径过大的骨料或异物进入混凝土泵造成堵塞。

(5)使用混凝土泵输送混凝土时,严禁将质量不符合泵送要求的混凝土入泵。混凝土搅拌运输车喂料完毕后,应及时清洗拌筒并排净积水。

4. 注意事项

泵送混凝土运输车辆的调配,应保证混凝土输送泵压送时混凝土供应不中断,并且应使混凝土运输车辆的停歇时间最短。运输车装料前,要排净滚筒中多余洗润水,并且运输过程不得随意增加水。为保证混凝土的均质性,搅拌运输车在卸料前应先高速运转 20~30 s,然后反转卸料。连续压送时,先后两台混凝土搅拌运输车的卸料,应有 5 min 的搭接时间。

二、普通混凝土的现场拌制工艺

1. 施工准备

(1)材料要求。

1)水泥:水泥的品种、强度等级、厂别及牌号应符合混凝土配合比通知单的要求,水泥应有出厂合格证及进场试验报告单。

2)砂:砂的粒径及产地应符合混凝土配合比通知单的要求。其他要求见表 4-12,砂进场后应按规定进行复试,应有试验报告单。

表4-12 砂的质量要求

项　目			质量指标
含泥量 （按质量计，%）	混凝土强度等级	≥C60	≤2.0
		C55～C30	≤3.0
		≤C25	≤5.0
泥块含量 （粒径≥5 mm） （按质量计，%）	混凝土强度等级	≥C60	≤0.5
		C55～C30	≤1.0
		≤C25	≤2.0
有害物质限量	云母含量（按质量计%）		≤2.0
	轻物质含量（按质量计%）		≤1.0
	硫化物及硫酸盐含量（折算成 SO_3 按质量计%）		≤1.0
	有机物含量（用比色法试验）		颜色不应深于标准色。当颜色深于标准时，应按水泥胶砂强度试验方法进行强度对比试验，抗压强度比不应低于0.95

3）石子（碎石或卵石）：石子的粒径、级配及产地应符合混凝土配合比通知单的要求。石子进场后应进行复试，应有试验报告单。石子质量要求见表4-13。其他要求应符合《普通混凝土用砂、石质量及检验标准》（JGJ 52—2006）的规定。

表4-13 石子的质量要求

项　目			质量指标
针、片状颗粒含量 （按质量计，%）	混凝土强度等级	≥C60	≤8
		C55～C30	≤15
		≤C25	≤25
含泥量 （按质量计，%）	混凝土强度等级	≥C60	≤0.5
		C55～C30	≤1.0
		≤C25	≤2.0
泥块含量 （粒径≥5 mm） （按质量计，%）	混凝土强度等级	≥C60	≤0.2
		C55～C30	≤0.5
		≤C25	≤0.7
	抗冻、抗渗或其他特殊要求的混凝土		≤0.5
有害物质限量	硫化物及硫酸含量（折算成 SO_3 按质量计，%）		≤1.0
	卵石中有机物含量（用比色法试验）		颜色不应深于标准色。当颜色深于标准色时，应配制成混凝土进行强度对比试验，抗压强度比应不低于0.95

注：当碎石或卵石的含泥是非黏土质的石粉时，其含泥量可由表中的0.5%、1.0%、2.0%分别提高到1.0%、1.5%、3.0%。

4)民用建筑工程使用的砂、石、水泥,其放射性指标限量见表4-14。

表4-14　无机非金属建筑材料放射性指标限量

测定项目	限　　量
内照射指数(I_{Ra})	≤1.0
外照射指数(I_r)	≤1.0

5)水:宜采用饮用水。若采用其他水,其水质必须符合《混凝土用水标准》(JGJ 63—2006)的规定。

6)外加剂:现场拌制普通混凝土一般选用的外加剂有减水剂、早强剂、抗冻剂、缓凝剂等,所用混凝土外加剂的品种、生产厂家及牌号应符合配合比通知单的要求。外加剂应有出厂质量证明书及使用说明,并应有关指标的进场试验报告。国家规定要求认证的产品,还应有准用证件。外加剂必须有掺量试验。

7)民用建筑工程中所使用的混凝土外加剂氨的释放量不应大于0.10%,测定方法应符合现行国家标准的规定。

8)矿物掺合料(目前主要是掺粉煤灰、矿粉等):所用矿物掺合料的品种、生产厂家及牌号应符合配合比通知单的要求。矿物掺合料应有出厂质量证明书及使用说明,并应有进场试验报告。矿物掺合料还必须有掺量试验。

9)当混凝土结构工程按所处环境为Ⅱ类工程,用低碱活性集料配制混凝土时,混凝土碱含量控制在3 kg/m³以内;或混凝土碱含量控制在5 kg/m³以内,同时采取《预防混凝土结构工程碱集料反应规程》(DBJ 01—95—2005)规定的掺加矿物掺合料抑制措施。用碱活性集料配制混凝土时,混凝土碱含量控制在3 kg/m³以内,同时采取《预防混凝土结构工程碱集料反应规程》(DBJ 01—95—2005)规定的掺加矿物掺合料抑制措施。

混凝土中氯化物总含量应符合现行国家标准《混凝土结构设计规范》(GB 50010—2010)和设计要求。当设计无要求时,混凝土中的最大氯离子含量为0.060%(占水泥用量的百分率)。

10)水泥、矿物掺合料按《水泥化学分析方法》(GB/T 176—2008)检验其碱含量。外加剂按《混凝土外加剂》(GB 8076—2008)规定的方法检测碱含量。混凝土碱含量按《预防混凝土结构工程碱集料反应规程》(DBJ 01—95—2005)的方法进行计算。

(2)主要机具。对于现场搅拌量比较少的,混凝土搅拌机应采用强制式搅拌机;现场搅拌量大的,可采用流动性组合搅拌机具。计量设备一般采用磅秤或电子计量设备。水计量可采用流量计或水箱水位管标志计量器。上料设备有双轮手推车、铲车、装载机、砂石输料斗等,以及配套的其他设备。现场试验检测器具,有坍落度测试设备、试模、振捣台等。

(3)作业条件。

1)试验室已下达混凝土配合比通知单,并按现场砂、石子的实际含水率转换为施工配合比,并记载于搅拌配料地点的标牌上。

2)所有的原材料经检查,应与配合比通知单及材料复试报告单上相符合。

3)搅拌设备及配套设备应运转灵活、安全可靠,电源及配电系统符合要求、安全可靠。

4)所有计量器具必须有检定有效期标识,计量器具、设备灵敏可靠,按照施工配合比进行定数。

5)管理人员向作业班组进行配合比、操作规程和安全技术交底。

6)需浇筑混凝土的工程部位已办理隐检、预检手续,混凝土浇筑的申请单已经有关管理人员批准。

7)每次开盘,应根据混凝土配合比(分盘材料用量)进行开盘鉴定,开盘鉴定的工作已进行、符合要求并填写书面质量记录。

2. 操作工艺

(1)施工工艺流程。

石子、砂、水泥、混合料、外加剂、水计量→上料→混凝土搅拌→出料→混凝土质量检查。

(2)计量。

1)每台班开始前,对搅拌机及上料设备进行检查并试运转;对所用的计量器具进行检查并定磅;校对施工配合比;对所用原材料的规格、品种、产地、牌号及质量进行检查,并与施工配合比进行核对;对砂、石的含水率进行检查,如有变化,应及时通知试验人员调整用水量。一切检查符合要求后,方可开盘拌制混凝土。

2)砂、石计量:用手推车上料时,必须车车计量,卸多补少,有贮料斗及配料的计量设备,采用自动或半自动上料时,需调整好斗门及配料关闭的提前量,以保证计量准确。砂、石计量的允许偏差应≤±3%。

3)水泥计量:搅拌时采用袋装水泥时,对每批进场的水泥应抽查 10 袋的质量,并计量每袋的平均实际质量。小于标定质量的要开袋补足,或以每袋的实际水泥质量为准,调整砂、石、水及其他材料用量,按配合比的比例重新确定每盘混凝土的施工配合比。搅拌时采用散装水泥的,应每盘精确计量。水泥计量的允许偏差应≤±2%。

4)水计量:水必须盘盘计量,其允许偏差应≤±2%。

(3)上料。现场拌制混凝土,一般是计量好的原材料先汇集在上料斗中,经上料斗进入搅拌筒。原材料汇集入上料斗的顺序如下。

1)当无外加剂、混合料时,依次进入上料斗的顺序为石子、水泥、砂。

2)当掺混合料时,其顺序为石子、水泥、混合料、砂。

3)当掺干粉状外加剂时,其顺序为石子、外加剂、水泥、砂或顺序为石子、水泥、砂、外加剂。

4)当掺液态外加剂时,将外加剂溶液预加入搅拌用水中。经常检查外加剂溶液的浓度,并经常搅拌外加剂溶液,使溶液浓度均匀一致,防止沉淀。溶液中的水量,包括在拌和用水量内。

(4)混凝土搅拌。第一盘混凝土拌制的操作。

1)每班拌制第一盘混凝土时,先加水使搅拌筒空转数分钟,搅拌筒被充分湿润后,将剩余积水倒净。

2)搅拌第一盘时,由于砂浆粘筒壁而损失,因此,石子的用量应按配合比减量。

3)从第二盘开始,按给定的配合比投料。

搅拌时间控制:混凝土搅拌的最短时间见表 4-15。

表 4-15　混凝土搅拌的最短时间　　　　　　　　　　(单位:s)

混凝土坍落度(mm)	搅拌机机型	搅拌机出料量(L)		
		<250	250~500	>500
≤40	强制式	60	90	120
>40,且<100	强制式	60	60	90

注:1. 混凝土搅拌的最短时间系指自全部材料装入搅拌筒中起,到开始卸料止的时间。

　　2. 当掺有外加剂时,搅拌时间应适当延长。

　　3. 冬期施工时搅拌时间应取常温搅拌时间的 1.5 倍。

(5)出料时,先少许出料,目测拌和物的外观质量,如目测合格方可出料。每盘混凝土拌和物必须出净。

(6)混凝土拌制的质量检查。

1)检查拌制混凝土所用原材料的品种、规格和用量,每一个工作班至少两次。

2)检查混凝土的坍落度及和易性,每一工作班至少两次。混凝土拌和物搅拌均匀、颜色一致,具有良好的流动性、粘聚性和保水性,不泌水、不离析。不符合要求时,应查找原因,及时调整。

3)在每一工作班内,当混凝土配合比由于外界影响有变动时(如下雨或原材料有变化),应及时检查。

4)混凝土的搅拌时间应随时检查。

5)按以下规定留置试块:①每拌制 100 盘且不超过 100 m³ 的同配合比的混凝土其取样不得少于一次;②每工作班拌制的同配合比的混凝土不足 100 盘时,其取样不得少于一次;③每一楼层、同一配合比的混凝土,取样不得少于一次;④有抗渗要求的混凝土,应按规定留置抗渗试块。

每次取样应至少留置一组标准试件,同条件养护试件的留置组数,可根据不同项目监理或业主的具体要求及施工需要确定。为保证留置的试块有代表性,应在第三盘以后至搅拌结束前 30 min 之间取样。

三、圈梁、构造柱、板缝混凝土施工

(1)砌筑工程圈梁、构造柱、板缝混凝土施工准备见表 4-16。

表 4-16　砌筑工程圈梁、构造柱、板缝混凝土施工准备工作

项　目	内　　容
材料要求	(1)混凝土拌和物。混凝土粗骨料:构造柱、圈梁宜用 0.5～3.2 mm 的卵石或碎石;板缝宜用 0.5～3.2 mm 的细石。 (2)养护材料:苫盖材料、养护剂(根据施工方案选用)。 (3)冬、雨期施工时,施工方案规定使用的冬、雨施工材料
主要机具	(1)运送机具(根据施工方案配备):吊斗、泵送设备、翻斗车、手推车。 (2)混凝土搅拌机(当采用现场搅拌方案时配备)、自动计量系统或磅秤。 (3)手持工具:振捣器、铁锹、铁盘、木抹子等
作业条件	(1)常温时,混凝土浇筑前,砖墙、木模应提前适量浇水湿润,但不得有积水。 (2)模板牢固、稳定,标高、尺寸等符合设计要求,模板缝隙超过规定时,要堵塞严密,并办完预检手续。 (3)钢筋办完隐检手续。 (4)构造柱、圈梁接槎处的松散混凝土和砂浆应剔除,模板内落地灰、砖渣等其他杂物要清理干净。 (5)混凝土配合比经具有检测资质试验室试配确定,配合比通知单与现场使用材料应相符

（2）砌筑工程圈梁、构造柱、板缝混凝土操作工艺见表 4-17。

表 4-17　砌筑工程圈梁、构造柱、板缝混凝土操作工艺

项目	内　容
工艺流程	作业准备→混凝土运输→混凝土浇筑、振捣→混凝土养护
混凝土运输	（1）混凝土拌和物应及时用翻斗车、手推车或吊斗运至浇筑地点。运送混凝土时，应防止水泥浆流失。若有离析现象，应在浇筑地点进行人工二次拌和。 （2）混凝土运输、浇筑及间歇的全部时间不应超过混凝土的初凝时间
混凝土浇筑、振捣	（1）构造柱根部处的混凝土浮浆及落地灰要剔除，并清理干净。在浇筑前宜先铺 50～100 mm 与构造柱混凝土配合比相同的去石子水泥砂浆。 （2）浇筑方法：用塔式起重机吊斗供料时，按预制楼板承载能力控制铁盘上的混凝土量，先将吊斗降至距铁盘 500～600 mm 处，将混凝土卸在铁盘上，再用铁锹灌入模内，不宜用吊斗直接将混凝土卸入模内。 （3）浇筑混凝土构造柱时，先将振捣棒插入柱底根部，使其振动再落入混凝土，应分层浇筑、振捣，每层厚度应按实测振捣棒有效长度的 1.25 倍确定。 （4）混凝土振捣：振捣构造柱时，振捣棒尽量靠近内墙插入。振捣圈梁混凝土时，振捣棒与混凝土面应成斜角，斜向振捣。振捣板缝混凝土时，应选用直径 30 mm 的小型振捣棒。 （5）浇筑混凝土时，应注意保护钢筋位置及外砖墙，外墙板的防水构造，不使其损害，应有专人检查模板、钢筋是否变形、移位、螺栓、拉杆是否松动、脱落。发现漏浆等现象，指派专人检修。 （6）混凝土振捣时，应避免触动墙体，严禁通过墙体传振。 （7）表面抹平：圈梁、板缝混凝土每浇筑振捣完一段，应随即用木抹子压实、抹平。表面不得有松散混凝土
混凝土养护	（1）混凝土浇筑完成 12 h 内，应对混凝土加以覆盖并浇水养护，常温时每日至少浇水两次，并应保持混凝土表面湿润，养护时间不得少于 7 d。 （2）对掺用缓凝型外加剂的混凝土，养护时间不得少于 14 d。混凝土养护期间，应保持其表面湿润。 （3）冬期施工时，可采取塑料布外加草帘被进行养护

四、现浇框架结构混凝土浇筑施工工艺标准

1. 施工准备

现浇框架结构混凝土浇筑施工准备见表 4-18。

表 4-18　现浇框架结构混凝土浇筑施工准备工作

项目	内　容
材料要求	（1）混凝土拌和物。混凝土拌和物宜优先采用预拌混凝土，只有当特殊条件下无法采用预拌混凝土时才考虑现场拌制混凝土。 （2）养护材料。水、塑料管（或橡胶管）、花洒头或花管（必要时备水加压泵）、苫盖材料、养护剂（根据施工方案选用）。 （3）冬、雨期施工时，施工方案选定使用的冬、雨施材料

项目	内　　容
主要机具	(1)运送机具(根据施工方案配备):塔式起重机、吊斗、泵送设备、翻斗车、手推车。 (2)混凝土搅拌机(当采用现场搅拌方案时配备)、自动计量系统或磅秤。 (3)手持工具:橡胶水管、振捣器、分层尺杆、充电电筒、木抹子、铁抹子、铁插尺、铁板、串桶、铁锹、铁盘等
作业条件	(1)检查和控制模板、钢筋、保护层和预埋件等的尺寸、规格、数量和位置,检查模板稳定性、支撑情况。各工种自检合格后,办理隐、预检、交接检,并填写混凝土浇筑申请书。浇筑申请得到监理批准后,会同监理、技术、质检部门对第一车混凝土进行质量鉴定。 (2)浇筑前应将模板内的杂物及钢筋上的油污清除干净,并检查钢筋保护层垫块是否垫好。如使用木模板,应浇水使模板提前湿润。柱子模板的扫除口应在清除杂物及积水后再封闭。接槎部位松散混凝土和浮浆已全部剔除到露石子,冲干净,不留明水。 (3)各柱、板、梁位置、轴线尺寸、标高等均经过检查,验收完毕。标高控制线已按要求设置完毕。 (4)检查电源、线路并做好场区、作业面及人员通道照明准备工作。混凝土浇筑过程中,要保证水、电、照明不中断。 (5)浇筑混凝土用脚手架、马道支搭完毕,并有良好安全措施。 (6)计量器具、试验器材、振捣棒等检验合格。操作者具有完好的绝缘手段。 (7)混凝土拖式泵和水平及竖向泵管安装、固定牢固可靠,泵管支架有足够的强度和刚度。所有机具在浇筑前进行检查和试运行,配备专职技工,随时检修。 (8)混凝土泵设置处,要求场地平整坚实,供料方便尽量靠近浇筑地点,便于配管,接近排水设施且供水、供电方便。在混凝土泵作业范围内,不得有高压线等障碍物。 (9)场内运输道路平坦,避免车辆拥挤堵塞。与作业面、搅拌站、混凝土泵通信畅通,加强现场指挥和调度。清理场内闲杂车辆及人员,在进出场口设置交通协调人员负责协调罐车的进、出场以及罐车与社会车辆关系。浇筑场内设置交通指挥人员,负责指挥进场罐车的走向、错车、停车。浇筑场内设置调度人员,负责调度进场的罐车停靠在适宜的拖式泵边,以防出现窝泵、抢泵的情况。 (10)已经与预拌混凝土供应方签订技术合同,合同中应明确注明主要技术条件,如:强度等级、水泥品种、砂率、胶凝材料用量、缓凝时间、坍落度、碱、氯化物含量要求、掺合料品种等。 (11)混凝土若现场拌制,各种原材料需经试验室进场检验,并经试配提出混凝土配合比。现场应在搅拌机旁配备混凝土配合比标识牌。 (12)现场试验室应做好坍落度检测和混凝土试块制作、现场同条件试块养护措施等准备工作

2. 操作工艺

(1)工艺流程。混凝土运输及进场检验→混凝土的浇筑与振捣→拆模、混凝土养护。

(2)混凝土运输及进场检验。

1)采用混凝土罐车进行场外运输,要求每辆罐车的运输、浇筑和间歇的时间不得超过初凝时间,混凝土从搅拌机卸出到浇筑完毕的时间不宜超过 1.5 h,空泵间隔时间不得超过 45 min。

2)预拌混凝土运输车应有运输途中和现场等候时间内的二次搅拌功能。混凝土运输车到达现场后,进行现场坍落度测试,一般每个工作班不少于 4 次,坍落度异常或有怀疑时,及时增加测试。从搅拌车运卸的混凝土中,分别在卸料 1/4 和 3/4 处取试样进行坍落度试验,两个试样的坍落度之差不得超过 30 mm。当实测坍落度不能满足要求时,应及时通知搅拌站。严禁私自加水搅拌。

3)运输车给混凝土泵喂料前,应中、高速旋转拌筒,使混凝土拌和均匀。

4)根据实际施工情况及时通知混凝土搅拌站调整混凝土运输车的数量,以确保混凝土的均匀供应。

5)冬期混凝土运输车罐体要进行保温。夏季混凝土运输车罐体要覆盖防晒。

(3)混凝土浇筑与振捣。

1)混凝土浇筑与振捣的一般要求:①为防止混凝土散落、浪费,应在模板上口侧面设置斜向挡灰板。混凝土自吊斗口下落的自由倾落高度不得超过 2 m 浇筑高度,如超过 2 m 时必须采取措施,用串桶或溜管等;②浇筑混凝土时应分层进行,浇筑层高度应根据结构特点、钢筋疏密决定,一般为振捣器作用部分长度的 1.25 倍,常规 φ50 振捣棒的长度是 400~480 mm;③使用插入式振捣器应快插慢拔,插点要均匀排列,逐点移动,顺序进行,不得遗漏,做到均匀振实。移动间距不大于振捣作用半径的 1.5 倍(一般为 300~400 mm)。振捣上一层时应插入下层大于或等于 50 mm,以消除两层间的接缝。表面振动器(或称平板振动器)的移动间距,应保证振动器的平板覆盖已振实部分的边缘;④浇筑混凝土应在前层混凝土凝结之前,将次层混凝土浇筑完毕。间歇的最长时间应按所用水泥品种、气温及混凝土凝结条件确定,超过初凝时间应按施工缝处理;⑤浇筑混凝土时应经常观察模板、钢筋、预留孔洞、预埋件和插筋等有无移动、变形或堵塞情况,发现问题应立即处理,并应在已浇筑的混凝土凝结前修正完好。

2)柱的混凝土浇筑:①柱浇筑前底部应先填以 30~50 mm 厚与混凝土配合比相同的减石子砂浆,柱混凝土应分层振捣,使用插入式振捣器时每层厚度不大于 500 mm,振捣棒不得触动钢筋和预埋件。除上面振捣外,下面要有人随时敲打模板。如图 4-12 所示;②柱高在 3 m 之内,可在柱顶直接下灰浇筑,超过 3 m 时,应采取措施(用串桶)或在模板侧面开洞安装斜溜槽分段浇筑。每段高度不得超过 2 m。每段混凝土浇筑后将洞模板封闭严实,并用柱箍箍牢;③柱子的浇筑高度控制在梁底向上 15~30 mm(含 10~25 mm 的软弱层),待剔除软弱层后,施工缝处于梁底向上 5 mm 处;④柱与梁板整体浇筑时,为避免裂缝,注意在墙柱浇筑完毕后,必须停歇 1~1.5 h,使柱子混凝土沉实达到稳定后再浇筑梁板混凝土;⑤浇筑完毕,应随时将伸出的搭接钢筋整理到位。

3)梁、板混凝土浇筑:①梁、板应同时浇筑,浇筑方法应由一端开始用"赶浆法",即先浇筑梁,根据梁高分层浇筑成阶梯形,当达到板底位置时再与板的混凝土一起浇筑,随着阶梯形不断延伸,梁板混凝土浇筑连续向前进行;②与板连成整体高度大于 1 m 的梁,允许单独浇筑,其施工缝应留在板底以上 15~30 mm 处。浇捣时,浇筑与振捣必须紧密配合,第一层下料慢些,梁底充分振实后再下第二层料,每层均应振实后再下料,梁底及梁帮部位要注意振实,振捣时不得触动钢筋及预埋件;③梁柱节点钢筋较密时,浇筑此处混凝土时宜用小直径振捣棒振捣,采用小直径振捣棒应另计分层厚度;④梁柱节点核心区混凝土强度等级相差 2 级及 2 级以上时,混凝土浇筑留槎按设计要求执行或按如图 4-13 所示进行浇筑。该处混凝土坍落度宜控制在 80~100 mm;⑤浇筑楼板混凝土的虚铺厚度应略大于板厚,用振捣器顺浇筑方向及时振捣,不允许用振捣棒铺摊混凝土。在钢筋上挂控制线,保证混凝土浇筑标高一致。顶板混凝土浇筑完毕后,在混凝土初凝前,用 3 m 长杠刮平,再用木抹子抹平,压实刮平遍数不少于两遍,初凝时加强二次压面,保证大面平整,减少收缩裂缝。浇筑大面积楼板混凝土时,提倡使用激光垂直扫平仪控制板面标高和平整;⑥施工缝位置:宜沿次梁方向浇筑楼板,施工缝应留置在次梁跨度的中间 1/3 范围内。施工缝表面应与梁轴线或板面垂直,不得留斜槎。复杂结构施工缝留置位置应征得设计人员同意。施工缝宜用齿形模板挡牢或采用钢板网挡支牢固。也可采用快易收口网,直接进行下段混凝土的施工;⑦施工缝处应待已浇筑混凝土的抗压强度不小于 1.2 MPa 时,才允许继续浇筑。在继续浇筑混凝土前,施工缝混凝土表面应凿毛,剔除浮动石子,并用水冲洗干净。模板留置清扫口,用空压机将碎渣吹净。水平施工缝可先浇筑一层 30～50 mm 厚与混凝土同配比减石子砂浆,然后继续浇筑混凝土,应细致操作振实,使新旧混凝土紧密结合。

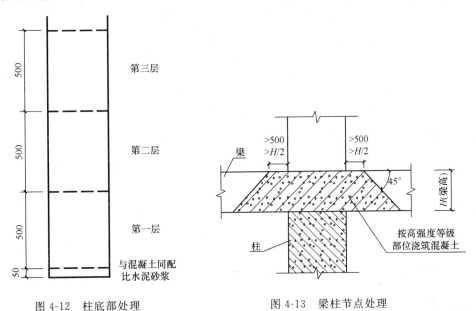

图 4-12　柱底部处理　　　　　　图 4-13　梁柱节点处理

4)剪力墙混凝土浇筑:①如柱、墙的混凝土强度等级相同时,可以同时浇筑,反之宜先浇筑柱混凝土,预埋剪力墙锚固筋,待拆柱模后,再绑剪力墙钢筋、支模、浇筑混凝土;②剪力墙浇筑混凝土前,先在底部均匀浇筑 30～50 mm 厚与墙体混凝土同配比的减石子砂浆,并用铁锹入模,不应用料斗直接灌入模内;③浇筑墙体混凝土应连续进行,间隔时间不应超过混凝土初凝时间,每层浇筑厚度严格按混凝土分层尺杆控制,因此必须预先安排好混凝土下料点位置和振捣器操作人员数量;④振捣棒移动间距应不大于振捣作用半径的 1.5 倍,每一振点的延续时间以表面呈现浮浆为度,为使上下层混凝土结合成整体,振捣器应插入下层混凝土 50 mm。振捣时注意钢筋密集及洞口部位。为防止出现漏振,须在洞口两侧同时振捣,下灰高度也要大体一致。大洞口的洞底模板应开口,并在此处浇筑振捣。竖向构件最底层第一步混凝土容易出现烂根现象,应适当提高第一步下灰高度,振捣棒间隔加密;⑤混凝土墙体浇筑完毕之后,将上口甩出的钢筋加以整理,用木抹子按标高线将墙上表面混凝土找平,墙顶高宜为楼板底标高加 30 mm(预留 25 mm 的浮浆层剔凿量)。

5)楼梯混凝土浇筑:①楼梯段混凝土自下而上浇筑,先振实底板混凝土,达到踏步位置时再与踏步混凝土一起浇捣,不断连续向上推进,并随时用木抹子(或塑料抹子)将踏步上表面抹平;②施工缝位置:框架结构两侧无剪力墙的楼梯施工缝宜留在楼梯段自休息平台往上 1/3 的地方,约 3~4 踏步。框架结构两侧有剪力墙的楼梯施工缝宜留在休息平台自踏步往外 1/3 的地方,楼梯梁应有入墙≥1/2 墙厚的梁窝。

(4)现浇框架结构混凝土的养护。

1)混凝土浇筑完毕后,应在 12 h 以内加以覆盖和浇水,浇水次数应能使混凝土保持足够的润湿状态。框架柱宜优先采用塑料薄膜包裹、在柱顶淋水的养护方法。

2)养护期一般不少于 7 d。掺缓凝型外加剂的混凝土其养护时间不得少于 14 d。

五、现浇混凝土空心楼盖施工

1. 施工准备

(1)现浇混凝土空心楼盖施工的材料要求见表 4-19。

表 4-19　现浇混凝土空心楼盖施工的材料要求

项目	内　　容
内模 (筒芯或筒体)	内模的物理力学性能应符合设计规程及施工要求。内模的规格尺寸、外观质量要符合设计规程及企业标准的要求。要有合格证明材料和进场抽样试验报告。具体要求见《现浇混凝土空心楼盖结构技术规程》(CECS 175—2004)
成型钢筋	受力筋、箍筋等的品种、规格、形状、尺寸等应符合设计图纸、规范及下料单的要求。钢筋表面应洁净,无锈蚀及油污
泵送混凝土	混凝土强度必须符合设计要求,各项性能应符合规范要求
辅料	φ10 钢筋、线包、马凳、踏板、钢丝、废钢筋头、废钢管等

(2)主要机具包括:振捣棒、电钻、钳子等。

(3)作业条件。

1)顶板模板已支设完成,并做好预检,顶板模板支设方法同普通现浇钢筋混凝土楼盖。

2)顶板钢筋下料完成,并做好加工预检。

3)楼板电气配管走线图已完成,在空心楼板中布置电气管线比较困难,应尽量减少在楼板中走太多的管线,可采用以下几种方法综合考虑配置管线:①有吊顶的房间应尽量将管线安排在吊顶里,注意固定吊杆时应将胀栓打在管肋间实心混凝土处,若下部保护层较大,可不考虑吊点位置;②楼板结构面上地面做法垫层较厚的可安排一部分管线布置在垫层里;③直径较大的主管线(指用其他办法都不能解决,只能布置在楼板中)可布置在楼板中,但应提前做好走线图,确定具体位置,应尽量按横平竖直方向配置,尽量减少配置斜管。以利于筒芯或筒体管布置;④必须布置楼板中的管线应配置在内模管肋之间,应尽量设置成直角,减少斜穿,只能斜穿的时候,应将内模管断开或采用厂家的异形管配置;⑤当预留预埋设施无法避开内模时或管线集中处,可采取换用小尺寸内模等措施避让。

4)内模管已根据板幅、管径及电气配管走线图排布、翻样,绘出排管图并统计出标准管长度与非标准管长度,提前加工定货。

5)卡具已制作完成。现浇空心楼盖施工的关键在于内模管的安装、固定和抗浮处理,为防止薄壁管在混凝土浇筑过程中出现上浮和侧移,施工前应根据内模管的直径和管间净距,制作卡具,卡具可分为一次性卡具和周转性卡具两类。卡具长度不宜超过 2 m,芯管下部不需要做支承(因为管重量轻且在底网钢筋上面)。

一次性卡具制作方法如图 4-14 所示(图示以 φ120 筒芯管为例,顺筒、模筒肋宽均为 50 mm,板顶和板底厚度为 40 mm)。

周转性卡具制作方法如图 4-15 所示(图示以 φ120 空心管为例)。

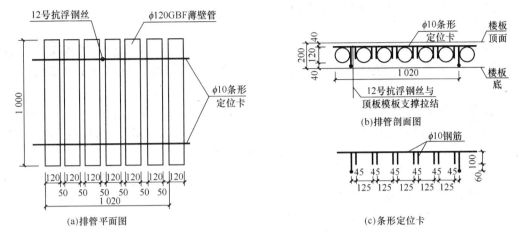

图 4-14 一次性卡具制作示意图(单位:mm)

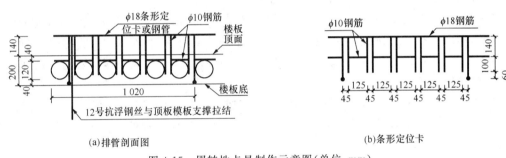

图 4-15 周转性卡具制作示意图(单位:mm)

2. 操作工艺

(1)工艺流程。

1)一次性卡具工艺流程:支楼板底模→弹线(钢筋线及肋筋位置)→绑扎板底钢筋和安装电气管线(盒)→绑扎空心管肋筋→放置空心管→安装定位卡固定空心管→绑扎板上层钢筋→12 号钢丝将定位卡与模板拉固→隐蔽工程验收→浇捣混凝土→混凝土养护、顶板拆模。

2)周转性卡具工艺流程:支楼板底模→弹线(钢筋线及肋筋位置)→绑扎板底钢筋和安装电气管线(盒)→绑扎空心管肋筋→放置空心管→绑扎板上层钢筋→安装定位卡固定空心管→12 号钢丝将定位卡与模板拉固→隐蔽工程验收→浇捣混凝土→取出定位卡→混凝土养护、顶板拆模。

(2)支楼板底模。支设楼板底模,操作工艺见普通现浇钢筋混凝土楼盖顶板模板安装工艺标准。

(3)弹线(钢筋线及肋筋位置),在顶板模板上弹出板底钢筋位置线和管缝间肋筋位置线。

(4)绑扎板底钢筋和安装电气管线(盒)。

1)绑扎板底钢筋。按照弹线的位置顺序绑扎板底钢筋,操作工艺见顶板钢筋绑扎工艺标准。

2)安装电气管线(盒):铺设电气管线(盒)时,尽量设置在内模管顺向和横向管肋处,预埋线盒与内模管无法错开时,可将内模管断开或用短管让出线盒位置,内模管断口处应用聚苯板填塞后用胶带封口,并用细钢丝绑牢,防止混凝土流入管腔内。

(5)绑扎内模管肋筋:按设计要求绑扎肋间网片钢筋。绑扎时分纵横向顺序进行绑扎,并每隔2m左右绑几道钢筋对其位置进行临时固定。

(6)放置内模管。

1)按设计要求的铺管方向和细化的排管图摆放薄壁内模芯管,管与管之间,管端与管端之间均不小于设计的肋宽,并且要求每排管应对正、顺直。与梁边或墙边内皮应保持不小于50 mm净距。

2)对于柱支承板楼盖结构须严格按照图纸大样设计或有关标准施工。

3)内模芯管摆放时应从楼层一端开始,顺序进行。注意轻拿轻放,有损坏时,应及时进行更换。初步摆放好的内模管位置应基本正确,以便于过后调整。

(7)绑扎板上层钢筋。

1)内模芯管放置完毕,应对其位置进行初步调整并经检查没有破损后,方能绑扎上层钢筋,其操作工艺见普通钢筋混凝土顶板钢筋绑扎工艺标准。

2)绑扎上层钢筋时,要注意楼板支座负筋的长度,施工前应根据排管图适当调整支座负筋的长度,以确保负筋的拐尺正好在内模管管肋处。

(8)安装定位卡固定内模管。上层钢筋绑扎完成后,可进行定位卡的安装。卡具设置应从一头开始,顺序进行,两人一组,一手扶住卡具,一手拨动空心管,将卡具放入管缝间,注意卡具插入时不要刺破薄壁管。卡具放置完毕后,拉小线从楼板一侧开始调整薄壁管的位置,应做到横平竖直,管缝间距正确。

(9)用钢丝将定位卡与模板拉固。卡具安装完成后,应及时对其进行固定,用手电钻在顶板模板上钻孔,用钢丝将卡具与模板下面的龙骨绑牢固定,使管顶的上表面标高符合设计要求,每平米至少设一个拉结点。

(10)隐蔽工程验收。对顶板的钢筋安装和内模管安装进行隐蔽工程验收,合格后进行楼板混凝土浇筑。

(11)浇捣混凝土。

1)内模管吸水性强,浇筑前应浇水充分湿润芯管,使芯管始终保持湿润,确保芯管不会吸收混凝土中的水分,造成混凝土强度降低或失水、漏振。

2)空心楼板采用混凝土的粒径宜小不宜大,根据管间净距可选择5~12 mm或10~20 mm碎石。

3)混凝土应采用泵送混凝土,一次浇筑成型。混凝土坍落度不宜小于160 mm,根据天气情况可适当加大混凝土坍落度,最好掺加一定数量的减水剂,使其具有较好流动性,以避免芯管管底出现蜂窝、孔洞等。

4)混凝土应顺芯管方向浇筑,并应做到集中浇筑,按梁板跨度一间一间顺序浇筑,一次成型,不宜普遍铺开浇筑,施工间隙的预留时间不宜过长。

5)振捣混凝土时宜采用ϕ30小直径插入式振捣器,也可根据芯管的大小采用平板振捣器配合仔细振捣。必须保证底层不漏振。对管间净距较小的,可在振捣棒端部加焊短筋,插入板底振捣,振捣时不能直接振捣薄壁管管壁,且振幅不要过大,严禁集中一点长时间振捣,否则会振破薄壁管。

6)振捣时应顺筒方向顺序振捣,振捣间距不宜大于 300 mm。

7)空心楼板振捣时比实心板慢,因此铺灰不能太快,以便于振捣能跟上。

(12)取出定位卡。在浇筑混凝土时,待混凝土振捣完成并初步找平后,用钳子剪断拉结钢丝,将卡具取出运走。抽取卡具的时间不能太早,也不能太迟,必须在混凝土初凝之前拔出,并应及时将取走卡具后留下的孔洞抹压密实,当采用粗钢筋制作卡具时,留下的孔洞应用高强砂浆填实。定位卡取出后应及时清理干净,以备重复使用。

(13)混凝土养护、顶板拆模:混凝土养护、拆模控制方法同实心楼板。

六、混凝土结构雨期施工

1. 施工准备

施工准备工作见表 4-20。

表 4-20　混凝土结构雨期施工准备工作

项目	内　　容
主要机具	塑料布、潜水泵、铁锹、水桶、编织袋、橡胶管等
作业条件	(1)施工现场在雨期到来之前,应选好排水方向,重点进行场地平整,使现场排水畅通,路面硬化并且不得有积水。为提高深基坑安全度,应尽可能提早在雨期来临前进行肥槽回填,未回填或回填未完的基坑边应做好挡水堰、散水。 (2)地下工程,除做好工程的降水、排水外,还应做好基坑边坡变形监测、防护、防塌、防泡等工作,要防止雨水倒灌,影响正常生产,危害建筑物安全。地下车库坡道出入口需搭设防雨棚、围挡水堰防倒灌。 (3)每天或重要部位混凝土浇筑施工前掌握天气变化情况,必须考虑雨期施工对工程的影响,编制雨期施工方案,并逐级进行针对性交底。 (4)雨期施工材料设备已进场。 (5)原材料、成品、半成品的保管。 1)钢筋原料存放地应保持地面干燥,周围有排水措施,成捆原料钢筋应放在高于地面不小于 300 mm 混凝土枕梁上,半成品钢筋须临时用垫木垫起。 2)模板存放:模板使用前涂刷的脱模剂防止被雨水冲刷,如遇大雨及时苫盖;大模板按指定地点存放,存放场地路面硬化,场地外缘设防护栏杆和照明系统,模板堆放应保证自稳角 70°～80°,统一在上部加拉杆连接绑牢。 3)混凝土构件、袋装水泥、粉煤灰、外加剂的存放,底下最少垫高 100 mm,粉状材料须用苫布妥善封盖。 4)现场拌制混凝土时,砂石场排水畅通,无积水,随时测定雨后砂石的含水率。 5)焊条焊药存放在干燥的库房内,防止受潮。使用前要经烘焙后方可使用。 6)对所有库房、活动房进行检修,袋装水泥、白灰粉及外加剂应存库房内,所有材料堆放场地要密实坚固,保证堆放安全。材料库房、机房、生活用房等要做好排水、防止漏水或倒灌,并进行防风加固,保障安全。 (6)采用水泥砂浆及木板做好结构作业层以下各楼层水平孔洞围堰、封堵工作,防止雨水从楼层进入地下室。 (7)施工机械、机电设备提前做好防护,现场供电系统做到线路、箱、柜完好可靠,绝缘良好,防漏电装置灵敏有效。机电设备设防雨棚并有接零保护。 (8)必要时架设防雷措施,并做到灵敏、有效

2. 施工技术措施

(1)夏季是新浇混凝土表面水分蒸发最快的季节。混凝土表面缺水将严重影响混凝土的强度和耐久性。因此,拆模后的所有混凝土构件表面要及时进行保湿养护,防止水分蒸发过快产生裂缝和降低混凝土强度,养护周期根据不同结构部位或构件按有关技术规定执行

(2)满堂模板支撑系统必须搭在牢固坚实的基础上,未做硬化的地面宜做硬化,并加通长垫木,避免支撑下沉。柱及板墙模板要留清扫口,以利排除杂物及积水。

(3)对各类模板加强防风紧固措施,尤其在临时停放时应考虑防止大风失稳。大风后要及时检查模板拉索是否紧固。

(4)涂刷水溶性脱模剂的模板,应采取有效措施防止脱模剂被雨水冲刷并在雨后及时补刷,保证顺利脱模和混凝土表面质量。

(5)钢筋焊接不得在雨天进行,防止焊缝或接头脆裂。电渣压力焊药剂应按规定烘焙。

(6)雨后注意对钢筋进行除锈,以保证钢筋混凝土握裹力质量。

(7)直螺纹钢筋接头应对螺纹头进行覆盖防锈;螺纹头在运输过程中应妥善保护,避免雨淋、沾污、遭到机械损伤。连接套筒和锁母在运输、储存过程中均应妥善保护,避免雨淋、沾污、遭受机械损伤或散失。冷轧变形钢筋需入库存放或采取防止雨淋措施。

(8)在与搅拌站签订的技术合同中注明雨施质量保证措施。现场搅拌混凝土时要随时测定雨后砂石的含水率,做好记录,及时调整配合比,保证结构施工中混凝土配比的准确性。

(9)大面积、大体积混凝土连续浇灌及采用原浆压面一次成活工艺施工时,应预先了解天气情况,并应避开雨天施工。浇筑前应做好防雨应急措施准备,遇雨时合理留置施工缝,混凝土浇筑完毕后,要及时进行覆盖,避免被雨水冲刷。

(10)强度等级 C50 以上或大体积混凝土浇筑,应在拌制、运输、浇筑、养护等各环节制定和采取降温措施。

(11)搅拌机棚(现场搅拌)、钢筋加工棚、木工棚等有机电设备的工作间都要有安全牢固的防雨、防风、防砸的支撑顶棚,并做好电源的防触电工作。

(12)大暴雨和连雨天,应检查脚手架、塔式起重机、施工用升降机的拉结锚固是否有松动变形、沉降移位等,以便及时进行必要的加固。在回填土上支搭的满堂架子(特别是承重架子)必须事先制定技术方案,做好地基处理和排水工作。

(13)边坡堆料、堆物的安全距离应在 1 m 以外,且堆料高度不应超过 2 m。严禁堆放钢筋等重物,距边坡 1 m 以内禁止堆物堆料及堆放机具。

3. 成品保护

(1)为防止雨水及泥浆从各处流到地下室和底板后浇带中致使底板后浇带中的钢筋由于长期遭水浸泡而生锈,地下室顶板后浇带、各层洞口周围可用胶合板及水泥砂浆围挡进行封闭。底板后浇带保护具体做法如图 4-16 所示,并在大雨过后或不定期将后浇带内积水排出。而楼梯间处可用临时挡雨棚罩或在底板上临时留集水坑以便抽水。

(2)外墙后浇带用预制钢筋混凝土板、钢板、胶合板或不小于 240 mm 厚砖模进行封闭,如图 4-17 所示。

(3)地下室应绘制照明及水泵位置图,规范架线,谨防触电。

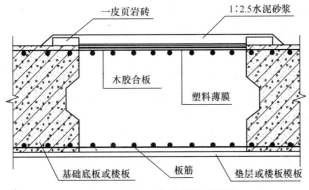

图 4-16 底板后浇带的成品保护

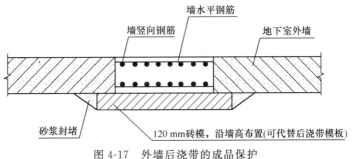

图 4-17 外墙后浇带的成品保护

七、混凝土结构冬期施工

1. 施工准备

(1)材料要求。

1)配制冬期施工的混凝土,应优先选用硅酸盐水泥或普通硅酸盐水泥。水泥强度等级一般不应低于 32.5 级。使用其他品种水泥,应注意其中掺合材料对混凝土抗冻、抗渗等性能的影响。选用材料应符合《民用建筑工程室内环境污染控制规范》(GB 50325—2010)、《预防混凝土结构工程碱集料反应规程》(DBJ 01—95—2005)、《人工砂应用技术规范》(JGJ/T 241—2011)、《混凝土掺合料应用技术规程》(DB/T 29—129—2005)、《混凝土外加剂应用技术规程》(GB 50119—2003)、《预拌混凝土质量管理规程》(DB 11/385—2006)、《建筑工程冬期施工规程》(JGJ/T 104—2011)等的相关规定。

2)拌制混凝土所用的骨料应清洁,不得含有冰、雪、冻块及其他易冻裂物质。在掺用含有钾、钠离子的防冻剂混凝土中,不得采用活性骨料或在骨料中混有这类物质的材料。

3)采用非加热养护法施工所选用的外加剂,宜优先选用含引气成份的外加剂,含气量宜控制在 2%~4%。

4)综合蓄热法施工应选用早强剂或早强型复合防冻剂,并应具有减水、引气作用。

5)冬期施工应优先使用预拌混凝土。

(2)主要机具。

1)保温材料:阻燃聚苯板(其密度宜≥12 kg/m³)、聚苯胶、阻燃草帘、塑料布或彩条布。

2)测温器具:木制百叶箱、最高最低温度计、电子测温计、玻璃酒精温度计(提前将温度计编号并检验)、钢筋棍(钢筋直径 $\phi 10$,长度 $150\sim 250$ mm)、三角旗(旗面用钢片焊制,并在旗面上编号)、文件夹、测温表格、复写纸、笔、手电筒、闹钟等。

(3)作业条件。

1)冬施方案已编制,并对冬施方案及钢筋、模板、混凝土等各分项工程进行了针对冬期施工的技术交底,必要的机具保温、结构封闭已经完成。

2)相关人员、保温材料、测温器具、安全防护措施已到位。

3)采用现场搅拌混凝土的,现场搅拌机棚已封闭保温并设置了原材料加热设施。

4)使用预拌混凝土的,已提前以书面形式向混凝土搅拌站提出冬期混凝土各个施工阶段的技术要求。

5)对混凝土输送泵泵管已进行保温。

6)混凝土在运输、浇筑过程中的温度和覆盖的保温材料,已按有关规定进行热工计算并符合要求。

7)锥螺纹、直螺纹等钢筋机械连接,钢筋加工采用的冷却液、润滑油等已按防冻要求更换。

8)对测温人员、掺外加剂人员已完成统一培训工作,并经技术人员组织书面技术和安全交底。

9)项目部技术员已提前绘制测温孔平面布置图,并对测温孔进行编号。测温人员应熟悉测孔情况并亲自埋置测孔或现场进行孔位交接。

10)清除模板和钢筋上的冰雪和杂物。

2. 技术措施

(1)钢筋冷拉时温度不宜低于 $-20℃$,预应力钢筋张拉温度不宜低于 $-15℃$。

(2)钢筋的冷拉和张拉设备以及仪表和工作油液应根据环境温度选用,并应在使用温度条件下进行配套校验。

(3)钢筋负温焊接,可采用闪光对焊、电弧焊及气压焊等焊接方法。当环境温度低于 $-20℃$ 时,不宜进行施焊。

(4)钢筋焊接前要进行焊接试验,低温施工要调整焊接工艺。雪天或施焊现场风速超过 3 级时,采取遮蔽措施,焊接后未冷却的接头应避免碰到冰雪。

(5)掺用防冻剂的混凝土,当室外最低温度不低于 $-15℃$ 时,混凝土受冻临界强度不得低于 4.0 MPa;当室外最低气温为 $-15℃\sim -30℃$ 时,混凝土受冻临界强度不得低于 5.0 MPa。混凝土早期强度可通过成熟度法[见《建筑工程冬期施工规程》(JGJ/T 104—2011)]估算,再通过现场同条件养护试件抗压强度报告确定。

(6)采用强度等级低于 52.5 级的普通硅酸盐水泥、矿渣硅酸盐水泥,拌和水最高温度不得超过 80℃,骨料最高温度不得高于 60℃。采用强度等级高于及等于 52.5 的硅酸盐水泥、普通硅酸盐水泥拌和水最高温度不得高于 60℃,骨料最高温度不得高于 40℃。混凝土原材料加热应优先采用水加热的方法,当水加热不能满足要求时,再对骨料进行加热。对只能采用蓄热法施工的少量混凝土,水、骨料加热达到的温度仍不能满足热工计算要求时,可提高水温到 100℃,但水泥不得与 80℃ 以上的水直接接触。水泥不得直接加热,使用前宜运入暖棚内存放。

(7)水加热宜采用汽水热交换罐、蒸汽加热或电加热等方法。加热水使用的水箱或水池应予保温,其容积应能使水温保持达到规定的使用温度要求。

(8)砂加热应在开盘前进行,并应使各处加热均匀。当采用保温加热料斗时,宜配备两个,

172

交替加热使用。每个料斗容积可根据机械可装高度和侧壁斜度等要求进行设计,每一个斗的容量不宜小于 3.5 m³。

(9)拌制掺用外加剂的混凝土,对选用的外加剂要严格进行复试,配制与加入防冻剂,应设专人负责并做好记录,严格按剂量要求掺入。掺加外加剂必须使用专用器皿,确保掺量准确。混凝土配合比一律由试验室下发,外加剂掺量人员不得擅自确定。

(10)当防冻剂为粉剂时,可按要求掺量直接撒在水泥上面和水泥同时投入;当防冻剂为液体时,应先配制成规定浓度溶液,然后再根据使用要求,用规定浓度溶液再配制成施工溶液。各溶液应分别置于明显标志的容器内,不得混淆,每班使用的外加剂溶液应一次配成。使用液体外加剂时应随时测定溶液温度,并根据温度变化用比重计测定溶液的浓度。当发现浓度有变化时,应加强搅拌直至浓度保持均匀为止。

(11)在日最低气温为−5℃,可采用早强剂、早强减水剂,也可采用规定温度为−5℃的防冻剂。当日最低气温低于−10℃或−15℃时,可分别采用规定温度为−10℃或−15℃的防冻剂,并应加强保温并采取防早期脱水措施。搅拌混凝土时,骨料中不得带有冰、雪及冻团。

(12)冬期不得在强冻胀性地基上浇筑混凝土;当在弱冻胀性地基上浇筑混凝土时,基土不得遭冻。当在非冻胀性地基上浇筑混凝土时,受冻前混凝土的抗压强度不得低于混凝土的受冻临界强度。

(13)当采用加热养护时,混凝土养护前的温度不得低于2℃。当加热温度在40℃以上时,应征得设计单位同意。

(14)当分层浇筑大体积结构时,已浇筑层的混凝土温度在被上一层混凝土覆盖前,不得低于按热工计算的温度,且未掺抗冻剂混凝土不得低于2℃。对边、棱角部位的保温厚度应增大到面部位的2~3倍。混凝土在初期养护期间应防风防失水。

(15)通过同条件养护试块或手指触压观察记录不同批次混凝土初期强度增长速度的变化和达到受冻临界强度所需时间是否有异常现象。

(16)钢制大模板在支设前,背面应进行保温;采用小钢模板或其他材料模板安装后应在背面张挂阻燃草帘进行保温;保温工作完成后要进行预检。支撑不得支在冻土上,如支撑下是素土,为防止冻胀应采取保温防冻胀措施。

(17)模板和保温层在混凝土达到受冻临界强度后方可拆除。墙体混凝土强度达1 N/mm²后,可先拧松螺栓,使侧模板轻轻脱离混凝土后,再合上继续养护到拆模。为防止表面裂缝,冬施拆模时混凝土温度与环境温度差大于15℃时,拆模后的混凝土表面应及时覆盖,使其缓慢冷却。

(18)混凝土出机温度不低于10℃,入模温度不低于5℃。

3. 冬施测温管理

(1)为监控新浇混凝土的养护状态和质量以及推算混凝土的早期强度,混凝土冬期季施工时项目经理部应派专人认真做好各项测温记录。测温项目与次数见表4-21。

表 4-21 混凝土冬期施工测温项目和次数

测温项目	测温次数
室外气温及环境温度	每昼夜不少于2次,此外还需记录最高、最低气温
搅拌机棚温度	每一工作班次不少于2次

测温项目	测温次数
水、水泥、砂、石及外加剂溶液温度	每一工作班次不少于 2 次
混凝土出罐、浇筑、入模温度	每一工作班次不少于 4 次

注:室外最高最低气温测量起、止日期为当地天气预报出现 5℃时初冬期起始至连续 5 d 现场测温平均 5℃以上时止。

(2)混凝土养护温度的测量要求。

1)蓄热法养护混凝土应从入模开始至混凝土达到受冻临界强度,或混凝土温度降到 0℃或设计温度以前,应至少每 4 h 测量一次。

2)采用综合蓄热法或掺用防冻剂的无覆盖养护现浇混凝土,在强度达到受冻临界强度以前每 2 h 测定一次,以后每 6 h 测定一次,并在强度达到受冻临界强度以后延续测温不小于 48 h。

3)当采用蒸汽法或电流加热法时,在升温、降温期间每 1 h 测定一次,在恒温期间每 2 h 测定一次。

(3)混凝土养护温度的测定方法要求。

1)全部测温孔均应编号,绘制测温孔布置图,并在结构实体对应位置做出明显标识。

2)当采用蓄热法养护时,应在易于散热的部位设置;当采用加热养护时,应在离热源不同位置分别设置;大体积结构应在表面及内部分别设置或大体积混凝土施工使用电子测温计时,在浇筑混凝土前按施工方案要求埋设测点。大体积混凝土养护测温应不少于 15 d。

3)测温要求。浇筑混凝土后立即用钢筋棍按测孔位置及深度要求插入混凝土,混凝土终凝前拔出钢筋棍,插上标志测孔位置的小旗。按测孔编号顺序测温,并现场记录,测量混凝土温度时,测温表应采取措施与外界气温隔离,测温时先拔出测孔上的小旗,将温度计放入测孔内,堵塞住孔口,将温度计留置在孔内 3~5 min。读数时将温度计迅速从孔中取出,使温度计与视线成水平,迅速、仔细读数,并记入测温记录表。测温后覆盖保温材料,并把小旗插在测孔内。当发现施工部位温度变化异常时,应及时向现场技术部门反映情况,采取措施。

4)当测温点超过 40 个时,测温工作应分组独立进行。

(4)测温孔的布置。

1)测孔宜设在迎风面。

2)孔深 50~100 mm。

3)对结构构件的梁、板、柱、墙等,布设的测温点应不少于该批次浇筑典型构件的 25%,并且点位布置应当灵活,既能反映最不利情况下的混凝土养护温度(如墙、柱上表面等),也能反映该批次混凝土平均养护温度。

4)室内二次结构、地面混凝土等,当不掺用抗冻剂时,布设的测温点应不少于该批次浇筑典型构件的 50%;掺用抗冻剂时为 10%,且不少于 6 个测温点。

4. 冬施试块管理

(1)混凝土试块除按常温条件下的规定要求留置外,再增加两组与结构同条件养护的试块,分别用于检验受冻前的混凝土强度和同条件养护 28 d 转标准条件下养护 28 d 的混凝土强度。

(2)拆除竖向模板时,如不能保证拆模后继续保温,应用同条件养护试块代替常温时

1.2 MPa拆模试块,同条件养护按《混凝土结构工程施工质量验收规范》(GB 50204—2002)(2011 版)的要求执行。代表部位、数量由监理与施工单位商定。

5. 成品保护

(1)钢制大模板背面用作保温的聚苯板要固定、粘接牢固、严密,保持完好,可加设覆盖保护层以防脱落。

(2)在已浇的楼板上测温、覆盖时,要在铺好的脚手板上操作,避免有踩踏脚印。

八、预制楼梯、休息平台板的安装

1. 施工准备

(1)材料要求。

1)钢筋混凝土预制楼梯构件的型号、规格、质量应符合设计要求,并应有出厂合格证。

2)水泥:32.5 级矿渣硅酸盐水泥。

3)砂:中砂。

4)细石:粒径 5 mm 水洗豆石。

5)钢材:扁钢规格 40 mm×6 mm,角钢规格∟50×6。

6)焊条:E4303,要有出厂合格证。

(2)主要机具包括:撬棍、吊钩、吊索、卡环、垫铁、钢楔、木楔、横吊梁、倒链、起重机、电焊机等。

(3)作业条件。

1)构件堆放场地应坚实平整,堆放时垫木靠近吊钩,垫木厚度要高于吊钩。垫木应上下对正,在同一垂线上。

2)吊装前对楼梯构件进行质量检查,凡不符合质量要求的构件不得使用,并在构件上将不符合要求的缺陷作出明显标记。应与相关单位共同鉴定,确定处理方案。

3)在墙上预先弹出楼梯段、休息板、楼梯梁等构件的位置线、标高控制线,控制好上下层楼梯梁水平距离和标高。

4)承受首层第一跑楼梯段下端的现浇枕梁必须达到安装强度。

5)若在剪力墙结构中安装预制楼梯,墙体混凝土强度须达到 4 MPa 以上。墙上预留的休息板及楼梯洞口应清理干净,并按标高抹找平层。

6)所有构件上预埋件预先剔出露明,将预埋件表面残留砂浆等物清理干净。

2. 操作工艺

(1)工艺流程:找平层→浇水泥浆→安装休息板→坐浆→安装楼梯段→焊接→灌缝。

(2)浇水泥浆。安装休息板时,应随安装随在预留洞安装位置浇水泥砂浆,水灰比为 0.5,并保证休息板与墙体接触密实。

(3)安装休息板。首先检查安装位置线及标高线,安装时休息板担架吊索一端高于另一端,以便能使休息板倾斜插入支座洞内。将休息板吊起后对准安装位置缓缓下降,安装后检查板面标高及位置是否符合图纸要求,用撬棍拨动,使构件两端伸入支座的尺寸相等。

(4)楼梯段安装。安装楼梯段时,用吊装索具上的倒链调整一端绳索长度,便踏步面呈水平状态。休息板的支撑面上浇水湿润并坐 1∶3 水泥砂浆,使支座接触严密。如支撑面不严有孔隙时,要用铁楔找平,再用水泥砂浆嵌塞密实。

(5)焊接。楼梯段安装校正后,应及时按设计图纸要求,用连接钢板(规格尺寸不得小于图纸规定)将楼梯段与休息板的预埋件围焊,焊缝应饱满,如图 4-18 所示。

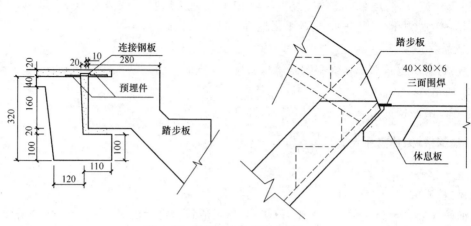

图 4-18　楼梯段安装焊接(单位:mm)

(6)灌缝。每层楼梯段安装完后,应立即将休息板两端和墙间的空隙支模浇混凝土。模内应清理干净,混凝土用 C20 细石混凝土振捣密实,并注意养护。

九、现浇混凝土结构施工质量要求

1. 现浇结构分项工程

(1)一般规定。

1)现浇结构的外观质量缺陷,应由监理(建设)单位、施工单位等各方根据其对结构性能和使用功能影响的严重程度,按表 4-22 确定。

表 4-22　现浇结构外观质量缺陷

名称	现象	严重缺陷	一般缺陷
露筋	构件内钢筋未被混凝土包裹而外露	纵向受力钢筋有露筋	其他钢筋有少量露筋
蜂窝	混凝土表面缺少水泥砂浆而形成石子外露	构件主要受力部位有蜂窝	其他部位有少量蜂窝
孔洞	混凝土中孔穴深度和长度均超过保护层厚度	构件主要受力部位有孔洞	其他部位有少量孔洞
夹渣	混凝土中夹有杂物且深度超过保护层厚度	构件主要受力部位有夹渣	其他部位有少量夹渣
疏松	混凝土中局部不密实	构件主要受力部位有疏松	其他部位有少量疏松
裂缝	缝隙从混凝土表面延伸至混凝土内部	构件主要受力部位有影响结构性能或使用功能的裂缝	其他部位有少量不影响结构性能或使用功能的裂缝
连接部位缺陷	构件连接处混凝土缺陷及连接钢筋、连接件松动	连接部位有影响结构传力性能的缺陷	连接部位有基本不影响结构传力性能的缺陷

名称	现象	严重缺陷	一般缺陷
外形缺陷	缺棱掉角、棱角不直、翘曲不平、飞边凸肋等	清水混凝土构件有影响使用功能或装饰效果的外形缺陷	其他混凝土构件有不影响使用功能的外形缺陷
外表缺陷	构件表面麻面、掉皮、起砂、沾污等	具有重要装饰效果的清水混凝土构件有外表缺陷	其他混凝土构件有不影响使用功能的外表缺陷

2)现浇结构拆模后,应由监理(建设)单位、施工单位对外观质量和尺寸偏差进行检查,作出记录,并应及时按施工技术方案对缺陷进行处理。

(2)外观质量。

1)主控项目:①现浇结构的外观质量不应有严重缺陷;②对已经出现的严重缺陷,应由施工单位提出技术处理方案,并经监理(建设)单位认可后进行处理。对经处理的部位,应重新检查验收。

检查数量:全数检查。检验方法:观察,检查技术处理方案。

2)一般项目:现浇结构的外观质量不宜有一般缺陷。对已经出现的一般缺陷,应由施工单位按技术处理方案进行处理,并重新检查验收。

检查数量:全数检查。检验方法:观察,检查技术处理方案。

(3)尺寸偏差。

1)主控项目:现浇结构不应有影响结构性能和使用功能的尺寸偏差。混凝土设备基础不应有影响结构性能和设备安装的尺寸偏差。对超过尺寸允许偏差且影响结构性能和安装、使用功能的部位,应由施工单位提出技术处理方案,并经监理(建设)单位认可后进行处理。对经处理的部位,应重新检查验收。

检查数量:全数检查。检验方法:量测,检查技术处理方案。

2)一般项目:现浇结构和混凝土设备基础拆模后的尺寸偏差见表4-23、表4-24。

检查数量:按楼层、结构缝或施工段划分检验批。在同一检验批内,对梁、柱和独立基础,应抽查构件数量的10%,且不少于3件;对墙和板,应按有代表性的自然间抽查10%,且不少于3间;对大空间结构,墙可按相邻轴线间高度5 m左右划分检查面,板可按纵、横轴线划分检查面,抽查10%,且均不少于3面;对电梯井,应全数检查;对设备基础,应全数检查。

表4-23 现浇结构尺寸允许偏差和检验方法

项 目		允许偏差(mm)	检验方法
轴线位置	基础	15	钢尺检查
	独立基础	10	
	墙、柱、梁	8	
	剪力墙	5	
垂直度	层高 ≤5 m	8	经纬仪或吊线、钢尺检查
	层高 >5 m	10	经纬仪或吊线、钢尺检查
	全高(H)	$H/1\,000$且≤30	经纬仪、钢尺检查

项 目		允许偏差(mm)	检验方法
标高	层高	±10	水准仪或拉线、钢尺检查
	全高	±30	
截面尺寸		+8,-5	钢尺检查
电梯井	井筒长、宽对定位中心线	+25,0	钢尺检查
	井筒全高(H)垂直度	H/1 000且≤30	经纬仪、钢尺检查
表面平整度		8	2 m靠尺和塞尺检查
预理设施中心线位置	预理件	10	钢尺检查
	预埋螺栓	5	
	预埋管	5	
预留洞中心线位置		15	钢尺检查

注:检查轴线、中心线位置时,应沿纵、横两个方向量测,并取其中的较大值。

表 4-24 混凝土设备基础尺寸允许偏差和检验方法

项 目		允许偏差(mm)	检验方法
坐标位置		20	钢尺检查
不同平面的标高		0,-20	水准仪或拉线、钢尺检查
平面外形尺寸		±20	钢尺检查
凸台上平面外形尺寸		0,-20	钢尺检查
凹穴尺寸		+20,0	钢尺检查
垂直度	每米	5	经纬仪或吊线、钢尺检查
	全高	10	
预埋地脚螺栓	标高(顶部)	+20,0	水准仪或拉线、钢尺检查
	中心距	±2	钢尺检查
预埋地脚栓孔	中心线位置	10	钢尺检查
	深 度	+20,0	钢尺检查
	孔垂直度	10	吊线、钢尺检查
预埋活动地脚螺栓锚板	标 高	+20,0	水准仪或拉线、钢尺检查
	中心线位置	5	钢尺检查
	带槽锚板平整度	5	钢尺、塞尺检查
	带螺纹孔锚板平整度	2	钢尺、塞尺检查

注:检查坐标、中心线位置时,应沿纵、横两个方向量测,并取其中的较大值

第五章 屋(地)面工程

第一节 屋面工程

一、一般规定

(1)屋面防水工程应由具备相应资质的专业队伍进行施工。作业人员应持证上岗。

(2)屋面工程施工前应通过图纸会审,并应掌握施工图中的细部构造及有关技术要求;施工单位应编制屋面工程的专项施工方案或技术措施,并应进行现场技术安全交底。

(3)屋面工程所采用的防水、保温材料应有产品合格证书和性能检测报告,材料的品种、规格、性能等应符合设计和产品标准的要求。材料进场后,应按规定抽样检验,提出检验报告。工程中严禁使用不合格的材料。

(4)屋面工程施工的每道工序完成后,应经监理或建设单位检查验收,并应在合格后再进行下道工序的施工。当下道工序或相邻工程施工时,应对已完成的部分采取保护措施。

(5)屋面工程施工的防火安全应符合下列规定。

1)可燃类防水、保温材料进场后,应远离火源;露天堆放时,应采用不燃材料完全覆盖。

2)防火隔离带施工应与保温材料施工同步进行。

3)不得直接在可燃类防水、保温材料上进行热熔或热粘法施工。

4)喷涂硬泡聚氨酯作业时,应避开高温环境;施工工艺、工具及服装等应采取防静电措施。

5)施工作业区应配备消防灭火器材。

6)火源、热源等火灾危险源应加强管理。

7)屋面上需要进行焊接、钻孔等施工作业时,周围环境应采取防火安全措施。

(6)屋面工程施工必须符合下列安全规定。

1)严禁在雨天、雪天和五级风及其以上时施工。

2)屋面周边和预留孔洞部位,必须按临边、洞口防护规定设置安全护栏和安全网。

3)屋面坡度大于30％时,应采取防滑措施。

4)施工人员应穿防滑鞋,特殊情况下无可靠安全措施时,操作人员必须系好安全带并扣好保险钩。

二、排水设计

(1)屋面排水方式的选择,应根据建筑物屋顶形式、气候条件、使用功能等因素确定。

(2)屋面排水方式可分为有组织排水和无组织排水。有组织排水时,宜采用雨水收集系统。

(3)高层建筑屋面宜采用内排水;多层建筑屋面宜采用有组织外排水;低层建筑及檐高小于10 m的屋面,可采用无组织排水。多跨及汇水面积较大的屋面宜采用天沟排水,天沟找坡较长时,宜采用中间内排水和两端外排水。

(4)屋面排水系统设计采用的雨水流量、暴雨强度、降雨历时、屋面汇水面积等参数,应符合现行国家标准《建筑给水排水设计规范》(GB 50015—2003)的有关规定。

(5)屋面应适当划分排水区域,排水路线应简捷,排水应通畅。

(6)采用重力式排水时,屋面每个汇水面积内,雨水排水立管不宜少于2根;水落口和水落管的位置,应根据建筑物的造型要求和屋面汇水情况等因素确定。

(7)高跨屋面为无组织排水时,其低跨屋面受水冲刷的部位应加铺一层卷材,并应设40～50 mm厚、300～500 mm宽的C20细石混凝土保护层;高跨屋面为有组织排水时,水落管下应加设水簸箕。

(8)暴雨强度较大地区的大型屋面,宜采用虹吸式屋面雨水排水系统。

(9)严寒地区应采用内排水,寒冷地区宜采用内排水。

(10)湿陷性黄土地区宜采用有组织排水,并应将雨雪水直接排至排水管网。

(11)檐沟、天沟的过水断面,应根据屋面汇水面积的雨水流量经计算确定。钢筋混凝土檐沟、天沟净宽不应小于300 mm,分水线处最小深度不应小于100 mm;沟内纵向坡度不应小于1%,沟底水落差不得超过200 mm;檐沟、天沟排水不得流经变形缝和防火墙。

(12)金属檐沟、天沟的纵向坡度宜为0.5%。

(13)坡屋面檐口宜采用有组织排水,檐沟和水落斗可采用金属或塑料成品。

三、找坡层和找平层

1. 屋面工程设计

(1)混凝土结构层宜采用结构找坡,坡度不应小于3%;当采用材料找坡时,宜采用质量轻、吸水率低和有一定强度的材料,坡度宜为2%。

(2)卷材、涂膜的基层宜设找平层。找平层厚度和技术要求应符合表5-1的规定。

表5-1 找平层厚度和技术要求

找平层分类	适用的基层	厚度(mm)	技术要求
水泥砂浆	整体现浇混凝土板	15～20	1:2.5水泥砂浆
	整体材料保温层	20～25	
细石混凝土	装配式混凝土板	30～35	C20混凝土,宜加钢筋网片
	板状材料保温层		C20混凝土

(3)保温层上的找平层应留设分格缝,缝宽宜为5～20 mm,纵横缝的间距不宜大于6 m。

2. 屋面工程施工

(1)装配式钢筋混凝土板的板缝嵌填施工应符合下列规定。

1)嵌填混凝土前板缝内应清理干净,并应保持湿润。

2)当板缝宽度大于40 mm或上窄下宽时,板缝内应按设计要求配置钢筋。

3)嵌填细石混凝土的强度等级不应低于C20,填缝高度宜低于板面10～20 mm,且应振捣密实和浇水养护。

4)板端缝应按设计要求增加防裂的构造措施。

(2)找坡层和找平层的基层的施工应符合下列规定。

1)应清理结构层、保温层上面的松散杂物,凸出基层表面的硬物应剔平扫净。

2)抹找坡层前,宜对基层洒水湿润。

3)突出屋面的管道、支架等根部,应用细石混凝土堵实和固定。

4)对不易与找平层结合的基层应做界面处理。

(3)找坡层和找平层所用材料的质量和配合比应符合设计要求,并应做到计量准确和机械搅拌。

(4)找坡应按屋面排水方向和设计坡度要求进行,找坡层最薄处厚度不宜小于 20 mm。

(5)找坡材料应分层铺设和适当压实,表面宜平整和粗糙,并应适时浇水养护。

(6)找平层应在水泥初凝前压实抹平,水泥终凝前完成收水后应二次压光,并应及时取出分格条。养护时间不得少于 7 d。

(7)卷材防水层的基层与突出屋面结构的交接处,以及基层的转角处,找平层均应做成圆弧形,且应整齐平顺。找平层圆弧半径应符合表 5-2 的规定。

表 5-2　找平层圆弧半径

卷材种类	圆弧半径(mm)
高聚物改性沥青防水卷材	50
合成高分子防水卷材	20

(8)找坡层和找平层的施工环境温度不宜低于 5℃。

四、保温层和隔热层

1. 屋面工程设计

(1)保温层应根据屋面所需传热系数或热阻选择轻质、高效的保温材料,保温层及其保温材料应符合表 5-3 的规定。

表 5-3　保温层及其保温材料

保温层	保温材料
板状材料保温层	聚苯乙烯泡沫塑料,硬质聚氨酯泡沫塑料,膨胀珍珠岩制品,泡沫玻璃制品,加气混凝土砌块,泡沫混凝土砌块
纤维材料保温层	玻璃棉制品,岩棉、矿渣棉制品
整体材料保温层	喷涂硬泡聚氨酯,现浇泡沫混凝土

(2)保温层设计应符合下列规定。

1)保温层宜选用吸水率低、密度和热导率小,并有一定强度的保温材料。

2)保温层厚度应根据所在地区现行建筑节能设计标准,经计算确定。

3)保温层的含水率,应相当于该材料在当地自然风干状态下的平衡含水率。

4)屋面为停车场等高荷载情况时,应根据计算确定保温材料的强度。

5)纤维材料做保温层时,应采取防止压缩的措施。

6)屋面坡度较大时,保温层应采取防滑措施。

7)封闭式保温层或保温层干燥有困难的卷材屋面,宜采取排气构造措施。

(3)屋面热桥部位,当内表面温度低于室内空气的露点温度时,均应作保温处理。

(4)当严寒及寒冷地区屋面结构冷凝界面内侧实际具有的蒸汽渗透阻小于所需值,或其他地区室内湿气有可能透过屋面结构层进入保温层时,应设置隔汽层。隔汽层设计应符合下列规定。

1)隔汽层应设置在结构层上、保温层下。

2)隔汽层应选用气密性、水密性好的材料。

3)隔汽层应沿周边墙面向上连续铺设,高出保温层上表面不得小于150 mm。

(5)屋面排气构造设计应符合下列规定。

1)找平层设置的分格缝可兼作排气道,排气道的宽度宜为40 mm。

2)排气道应纵横贯通,并应与大气连通的排气孔相通,排气孔可设在檐口下或纵横排气道的交叉处。

3)排气道纵横间距宜为6 m,屋面面积每36 m² 宜设置一个排气孔,排气孔应作防水处理。

4)在保温层下也可铺设带支点的塑料板。

(6)倒置式屋面保温层设计应符合下列规定。

1)倒置式屋面的坡度宜为3%。

2)保温层应采用吸水率低,且长期浸水不变质的保温材料。

3)板状保温材料的下部纵向边缘应设排水凹缝。

4)保温层与防水层所用材料应相容匹配。

5)保温层上面宜采用块体材料或细石混凝土做保护层。

6)檐沟、水落口部位应采用现浇混凝土堵头或砖砌堵头,并应做好保温层排水处理。

(7)屋面隔热层设计应根据地域、气候、屋面形式、建筑环境、使用功能等条件,采取种植、架空和蓄水等隔热措施。

(8)种植隔热层的设计应符合下列规定。

1)种植隔热层的构造层次应包括植被层、种植土层、过滤层和排水层等。

2)种植隔热层所用材料及植物等应与当地气候条件相适应,并应符合环境保护要求。

3)种植隔热层宜根据植物种类及环境布局的需要进行分区布置,分区布置应设挡墙或挡板。

4)排水层材料应根据屋面功能及环境、经济条件等进行选择;过滤层宜采用200～400 g/m² 的土工布,过滤层应沿种植土周边向上铺设至种植土高度。

5)种植土四周应设挡墙,挡墙下部应设泄水孔,并应与排水出口连通。

6)种植土应根据种植植物的要求选择综合性能良好的材料;种植土厚度应根据不同种植土和植物种类等确定。

7)种植隔热层的屋面坡度大于20%时,其排水层、种植土应采取防滑措施。

(9)架空隔热层的设计应符合下列规定。

1)架空隔热层宜在屋顶有良好通风的建筑物上采用,不宜在寒冷地区采用。

2)当采用混凝土板架空隔热层时,屋面坡度不宜大于5%。

3)架空隔热制品及其支座的质量应符合国家现行有关材料标准的规定。

4)架空隔热层的高度宜为180～300 mm,架空板与女儿墙的距离不应小于250 mm。

5)当屋面宽度大于10 m时,架空隔热层中部应设置通风屋脊。

6)架空隔热层的进风口,宜设置在当地炎热季节最大频率风向的正压区,出风口宜设置在负压区。

(10)蓄水隔热层的设计应符合下列规定。

1)蓄水隔热层不宜在寒冷地区、地震设防地区和振动较大的建筑物上采用。

2)蓄水隔热层的蓄水池应采用强度等级不低于 C25、抗渗等级不低于 P6 的现浇混凝土，蓄水池内宜采用 20 mm 厚防水砂浆抹面。

3)蓄水隔热层的排水坡度不宜大于 0.5%。

4)蓄水隔热层应划分为若干蓄水区，每区的边长不宜大于 10 m，在变形缝的两侧应分成两个互不连通的蓄水区。长度超过 40 m 的蓄水隔热层应分仓设置，分仓隔墙可采用现浇混凝土或砌体。

5)蓄水池应设溢水口、排水管和给水管，排水管应与排水出口连通。

6)蓄水池的蓄水深度宜为 150～200 mm。

7)蓄水池溢水口距分仓墙顶面的高度不得小于 100 mm。

8)蓄水池应设置人行通道。

2. 屋面工程施工

(1)严寒和寒冷地区屋面热桥部位，应按设计要求采取节能保温等隔断热桥措施。

(2)倒置式屋面保温层施工应符合下列规定。

1)施工完的防水层，应进行淋水或蓄水试验，并应在合格后再进行保温层的铺设。

2)板状保温层的铺设应平稳，拼缝应严密。

3)保护层施工时，应避免损坏保温层和防水层。

(3)隔汽层施工应符合下列规定。

1)隔汽层施工前，基层应进行清理，宜进行找平处理。

2)屋面周边隔汽层应沿墙面向上连续铺设，高出保温层上表面不得小于 150 mm。

3)采用卷材做隔汽层时，卷材宜空铺，卷材搭接缝应满粘，其搭接宽度不应小于 80 mm；采用涂膜做隔汽层时，涂料涂刷应均匀，涂层不得有堆积、起泡和露底现象。

4)穿过隔汽层的管道周围应进行密封处理。

(4)屋面排气构造施工应符合下列规定。

1)排气道及排气孔的设置应符合保温层和隔热层屋面工程设计的有关规定。

2)排气道应与保温层连通，排气道内可填入透气性好的材料。

3)施工时，排气道及排气孔均不得被堵塞。

4)屋面纵横排气道的交叉处可埋设金属或塑料排气管，排气管宜设置在结构层上，穿过保温层及排气道的管壁四周应打孔。排气管应做好防水处理。

(5)板状材料保温层施工应符合下列规定。

1)基层应平整、干燥、干净。

2)相邻板块应错缝拼接，分层铺设的板块上下层接缝应相互错开，板间缝隙应采用同类材料嵌填密实。

3)采用干铺法施工时，板状保温材料应紧靠在基层表面上，并应铺平垫稳。

4)采用粘结法施工时，胶粘剂应与保温材料相容，板状保温材料应贴严、粘牢，在胶粘剂固化前不得上人踩踏。

5)采用机械固定法施工时，固定件应固定在结构层上，固定件的间距应符合设计要求。

(6)纤维材料保温层施工应符合下列规定。

1)基层应平整、干燥、干净。

2)纤维保温材料在施工时,应避免重压,并应采取防潮措施。

3)纤维保温材料铺设时,平面拼接缝应贴紧,上下层拼接缝应相互错开。

4)屋面坡度较大时,纤维保温材料宜采用机械固定法施工。

5)在铺设纤维保温材料时,应做好劳动保护工作。

(7)喷涂硬泡聚氨酯保温层施工应符合下列规定。

1)基层应平整、干燥、干净。

2)施工前应对喷涂设备进行调试,并应喷涂试块进行材料性能检测。

3)喷涂时喷嘴与施工基面的间距应由试验确定。

4)喷涂硬泡聚氨酯的配比应准确计量,发泡厚度应均匀一致。

5)一个作业面应分遍喷涂完成,每遍喷涂厚度不宜大于 15 mm,硬泡聚氨酯喷涂后 20 min 内严禁上人。

6)喷涂作业时,应采取防止污染的遮挡措施。

(8)现浇泡沫混凝土保温层施工应符合下列规定。

1)基层应清理干净,不得有油污、浮尘和积水。

2)泡沫混凝土应按设计要求的干密度和抗压强度进行配合比设计,拌制时应计量准确,并应搅拌均匀。

3)泡沫混凝土应按设计的厚度设定浇筑面标高线,找坡时宜采取挡板辅助措施。

4)泡沫混凝土的浇筑出料口离基层的高度不宜超过 1 m,泵送时应采取低压泵送。

5)泡沫混凝土应分层浇筑,一次浇筑厚度不宜超过 200 mm,终凝后应进行保湿养护,养护时间不得少于 7 d。

(9)保温材料的贮运、保管应符合下列规定。

1)保温材料应采取防雨、防潮、防火的措施,并应分类存放。

2)板状保温材料搬运时应轻拿轻放。

3)纤维保温材料应在干燥、通风的房屋内贮存,搬运时应轻拿轻放。

(10)进场的保温材料应检验下列项目。

1)板状保温材料:表观密度或干密度、压缩强度或抗压强度、热导率、燃烧性能。

2)纤维保温材料应检验表观密度、热导率、燃烧性能。

(11)保温层的施工环境温度应符合下列规定。

1)干铺的保温材料可在负温度下施工。

2)用水泥砂浆粘贴的板状保温材料不宜低于 5℃。

3)喷涂硬泡聚氨酯宜为 15℃～35℃,空气相对湿度宜小于 85%,风速不宜大于三级。

4)现浇泡沫混凝土宜为 5℃～35℃。

(12)种植隔热层施工应符合下列规定。

1)种植隔热层挡墙或挡板施工时,留设的泄水孔位置应准确,并不得堵塞。

2)凹凸型排水板宜采用搭接法施工,搭接宽度应根据产品的规格具体确定;网状交织排水板宜采用对接法施工;采用陶粒作排水层时,铺设应平整,厚度应均匀。

3)过滤层土工布铺设应平整、无皱折,搭接宽度不应小于 100 mm,搭接宜采用粘合或缝合处理;土工布应沿种植土周边向上铺设至种植土高度。

4)种植土层的荷载应符合设计要求;种植土、植物等应在屋面上均匀堆放,且不得损坏防水层。

(13)架空隔热层施工应符合下列规定。

1)架空隔热层施工前,应将屋面清扫干净,并应根据架空隔热制品的尺寸弹出支座中线。

2)在架空隔热制品支座底面,应对卷材、涂膜防水层采取加强措施。

3)铺设架空隔热制品时,应随时清扫屋面防水层上的落灰、杂物等,操作时不得损伤已完工的防水层。

4)架空隔热制品的铺设应平整、稳固,缝隙应勾填密实。

(14)蓄水隔热层施工应符合下列规定。

1)蓄水池的所有孔洞应预留,不得后凿。所设置的溢水管、排水管和给水管等,应在混凝土施工前安装完毕。

2)每个蓄水区的防水混凝土应一次浇筑完毕,不得留置施工缝。

3)蓄水池的防水混凝土施工时,环境气温宜为 5℃～35℃,并应避免在冬期和高温期施工。

4)蓄水池的防水混凝土完工后,应及时进行养护,养护时间不得少于 14 d;蓄水后不得断水。

5)蓄水池的溢水口标高、数量、尺寸应符合设计要求;过水孔应设在分仓墙底部,排水管应与水落管连通。

五、卷材及涂膜防水层

1. 屋面工程设计

(1)卷材、涂膜屋面防水等级和防水做法应符合表 5-4 的规定。

表 5-4　卷材、涂膜屋面防水等级和防水做法

防水等级	防水做法
Ⅰ级	卷材防水层和卷材防水层、卷材防水层和涂膜防水层、复合防水层
Ⅱ级	卷材防水层、涂膜防水层、复合防水层

注:在Ⅰ级屋面防水做法中,防水层仅作单层卷材时,应符合有关单层防水卷材屋面技术的规定。

(2)防水卷材的选择应符合下列规定。

1)防水卷材可按合成高分子防水卷材和高聚物改性沥青防水卷材选用,其外观质量和品种、规格应符合国家现行有关材料标准的规定。

2)应根据当地历年最高气温、最低气温、屋面坡度和使用条件等因素,选择耐热度、低温柔性相适应的卷材。

3)应根据地基变形程度、结构形式、当地年温差、日温差和振动等因素,选择拉伸性能相适应的卷材。

4)应根据屋面卷材的暴露程度,选择耐紫外线、耐老化、耐霉烂相适应的卷材。

5)种植隔热屋面的防水层应选择耐根穿刺防水卷材。

(3)防水涂料的选择应符合下列规定。

1)防水涂料可按合成高分子防水涂料、聚合物水泥防水涂料和高聚物改性沥青防水涂料选用,其外观质量和品种、型号应符合国家现行有关材料标准的规定。

2)应根据当地历年最高气温、最低气温、屋面坡度和使用条件等因素,选择耐热性、低温柔性相适应的涂料。

3)应根据地基变形程度、结构形式、当地年温差、日温差和振动等因素,选择拉伸性能相适应的涂料。

4)应根据屋面涂膜的暴露程度,选择耐紫外线、耐老化相适应的涂料。

5)屋面坡度大于25%时,应选择成膜时间较短的涂料。

(4)复合防水层设计应符合下列规定。

1)选用的防水卷材与防水涂料应相容。

2)防水涂膜宜设置在防水卷材的下面。

3)挥发固化型防水涂料不得作为防水卷材粘结材料使用。

4)水乳型或合成高分子类防水涂膜上面,不得采用热熔型防水卷材。

5)水乳型或水泥基类防水涂料,应待涂膜实干后再采用冷粘铺贴卷材。

(5)每道卷材防水层最小厚度应符合表5-5的规定。

表 5-5　每道卷材防水层最小厚度 （单位:mm）

防水等级	合成高分子防水卷材	高聚物改性沥青防水卷材		
		聚酯胎、玻纤胎、聚乙烯胎	自粘聚酯胎	自粘无胎
Ⅰ级	1.2	3.0	2.0	1.5
Ⅱ级	1.5	4.0	3.0	2.0

(6)每道涂膜防水层最小厚度应符合表5-6的规定。

表 5-6　每道涂膜防水层最小厚度 （单位:mm）

防水等级	合成高分子防水涂膜	聚合物水泥防水涂膜	高聚物改性沥青防水涂膜
Ⅰ级	1.5	1.5	2.0
Ⅱ级	2.0	2.0	3.0

(7)复合防水层最小厚度应符合表5-7的规定。

表 5-7　复合防水层最小厚度 （单位:mm）

防水等级	合成高分子防水卷材+合成高分子除水涂膜	自粘聚合物改性沥青防水卷材（无胎）+合成高分子防水涂膜	高聚物改性沥青防水卷材+高聚物改性沥青防水涂膜	聚乙烯丙纶卷材+聚合物水泥防水胶结材料
Ⅰ级	1.2+1.5	1.5+1.5	3.0+2.0	(0.7+1.3)×2
Ⅱ级	1.0+1.0	1.2+1.0	3.0+1.2	0.7+1.3

(8)下列情况不得作为屋面的一道防水设防。

1)混凝土结构层。

2)Ⅰ型喷涂硬泡聚氨酯保温层。

3)装饰瓦及不搭接瓦。

4)隔汽层。

5)细石混凝土层。

6)卷材或涂膜厚度不符合《屋面工程技术规范》(GB 50345—2012)规定的防水层。

(9)附加层设计应符合下列规定。

1)檐沟、天沟与屋面交接处、屋面平面与立面交接处,以及水落口、伸出屋面管道根部等部位,应设置卷材或涂膜附加层。

2)屋面找平层分格缝等部位,宜设置卷材空铺附加层,其空铺宽度不宜小于 100 mm。

3)附加层最小厚度应符合表 5-8 的规定。

表5-8　附加层最小厚度　　　　　　　　　　(单位:mm)

附加层材料	最小厚度
合成高分子防水卷材	1.2
高聚物改性沥青防水卷材(聚酯胎)	3.0′
合成高分子防水涂料、聚合物水泥防水涂料	1.5
高聚物改性沥青防水涂料	2.0

注:涂膜附加层应夹铺胎体增强材料。

(10)防水卷材接缝应采用搭接缝,卷材搭接宽度应符合表 5-9 的规定。

表5-9　防水卷材搭接宽度

卷材类别		搭接宽度(mm)
合成高分子防水卷材	胶粘剂	80
	胶粘带	50
	单缝焊	60,有效焊接宽度不小于 25
	双缝焊	80,有效焊接宽度 10×2＋空腔宽
高聚物改性沥青防水卷材	胶粘剂	100
	自粘	80

(11)胎体增强材料设计应符合下列规定。

1)胎体增强材料宜采用聚酯无纺布或化纤无纺布。

2)胎体增强材料长边搭接宽度不应小于 50 mm,短边搭接宽度不应小于 70 mm。

3)上下层胎体增强材料的长边搭接缝应错开,且不得小于幅宽的 1/3。

4)上下层胎体增强材料不得相互垂直铺设。

2. 屋面工程施工

(1)卷材防水层。

1)卷材防水层基层应坚实、干净、平整,应无孔隙、起砂和裂缝。基层的干燥程度应根据所选防水卷材的特性确定。

2)卷材防水层铺贴顺序和方向应符合下列规定。

①卷材防水层施工时,应先进行细部构造处理,然后由屋面最低标高向上铺贴。

②檐沟、天沟卷材施工时,宜顺檐沟、天沟方向铺贴,搭接缝应顺流水方向。

③卷材宜平行屋脊铺贴,上下层卷材不得相互垂直铺贴。

3)立面或大坡面铺贴卷材时,应采用满粘法,并宜减少卷材短边搭接。

4）采用基层处理剂时，其配制与施工应符合下列规定。

①基层处理剂应与卷材相容。

②基层处理剂应配比准确，并应搅拌均匀。

③喷、涂基层处理剂前，应先对屋面细部进行涂刷。

④基层处理剂可选用喷涂或涂刷施工工艺，喷、涂应均匀一致，干燥后应及时进行卷材施工。

5）卷材搭接缝应符合下列规定。

①平行屋脊的搭接缝应顺流水方向，搭接缝宽度应符合卷材及涂膜防水层屋面工程设计的相关规定。

②同一层相邻两幅卷材短边搭接缝错开不应小于 500 mm。

③上下层卷材长边搭接缝应错开，且不应小于幅宽的 1/3。

④叠层铺贴的各层卷材，在天沟与屋面的交接处，应采用叉接法搭接，搭接缝应错开；搭接缝宜留在屋面与天沟侧面，不宜留在沟底。

6）冷粘法铺贴卷材应符合下列规定。

①胶粘剂涂刷应均匀，不得露底、堆积；卷材空铺、点粘、条粘时，应按规定的位置及面积涂刷胶粘剂。

②应根据胶粘剂的性能与施工环境、气温条件等，控制胶粘剂涂刷与卷材铺贴的间隔时间。

③铺贴卷材时应排除卷材下面的空气，并应辊压粘贴牢固。

④铺贴的卷材应平整顺直，搭接尺寸应准确，不得扭曲、皱折；搭接部位的接缝应满涂胶粘剂，辊压应粘贴牢固。

⑤合成高分子卷材铺好压粘后，应将搭接部位的粘合面清理干净，并应采用与卷材配套的接缝专用胶粘剂，在搭接缝粘合面上应涂刷均匀，不得露底、堆积，应排除缝间的空气，并用辊压粘贴牢固。

⑥合成高分子卷材搭接部位采用胶粘带粘结时，粘合面应清理干净，必要时可涂刷与卷材及胶粘带材性相容的基层胶粘剂，撕去胶粘带隔离纸后应及时粘合接缝部位的卷材，并应辊压粘贴牢固；低温施工时，宜采用热风机加热。

⑦搭接缝口应用材性相容的密封材料封严。

7）热粘法铺贴卷材应符合下列规定。

①熔化热熔型改性沥青胶结料时，宜采用专用导热油炉加热，加热温度不应高于 200℃，使用温度不宜低于 180℃。

②粘贴卷材的热熔型改性沥青胶结料厚度宜为 1.0～1.5 mm。

③采用热熔型改性沥青胶结料铺贴卷材时，应随刮随滚铺，并应展平压实。

8）热熔法铺贴卷材应符合下列规定。

①火焰加热器的喷嘴距卷材面的距离应适中，幅宽内加热应均匀，应以卷材表面熔融至光亮黑色为度，不得过分加热卷材；厚度小于 3 mm 的高聚物改性沥青防水卷材，严禁采用热熔法施工。

②卷材表面沥青热熔后应立即滚铺卷材，滚铺时应排除卷材下面的空气。

③搭接缝部位宜以溢出热熔的改性沥青胶结料为度，溢出的改性沥青胶结料宽度宜为 8 mm，并宜均匀顺直；当接缝处的卷材上有矿物粒或片料时，应用火焰烘烤及清除干净后再进

行热熔和接缝处理。

④铺贴卷材时应平整顺直,搭接尺寸应准确,不得扭曲。

9)自粘法铺贴卷材应符合下列规定。

①铺粘卷材前,基层表面应均匀涂刷基层处理剂,干燥后应及时铺贴卷材。

②铺贴卷材时应将自粘胶底面的隔离纸完全撕净。

③铺贴卷材时应排除卷材下面的空气,并应辊压粘贴牢固。

④铺贴的卷材应平整顺直,搭接尺寸应准确,不得扭曲、皱折;低温施工时,立面、大坡面及搭接部位宜采用热风机加热,加热后应随即粘贴牢固。

⑤搭接缝口应采用材性相容的密封材料封严。

10)焊接法铺贴卷材应符合下列规定。

①对热塑性卷材的搭接缝可采用单缝焊或双缝焊,焊接应严密。

②焊接前,卷材应铺放平整、顺直,搭接尺寸应准确,焊接缝的结合面应清理干净。

③应先焊长边搭接缝,后焊短边搭接缝。

④应控制加热温度和时间,焊接缝不得漏焊、跳焊或焊接不牢。

11)机械固定法铺贴卷材应符合下列规定。

①固定件应与结构层连接牢固。

②固定件间距应根据抗风揭试验和当地的使用环境与条件确定,并不宜大于 600 mm。

③卷材防水层周边 800 mm 范围内应满粘,卷材收头应采用金属压条钉压固定和密封处理。

12)防水卷材的贮运、保管应符合下列规定。

①不同品种、规格的卷材应分别堆放。

②卷材应贮存在阴凉通风处,应避免雨淋、日晒和受潮,严禁接近火源。

③卷材应避免与化学介质及有机溶剂等有害物质接触。

13)进场的防水卷材应检验下列项目。

①高聚物改性沥青防水卷材的可溶物含量,拉力,最大拉力时延伸率,耐热度,低温柔性,不透水性。

②合成高分子防水卷材的断裂拉伸强度、扯断伸长率、低温弯折性、不透水性。

14)胶粘剂和胶粘带的贮运、保管应符合下列规定。

①不同品种、规格的胶粘剂和胶粘带,应分别用密封桶或纸箱包装。

②胶粘剂和胶粘带应贮存在阴凉通风的室内,严禁接近火源和热源。

15)进场的基层处理剂、胶粘剂和胶粘带,应检验下列项目。

①沥青基防水卷材用基层处理剂的固体含量、耐热性、低温柔性、剥离强度。

②高分子胶粘剂的剥离强度、浸水 168 h 后的剥离强度保持率。

③改性沥青胶粘剂的剥离强度。

④合成橡胶胶粘带的剥离强度、浸水 168 h 后的剥离强度保持率。

16)卷材防水层的施工环境温度应符合下列规定。

①热熔法和焊接法不宜低于－10℃。

②冷粘法和热粘法不宜低于 5℃。

③自粘法不宜低于 10℃。

(2)涂膜防水层。

1）涂膜防水层的基层应坚实、平整、干净，应无孔隙、起砂和裂缝。基层的干燥程度应根据所选用的防水涂料特性确定；当采用溶剂型、热熔型和反应固化型防水涂料时，基层应干燥。

2）基层处理剂的施工应符合卷材及涂膜防水层屋面工程施工中卷材防水层的相关规定。

3）双组分或多组分防水涂料应按配合比准确计量，应采用电动机具搅拌均匀，已配制的涂料应及时使用。配料时，可加入适量的缓凝剂或促凝剂调节固化时间，但不得混合已固化的涂料。

4）涂膜防水层施工应符合下列规定。

①防水涂料应多遍均匀涂布，涂膜总厚度应符合设计要求。

②涂膜间夹铺胎体增强材料时，宜边涂布边铺胎体；胎体应铺贴平整，应排除气泡，并应与涂料粘结牢固。在胎体上涂布涂料时，应使涂料浸透胎体，并应覆盖完全，不得有胎体外露现象。最上面的涂膜厚度不应小于 1.0 mm。

③涂膜施工应先做好细部处理，再进行大面积涂布。

④屋面转角及立面的涂膜应薄涂多遍，不得流淌和堆积。

5）涂膜防水层施工工艺应符合下列规定。

①水乳型及溶剂型防水涂料宜选用滚涂或喷涂施工。

②反应固化型防水涂料宜选用刮涂或喷涂施工。

③热熔型防水涂料宜选用刮涂施工。

④聚合物水泥防水涂料宜选用刮涂法施工。

⑤所有防水涂料用于细部构造时，宜选用刷涂或喷涂施工。

6）防水涂料和胎体增强材料的贮运、保管，应符合下列规定。

①防水涂料包装容器应密封，容器表面应标明涂料名称、生产厂家、执行标准号、生产日期和产品有效期，并应分类存放。

②反应型和水乳型涂料贮运和保管环境温度不宜低于 5℃。

③溶剂型涂料贮运和保管环境温度不宜低于 0℃，并不得日晒、碰撞和渗漏；保管环境应干燥、通风，并应远离火源、热源。

④胎体增强材料贮运、保管环境应干燥、通风，并应远离火源、热源。

7）进场的防水涂料和胎体增强材料应检验下列项目。

①高聚物改性沥青防水涂料的固体含量、耐热性、低温柔性、不透水性、断裂伸长率或抗裂性。

②合成高分子防水涂料和聚合物水泥防水涂料的固体含量、低温柔性、不透水性、拉伸强度、断裂伸长率。

③胎体增强材料的拉力、延伸率。

8）涂膜防水层的施工环境温度应符合下列规定。

①水乳型及反应型涂料宜为 5℃～35℃。

②溶剂型涂料宜为 −5℃～35℃。

③热熔型涂料不宜低于 −10℃。

④聚合物水泥涂料宜为 5℃～35℃。

六、接缝密封防水

1. 屋面工程设计

（1）屋面接缝应按密封材料的使用方式，分为位移接缝和非位移接缝。屋面接缝密封防水技术要求应符合表 5-10 的规定。

(2)接缝密封防水设计应保证密封部位不渗水,并应做到接缝密封防水与主体防水层相匹配。

(3)密封材料的选择应符合下列规定。

1)应根据当地历年最高气温、最低气温、屋面构造特点和使用条件等因素,选择耐热度、低温柔性相适应的密封材料。

2)应根据屋面接缝变形的大小以及接缝的宽度,选择位移能力相适应的密封材料。

· 第五章 屋(地)面工程 ·

表 5-10　屋面接缝密封防水技术要求

接缝种类	密封部位	密封材料
位移接缝	混凝土面层分格接缝	改性石油沥青密封材料、合成高分子密封材料
	块体面层分格缝	改性石油沥青密封材料、合成高分子密封材料
	采光顶玻璃接缝	硅酮耐候密封胶
	采光顶周边接缝	合成高分子密封材料
	采光顶隐框玻璃与金属框接缝	硅酮结构密封胶
	采光顶明框单元板块间接缝	硅酮耐候密封胶
非位移接缝	高聚物改性沥青卷材收头	改性石油沥青密封材料
	合成高分子卷材收头及接缝封边	合成高分子密封材料
	混凝土基层固定件周边接缝	改性石油沥青密封材料、合成高分子密封材料
	混凝土构件间接缝	改性石油沥青密封材料、合成高分子密封材料

3)应根据屋面接缝粘结性要求,选择与基层材料相容的密封材料。

4)应根据屋面接缝的暴露程度,选择耐高低温、耐紫外线、耐老化和耐潮湿等性能相适应的密封材料。

(4)位移接缝密封防水设计应符合下列规定。

1)接缝宽度应按屋面接缝位移量计算确定。

2)接缝的相对位移量不应大于可供选择密封材料的位移能力。

3)密封材料的嵌填深度宜为接缝宽度的 $50\%\sim70\%$。

4)接缝处的密封材料底部应设置背衬材料,背衬材料应大于接缝宽度 20%,嵌入深度应为密封材料的设计厚度。

5)背衬材料应选择与密封材料不粘结或粘结力弱的材料,并应能适应基层的伸缩变形,同时应具有施工时不变形、复原率高和耐久性好等性能。

2. 屋面工程施工

(1)密封防水部位的基层应符合下列规定。

1)基层应牢固,表面应平整、密实,不得有裂缝、蜂窝、麻面、起皮和起砂等现象。

2)基层应清洁、干燥,应无油污、无灰尘。

3)嵌入的背衬材料与接缝壁间不得留有空隙。

4)密封防水部位的基层宜涂刷基层处理剂,涂刷应均匀,不得漏涂。

(2)改性沥青密封材料防水施工应符合下列规定。

1)采用冷嵌法施工时,宜分次将密封材料嵌填在缝内,并应防止裹入空气。

2)采用热灌法施工时,应由下向上进行,并宜减少接头;密封材料熬制及浇灌温度,应按不同材料要求严格控制。

(3)合成高分子密封材料防水施工应符合下列规定。

1)单组分密封材料可直接使用;多组分密封材料应根据规定的比例准确计量,并应拌合均匀;每次拌合量、拌合时间和拌合温度,应按所用密封材料的要求严格控制。

2)采用挤出枪嵌填时,应根据接缝的宽度选用口径合适的挤出嘴,应均匀挤出密封材料嵌填,并应由底部逐渐充满整个接缝。

3)密封材料嵌填后,应在密封材料表干前用腻子刀嵌填修整。

(4)密封材料嵌填应密实、连续、饱满,应与基层粘结牢固;表面应平滑,缝边应顺直,不得有气泡、孔洞、开裂、剥离等现象。

(5)对嵌填完毕的密封材料,应避免碰损及污染;固化前不得踩踏。

(6)密封材料的贮运、保管应符合下列规定。

1)运输时应防止日晒、雨淋、撞击、挤压。

2)贮运、保管环境应通风、干燥,防止日光直接照射,并应远离火源、热源;乳胶型密封材料在冬季时应采取防冻措施。

3)密封材料应按类别、规格分别存放。

(7)进场的密封材料应检验下列项目。

1)改性石油沥青密封材料的耐热性、低温柔性、拉伸粘结性、施工度。

2)合成高分子密封材料的拉伸模量、断裂伸长率、定伸粘结性。

(8)接缝密封防水的施工环境温度应符合下列规定。

1)改性沥青密封材料和溶剂型合成高分子密封材料宜为0℃～35℃。

2)乳胶型及反应型合成高分子密封材料宜为5℃～35℃。

七、保护层和隔离层

1. 屋面工程设计

(1)上人屋面保护层可采用块体材料、细石混凝土等材料,不上人屋面保护层可采用浅色涂料、铝箔、矿物粒料、水泥砂浆等材料。保护层材料的适用范围和技术要求应符合表5-11的规定。

表5-11 保护层材料的适用范围和技术要求

保护层材料	适用范围	技术要求
浅色涂料	不上人屋面	丙烯酸系反射涂料
铝箔	不上人屋面	0.05 mm 厚铝箔反射膜
矿物粒料	不上人屋面	不透明的矿物粒料
水泥砂浆	不上人屋面	20 mm 厚1∶2.5 或 M15 水泥砂浆

保护层材料	适用范围	技术要求
块体材料	上人屋面	地砖或 30 mm 厚 C20 细石混凝土预制块
细石混凝土	上人屋面	40 mm 厚 C20 细石混凝土或 50 mm 厚 C20 细石混凝土内配 $\phi4@100$ 双向钢筋网片

（2）采用块体材料做保护层时，宜设分格缝，其纵横间距不宜大于 10 m，分格缝宽度宜为 20 mm，并应用密封材料嵌填。

（3）采用水泥砂浆做保护层时，表面应抹平压光，并应设表面分格缝，分格面积宜为 1 m^2。

（4）采用细石混凝土做保护层时，表面应抹平压光，并应设分格缝，其纵横间距不应大于 6 m，分格缝宽度宜为 10～20 mm，并应用密封材料嵌填。

（5）采用淡色涂料做保护层时，应与防水层粘结牢固，厚薄应均匀，不得漏涂。

（6）块体材料、水泥砂浆、细石混凝土保护层与女儿墙或山墙之间，应预留宽度为 30 mm 的缝隙，缝内宜填塞聚苯乙烯泡沫塑料，并应用密封材料嵌填。

（7）需经常维护的设施周围和屋面出入口至设施之间的人行道，应铺设块体材料或细石混凝土保护层。

（8）块体材料、水泥砂浆、细石混凝土保护层与卷材、涂膜防水层之间，应设置隔离层。隔离层材料的适用范围和技术要求宜符合表 5-12 的规定。

表 5-12　隔离层材料的适用范围和技术要求

隔离层材料	适用范围	技术要求
塑料膜	块体材料、水泥砂浆保护层	0.4 mm 厚聚乙烯膜或 3 mm 厚发泡聚乙烯膜
土工布	块体材料、水泥砂浆保护层	200 g/m^2 聚酯无纺布
卷材	块体材料、水泥砂浆保护层	石油沥青卷材一层
低强度等级砂浆	细石混凝土保护层	10 mm 厚黏土砂浆，石灰膏：砂：黏土＝1：2.4：3.6
		10 mm 厚石灰砂浆，石灰膏：砂＝1：4
		5 mm 厚掺有纤维的石灰砂浆

2. 屋面工程施工

（1）施工完的防水层应进行雨后观察、淋水或蓄水试验，并应在合格后再进行保护层和隔离层的施工。

（2）保护层和隔离层施工前，防水层或保温层的表面应平整、干净。

（3）保护层和隔离层施工时，应避免损坏防水层或保温层。

（4）块体材料、水泥砂浆、细石混凝土保护层表面的坡度应符合设计要求，不得有积水现象。

（5）块体材料保护层铺设应符合下列规定。

1）在砂结合层上铺设块体时，砂结合层应平整，块体间应预留 10 mm 的缝隙，缝内应填砂，并应用 1：2 水泥砂浆勾缝。

2)在水泥砂浆结合层上铺设块体时,应先在防水层上做隔离层,块体间应预留 10 mm 的缝隙,缝内应用 1:2 水泥砂浆勾缝。

3)块体表面应洁净、色泽一致,应无裂纹、掉角和缺棱等缺陷。

(6)水泥砂浆及细石混凝土保护层铺设应符合下列规定。

1)水泥砂浆及细石混凝土保护层铺设前,应在防水层上做隔离层。

2)细石混凝土铺设不宜留施工缝;当施工间隙超过时间规定时,应对接槎进行处理。

3)水泥砂浆及细石混凝土表面应抹平压光,不得有裂纹、脱皮、麻面、起砂等缺陷。

(7)浅色涂料保护层施工应符合下列规定。

1)浅色涂料应与卷材、涂膜相容,材料用量应根据产品说明书的规定使用。

2)浅色涂料应多遍涂刷,当防水层为涂膜时,应在涂膜固化后进行。

3)涂层应与防水层粘结牢固,厚薄应均匀,不得漏涂。

4)涂层表面应平整,不得流淌和堆积。

(8)保护层材料的贮运、保管应符合下列规定。

1)水泥贮运、保管时应采取防尘、防雨、防潮措施。

2)块体材料应按类别、规格分别堆放。

3)浅色涂料贮运、保管环境温度,反应型及水乳型不宜低于 5℃,溶剂型不宜低于 0℃。

4)溶剂型涂料保管环境应干燥、通风,并应远离火源和热源。

(9)保护层的施工环境温度应符合下列规定。

1)块体材料干铺不宜低于 -5℃,湿铺不宜低于 5℃。

2)水泥砂浆及细石混凝土宜为 5℃~35℃。

3)浅色涂料不宜低于 5℃。

(10)隔离层铺设不得有破损和漏铺现象。

(11)干铺塑料膜、土工布、卷材时,其搭接宽度不应小于 50 mm;铺设应平整,不得有皱折。

(12)低强度等级砂浆铺设时,其表面应平整、压实,不得有起壳和起砂等现象。

(13)隔离层材料的贮运、保管应符合下列规定。

1)塑料膜、土工布、卷材贮运时,应防止日晒、雨淋、重压。

2)塑料膜、土工布、卷材保管时,应保证室内干燥、通风。

3)塑料膜、土工布、卷材保管环境应远离火源、热源。

(14)隔离层的施工环境温度应符合下列规定。

1)干铺塑料膜、土工布、卷材可在负温下施工。

2)铺抹低强度等级砂浆宜为 5℃~35℃。

八、瓦屋面

1. 屋面工程设计

(1)瓦屋面防水等级和防水做法应符合表 5-13 的规定。

表 5-13 瓦屋面防水等级和防水做法

防水等级	防水做法
Ⅰ级	瓦+防水层
Ⅱ级	瓦+防水垫层

(2)瓦屋面应根据瓦的类型和基层种类采取相应的构造做法。

(3)瓦屋面与山墙及突出屋面结构的交接处,均应做不小于 250 mm 高的泛水处理。

(4)在大风及地震设防地区或屋面坡度大于 100%时,瓦片应采取固定加强措施。

(5)严寒及寒冷地区瓦屋面,檐口部位应采取防止冰雪融化下坠和冰坝形成等措施。

(6)防水垫层宜采用自粘聚合物沥青防水垫层、聚合物改性沥青防水垫层,其最小厚度和搭接宽度应符合表 5-14 的规定。

表 5-14 防水垫层的最小厚度和搭接宽度 (单位:mm)

防水垫层品种	最小厚度	搭接宽度
自粘聚合物沥青防水垫层	1.0	80
聚合物改性沥青防水垫层	2.0	100

(7)在满足屋面荷载的前提下,瓦屋面持钉层厚度应符合下列规定。

1)持钉层为木板时,厚度不应小于 20 mm。

2)持钉层为人造板时,厚度不应小于 16 mm。

3)持钉层为细石混凝土时,厚度不应小于 35 mm。

(8)瓦屋面檐沟、天沟的防水层,可采用防水卷材或防水涂膜,也可采用金属板材。

(9)烧结瓦、混凝土瓦屋面的坡度不应小于 30%。

(10)采用的木质基层、顺水条、挂瓦条,均应做防腐、防火和防蛀处理;采用的金属顺水条、挂瓦条,均应做防锈蚀处理。

(11)烧结瓦、混凝土瓦应采用干法挂瓦,瓦与屋面基层应固定牢靠。

(12)烧结瓦和混凝土瓦铺装的有关尺寸应符合下列规定。

1)瓦屋面檐口挑出墙面的长度不宜小于 300 mm。

2)脊瓦在两坡面瓦上的搭盖宽度,每边不应小于 40 mm。

3)脊瓦下端距坡面瓦的高度不宜大于 80 mm。

4)瓦头伸入檐沟、天沟内的长度宜为 50～70 mm。

5)金属檐沟、天沟伸入瓦内的宽度不应小于 150 mm。

6)瓦头挑出檐口的长度宜为 50～70 mm。

7)突出屋面结构的侧面瓦伸入泛水的宽度不应小于 50 mm。

(13)沥青瓦屋面的坡度不应小于 20%。

(14)沥青瓦应具有自粘胶带或相互搭接的联锁构造。矿物粒料或片料覆面沥青瓦的厚度不应小于 2.6 mm,金属箔面沥青瓦的厚度不应小于 2 mm。

(15)沥青瓦的固定方式应以钉为主、粘结为辅。每张瓦片上不得少于 4 个固定钉;在大风地区或屋面坡度大于 100%时,每张瓦片不得少于 6 个固定钉。

(16)天沟部位铺设的沥青瓦可采用搭接式、编织式、敞开式。搭接式、编织式铺设时,沥青瓦下应增设不小于 1 000 mm 宽的附加层;敞开式铺设时,在防水层或防水垫层上应铺设厚度不小于 0.45 mm 的防锈金属板材,沥青瓦与金属板材应用沥青基胶结材料粘结,其搭接宽度不应小于 100 mm。

(17)沥青瓦铺装的有关尺寸应符合下列规定。

1)脊瓦在两坡面瓦上的搭盖宽度,每边不应小于 150 mm。

2)脊瓦与脊瓦的压盖面不应小于脊瓦面积的1/2。

3)沥青瓦挑出檐口的长度宜为10～20 mm。

4)金属泛水板与沥青瓦的搭盖宽度不应小于100 mm。

5)金属泛水板与突出屋面墙体的搭接高度不应小于250 mm。

6)金属滴水板伸入沥青瓦下的宽度不应小于80 mm。

2. 屋面工程施工

(1)瓦屋面采用的木质基层、顺水条、挂瓦条的防腐、防火及防蛀处理,以及金属顺水条、挂瓦条的防锈蚀处理,均应符合设计要求。

(2)屋面木基层应铺钉牢固、表面平整;钢筋混凝土基层的表面应平整、干净、干燥。

(3)防水垫层的铺设应符合下列规定。

1)防水垫层可采用空铺、满粘或机械固定。

2)防水垫层在瓦屋面构造层次中的位置应符合设计要求。

3)防水垫层宜自下而上平行屋脊铺设。

4)防水垫层应顺流水方向搭接,搭接宽度应符合瓦屋面屋面工程设计的相关规定。

5)防水垫层应铺设平整,下道工序施工时,不得损坏已铺设完成的防水垫层。

(4)持钉层的铺设应符合下列规定。

1)屋面无保温层时,木基层或钢筋混凝土基层可视为持钉层;钢筋混凝土基层不平整时,宜用1:2.5的水泥砂浆进行找平。

2)屋面有保温层时,保温层上应按设计要求做细石混凝土持钉层,内配钢筋网应骑跨屋脊,并应绷直与屋脊和檐口、檐沟部位的预埋锚筋连牢;预埋锚筋穿过防水层或防水垫层时,破损处应进行局部密封处理。

3)水泥砂浆或细石混凝土持钉层可不设分格缝;持钉层与突出屋面结构的交接处应预留30 mm宽的缝隙。

(5)顺水条应顺流水方向固定,间距不宜大于500 mm,顺水条应铺钉牢固、平整。钉挂瓦条时应拉通线,挂瓦条的间距应根据瓦片尺寸和屋面坡长经计算确定,挂瓦条应铺钉牢固、平整,上棱应成一直线。

(6)铺设瓦屋面时,瓦片应均匀分散堆放在两坡屋面基层上,严禁集中堆放。铺瓦时,应由两坡从下向上同时对称铺设。

(7)瓦片应铺成整齐的行列,并应彼此紧密搭接,应做到瓦榫落槽、瓦脚挂牢、瓦头排齐,且无翘角和张口现象,檐口应成一直线。

(8)脊瓦搭盖间距应均匀,脊瓦与坡面瓦之间的缝隙应用聚合物水泥砂浆填实抹平,屋脊或斜脊应顺直。沿山墙一行瓦宜用聚合物水泥砂浆做出披水线。

(9)檐口第一根挂瓦条应保证瓦头出檐口50～70 mm;屋脊两坡最上面的一根挂瓦条,应保证脊瓦在坡面瓦上的搭盖宽度不小于40 mm;钉檐口条或封檐板时,均应高出挂瓦条20～30 mm。

(10)烧结瓦、混凝土瓦屋面完工后,应避免屋面受物体冲击,严禁任意上人或堆放物件。

(11)烧结瓦、混凝土瓦的贮运、保管应符合下列规定。

1)烧结瓦、混凝土瓦运输时应轻拿轻放,不得抛扔、碰撞。

2)进入现场后应堆垛整齐。

(12)进场的烧结瓦、混凝土瓦应检验抗渗性、抗冻性和吸水率等项目。

（13）铺设沥青瓦前，应在基层上弹出水平及垂直基准线，并应按线铺设。

（14）檐口部位宜先铺设金属滴水板或双层檐口瓦，并应将其固定在基层上，再铺设防水垫层和起始瓦片。

（15）沥青瓦应自檐口向上铺设，起始层瓦应由瓦片经切除垂片部分后制得，且起始层瓦沿檐口应平行铺设并伸出檐口10 mm，再用沥青基胶结材料和基层粘结；第一层瓦应与起始层瓦叠合，但瓦切口应向下指向檐口；第二层瓦应压在第一层瓦上且露出瓦切口，但不得超过切口长度。相邻两层沥青瓦的拼缝及切口应均匀错开。

（16）檐口、屋脊等屋面边沿部位的沥青瓦之间、起始层沥青瓦与基层之间，应采用沥青基胶结材料满粘牢固。

（17）在沥青瓦上钉固定钉时，应将钉垂直钉入持钉层内；固定钉穿入细石混凝土持钉层的深度不应小于20 mm，穿入木质持钉层的深度不应小于15 mm，固定钉的钉帽不得外露在沥青瓦表面。

（18）每片脊瓦应用两个固定钉固定；脊瓦应顺年最大频率风向搭接，并应搭盖住两坡面沥青瓦每边不小于150 mm；脊瓦与脊瓦的压盖面不应小于脊瓦面积的1/2。

（19）沥青瓦屋面与立墙或伸出屋面的烟囱、管道的交接处应做泛水，在其周边与立面250 mm的范围内应铺设附加层，然后在其表面用沥青基胶结材料满粘一层沥青瓦片。

（20）铺设沥青瓦屋面的天沟应顺直，瓦片应粘结牢固，搭接缝应密封严密，排水应通畅。

（21）沥青瓦的贮运、保管应符合下列规定。

1）不同类型、规格的产品应分别堆放。

2）贮存温度不应高于45℃，并应平放贮存。

3）应避免雨淋、日晒、受潮，并应注意通风和避免接近火源。

（22）进场的沥青瓦应检验可溶物含量、拉力、耐热度、柔度、不透水性、叠层剥离强度等项目。

九、金属板屋面

1. 屋面工程设计

（1）金属板屋面防水等级和防水做法应符合表5-15的规定。

表5-15　金属板屋面防水等级和防水做法

防水等级	防水做法
Ⅰ级	压型金属板＋防水垫层
Ⅱ级	压型金属板、金属面绝热夹芯板

注：1. 当防水等级为Ⅰ级时，压型铝合金板基板厚度不应小于0.9 mm；压型钢板基板厚度不应小于0.6 mm。

　　2. 当防水等级为Ⅰ级时，压型金属板应采用360°咬口锁边连接方式。

（2）金属板屋面可按建筑设计要求，选用镀层钢板、涂层钢板、铝合金板、不锈钢板和钛锌板等金属板材。金属板材及其配套的紧固件、密封材料，其材料的品种、规格和性能等应符合现行国家有关材料标准的规定。

（3）金属板屋面应按围护结构进行设计，并应具有相应的承载力、刚度、稳定性和变形能力。

（4）金属板屋面设计应根据当地风荷载、结构体形、热工性能、屋面坡度等情况，采用相应的压型金属板板型及构造系统。

(5)金属板屋面在保温层的下面宜设置隔汽层,在保温层的上面宜设置防水透汽膜。

(6)金属板屋面的防结露设计,应符合现行国家标准《民用建筑热工设计规范》(GB 50176—1993)的有关规定。

(7)压型金属板采用咬口锁边连接时,屋面的排水坡度不宜小于 5%;压型金属板采用紧固件连接时,屋面的排水坡度不宜小于 10%。

(8)金属檐沟、天沟的伸缩缝间距不宜大于 30 m;内檐沟及内天沟应设置溢流口或溢流系统,沟内宜按 0.5% 找坡。

(9)金属板的伸缩变形除应满足咬口锁边连接或紧固件连接的要求外,还应满足檩条、檐口及天沟等使用要求,且金属板最大伸缩变形量不应超过 100 mm。

(10)金属板在主体结构的变形缝处宜断开,变形缝上部应加扣带伸缩的金属盖板。

(11)金属板屋面的下列部位应进行细部构造设计。

1)屋面系统的变形缝。

2)高低跨处泛水。

3)屋面板缝、单元体构造缝。

4)檐沟、天沟、水落口。

5)屋面金属板材收头。

6)洞口、局部凸出体收头。

7)其他复杂的构造部位。

(12)压型金属板采用咬口锁边连接的构造应符合下列规定。

1)在檩条上应设置与压型金属板波形相配套的专用固定支座,并应用自攻螺钉与檩条连接。

2)压型金属板应搁置在固定支座上,两片金属板的侧边应确保在风吸力等因素作用下扣合或咬合连接可靠。

3)在大风地区或高度大于 30 m 的屋面,压型金属板应采用 360°咬口锁边连接。

4)大面积屋面和弧状或组合弧状屋面,压型金属板的立边咬合宜采用暗扣直立锁边屋面系统。

5)单坡尺寸过长或环境温差过大的屋面,压型金属板宜采用滑动式支座的 360°咬口锁边连接。

(13)压型金属板采用紧固件连接的构造应符合下列规定。

1)铺设高波压型金属板时,在檩条上应设置固定支架,固定支架应采用自攻螺钉与檩条连接,连接件宜每波设置一个。

2)铺设低波压型金属板时,可不设固定支架,应在波峰处采用带防水密封胶垫的自攻螺钉与檩条连接,连接件可每波或隔波设置一个,但每块板不得少于 3 个。

3)压型金属板的纵向搭接应位于檩条处,搭接端应与檩条有可靠的连接,搭接部位应设置防水密封胶带。压型金属板的纵向最小搭接长度应符合表 5-16 的规定。

表 5-16　压型金属板的纵向最小搭接长度

(单位:mm)

压型金属板		纵向最小搭接长度
高波压型金属板		350
低波压型金属板	屋面坡度≤10%	250
	屋面坡度>10%	200

4)压型金属板的横向搭接方向宜与主导风向一致,搭接不应小于一个波,搭接部位应设置防水密封胶带。搭接处用连接件紧固时,连接件应采用带防水密封胶垫的自攻螺钉设置在波峰上。

(14)金属面绝热夹芯板采用紧固件连接的构造,应符合下列规定。

1)应采用屋面板压盖和带防水密封胶垫的自攻螺钉,将夹芯板固定在檩条上。

2)夹芯板的纵向搭接应位于檩条处,每块板的支座宽度不应小于50 mm,支承处宜采用双檩或檩条一侧加焊通长角钢。

3)夹芯板的纵向搭接应顺流水方向,纵向搭接长度不应小于200 mm,搭接部位均应设置防水密封胶带,并应用拉铆钉连接。

4)夹芯板的横向搭接方向宜与主导风向一致,搭接尺寸应按具体板型确定,连接部位均应设置防水密封胶带,并应用拉铆钉连接。

(15)金属板屋面铺装的有关尺寸应符合下列规定。

1)金属板檐口挑出墙面的长度不应小于200 mm。

2)金属板伸入檐沟、天沟内的长度不应小于100 mm。

3)金属泛水板与突出屋面墙体的搭接高度不应小于250 mm。

4)金属泛水板、变形缝盖板与金属板的搭盖宽度不应小于200 mm。

5)金属屋脊盖板在两坡面金属板上的搭盖宽度不应小于250 mm。

(16)压型金属板和金属面绝热夹芯板的外露自攻螺钉、拉铆钉,均应采用硅酮耐候密封胶密封。

(17)固定支座应选用与支承构件相同材质的金属材料。当选用不同材质金属材料并易产生电化学腐蚀时,固定支座与支承构件之间应采用绝缘垫片或采取其他防腐蚀措施。

(18)采光带设置宜高出金属板屋面250 mm。采光带的四周与金属板屋面的交接处,均应做泛水处理。

(19)金属板屋面应按设计要求提供抗风揭试验验证报告。

2. 屋面工程施工

(1)金属板屋面施工应在主体结构和支承结构验收合格后进行。

(2)金属板屋面施工前应根据施工图纸进行深化排板图设计。金属板铺设时,应根据金属板板型技术要求和深化设计排板图进行。

(3)金属板屋面施工测量应与主体结构测量相配合,其误差应及时调整,不得累积;施工过程中应定期对金属板的安装定位基准点进行校核。

(4)金属板屋面的构件及配件应有产品合格证和性能检测报告,其材料的品种、规格、性能等应符合设计要求和产品标准的规定。

(5)金属板的长度应根据屋面排水坡度、板型连接构造、环境温差及吊装运输条件等综合确定。

(6)金属板的横向搭接方向宜顺主导风向;当在多维曲面上雨水可能翻越金属板板肋横流时,金属板的纵向搭接应顺流水方向。

(7)金属板铺设过程中应对金属板采取临时固定措施,当天就位的金属板材应及时连接固定。

(8)金属板安装应平整、顺滑,板面不应有施工残留物;檐口线、屋脊线应顺直,不得有起伏不平现象。

(9)金属板屋面施工完毕,应进行雨后观察、整体或局部淋水试验,檐沟、天沟应进行蓄水试验,并应填写淋水和蓄水试验记录。

(10)金属板屋面完工后,应避免屋面受物体冲击,并不宜对金属面板进行焊接、开孔等作业,严禁任意上人或堆放物件。

(11)金属板应边缘整齐、表面光滑、色泽均匀、外形规则,不得有扭翘、脱膜和锈蚀等缺陷。

(12)金属板的吊运、保管应符合下列规定。

1)金属板应用专用吊具安装,吊装和运输过程中不得损伤金属板材。

2)金属板堆放地点宜选择在安装现场附近,堆放场地应平整坚实且便于排除地面水。

(13)进场的彩色涂层钢板及钢带应检验屈服强度、抗拉强度、断后伸长率、镀层重量、涂层厚度等项目。

(14)金属面绝热夹芯板的贮运、保管应符合下列规定。

1)夹芯板应采取防雨、防潮、防火措施。

2)夹芯板之间应用衬垫隔离,并应分类堆放,应避免受压或机械损伤。

(15)进场的金属面绝热夹芯板应检验剥离性能、抗弯承载力、防火性能等项目。

十、玻璃采光顶

1. 屋面工程设计

(1)玻璃采光顶设计应根据建筑物的屋面形式、使用功能和美观要求,选择结构类型、材料和细部构造。

(2)玻璃采光顶的物理性能等级,应根据建筑物的类别、高度、体形、功能以及建筑物所在的地理位置、气候和环境条件进行设计。玻璃采光顶的物理性能分级指标,应符合现行行业标准《建筑玻璃采光顶》(JG/T 231—2007)的有关规定。

(3)玻璃采光顶所用支承构件、透光面板及其配套的紧固件、连接件、密封材料,其材料的品种、规格和性能等应符合国家现行有关材料标准的规定。

(4)玻璃采光顶应采用支承结构找坡,排水坡度不宜小于5%。

(5)玻璃采光顶的下列部位应进行细部构造设计。

1)高低跨处泛水。

2)采光板板缝、单元体构造缝。

3)天沟、檐沟、水落口。

4)采光顶周边交接部位。

5)洞口、局部凸出体收头。

6)其他复杂的构造部位。

(6)玻璃采光顶的防结露设计,应符合现行国家标准《民用建筑热工设计规范》(GB 50176—1993)的有关规定;对玻璃采光顶内侧的冷凝水,应采取控制、收集和排除的措施。

(7)玻璃采光顶支承结构选用的金属材料应做防腐处理,铝合金型材应作表面处理;不同金属构件接触面之间应采取隔离措施。

(8)玻璃采光顶的玻璃应符合下列规定。

1)玻璃采光顶应采用安全玻璃,宜采用夹层玻璃或夹层中空玻璃。

2)玻璃原片应根据设计要求选用,且单片玻璃厚度不宜小于6 mm。

3)夹层玻璃的玻璃原片厚度不宜小于5 mm。

4)上人的玻璃采光顶应采用夹层玻璃。

5)点支承玻璃采光顶应采用钢化夹层玻璃。

6)所有采光顶的玻璃应进行磨边倒角处理。

(9)玻璃采光顶所采用夹层玻璃除应符合现行国家标准《建筑用安全玻璃 第3部分：夹层玻璃》(GB 15763.3—2009)的有关规定外，尚应符合下列规定。

1)夹层玻璃宜为干法加工合成，夹层玻璃的两片玻璃厚度相差不宜大于2 mm。

2)夹层玻璃的胶片宜采用聚乙烯醇缩丁醛胶片，聚乙烯醇缩丁醛胶片的厚度不应小于0.76 mm。

3)暴露在空气中的夹层玻璃边缘应进行密封处理。

(10)玻璃采光顶所采用夹层中空玻璃除应符合玻璃采光顶屋面工程设计的相关规定和现行国家标准《中空玻璃》(GB/T 11944—2002)的有关规定外，尚应符合下列规定。

1)中空玻璃气体层的厚度不应小于12 mm。

2)中空玻璃宜采用双道密封结构。隐框或半隐框中空玻璃的二道密封应采用硅酮结构密封胶。

3)中空玻璃的夹层面应在中空玻璃的下表面。

(11)采光顶玻璃组装采用镶嵌方式时，应采取防止玻璃整体脱落的措施。玻璃与构件槽口的配合尺寸应符合现行行业标准《建筑玻璃采光顶》(JG/T 231—2007)的有关规定；玻璃四周应采用密封胶条镶嵌，其性能应符合国家现行标准《硫化橡胶和热塑性橡胶建筑用预成型密封垫的分类、要求和试验方法》(HG/T 3100—2004)和《工业用橡胶板》(GB/T 5574—2008)的有关规定。

(12)采光顶玻璃组装采用胶粘方式时，隐框和半隐框构件的玻璃与金属框之间，应采用与接触材料相容的硅酮结构密封胶粘结，其粘结宽度及厚度应符合强度要求。硅酮结构密封胶应符合现行国家标准《建筑用硅酮结构密封胶》(GB 16776—2005)的有关规定。

(13)采光顶玻璃采用点支组装方式时，连接件的钢制驳接爪与玻璃之间应设置衬垫材料，衬垫材料的厚度不宜小于1 mm，面积不应小于支承装置与玻璃的结合面。

(14)玻璃间的接缝宽度应能满足玻璃和密封胶的变形要求，且不应小于10 mm；密封胶的嵌填深度宜为接缝宽度的50%～70%，较深的密封槽口底部应采用聚乙烯发泡材料填塞。玻璃接缝密封宜选用位移能力级别为25级硅酮耐候密封胶，密封胶应符合现行行业标准《幕墙玻璃接缝用密封胶》(JC/T 882—2001)的有关规定。

2. 屋面工程施工

(1)玻璃采光顶施工应在主体结构验收合格后进行；采光顶的支承构件与主体结构连接的预埋件应按设计要求埋设。

(2)玻璃采光顶的施工测量应与主体结构测量相配合，测量偏差应及时调整，不得积累；施工过程中应定期对采光顶的安装定位基准点进行校核。

(3)玻璃采光顶的支承构件、玻璃组件及附件，其材料的品种、规格、色泽和性能应符合设计要求和技术标准的规定。

(4)玻璃采光顶施工完毕，应进行雨后观察、整体或局部淋水试验，檐沟、天沟应进行蓄水试验，并应填写淋水和蓄水试验记录。

(5)框支承玻璃采光顶的安装施工应符合下列规定。

1)应根据采光顶分格测量，确定采光顶各分格点的空间定位。

2)支承结构应按顺序安装,采光顶框架组件安装就位、调整后应及时紧固;不同金属材料的接触面应采用隔离材料。

3)采光顶的周边封堵收口、屋脊处压边收口、支座处封口处理,均应铺设平整且可靠固定。

4)采光顶天沟、排水槽、通气槽及雨水排出口等细部构造应符合设计要求。

5)装饰压板应顺流水方向设置,表面应平整,接缝应符合设计要求。

(6)点支承玻璃采光顶的安装施工应符合下列规定。

1)应根据采光顶分格测量,确定采光顶各分格点的空间定位。

2)钢桁架及网架结构安装就位、调整后应及时紧固;钢索杆结构的拉索、拉杆预应力施加应符合设计要求。

3)采光顶应采用不锈钢驳接组件装配,爪件安装前应精确定出其安装位置。

4)玻璃宜采用机械吸盘安装,并应采取必要的安全措施。

5)玻璃接缝应采用硅酮耐候密封胶。

6)中空玻璃钻孔周边应采取多道密封措施。

(7)明框玻璃组件组装应符合下列规定。

1)玻璃与构件槽口的配合应符合设计要求和技术标准的规定。

2)玻璃四周密封胶条的材质、型号应符合设计要求,镶嵌应平整、密实,胶条的长度宜大于边框内槽口长度 $1.5\%\sim2.0\%$,胶条在转角处应斜面断开,并应用粘结剂粘结牢固。

3)组件中的导气孔及排水孔设置应符合设计要求,组装时应保持孔道通畅。

4)明框玻璃组件应拼装严密,框缝密封应采用硅酮耐候密封胶。

(8)隐框及半隐框玻璃组件组装应符合下列规定。

1)玻璃及框料粘结表面的尘埃、油渍和其他污物,应分别使用带溶剂的擦布和干擦布清除干净,并应在清洁 1 h 内嵌填密封胶。

2)所用的结构粘结材料应采用硅酮结构密封胶,其性能应符合现行国家标准《建筑用硅酮结构密封胶》(GB 16776—2005)的有关规定;硅酮结构密封胶应在有效期内使用。

3)硅酮结构密封胶应嵌填饱满,并应在温度 15℃～30℃、相对湿度 50％以上、洁净的室内进行,不得在现场嵌填。

4)硅酮结构密封胶的粘结宽度和厚度应符合设计要求,胶缝表面应平整光滑,不得出现气泡。

5)硅酮结构密封胶固化期间,组件不得长期处于单独受力状态。

(9)玻璃接缝密封胶的施工应符合下列规定。

1)玻璃接缝密封应采用硅酮耐候密封胶,其性能应符合现行行业标准《幕墙玻璃接缝用密封胶》(JC/T 882—2001)的有关规定,密封胶的级别和模量应符合设计要求。

2)密封胶的嵌填应密实、连续、饱满,胶缝应平整光滑、缝边顺直。

3)玻璃间的接缝宽度和密封胶的嵌填深度应符合设计要求。

4)不宜在夜晚、雨天嵌填密封胶,嵌填温度应符合产品说明书规定,嵌填密封胶的基面应清洁、干燥。

(10)玻璃采光顶材料的贮运、保管应符合下列规定。

1)采光顶部件在搬运时应轻拿轻放,严禁发生互相碰撞。

2)采光玻璃在运输中应采用有足够承载力和刚度的专用货架;部件之间应用衬垫固定,并应相互隔开。

3)采光顶部件应放在专用货架上,存放场地应平整、坚实、通风、干燥,并严禁与酸碱等类的物质接触。

十一、细部构造

(1)屋面细部构造应包括檐口、檐沟和天沟、女儿墙和山墙、水落口、变形缝、伸出屋面管道、屋面出入口、反梁过水孔、设施基座、屋脊、屋顶窗等部位。

(2)细部构造设计应做到多道设防、复合用材、连续密封、局部增强,并应满足使用功能、温差变形、施工环境条件和可操作性等要求。

(3)细部构造所用密封材料的选择应符合接缝密封防水屋面工程设计的相关规定。

(4)细部构造中容易形成热桥的部位均应进行保温处理。

(5)檐口、檐沟外侧下端及女儿墙压顶内侧下端等部位均应做滴水处理,滴水槽宽度和深度不宜小于 10 mm。

第二节 地面工程

一、垫层铺设

1. 水泥混凝土垫层铺设

(1)一般规定。

1)水泥混凝土垫层适用于地面工程和室外散水、明沟、坡道等附属工程下垫层,以及现浇整体面层和以胶粘剂或砂浆结合的块板面层下的垫层。

2)水泥混凝土垫层是采用粗细骨料,以水泥材料作胶结料加水按一定配合比经拌制成拌和料,铺设在地面工程的基土上或建筑地面的基层上而成。

3)水泥混凝土垫层的混凝土强度等级按设计要求配制,但其强度等级不应小于 C10。

4)水泥混凝土垫层铺设在基土上,当气温长期处于 0℃ 以下,设计无要求时,垫层应设置伸缩缝。

5)垫层铺设前,其下一层表面应湿润。

6)水泥混凝土垫层厚度不得小于 60 mm,其构造做法如图 5-1 所示。

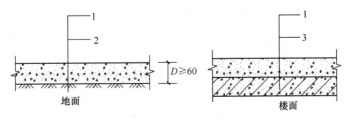

图 5-1 水泥混凝土垫层构造示意 (单位:mm)

1—混凝土垫层;2—基土(原状土或压实填土);

3—楼层结构层(现浇或预制混凝土楼板);D—垫层厚度

7)室内地面的水泥混凝土垫层应设置纵向缩缝和横向缩缝,纵向缩缝间距不得大于 6 m,横向缩缝不得大于 12 m。

8)垫层的纵向缩缝应做平头缝或加肋板平头缝,当垫层厚度大于 150 mm 时可做企口缝,横向缩缝应做假缝。平头缝和企口缝的缝间不得放置隔离材料,浇筑时应互相紧贴。企口缝的尺寸应符合设计要求;假缝宽度为 5～20 mm,深度为垫层厚度的 1/3,缝内填水泥砂浆。

9)工业厂房、礼堂、门厅等大面积水泥混凝土垫层应分区段浇筑。分区段应结合变形缝位置、不同类型的建筑地面连接处和设备基础的位置进行划分,并应与设置的纵向、横向缩缝的间距相一致。

10)水泥混凝土施工质量检验尚应符合现行国家标准《混凝土结构工程施工质量验收规范》(GB 50204—2002)(2011 版)的有关规定。

(2)基层清理。浇筑混凝土垫层前,应清除基层的淤泥和杂物;基层表面平整度应控制在 15 mm 内。

(3)弹线、找标高。根据墙上水平标高控制线,向下量出垫层标高,在墙上弹出控制标高线。垫层面积较大时,底层地面可视基层情况采用控制桩或细石混凝土(或水泥砂浆)做找平墩控制垫层标高;楼层地面采用细石混凝土或水泥砂浆做找平墩控制垫层标高。

(4)混凝土拌制与运输。

1)混凝土搅拌机开机前应进行试运行,并对其安全性能进行检查,确保其运行正常。

2)混凝土搅拌时应先加石子,后加水泥,最后加砂和水,其搅拌时间不得少于 1.5 min,当掺有外加剂时,搅拌时间应适当延长。

3)在运输中,应保持混凝土的匀质性,做到不分层、不离析、不漏浆。运到浇筑地点时,应具有要求的坍落度,坍落度一般控制在 10～30 mm。

(5)混凝土垫层铺设。

1)混凝土的配合比应根据设计要求通过试验确定。

2)投料必须严格过磅,精确控制配合比。每盘投料顺序为石子→水泥→砂→水。应严格控制水量,搅拌要均匀,搅拌时间不少于 90 s。

3)铺设前,将基层湿润,并在基底上刷一道素水泥浆或界面结合剂,随刷随铺混凝土。不同垫层的铺设厚度见表 5-17。

表 5-17　不同材料混凝土垫层的铺设厚度

垫层类型	厚　　度(mm)
灰土垫层	≥100
砂垫层	≥60
砂石垫层	≥100
碎石垫层、碎砖垫层	≥100
三合土垫层	≥100
炉渣垫层	≥80
水泥混凝土垫层	≥60
陶粒混凝土垫层	≥80

4)混凝土铺设应从一端开始,由内向外铺设。混凝土应连续浇筑,间歇时间不得超过 2 h。如间歇时间过长,应分块浇筑,接槎处按施工缝处理,接缝处混凝土应捣实压平,不显接头槎。

5)工业厂房、礼堂、门厅等大面积水泥混凝土垫层应分区段浇筑,分区段时应结合变形缝位置、不同类型的建筑地面连接处和设备基础的位置进行划分,并应与设置的纵向、横向缩缝的间距相一致。

6)水泥混凝土垫层铺设在基土上,当气温长期处于0℃以下,设计无要求时,垫层应设置施工缝。

7)室内地面的水泥混凝土垫层,应设置纵向缩缝和横向缩缝;纵向缩缝间距不得大于6 m,并应做成平头缝或加肋板平头缝,当垫层厚度大于150 mm时,可做企口缝;横向缩缝间距不得大于12 m,横向缩缝应做假缝。

8)平头缝和企口缝的缝间不得放置隔离材料,浇筑时应互相紧贴,企口缝的尺寸应符合设计要求,假缝宽度为5~20 mm,深度为垫层厚度的1/3,缝内填水泥砂浆。

(6)混凝土垫层的振捣和找平。

1)用铁锹摊铺混凝土,用水平控制桩和找平墩控制标高,虚铺厚度略高于找平墩,然后用平板振捣器振捣。厚度超过200 mm时,应采用插入式振捣器,其移动距离不应大于作用半径的1.5倍,做到不漏振,确保混凝土密实。

2)混凝土振捣密实后,以墙柱上水平控制线和水平墩为标志,检查平整度,高出的地方铲平,凹的地方补平。混凝土先用水平刮杠刮平,然后表面用木抹子搓平。有找坡要求时,坡度应符合设计要求。

(7)混凝土取样试验。混凝土取样强度试块应在混凝土的浇筑地点随机抽取,取样与试件留置应符合下列规定。

1)拌制100盘且不超过100 m³的同配合比混凝土,取样不得少于一次。

2)工作班拌制的同一配合比的混凝土不足100盘时,取样不得少于一次。

3)每一层楼、同一配合比的混凝土,取样不得少于一次;当每一层建筑地面工程大于1 000 m²时,每增加1 000 m²应增做一组试块。每次取样应至少留置一组标准养护试件,同条件养护试件的留置根据实际需要确定。

2. 陶粒混凝土垫层施工

(1)基层处理。在浇筑陶粒混凝土垫层之前将混凝土楼板基层进行处理,把粘结在基层上的松动混凝土、砂浆等用錾子剔掉,用钢丝刷刷掉水泥浆皮,然后用扫帚扫净。

(2)找标高弹水平控制线。根据墙上的+50 cm水平标高线,往下量测出垫层标高,有条件时可弹在四周墙上。如果房间较大,可隔2 m左右抹细石混凝土找平墩。有坡度要求的地面,按设计要求的坡度找出最高点和最低点后,拉小线再抹出坡度墩,以便控制垫层的表面标高。

(3)陶粒过筛、水焖。为了清除陶粒中的杂物和细粉末,陶粒进场后要过两遍筛。第一遍过大孔径筛(筛孔为30 mm),第二遍过小孔径筛(筛孔为5 mm),使5 mm粒径含量控制在不大于5%的要求,在浇筑垫层前应在陶粒堆上均匀浇水,将陶粒焖透,水焖时间应不少于5 d。

(4)搅拌。先将骨料、水泥、水和外加剂均按质量计量。骨料的计量允许偏差应小于±3%,水泥、水和外加剂计量允许偏差应小于±2%。由于陶粒预先进行水焖处理,因此搅拌前根据抽测陶粒的含水率,调整配合比的用水量。采用自落式搅拌机的加料顺序是:先加1/2的用水量,然后加入粗细骨料和水泥,搅拌约1 min,再加剩余的水量,继续搅拌不少于2 min。采用强制式搅拌机的加料顺序是:先加细骨料、水泥和粗骨料,搅拌约1 min,再加水继续搅拌不少于2 min。搅拌时间比普通混凝土稍长,约3 min左右。

(5)铺设、振捣或滚压。浇筑陶粒混凝土垫层其厚度不得小于60 mm,强度等级应不小于C10。在已清理干净的基层上洒水湿润。涂刷水灰比宜为0.4~0.5的水泥浆结合层。铺已搅拌好的陶粒混凝土,用铁锹将混凝土铺在基层上,以已做好的找平墩为标准将灰铺平,比找平堆高出 3 mm,然后用平板振捣器振实找平。如厚度较薄时,可随铺随用铁锹和特制木拍板拍压密实,并随即用大杠找平,用木抹子搓平或用铁滚滚压密实,全部操作过程要在 2 h 内完成。浇筑陶粒混凝土垫层时尽量不留或少留施工缝,如必须留施工缝时,应用木方或木板挡好断槎处,施工缝最好留在门口与走道之间,或留在有实墙的轴线中间,接槎时应在施工缝处涂刷水泥浆(水灰比为 0.4~0.5)结合层,再继续浇筑。浇筑后应进行洒水养护。强度达 1.2 MPa后方可进行下道工序操作。

(6)冬期施工时,陶粒上洒水不得受冻,应有足够的保温材料覆盖。室内操作温度要在 +5℃以上。

二、找平层铺设

1. 一般规定

(1)找平层应采用水泥砂浆或水泥混凝土铺设,并应符合有关面层的规定。

(2)铺设找平层前,当其下一层有松散填充料时,应予铺平振实。

(3)有防水要求的建筑地面工程,铺设前必须对立管、套管和地漏与楼板节点之间进行密封处理;排水坡度应符合设计要求。

(4)找平层采用水泥砂浆时,其体积比不应小于 1:3(水泥:砂);找平层采用水泥混凝土时,其混凝土强度等级不应小于 C15。

(5)找平层厚度应符合设计要求,但水泥砂浆不应小于 20 mm;水泥混凝土不应小于 30 mm。其构造做法如图 5-2 所示。

(6)在预制钢筋混凝土板上铺设找平层前,板缝填嵌的施工应符合下列要求。

1)预制钢筋混凝土板相邻缝底宽应不小于 20 mm。

2)填嵌时,板缝内应清理干净,保持湿润。

3)填缝采用细石混凝土,其强度等级不得小于 C20。填缝高度应低于板面 10~20 mm,且振捣密实,表面不应压光,填缝后应养护。

4)当板缝底宽大于 40 mm 时,应按设计要求配置钢筋。

(7)在预制钢筋混凝土板上铺设找平层时,其板端应按设计要求做防裂的构造措施。

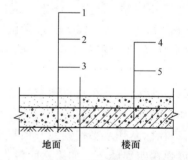

图 5-2 找平层构造示意

1—水泥砂浆找平层;2—混凝土垫层;3—基土;
4—混凝土找平层;5—楼层结构层

2. 施工操作要点

(1)基层清理。浇灌混凝土前,应清除基层的淤泥和杂物;基层表面平整度应控制在 10 mm内。

(2)弹线、找标准。根据墙上水平标高控制线,向下量出找平层标高,在墙上弹出控制标高线。找平层面积较大时,采用细石混凝土或水泥砂浆找平墩控制垫层标高,找平墩为60 mm×60 mm,高度同找平层厚度,双向布置,间距不大于 2 m。用水泥砂浆做找平层时,还应冲筋。

(3)混凝土或砂浆搅拌与运输。

1)混凝土搅拌机开机前应进行试运行,并对其安全性能进行检查,确保其运行正常。

2)混凝土搅拌时应先加石子,后加水泥,最后加砂和水,其搅拌时间不得少于1.5 min,当掺有外加剂时,搅拌时间应适当延长。

3)水泥砂浆搅拌先向已转动的搅拌机内加入适量的水,再按配合比将水泥和砂子先后投入,再加水至规定配合比,搅拌时间不得少于2 min。

4)水泥砂浆一次拌制不得过多,应随用随拌。砂浆放置时间不得过长,应在初凝前用完。

5)混凝土、砂浆运输过程中,应保持其匀质性,做到不分层、不离析、不漏浆。运到浇灌地点时,混凝土应具有要求的坍落度,坍落度一般控制在10～30 mm,砂浆应满足施工要求的稠度。

（4）找平层铺设。

1)铺设找平层前,应将下一层表面清理干净。当找平层下有松散填充料时,应予铺平振实。

2)用水泥砂浆或水泥混凝土铺设找平层,其下一层为水泥混凝土垫层时,应予湿润,当表面光滑时,应划(凿)毛。铺设时先刷一遍水泥浆,其水灰比宜为0.4～0.5,并应随刷随铺。

3)在预制钢筋混凝土板（或空心板）上铺设找平层时,对楼层两间以上大开间房,在其支座搁置处（承重墙或钢筋混凝土梁）尚应采取构造措施,如设置分格条,亦可配置构造钢筋或按设计要求配制,以防止该处沿预制板（或空心板）搁置端方向可能出现的裂缝。

4)对有防水要求的楼面工程,如厕所、厨房、卫生间、盥洗室等,在铺设找平层前,首先应检查地漏的标高是否正确;其次对立管、套管和地漏等管道穿过楼板节点间的周围,采用水泥砂浆或细石混凝土对其管壁四周处要稳固堵严并进行密封处理。施工时节点处应清洗干净予以湿润,吊模后振捣密实。沿管的周边尚应划出深8～10 mm沟槽,采用防水类卷材、涂料或油膏裹住立管、套管和地漏的沟槽内,以防止楼面的水有可能顺管道接缝处出现渗漏现象。管道与楼面节点间防水构造如图5-3所示。

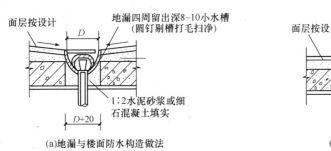

图5-3 管道与楼面节点间防水构造示意（单位:mm）

5)在水泥砂浆或水泥混凝土找平层上铺设防水卷材或涂布防水涂料隔离层时,找平层表面应洁净、干燥,其含水率不应大于9%,并应涂刷基层处理剂。基层处理剂应采用与卷材性能配套的材料或采用同类涂料的底子油。铺设找平层后,涂刷基层处理剂的相隔时间及其配合比均应通过试验确定。

（5）振捣和找平。

1)用铁锹摊铺混凝土或砂浆,用水平控制桩和找平墩控制标高,虚铺厚度略高于找平墩,然后用平板振捣器振捣。厚度超过200 mm时,应采用插入式振捣器,其移动距离不应大于作用半径的1.5倍,做到不漏振,确保混凝土密实。

2)混凝土振捣密实后,以墙柱上水平控制线和水平墩为标志,检查平整度,高出的地方铲平,凹的地方补平。混凝土或砂浆先用水平刮杠刮平,然后表面用木抹子搓平,铁抹子抹平压光。

3)在水泥砂浆或水泥混凝土找平层上铺设(铺涂)防水类卷材或防水类涂料隔离层时,找平层表面应洁净、干燥,其含水率不应大于9%。并应涂刷基层处理剂,以增强防水材料与找平层之间的粘结。基层处理剂按选用的隔离层材料采用与防水卷材性能配套的材料,或采用同类防水涂料的底子油进行配制和施工。铺设找平层后,喷涂或涂刷基层处理剂的相隔时间以及其配合比均应通过试验确定。一般底子油喷、涂一昼夜待表面干燥后,方可铺设隔离层或面层。

4)每 100 m² 水泥砂浆找平层材料用量见表 5-18。

表 5-18　找平层材料用量（每 100 m²）

材料	单位	水泥砂浆(1:3)		厚度加减 5 mm
		在填充材料上	在硬基层上	
净砂	m³	2.58	2.06	0.52
32.5级水泥	kg	1 022	816	206

3. 施工注意事项

(1)运送混凝土应使用不漏浆和不吸水的容器,使用前须湿润,运送过程中要清除容器内粘着的残渣,以确保浇灌前混凝土的成品质量。

(2)混凝土运输应尽量减少运输时间,从搅拌机卸出到浇灌完毕的延续时间应符合下列规定。

1)混凝土强度等级≤C30 时:气温<25℃,2 h;气温>25℃,1.5 h。

2)混凝土强度等级>C30 时:气温<25℃,1.5 h;气温>25℃,1 h。

(3)砂浆贮存。砂浆应盛入不漏水的贮灰器中,并随用随拌,少量贮存。

(4)找平层浇灌完毕后应及时养护,混凝土强度达到 1.2 MPa 以上时,方准施工人员在其上行走。

三、水泥混凝土面层铺设

1. 一般规定

(1)水泥混凝土面层在工业与民用建筑地面工程中应用较广泛,主要承受较大的机械磨损和冲击作用强度的工业厂房和一般辅助生产车间、仓库及非生产用房。如金工、机械、机修、冲压、工具、木工、焊接、装配、热处理工业厂房、锅炉房、水泵房、汽车库、金属材料库以及办公用房、教室、宿舍、厕所等民用建筑。

(2)水泥混凝土面层是采用粗细骨料(碎石、卵石和砂),以水泥材料作胶结料,加水按一定的配合比,经拌制而成的混凝土拌和料铺设在建筑地面的基层上。

(3)水泥混凝土面层的混凝土强度等级按设计要求,但不应低于 C20;水泥混凝土面层兼垫层时,其强度等级不应低于 C15。在民用建筑地面工程中,因厚度较薄,水泥混凝土面层多数做法为细石混凝土面层。

2. 水泥混凝土面层构造

水泥混凝土面层常用的两种做法,一种是采用细石混凝土面层,其强度等级不应小于C20,厚度为 30～40 mm;另一种是面层兼垫层,其厚度按设计的垫层确定,但不应小于60 mm。其构造做法如图 5-4 所示。

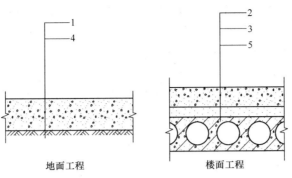

图 5-4　混凝土楼地面构造示意

1—混凝土面层兼垫层;2—细石混凝土面层;3—水泥类找平层;

4—基土(素土夯实);5—楼层结构(空心板或现浇板)

3. 施工操作要点

(1)基层清理。把沾在基层上的浮浆、落地灰等用錾子或钢丝刷清理掉,再用扫帚将浮土清扫干净;如有油污,应用 5%～10% 浓度火碱水溶液清洗。随刷随铺设混凝土,避免间隔时间过长风干形成空鼓。

(2)弹线、找标高。

1)根据水平标准线和设计厚度,在四周墙、柱上弹出面层的水平标高控制线。

2)按线拉水平线抹找平墩(60 mm×60 mm 见方,与面层完成面同高,用同种混凝土),间距双向不大于 2 m。有坡度要求的房间应按设计坡度要求拉线,抹出坡度墩。

3)面积较大的房间为保证房间地面平整度,还要做冲筋,以做好的灰饼为标准抹条形冲筋,高度与灰饼同高,形成控制标高的“田”字格,用刮尺刮平,作为混凝土面层厚度控制的标准。当天抹灰墩,冲筋,当天应抹完灰,不应隔夜。

(3)混凝土搅拌。

1)混凝土的配合比应根据设计要求通过试验确定。

2)投料必须严格过磅,精确控制配合比。每盘投料顺序为石子—水泥—砂—水。应严格控制用水量,搅拌要均匀,搅拌时间不少于 90 s,坍落度一般不应大于 30 mm。

(4)混凝土铺设。

1)铺设前应按标准水平线用木板隔成宽度不大于 3 m 的条形区段,以控制面层厚度。

2)铺设时,先刷以水灰比为 0.4～0.5 的水泥浆,并随刷随铺混凝土,用刮尺找平。浇筑水泥混凝土的坍落度不宜大于 30 mm。

3)水泥混凝土面层宜采用机械振捣,必须振捣密实。采用人工捣实时,滚筒要交叉滚压 3～5 遍,直至表面泛浆为止。然后进行抹平和压光。

4)水泥混凝土面层不得留置施工缝。当施工间歇超过规定的允许时间后,在继续浇筑混凝土时,应对已凝结的混凝土接槎处进行处理,用钢丝刷刷到石子外露,表面用水冲洗,并涂以水灰比为 0.4～0.5 的水泥浆,再浇筑混凝土,并应捣实压平,使新旧混凝土接缝紧密,不显接头槎。

5)混凝土面层应在水泥初凝前完成抹平工作,水泥终凝前完成压光工作。

6)浇筑钢筋混凝土楼板或水泥混凝土垫层兼面层时,宜采用随捣随抹的方法。当面层表面出现泌水时,可加干拌的水泥和砂进行撒匀,其水泥和砂的体积比宜为 1∶2～1∶2.5,并进行表面压实抹光。

7)水泥混凝土面层浇筑完成后,应在 12 h 内加以覆盖和浇水,养护时间不少于 7 d。浇水次数应能保持混凝土具有足够的湿润状态。

8)当建筑地面要求具有耐磨损、不起灰、抗冲击、高强度时,宜采用耐磨混凝土面层。它是以水泥为主要胶结材料,配以化学外加剂和高效矿物掺合料,达到高强和高粘结力;选用人造烧结材料、天然硬质材料为骨料的施工工艺铺设在新拌水泥混凝土基层上形成复合面强化的现浇整体面层,其构造如图 5-5 所示。

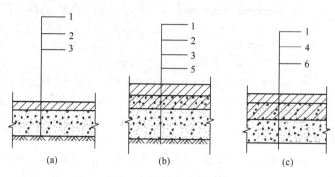

图 5-5 耐磨混凝土构造
1—耐磨混凝土面层;2—水泥混凝土垫层;3—细石混凝土结合层;
4—细石混凝土找平层;5—基土;6—钢筋混凝土楼板或结构整浇层

9)如在原有建筑地面上铺设时,应先铺设厚度不小于 30 mm 的水泥混凝土一层,在混凝土未硬化前随即铺设耐磨混凝土面层,要求如下:①耐磨混凝土面层厚度,一般为 10～15 mm,但不应大于 30 mm;②面层铺设在水泥混凝土垫层或结合层上,垫层或结合层的厚度不应小于 50 mm。当有较大冲击作用时,宜在垫层或结合层内加配防裂钢筋网,一般采用 4@150～200 双向网格,并应放置在上部,其保护层控制在 20 mm;③当有较高清洁美观要求时,宜采用彩色耐磨混凝土面层;④耐磨混凝土面层,应采用随捣随抹的方法;⑤对复合强化的现浇整体面层下基层的表面处理同水泥砂浆面层;⑥对设置变形缝的两侧 100～150 mm 宽范围内的耐磨层应进行局部加厚(3～5 mm)处理;⑦耐磨混凝土面层的主要技术指标:耐磨硬度(1 000 r/min)≤0.28 g/cm²;抗压强度≥80 N/mm²;抗折强度≥8 N/mm²。

(5)混凝土振捣和找平。

1)用铁锹铺混凝土,厚度略高于找平墩,随即用平板振捣器振捣。厚度超过 200 mm 时,应采用插入式振捣器,其移动距离不大于作用半径的 1.5 倍,做到不漏振,确保混凝土密实。振捣以混凝土表面出现泌水现象为宜。或者用 30 kg 重辘纵横滚压密实,表面出浆即可。

2)混凝土振捣密实后,以墙柱上的水平控制线和找平墩为标志,检查平整度,高的铲掉,凹处补平。撒一层干拌水泥砂(水泥:砂=1:1),用水平刮杠刮平。有坡度要求的,应按设计要求的坡度施工。

(6)表面压光。

1)当面层灰面吸水后,用木抹子用力搓打、抹平,将干拌水泥砂拌和料与混凝土的浆混合,使面层达到紧密接合。

2)第一遍抹压。用铁抹子轻轻抹压一遍直到出浆为止。

3)第二遍抹压。当面层砂浆初凝后(上人有脚印但不下陷),用铁抹子把凹坑、砂眼填实抹平,注意不得漏压。

4)第三遍抹压。当面层砂浆终凝前(上人有轻微脚印),用铁抹子用力抹压。把所有抹纹压平压光,达到面层表面密实光洁。

4. 施工注意事项

(1)水泥混凝土面层应在施工完成后 24 h 左右覆盖和洒水养护,每天不少于 2 次,严禁上人,养护期不得少于 7 d。

(2)当水泥混凝土整体面层的抗压强度达到设计要求后,其上方可走人,且在养护期内严禁在饰面上推动手推车、放重物品及随意践踏。

(3)推手推车时不许碰撞门立边和栏杆及墙柱饰面,门框适当要包铁皮保护,以防手推车轴头碰撞门框。

(4)施工时不得碰撞水电安装用的水暖立管等,保护好地漏、出水口等部位的临时堵头,以防灌入浆液杂物造成堵塞。

(5)施工过程中被沾污的墙柱面、门窗框、设备立管线要及时清理干净。

(6)冬期施工时,环境温度不应低于 5℃。如果在负温下施工时,所掺抗冻剂必须经过实验室试验合格后方可使用。不宜采用氯盐、氨等作为抗冻剂,不得不使用时掺量必须严格按照规范规定的控制量和配合比通知单的要求加入。

四、水泥砂浆面层铺设

1. 一般规定

(1)水泥砂浆面层在房屋建筑中是采用最广泛的一种建筑地面工程的类型。水泥石屑面层主要是以石屑代替砂,目前已在不少地区使用,特别是缺砂地区,可以充分利用开山采石的副产品即石屑,这不但可就地取材,价格低廉,降低工程成本,获得经济效益,而且由于质量较好,表面光滑,也不会起砂,故适用于有一定清洁要求的地段。

(2)水泥砂浆面层是用细骨料(砂),以水泥材料作胶结料加水按一定的配合比,经拌制而成的水泥砂浆拌和料,铺设在水泥混凝土垫层、水泥混凝土找平层或钢筋混凝土板等基层上。水泥石屑面层是用石屑,以水泥材料作胶结料加水按一定的配合比,经拌制铺设而成。

(3)水泥砂浆的强度等级不应小于 M15;如采用体积配合比宜为(1∶2)～(1∶2.5)(水泥∶砂)。水泥石屑的体积配合比一般采用 1∶2(水泥∶石屑)。

2. 水泥砂浆面层构造

(1)水泥砂浆面层的厚度不应小于 20 mm,其构造做法如图 5-6 所示。

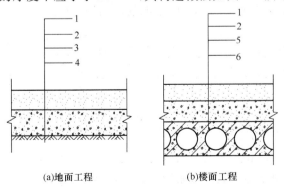

(a)地面工程　　　(b)楼面工程

图 5-6 水泥砂浆面层构造做法示意

1—水泥砂浆面层;2—刷水泥浆;3—混凝土垫层;4—基土(分层夯实);5—混凝土找平层;6—楼层结构层

（2）水泥砂浆面层有单层和双层两种做法。单层做法：其厚度为 20 mm,采用体积配合比宜为 1∶2（水泥∶砂）。双层做法：下层的厚度为 12 mm,采用体积配合比宜为 1∶2.5（水泥∶砂）；上层的厚度为 13 mm,采用体积配合比宜为 1∶1.5（水泥∶砂）。

3. 施工操作要点

（1）基层处理。水泥砂浆面层多是铺抹在楼面、地面的混凝土、水泥炉渣、碎砖三合土等垫层上,垫层处理是防止水泥砂浆面层空鼓、裂纹、起砂等质量通病的关键工序。因此,要求垫层应具有粗糙、洁净和潮湿的表面,一切浮灰、油渍、杂质必须仔细清除,否则会形成一层隔离层,而使面层结合不牢。表面比较光滑的基层,应进行凿毛,并用清水冲洗干净。冲洗后的基层,最好不要上人。

宜在垫层或找平层的砂浆或混凝土的抗压强度达到 1.2 MPa 后,再铺设面层砂浆,这样才不致破坏其内部结构。

铺设地面前,还要再一次将门框校核找正,方法是先将门框锯口线抄平校正,并注意当地面面层铺设后,门扇与地面的间隙（风路）应符合规定要求。然后将门框固定,防止发生位移。

（2）弹线、做标筋。

1）地面抹灰前,应先在四周墙上弹出一道水平基准线,作为确定水泥砂浆面层标高的依据。水平基准线是以地面±0.00 及楼层砌墙前的抄平点为依据,一般可根据情况弹在标高 100 cm 的墙上。

2）根据水平基准线再把楼地面面层上皮的水平辅助基准线弹出。面积不大的房间,可根据水平基准线直接用长木杠抹标筋,施工中进行几次复尺即可。面积较大的房间,应根据水平基准线在四周墙角处每隔 1.5～2.0 m 用 1∶2 水泥砂浆抹标志块,标志块大小一般是 8～10 cm 见方。待标志块结硬后,再以标志块的高度做出纵横方向通长的标筋以控制面层的厚度。地面标筋用 1∶2 水泥砂浆,宽度一般为 8～10 cm。做标筋时,要注意控制面层厚度,面层的厚度应与门框的锯口线吻合。

3）对于厨房、浴室、卫生间等房间的地面,需将流水坡度找好。有地漏的房间,要在地漏四周找出不小于 5% 的泛水。抄平时要注意各室内地面与走廊高度的关系。

（3）水泥砂浆面层铺设。

1）水泥砂浆应采用机械搅拌,拌和要均匀,颜色一致,搅拌时间不应小于 2 min。水泥砂浆的稠度（以标准圆锥体沉入度计,以下同）,当在炉渣垫层上铺设时,宜为 25～35 mm;当在水泥混凝土垫层上铺设时,应采用干硬性水泥砂浆,以手捏成团稍出浆为准。

2）施工时,先刷水灰比为 0.4～0.5 的水泥浆,随刷随铺随拍实,并应在水泥初凝前用木抹搓平压实。

3）面层压光宜用钢皮抹子分三遍完成,并逐遍加大用力压光。当采用地面抹光机压光时,在压第二、第三遍中,水泥砂浆的干硬度应比手工压光时稍干一些。压光工作应在水泥终凝前完成。

4）当水泥砂浆面层干湿度不适宜时,可采取淋水或撒布干拌的 1∶1 水泥和砂（体积比,砂需过 3 mm 筛）进行抹平压光工作。

5）当面层需分格时,应在水泥初凝后进行弹线分格。先用木抹搓一条约一抹子宽的面层,用钢皮抹子压光,并用分格器压缝。分格应平直,深浅要一致。

6）当水泥砂浆面层内埋设管线等出现局部厚度减薄处并在 10 mm 及 10 mm 以下时,应按设计要求做防止面层开裂处理后方可施工。

7）水泥砂浆面层铺好 1 d 后，用锯木屑、砂或草袋遮盖洒水养护，每天两次，不少于 7 d。

8）当水泥砂浆面层采用矿渣硅酸盐水泥拌制时，施工中应采取下列措施：①严格控制水灰比，水泥砂浆稠度不应大于 35 mm，宜采用干硬性或半干硬性砂浆；②精心进行压光工作，一般不应少于三遍；③养护期应延长到 14 d。

9）当采用石屑代砂铺设水泥石屑面层时，施工除应执行上述的规定外，尚应符合下列规定：①采用的石屑粒径宜为 3～5 mm，其含粉量不应大于 3%；②水泥宜采用硅酸盐水泥、普通硅酸盐水泥，其强度等级不宜小于 42.5 级；③水泥与石屑的体积比宜为 1∶2，其水灰比宜控制在 0.4；④面层的压光工作不应小于两次，并做养护工作。

10）当水泥砂浆面层出现局部起砂等施工质量缺陷时，可采用 108 胶水泥腻子进行修理、补强和装饰。施工工艺：处理好基层、表面洒水湿润，涂刷 108 胶水一道，满刮腻子 2～5 遍，厚度控制在 0.7～1.5 mm，洒水养护，砂纸磨平、清除粉尘，再涂刷纯 108 胶一遍或做一道蜡面。

11）水泥砂浆面层完成后，应注意成品保护工作。防止面层碰撞和表面沾污，影响美观和使用。对地漏、出水口等部位安放的临时堵口要保护好，以免灌入杂物，造成堵塞。

12）每 100 m² 水泥砂浆面层材料用量见表 5-19。

表 5-19 水泥砂浆面层材料用量（每 100 m²）

材料	单位	单层	双层
32.5 级水泥	kg	1 658	1 910
净砂	m³	2.33	2.58

4. 施工注意事项

（1）水泥砂浆面层抹压后，应在常温湿润条件下养护。养护要适时，如浇水过早易起皮，如浇水过晚则会使面层强度降低而加剧其干缩和开裂倾向。一般在夏天是 24 h 后养护，春秋季节应在 48 h 后养护。养护一般不少于 7 d。最好是在铺上锯木屑（或以草垫覆盖）后再浇水养护，浇水时宜用喷壶喷洒，使锯木屑（或草垫等）保持湿润即可。如采用矿渣水泥时，养护时间应延长到 14 d。

（2）冬期施工时，环境温度不应低于 5℃。如果在负温下施工时，所掺抗冻剂必须经过实验室试验合格后方可使用。不宜采用氯盐、氨等作为抗冻剂，不得不使用时掺量必须严格按照规范规定的控制量和配合比通知单的要求加入。

（3）在水泥砂浆面层强度达不到 5 MPa 之前，不准在上面行走或进行其他作业，以免损伤地面。

五、水磨石面层铺设

1. 一般规定

（1）水磨石面层是属于较高级的建筑地面工程之一，也是目前工业与民用建筑中采用较广泛的楼面与地面面层的类型。其特点是：表面平整光滑、外观美、不起灰，又可按设计和使用要求做成各种彩色图案，因此应用范围较广。

（2）水磨石面层适用于有一定防潮（防水）要求的地段和较高防尘、清洁等建筑地面工程中，如工业建筑中的一般装配车间、恒温恒湿车间。而在民用建筑和公共建筑中，使用得更为广泛，如机场候机楼、宾馆门厅和医院、宿舍走道、卫生间、餐厅、会议室、办公室等。

（3）水磨石面层的结合层的水泥砂浆体积比宜为 1：3,相应的强度等级应不小于 M10,水泥砂浆稠度（以标准圆锥体沉入度计）宜为 30～35 mm。

（4）水磨石面层可做成单一本色和各种彩色的面层;根据使用功能要求又分为普通水磨石和高级水磨石面层。

（5）水磨石面层是用石粒以水泥材料作胶结料加水按水泥：石粒为(1：1.5)～(1：2.5)体积比,拌制成拌和料,铺设在水泥砂浆结合层上而成。

（6）水磨石面层厚度（不含结合层）除特殊要求外,宜为 12～18 mm,并按选用石粒粒径确定。

2. 水磨石面层构造

水磨石面层是采用水泥与石粒的拌和料在 15～20 mm 厚 1：3 水泥砂浆基层上铺设而成。如图 5-7 所示。水磨石面层的允许偏差见表 5-20。水磨石面层的颜色和图案应按设计要求,面层分格不宜大于 1 000 mm×1 000 mm,或按设计要求。

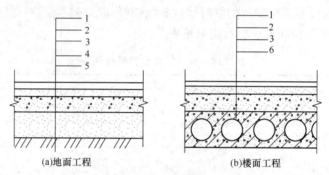

(a)地面工程　　　　　　　　(b)楼面工程

图 5-7　水磨石面层构造示意

1—水磨石面层;2—1：3 水泥砂浆结合层;3—找平层;4—垫层;

5—基土（分层夯实）;6—楼层结构层

表 5-20　水磨石面层的允许偏差

项目	允许偏差（mm）		检验方法
	普通水磨石	高级水磨石	
表面平整度	3	2	用 2 m 靠尺和楔形塞尺检验
踢脚线上口平直度	3	3	拉 5 m 长线,不足 5 m 拉通线尺量检查
格缝平直度	3	2	拉 5 m 长线,不足 5 m 拉通线尺量检查

3. 施工操作要点

(1)基层清理、找标高。

1)把沾在基层上的浮浆、落地灰等用錾子或钢丝刷清理掉,再用扫帚将浮土清扫干净。

2)根据水平标准线和设计厚度,在四周墙、柱上弹出面层的水平标高控制线。

(2)贴饼、冲筋。根据水准基准线（如＋500 mm 水平线）,在地面四周做灰饼,然后拉线打中间灰饼（打墩）再用干硬性水泥砂浆做软筋（推栏）,软筋间距约 1.5 m 左右。在有地漏和坡度要求的地面,应按设计要求做泛水和坡度。对于面积较大的地面,则应用水准仪测出面层平均厚度,然后边测标高边做灰饼。

（3）水泥砂浆找平层。

1）找平层施工前宜刷水灰比为 0.4～0.5 的素水泥浆，也可在基层上均匀洒水湿润后，再撒水泥粉，用竹扫（把）帚均匀涂刷，随刷随做面层，并控制一次涂刷面积不宜过大。

2）找平层用 1∶3 干硬性水泥砂浆，先将砂浆摊平，再用靠尺（压尺）按冲筋刮平，随即用灰板（木抹子）磨平压实，要求表面平整、密实并保持粗糙。找平层抹好后，隔天应浇水养护至少 1 d。

（4）分格条镶嵌。一般是在楼地面找平层铺设 24 h 后，即可在找平层上弹（划）出设计要求的纵横分格式图案分界线，然后用水泥浆按线固定嵌条。水泥浆顶部应低于条顶 4～6 mm，并做成 45°。

安分格嵌条时，应用靠尺板按分格弹线比齐，将铜条或玻璃条紧贴靠尺靠直，并控制上口平直，用素水泥浆在嵌条下口的两边抹成八字角并予以粘结埋牢，高度应比嵌条上口面低 3 mm，分格嵌条设置如图 5-8 所示，分格嵌条应上平一致，接头严密，并作为铺设水磨石面层的标志，也是控制建筑地面平整度的标尺。在水泥浆初凝时，尚应进行二次校正，以确保分格嵌平直、牢固和接头严密。铜条应事先调直。

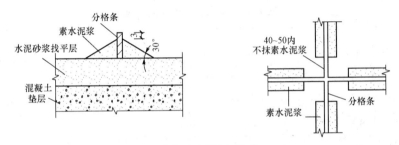

图 5-8　分格嵌条设置（单位：mm）

分格嵌条稳好后，洒水养护 3～4 d，再铺设面层的水泥与石粒拌和料。铺设前，尚应严加保护分格嵌条，以防碰弯、碰坏。

（5）抹石子浆（石米）面层。

1）水泥石子浆必须严格按照配合比计量。若为彩色水磨石则应先按配合比将白水泥和颜料反复干拌均匀，拌完后密筛多次，使颜料均匀混合在白水泥中，并注意调足用量以备补浆之用，以免多次调和产生色差，最后按配合比与石米搅拌均匀，然后加水搅拌。

2）铺水泥石子浆前一天，洒水将基层充分湿润。在涂刷素水泥浆结合层前应将分格条内的积水和浮砂清除干净，接着刷水泥浆一遍，水泥品种与石子浆的水泥品种一致，随即将水泥石子浆先铺在分格条旁边，将分格条边约 100 mm 内的水泥石子浆轻轻抹平压实，以保护分格条，然后再整格铺抹，用灰板（木抹子）或铁抹子（灰匙）抹平压实，石子浆配合比一般为 1∶1.25 或 1∶1.5，但不应用靠尺（压尺）刮。面层应比分格条高 5 mm，如局部石子浆过厚，应用铁抹子（灰匙）挖去，再将周围的石子浆刮平压实，对局部水泥浆较厚处，应适当补撒一些石子，并压平压实，要达到表面平整，石子（石米）分布均匀。

3）石子浆面至少要经两次用毛刷（横扫）粘拉开面浆（开面），检查石粒均匀（若过于稀疏应及时补上石子）后，再用铁抹子（灰匙）抹平压实，至泛浆为止。要求将波纹压平，分格条顶面上的石子应清除掉。

4）在同一平面上如有几种颜色图案时，应先做深色，后做浅色。待前一种色浆凝固后，再抹后一种色浆。两种颜色的色浆不应同时铺抹,以免做成串色,界线不清,影响质量。但间隔时间不宜过长,一般可隔日铺抹。

(6)磨光。

1)水磨石开磨的时间与水泥强度及气温高低有关,以开磨后石粒不松动,水泥浆面与石粒面基本平齐为准。水泥浆强度过高,磨面耗费工时;水泥浆强度太低,磨石转动时底面所产生的负压力易把水泥浆拉成槽或将石粒打掉。为掌握相适应的硬度,大面积开磨前宜试磨,每遍磨光采用的油石规格可按表 5-21 选用,一般开磨时间见表 5-22。

表 5-21　油石规格选用

遍数	油石规格(号数)
头遍	54、60、70
二遍	90、100、120
三遍	180、220、240

表 5-22　水磨石面层开磨时间

平均温度(℃)	开磨时间(d)	
	机磨	人工磨
20~30	3~4	2~3
10~20	4~5	3~4
5~10	5~6	4~5

2)磨光作业应采用"二浆三磨"方法进行,即整个磨光过程分为磨光三遍,补浆两次。具体包括:①用 60~80 号粗石磨第一遍,随磨随用清水冲洗,并将磨出的浆液及时扫除。对整个水磨面,要磨匀、磨平、磨透,使石粒面及全部分格条顶面外露;②磨完后要及时将泥浆水冲洗干净,稍干后,涂刷一层同颜色水泥浆(即补浆),用以填补砂眼和凹痕,对个别脱石部位要填补好,不同颜色上浆时,要按先深后浅的顺序进行;③补刷浆第二天后需养护 3~4 d,然后用 100~150 号磨石进行第二遍研磨,方法同第一遍。要求磨至表面平滑,无模糊不清之处为止;④磨完清洗干净后,再涂刷一层同色水泥浆。继续养护 3~4 d,用 180~240 号细磨石进行第三遍研磨,要求磨至石子粒显露,表面平整光滑,无砂眼细孔为止,并用清水将其冲洗干净。

(7)抛光。抛光主要是化学作用与物理作用的混合,即腐蚀作用和填补作用。抛光所用的草酸和氧化铝加水后的混合溶液与水磨石表面在摩擦力作用下,立即腐蚀了细磨表面的突出部分,又将生成物挤压到凹陷部位,经物理和化学反应,使水磨石表面形成一层光泽膜,然后经打蜡保护,使水磨石地面呈现光泽。

在水磨石面层磨光后涂草酸和上蜡前,其表面严禁污染。涂草酸和上蜡工作,应是在有影响面层质量的其他工序全部完成后进行。

1)擦草酸可使用 10% 浓度的草酸溶液,再加入 1%~2% 的氧化铝。擦草酸有两种方法。一种方法是涂草酸溶液后随即用 280~320 号油石进行细磨,草酸溶液起助磨剂作用,照此法施工,一般能达到表面光洁的要求。如感不足,可采用第二种方法,做法是将地面冲洗干净,浇上草酸溶液,把布卷固定在磨石机上进行研磨,至表面光滑为止。最后再冲洗干净,晾干,准备上蜡抛光。

2)上蜡。上述工作完成后,可进行上蜡。上蜡的方法是,在水磨石面层上薄涂一层蜡,稍干后用磨光机研磨,或用钉有细帆布(或麻布)的木块代替油石,装在磨石机上研磨出光亮后,再涂蜡研磨一遍,直到光滑洁亮为止。

4.施工注意事项

(1)推手推车时不许碰撞门口立边和栏杆及墙柱饰面,门框适当要包铁皮保护,以防手推车缘头碰撞门框。

(2)施工时不得碰撞水暖立管等。并保护好地漏、出水口等部位安放的临时堵头,以防灌入浆液杂物造成堵塞。

(3)磨石机应有罩板,以免浆水四溅沾污墙面,施工时污染的墙柱面、门窗框、设备及管线要及时清理干净。

(4)养护期内(一般宜不少于 7 d),严禁在饰面推手推车,放重物及随意践踏。

(5)磨石浆应有组织排放,及时清运到指定地点,并倒入预先挖好的沉淀坑内,不得流入地漏、下水排污口内,以免造成堵塞。

(6)完成后的面层,严禁在上面推车随意践踏、搅拌浆料、抛掷物件。堆放料具物品时要采取隔离防护措施,以免损伤面层。

(7)在水磨石面层磨光后,涂草酸和上蜡前,其表面不得污染。

第六章 防水工程

第一节 防水混凝土

一、施工要求

(1)防水混凝土应通过调整配合比,掺加外加剂、掺合料配制而成,抗渗等级不得小于P6。

(2)防水混凝土的施工配合比应通过试验确定,抗渗等级应比设计要求提高一级(0.2 MPa)。

(3)防水混凝土的设计抗渗等级见表6-1。

表 6-1 防水混凝土设计抗渗等级

工程埋置深度(m)	设计抗渗等级	工程埋置深度(m)	设计抗渗等级
<10	P6	20~30	P10
10~20	P8	30~40	P12

(4)防水混凝土结构底板的混凝土垫层,强度等级不应小于C15,厚度不应小于100 mm,在软弱土层中不应小于150 mm。

(5)防水混凝土结构,应符合下列规定。

1)结构厚度不应小于250 mm。

2)裂缝宽度不得大于0.2 mm,并不得贯通。

3)迎水面钢筋保护层厚度不应小于50 mm。

二、施工工艺

1. 模板支设

(1)模板应平整,拼缝严密,并应有足够的刚度、强度,吸水性要小,支撑牢固,装拆方便,以钢模、木模或塑料模板为宜。

(2)固定模板尽量避免采用螺栓或钢丝贯穿混凝土墙的方法,以避免水沿缝隙渗入。在条件适宜的情况下,可采用滑模施工或采取在模板外侧进行加固的方法。

(3)固定模板时,严禁用钢丝穿过防水混凝土结构,混凝土结构内部设置的各种钢筋或绑扎钢丝不得接触模板,以防在混凝土内部形成渗水通道。固定模板用的螺栓必须穿过混凝土结构时,可采用工具式螺栓或螺栓加堵头,螺栓上应加焊止水环,止水环边缘距螺栓不小于3 cm。拆模后采取加强防水措施,将留下的凹槽封堵密实,并在迎水面涂刷防水涂料,管道、套管等穿墙时,应加焊止水环,如图6-1所示,并焊满。

2. 钢筋施工

(1)钢筋下料及绑扎。钢筋的规格、型号、形状、尺寸等应符合设计要求。钢筋下料要准

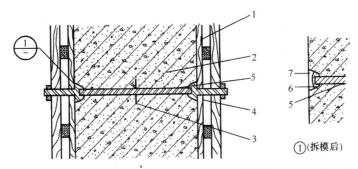

图 6-1 固定模板用螺栓的防水做法

1—模板；2—结构混凝土；3—止水环；4—工具式螺栓；

5—固定模板用螺栓；6—嵌缝材料；7—聚合物水泥砂浆

确，避免下料过长触及模板；钢筋相互间要绑扎牢固，以防浇捣混凝土时，因碰撞、振动使绑丝松扣、钢筋位移，造成露筋。绑扎时要注意使绑丝头弯向里侧。

（2）钢筋保护层控制。

1）钢筋保护层厚度要符合设计要求，避免出现误差。迎水面钢筋保护层厚度不得小于50 mm。

2）控制钢筋保护层，可采用相同配合比的细石混凝土、水泥砂浆或塑料垫块按设计要求尺寸，将钢筋垫起，严禁以钢筋垫钢筋，或将钢筋用铁钉、钢丝直接固定在模板上。

3）当采用铁马凳架设钢筋时，在不能取掉情况下，要在铁马凳上加焊止水环，或在铁马凳下加混凝土垫块。

（3）浇筑混凝土时，要有专人负责看管钢筋，发现有钢筋移位或松扣的要及时将钢筋调整归位并绑扎牢固。

3.防水混凝土配合比设计

（1）混凝土中水泥用量不得小于 320 kg/m³；掺有活性掺合料时，水泥用量不得少于280 kg/m³。

（2）砂率宜为 35%～40%，泵送时可增至 45%，灰砂比宜为(1:1.5)～(1:2.5)。

（3）水胶比不得大于 0.55，具体要求见表 6-2。

表 6-2 防水混凝土水胶比

抗渗等级	最大水胶比	
	C20～C30	C30 以上
P6	0.55	0.55
P8～P12	0.55	0.5
P12 以上	0.5	0.45

（4）普通防水混凝土坍落度不宜大于 50 mm。防水混凝土采用预拌混凝土时，入泵坍落度宜控制在 140 mm±20 mm，入泵前坍落度每小时损失值不应大于 30 mm，坍落度总损失值不应大于 60 mm。

（5）掺加引气剂或引气型减水剂的混凝土还应进行含气量试验，混凝土含气量应控制在

3%～5%。

(6)防水混凝土采用预拌混凝土时,缓凝时间宜为 6～8 h。

4. 防水混凝土搅拌

(1)准确计算、称量投料量。混凝土应严格按照选定的施工配合比配制,根据当天的测定骨料含水率,计算出施工配合比各材料实际用量,各种材料用量要逐一计量。水泥、水、外加剂掺合料计量允许偏差不应大于±1%;砂、石计量允许偏差不应大于±2%。外加剂的掺加方法遵从所选外加剂的使用要求,使用减水剂时,减水剂宜预溶成一定浓度的溶液。现场搅拌投料顺序为:石子→砂→水泥→掺合料、水→外加剂。投料先干拌 0.5～1 min 再加水,水分 3 次加入。选购商品混凝土应遵照《预拌混凝土》(GB/T 14902—2003)执行。

(2)控制搅拌时间。防水混凝土应采用机械搅拌,搅拌时间不应小于 2 min,掺入引气型外加剂,则搅拌时间为 2～3 min。掺入其他外加剂时,应根据外加剂的技术要求确定搅拌时间。

5. 防水混凝土运输

(1)混凝土运输应保持连续均衡,间隔时间不应超过 1.5 h,在初凝前浇筑完毕。运送距离远或气温较高时,可加入缓凝型减水剂。

(2)防水混凝土拌和物在运输后如出现离析,必须进行二次搅拌。当坍落度损失后不能满足施工要求时,应加入原水胶比的水泥浆或二次掺加减水剂进行搅拌,严禁直接加水。

6. 防水混凝土浇筑和振捣

(1)浇筑前,应将模板内杂物清理干净,木模用水湿润模板,浇筑时,若入模自由高度超过 3 m,则需用串筒、溜槽辅助工具或其他有效办法将混凝土送入,以防离析和造成石子滚落堆积,影响质量。

(2)防水混凝土必须采用高频机械振捣密实,振捣时间为 10～30 s,以混凝土泛浆和不冒气泡不下沉为准,应避免漏振、欠振和超振。掺加引气剂或引气型减水剂时,应采用高频插入式振捣器振捣。

(3)铺灰和振捣宜选择对称位置开始,防止模板走动。浇筑时,要分层铺混凝土,分层振捣;混凝土分层厚度:当采用插入式振捣器时为振捣器作用部分长度的 1.25 倍,当表面振动时不应超过 200 mm,浇筑到最上层表面,必须用木抹找平,使表面密实平整。

(4)在防水混凝土结构中有密集管群穿过处,预埋件或钢筋稠密处,浇筑混凝土有困难时,可采用相同抗渗等级的细石混凝土浇筑;预埋大管径的套管或面积较大的金属板时,应在其底部开设浇筑振捣孔,以利排气、浇筑和振捣。

(5)防水混凝土应连续浇筑,分层浇筑时上层混凝土必须在下层混凝土初凝前浇筑完成,否则应留置施工缝。

7. 防水混凝土养护

防水混凝土终凝后应立即进行养护,养护时间不得小于 14 d。浇水养护次数应能保持混凝土充分湿润,并用湿草袋或薄膜覆盖混凝土的表面,避免暴晒。冬期施工应有保暖、保温措施。防水混凝土不宜采用电热法养护。

8. 拆模

防水混凝土不宜过早拆模。底模及其支架拆除时的混凝土强度应符合设计要求;当设计无具体要求时,应符合表 6-3 的规定。拆模时防水混凝土表面温度与周围气温之差不得超过 15℃,以防混凝土表面出现裂缝。

表 6-3 底模拆除时的混凝土强度要求

构件类型	构件跨度(m)	达到设计的混凝土立方体抗压强度标准值的百分率(%)
板	≤2	≥50
	>2,≤8	≥75
	>8	≥100
梁、拱、壳	≤8	≥75
	>8	≥100
悬臂构件	—	≥100

9. 防水混凝土施工缝

(1)施工缝留设位置。

1)墙体水平施工缝不应留在剪力与弯矩最大处或底板与侧墙的交接处,应留在高出底板表面不小于 300 mm 的墙体上。拱(板)墙结合的水平施工缝,宜留在拱(板)墙接缝线以下 150~300 mm。墙体有预留孔洞时,施工缝距孔洞边缘不应小于 300 mm。

2)垂直施工缝应避开地下水和裂隙水较多的地段,并宜与变形缝相结合。

(2)施工缝防水的构造形式如图 6-2 所示。

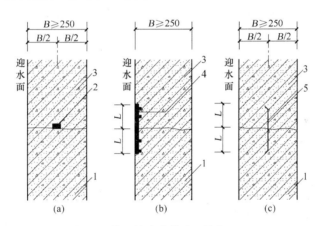

图 6-2　施工缝防水构造(单位:mm)

1—浇混凝土;2—遇水膨胀止水条;3—后浇混凝土;4—外贴防水层;5—中埋止水带;

注:外贴止水带 L≥150;外涂防水涂料 L=200;外抹防水砂浆 L=200;

钢板止水带 L≥100;橡胶止水带 L≥125;钢板橡胶止水带 L≥120

(3)施工缝的施工。

1)水平施工缝浇灌混凝土前,应将其表面浮浆和杂物清除,先铺净浆,再铺 30~50 mm 厚的 1∶1 水泥砂浆或涂刷混凝土界面处理剂,及时浇灌混凝土。

2)垂直施工缝浇灌混凝土前,应将其表面清理干净,并涂刷水泥净浆或混凝土界面处理剂,及时浇灌混凝土。

3)选用的遇水膨胀止水条应具有缓胀性能,其 7 d 的膨胀率不应大于最终膨胀率的 60%。

4)遇水膨胀止水条应牢固地安装在缝表面或预留槽内。

5)采用中埋式止水带时,应确保位置准确、固定牢靠。

三、防水混凝土施工质量要求

1. 防水混凝土

(1)防水混凝土适用于抗渗等级不小于 P6 的地下混凝土结构;不适用于环境温度高于80℃的地下工程。处于侵蚀性介质中,防水混凝土的耐侵蚀性要求应符合现行国家标准《工业建筑防腐蚀设计规范》(GB 50046—2008)和《混凝土结构耐久性设计规范》(GB/T 50476—2008)的有关规定。

(2)水泥的选择应符合下列规定:①宜采用普通硅酸盐水泥或硅酸盐水泥,采用其他品种水泥时应经试验确定;②在受侵蚀性介质作用时,应按介质的性质选用相应的水泥品种;②不得使用过期或受潮结块的水泥,并不得将不同品种或强度等级的水泥混合使用。

(3)砂、石的选择应符合下列规定:①砂宜选用中粗砂,含泥量不应大于 3.0%,泥块含量不宜大于 1.0%;②不宜使用海砂;在没有使用河砂的条件时,应对海砂进行处理后才能使用,且控制氯离子含量不得大于 0.06%;③碎石或卵石的粒径宜为 5～40 mm,含泥量不应大于1.0%,泥块含量不应大于 0.5%;④对长期处于潮湿环境的重要结构混凝土用砂、石,应进行碱活性检验。

(4)矿物掺合料的选择应符合下列规定:①粉煤灰的级别不应低于Ⅱ级,烧失量不应大于5%;②硅粉的比表面积不应小于 15 000 m²/kg,SiO_2 含量不应小于 85%;③粒化高炉矿渣粉的品质要求应符合现行国家标准《用于水泥和混凝土中的粒化高炉矿渣粉》(GB/T 18046—2008)的有关规定。

(5)混凝土拌合用水,应符合现行行业标准《混凝土用水标准》(JGJ 63—2006)的有关规定。

(6)外加剂的选择应符合下列规定:①外加剂的品种和用量应经试验确定,所用外加剂应符合现行国家标准《混凝土外加剂应用技术规范》(GB 50119—2003)的质量规定;②掺加引气剂或引气型减水剂的混凝土,其含气量宜控制在 3%～5%;③考虑外加剂对硬化混凝土收缩性能的影响;④严禁使用对人体产生危害、对环境产生污染的外加剂。

(7)防水混凝土的配合比应经试验确定,并应符合下列规定:①试配要求的抗渗水压值应比设计值提高 0.2 MPa;②混凝土胶凝材料总量不宜小于 320 kg/m³,其中水泥用量不宜小于260 kg/m³,粉煤灰掺量宜为胶凝材料总量的 20%～30%,硅粉的掺量宜为胶凝材料总量的2%～5%;③水胶比不得大于 0.50,有侵蚀性介质时水胶比不宜大于 0.45;④砂率宜为35%～40%,泵送时可增至 45%;⑤灰砂比宜为(1:1.5)～(1:2.5);⑥混凝土拌和物的氯离子含量不应超过胶凝材料总量的 0.1%;混凝土中各类材料的总碱量即 Na_2O 当量不得大于 3 kg/m³。

(8)防水混凝土采用预拌混凝土时,入泵坍落度宜控制在 120～160 mm,坍落度每小时损失不应大于 20 mm,坍落度总损失值不应大于 40 mm。

(9)混凝土拌制和浇筑过程控制应符合下列规定。

1)拌制混凝土所用材料的品种、规格和用量,每工作班检查不应少于两次。每盘混凝土组成材料计量结果的允许偏差见表 6-4。

表 6-4　混凝土组成材料计量结果的允许偏差　　　　　　　　(%)

混凝土组成材料	每盘计量	累计计量
水泥、掺合料	±2	±1

混凝土组成材料	每盘计量	累计计量
粗、细骨料	±3	±2
水、外加剂	±2	±1

注:累计计量仅适用于计算机控制计量的搅拌站。

2)混凝土在浇筑地点的坍落度,每工作班至少检查两次,坍落度试验应符合现行国家标准《普通混凝土拌合物性能试验方法标准》(GB/T 50080—2002)的有关规定。混凝土坍落度允许偏差见表 6-5。

表 6-5　混凝土坍落度允许偏差 (单位:mm)

规定坍落度	允许偏差
≤40	±10
50~90	±20
>90	±30

3)泵送混凝土在交货地点的入泵坍落度,每工作班至少检查两次。混凝土入泵时的坍落度允许偏差见表 6-6。

表 6-6　混凝土入泵时的坍落度允许偏差 (单位:mm)

所需坍落度	允许偏差
≤100	±20
>100	±30

4)当防水混凝土拌和物在运输后出现离析,必须进行二次搅拌。当坍落度损失后不能满足施工要求时,应加入原水胶比的水泥浆或掺加同品种的减水剂进行搅拌,严禁直接加水。

(10)防水混凝土抗压强度试件,应在混凝土浇筑地点随机取样后制作,并应符合下列规定。

1)同一工程、同一配合比的混凝土,取样频率与试件留置组数应符合现行国家标准《混凝土结构工程施工质量验收规范》(GB 50204—2002)(2011 版)的有关规定。

2)抗压强度试验应符合现行国家标准《普通混凝土力学性能试验方法标准》(GB/T 50081—2002)的有关规定。

3)结构构件的混凝土强度评定应符合现行国家标准《混凝土强度检验评定标准》(GB/T 50107—2010)的有关规定。

(11)防水混凝土抗渗性能应采用标准条件下养护混凝土抗渗试件的试验结果评定,试件应在混凝土浇筑地点随机取样后制作,并应符合下列规定。

1)连续浇筑混凝土每 500 m³ 应留置一组 6 个抗渗试件,且每项工程不得少于两组;采用预拌混凝土的抗渗试件,留置组数应视结构的规模和要求而定。

2)抗渗性能试验应符合现行国家标准《普通混凝土长期性能和耐久性能试验方法标准》(GB/T 50082—2009)的有关规定。

(12)大体积防水混凝土的施工应采取材料选择、温度控制、保温保湿等技术措施。在设计许可的情况下,掺粉煤灰混凝土设计强度等级的龄期宜为 60 d 或 90 d。

(13)防水混凝土分项工程检验批的抽样检验数量,应按混凝土外露面积每 100 m² 抽查 1 处,每处 10 m²,且不得少于 3 处。

2. 主控项目

(1)防水混凝土的原材料、配合比及坍落度必须符合设计要求。

检验方法:检查产品合格证、产品性能检测报告、计量措施和材料进场检验报告。

(2)防水混凝土的抗压强度和抗渗性能必须符合设计要求。

检验方法:检查混凝土抗压强度、抗渗性能检验报告。

(3)防水混凝土结构的施工缝、变形缝、后浇带、穿墙管、埋设件等设置和构造必须符合设计要求。

检验方法:观察检查和检查隐蔽工程验收记录。

3. 一般项目

(1)防水混凝土结构表面应坚实、平整,不得有露筋、蜂窝等缺陷;埋设件位置应准确。

检验方法:观察检查。

(2)防水混凝土结构表面的裂缝宽度不应大于 0.2 mm,且不得贯通。

检验方法:用刻度放大镜检查。

(3)防水混凝土结构厚度不应小于 250 mm,其允许偏差应为 +8 mm、-5 mm;主体结构迎水面钢筋保护层厚度不应小于 50 mm,其允许偏差应为 ±5 mm。

检验方法:尺量检查和检查隐蔽工程验收记录。

第二节　水泥砂浆防水层

一、施工要求

(1)水泥砂浆防水层包括普通水泥砂浆、聚合物水泥防水砂浆、掺外加剂或掺合料防水砂浆等,宜采用多层抹压法施工。

(2)水泥砂浆防水层可用于结构主体的迎水面或背水面。

(3)水泥砂浆防水层应在基础垫层、初期支护、围护结构及内衬结构验收合格后方可施工。

(4)水泥砂浆品种和配合比设计应根据防水工程要求确定。

(5)聚合物水泥砂浆防水层,当防水层等级为Ⅰ级或Ⅱ级时,厚度宜为 10～12 mm(双层施工),防水等级为Ⅲ、Ⅳ级时,厚度宜为 7～8 mm(单层施工);掺外加剂、掺合料等的水泥砂浆防水层厚度宜为 18～20 mm。

(6)聚合物水泥砂浆水灰比宜为 10%～15%。

(7)水泥砂浆防水层基层,其混凝土强度等级不应低于 C15;砌体结构砌筑用的砂浆强度等级不应低于 M7.5。

二、普通防水砂浆防水层施工

1. 防水砂浆的配制与拌和

(1)普通防水砂浆按表 6-7 进行配制。

(2)防水砂浆的拌和。

1)素水泥浆可用人工拌和,将水泥放入桶中,然后按设计水灰比加水拌和均匀;水泥砂浆应用机械搅拌,先将水泥和砂倒入搅拌机,干拌均匀,再加水搅拌 1~2 min。

表 6-7 普通水泥砂浆防水层的配合比

名称	配合比(质量比)		水灰比	适用范围
	水泥	砂		
水泥浆	1	—	0.55~0.60	水泥砂浆防水层的第一层
	1	1	0.37~0.4	水泥砂浆防水层的第三层 水泥砂浆防水层的第五层
水泥砂浆	1	1.5~2.0	0.4~0.5	水泥砂浆防水层的第二、四层

2)拌和的灰浆不宜存放过久,防止离析和产生初凝,以保证灰浆的和易性和质量。当采用普通硅酸盐水泥拌制灰浆时,气温为 5℃~20℃时,存放时间应小于 60 min,气温为 20℃~35℃时,存放时间应小于 45 min;当采用矿渣硅酸盐水泥或火山灰质硅酸盐水泥拌制灰浆时,气温为 5℃~20℃时,存放时间应小于 90 min,气温为 20℃~35℃时,存放时间应小于 50 min。

2. 混凝土墙(顶板)抹防水砂浆层

(1)第一层:水泥浆层。水灰比为 0.55~0.62,分两次抹成。混凝土基层处理完毕并保潮后,用铁抹子刮抹一层 1 mm 原水泥浆,往返用力刮抹 5~6 遍,使水泥颗粒充分分散,以填实基体的孔隙,提高粘结力。第二次再抹 1 mm,其厚度要均匀并应找平。水泥浆抹完后,应在初凝前再用排笔蘸水依次均匀地水平涂刷一遍,但要注意不可蘸水太多,以免将素灰冲掉。

(2)第二层:水泥砂浆层。水灰比 0.4~0.5,厚度为 4~5 mm。此层应在第一层水泥浆初凝期间涂抹,抹压要轻,不要破坏水泥浆层,但要压入该层厚度的 1/4 内。在水泥砂浆初凝前,再用扫帚顺序地按同一个方向在砂浆表面扫出横向条纹,此时切忌蘸水扫和不按同一个方向地往返扫。

(3)第三层:水泥浆层。水灰比 0.37~0.4,厚度为 2 mm。此层应在第二层(水泥砂浆层)终凝后涂抹。涂抹前要喷水湿润第二层砂浆表面,然后按第一层(水泥浆层)的做法涂抹,但涂抹方向应改为垂直,上下往返刮抹 4~5 遍。

(4)第四层:水泥砂浆层。水灰比 0.4~0.5,厚度为 4~5 mm。此层应在第三层素灰凝结前按第二层做法涂抹,并在水泥砂浆初凝前分次用铁抹子抹压 5~6 遍,最后用铁抹子压光。

(5)第五层:水泥浆层。水灰比为 0.55~0.6。此层系在第四层水泥砂浆层抹压两遍后,用毛刷均匀地涂刷于第四层水泥砂浆层上并同第四层水泥砂浆层一起压光。

3. 砖墙面抹水泥砂浆防水层

砖墙面水泥砂浆防水层的做法,除第一层外,其他各层操作方法与混凝土墙面操作相同。抹灰前一天用水管把砖墙浇透,第二天抹灰时再把砖墙洒水湿润,然后在墙面上涂刷水泥浆一遍,厚度约为 1 mm,涂刷时沿水平方向往返涂刷 5~6 遍,涂刷要均匀,灰缝处不得遗漏。涂刷后,趁水泥浆呈糨糊状时即抹第二层防水砂浆。

4. 地面抹水泥砂浆防水层

地面的水泥砂浆防水层施工与混凝土墙面的不同,主要是水泥浆层(第一、三层)不是刮抹的方法,而是将搅拌好的水泥浆倒在地面上,用刷子往返用力涂刷均匀。

第二层和第四层是在水泥浆初凝前,将拌好的水泥砂浆均匀铺在水泥浆层上,按墙面操作要求抹压,各层厚度也与墙面防水层相同。施工时应由里向外,尽量避免施工时踩踏防水层。

在防水层表面需做地砖或其他面层材料时,可在第四层压光3~4遍后,用毛刷将表面扫毛,凝固且达到上人强度后再进行装饰面层施工。

5. 水泥砂浆防水层的养护

水泥砂浆防水层终凝后,应及时覆盖进行浇水养护。养护时先用喷壶慢慢喷水,养护一段时间后再用水管浇水。养护温度不宜低于5℃,养护时间不得小于14 d,夏天应增加浇水次数,但避免在中午最热时浇水养护,对于易风干部分,浇水间隔时间要缩短,以保持表面为湿润状态为准。

6. 细部构造及处理

(1)防水层的设置高度应高出地墙(面)15 cm以上。

(2)穿透防水层的预埋螺栓等,可沿螺栓四周剔成深3 cm、宽2 cm的凹槽(凹槽尺寸视预埋件大小调整)。在防水层施工前,将预埋件铁锈、油污清除干净,用水灰比为0.2左右的素灰将凹槽嵌实,随即刷水泥浆一道。

(3)露出防水层的管道等,应根据管件的大小在其周围剔出适当尺寸的沟槽,将铁锈除尽,冲洗干净后用水灰比为0.2的干素灰将沟槽捻实,随即抹素灰一层砂浆一层并扫成毛面。

三、掺外加剂水泥砂浆防水层施工

1. 掺外加剂防水砂浆的配制

(1)防水砂浆的配制应通过试配确定配合比,试配时要依据以下因素。

1)所选外加剂的品种、适用范围、性能指标、成分、掺量等,应通过试验确定。

2)所选水泥的品种、强度等级、初终凝时间。

3)根据工程实际情况和要求进行选择水泥、外加剂进行试配。

(2)砂浆的拌制应采用机械搅拌,按照选定的配合比准确称量各种原材料,投料顺序要参照外加剂使用说明书,搅拌时间适当延长。

2. 操作要求

(1)施工温度不应低于5℃,不高于35℃。不得在雨天、烈日暴晒下施工。阴阳角应做成圆弧形。圆弧半径:阳角10 mm,阴角为50 mm。

(2)严格掌握好各工序间的衔接,需在上一层没有干燥或终凝时,及时抹下层,以免粘不牢影响防水质量。

(3)抹灰前应把基层表面的油垢、灰尘和杂物清理干净,对光滑的基层表面进行凿毛处理,麻面率不小于75%,然后用水湿润基层。

(4)在已凿毛和干净湿润的基面上,均匀刷一道水泥防水剂素浆作结合层,以提高防水砂浆与基层的粘结力,厚度约2 mm。

(5)在结合层未干之前,必须及时抹第一层防水砂浆作找平层,抹平压实后,用木抹搓出麻面。

(6)在找平层初凝后,及时抹第二层防水砂浆,用铁抹子反复压实。

(7)在第二层防水砂浆终凝以后,抹面层砂浆(或其他饰面),可分两次抹压,抹压前,先在底层砂浆上刷一道防水净浆,随涂刷,随抹面层砂浆,最后压实压光。

（8）水泥砂浆防水层终凝后,应及时进行养护,养护温度不宜低于5℃,养护时间不得小于14 d,养护期间应保持湿润。

四、聚合物水泥砂浆防水层施工

1. 聚合物水泥砂浆的配制

（1）聚合物水泥砂浆参考配合比为:水泥:砂:聚合物乳液:水=1:(1~2):(0.25~0.50):适量。施工时应视工程特点在施工现场经试拌确定。

（2）聚合物水泥砂浆应采用人工或立式搅拌机拌和,拌和器具应清理干净。拌制时,水泥与砂先干拌均匀,然后倒入乳液和水拌和3~5 min,配制好的聚合物水泥砂浆应在20~45 min(视气候而定)内用完。

2. 施工要求

（1）聚合物水泥砂浆施工温度以5℃~35℃为宜,室外施工不得在雨天、雪天和五级风及其以上时施工。

（2）施工前,应清除基层的疏松层、油污、灰尘等杂物,并用钢丝刷将基层划毛。

（3）涂抹聚合物水泥砂浆前,应先将基层用水冲洗干净,充分湿润,不积水。按产品说明书的要求配制底涂材料打底,涂刷时力求薄而均匀。

（4）聚合物水泥砂浆应在底涂材料涂刷15 min后开始铺抹。

（5）聚合物水泥砂浆铺抹应按下列要求进行。

1）涂层厚度大于10 mm时,立面和顶面应分层施工,第二层应待第一层指触干后进行,各层紧密贴合。

2）每层宜连续施工,如必须留槎时,应采用阶梯形槎,接槎部位离阴阳角不得小于200 mm,接槎应依层次顺序操作,层层搭接紧密。

3）铺抹可采用抹压或喷涂施工。喷涂施工时,喷枪的喷嘴应垂直于基面,合理调整压力和喷嘴与基面距离的关系。

4）铺抹时应压实、抹平;如遇气泡要挑破压紧,保证铺抹密实;最后一层表面应提浆压光。

（6）聚合物水泥砂浆防水层应在终凝后进行保湿养护,时间不少于7 d。在防水层未达到硬化状态时,不得浇水养护或直接受雨水冲刷,硬化后可采用干湿交替的养护方法。在潮湿环境中,可在自然条件下养护。

（7）过水构筑物应待聚合物水泥砂浆防水层施工完成28 d后方可投入运行。

（8）施工后,应及时将施工机具清洗干净。

五、水泥砂浆防水层施工质量要求

1. 水泥砂浆防水层

（1）水泥砂浆防水层适用于地下工程主体结构的迎水面或背水面。不适用于受持续振动或环境温度高于80℃的地下工程。

（2）水泥砂浆防水层应采用聚合物水泥防水砂浆、掺外加剂或掺合料的防水砂浆。

（3）水泥砂浆防水层所用的材料应符合下列规定。

1）水泥应使用普通硅酸盐水泥、硅酸盐水泥或特种水泥,不得使用过期或受潮结块的水泥。

2）砂宜采用中砂,含泥量不应大于1.0%,硫化物及硫酸盐含量不应大于1.0%。

3）用于拌制水泥砂浆的水,应采用不含有害物质的洁净水。

4）聚合物乳液的外观为均匀液体，无杂质、无沉淀、不分层。

5）外加剂的技术性能应符合现行国家或行业有关标准的质量要求。

（4）水泥砂浆防水层的基层质量应符合下列规定。

1）基层表面应平整、坚实、清洁，并应充分湿润、无明水。

2）基层表面的孔洞、缝隙，应采用与防水层相同的水泥砂浆堵塞并抹平。

3）施工前应将埋设件、穿墙管预留凹槽内嵌填密封材料后，再进行水泥砂浆防水层施工。

（5）水泥砂浆防水层施工应符合下列规定。

1）水泥砂浆的配制，应按所掺材料的技术要求准确计量。

2）分层铺抹或喷涂，铺抹时应压实、抹平，最后一层表面应提浆压光。

3）防水层各层应紧密粘合，每层宜连续施工；必须留设施工缝时，应采用阶梯坡形槎，但与阴阳角处的距离不得小于 200 mm。

4）水泥砂浆终凝后应及时进行养护，养护温度不宜低于 5℃，并应保持砂浆表面湿润，养护时间不得少于 14 d；聚合物水泥防水砂浆未达到硬化状态时，不得浇水养护或直接受雨水冲刷，硬化后应采用干湿交替的养护方法。潮湿环境中，可在自然条件下养护。

（6）水泥砂浆防水层分项工程检验批的抽样检验数量，应按施工面积每 100 m² 抽查 1 处，每处 10 m²，且不得少于 3 处。

2. 主控项目

（1）防水砂浆的原材料及配合比必须符合设计规定。

检验方法：检查产品合格证、产品性能检测报告、计量措施和材料进场检验报告。

（2）防水砂浆的粘结强度和抗渗性能必须符合设计规定。

检验方法：检查砂浆粘结强度、抗渗性能检验报告。

（3）水泥砂浆防水层与基层之间应结合牢固，无空鼓现象。

检验方法：观察和用小锤轻击检查。

3. 一般项目

（1）水泥砂浆防水层表面应密实、平整，不得有裂纹、起砂、麻面等缺陷。

检验方法：观察检查。

（2）水泥砂浆防水层施工缝留槎位置应正确，接槎应按层次顺序操作，层层搭接紧密。

检验方法：观察检查和检查隐蔽工程验收记录。

（3）水泥砂浆防水层的平均厚度应符合设计要求，最小厚度不得小于设计厚度的 85%。

检验方法：用针测法检查。

（4）水泥砂浆防水层表面平整度的允许偏差应为 5 mm。

检验方法：用 2 m 靠尺和楔形塞尺检查。

第三节　卷材防水层

一、施工要求

（1）卷材防水层应采用高聚物改性沥青防水卷材和合成高分子防水卷材。所选用的基层处理剂、胶粘剂、密封材料等配套材料，均应与铺贴的卷材材性相容。

（2）卷材防水层为一层或两层。高聚物改性沥青防水卷材厚度不应小于 3 mm，单层使用时,厚度不应小于 4 mm,双层使用时,总厚度不应小于 6 mm;合成高分子防水卷材单层使用时,厚度不应小于 1.5 mm,双层使用时,总厚度不应小于 2.4 mm。

(3)阴阳角处应做成圆弧或 45°(135°)折角,其尺寸视卷材品质确定。在转角处、阴阳角等特殊部位,应增贴 1~2 层相同的卷材,宽度不宜小于 500 mm。

(4)底板垫层混凝土平面部位的卷材宜采用空铺法或点粘法,其他与混凝土结构相接触的部位应采用满粘法。

(5)顶板卷材防水层上的细石混凝土保护厚度不应小于 70 mm,防水层为单层卷材时,在防水层与保护层之间应设隔离层。

(6)底板卷材防水层上的细石混凝土保护层厚度不应小于 50 mm。

(7)侧墙卷材防水层宜采用软保护或铺抹 20 mm 厚的 1∶3 水泥砂浆。

二、外防外贴法施工

外防外贴法是在混凝土底板和结构墙体施工缝以下部分浇筑前,先在墙体或基梁外侧的垫层上砌筑永久性保护墙(同时作为混凝土底板外模)。平面部位的防水层铺贴在垫层上,立面部位的防水层先铺贴在永久性保护墙体上,待结构墙体浇筑后,再将上部的卷材直接铺贴在结构墙体的外表面上。

(1)先浇筑需防水结构的底面混凝土垫层,垫层宜宽出永久性保护墙 50~100 mm。

(2)在底板(或墙、基梁)外侧,用 M5 水泥砂浆砌筑宽度不小于 120 mm 厚的永久性保护墙,墙的高度不小于结构底板厚度+120 mm。注意在砌永久性保护墙时,要留出找平层、防水层和保护层的厚度。

(3)在永久性保护墙上用石灰砂浆直接砌临时保护墙,墙高为 150 mm×(卷材层数+1)。

(4)在垫层和永久性保护墙上抹 1∶3 水泥砂浆找平层,转角处抹成圆弧形。在临时保护墙上用石灰砂浆抹找平层。

(5)找平层干燥并清扫干净后,按照所用的不同卷材种类,涂刷相应的基层处理剂,如采用空铺法,可不涂基层处理剂。

(6)在贴铺防水层前,阴阳角、转角、预埋管道和突出物周边应用相同的卷材增贴 1~2 层,进行附加增强处理,附加层宽度不宜小于 500 mm。

(7)在永性保护墙上卷材防水层采用空铺法施工;在临时保护墙(或维护结构模板)上将卷材防水层临时贴附,并分层临时固定在保护墙最上端;卷材甩槎做法如图 6-3 所示。

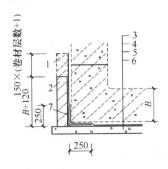

图 6-3 卷材防水层甩槎做法(单位:mm)

1—临时保护墙;2—永久保护墙;3—细石混凝土保护层;

4—卷材防水层;5—水泥砂浆找平层;6—混凝土垫层;7—卷材加强层

(8)防水层施工完毕并经检查验收合格后,宜在平面卷材防水层上干铺一层油毡作保护隔离层,在其上做水泥砂浆或细石混凝土保护层;在立面卷材上涂布一层胶后撒砂,将砂粘牢后,在永久性保护墙区段抹 20 mm 厚 1∶3 水泥砂浆,在临时保护墙区段抹石灰砂浆,作为卷材防水层的保护层。

(9)浇筑混凝土底板或墙体。此时保护墙可作为混凝土底板一侧的模板。

(10)施工底板以上混凝土墙体,并在需防水结构外表面抹 1∶3 水泥砂浆找平层。

(11)拆除临时保护墙,清除石灰砂浆,并将卷材上的浮灰和污物清洗干净,再将此区段的需防水结构外墙外表面上补抹水泥砂浆找平层,将卷材分层错槎搭接向上铺贴,上层卷材应盖过下层卷材,卷材接槎如图 6-4 所示。

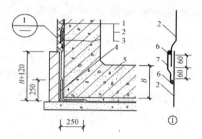

图 6-4 卷材防水层接槎做法(单位:mm)

1—结构墙体;2—卷材防水层;3—卷材保护层;

4—卷材加强层;5—结构底板;6—密封材料;7—盖缝条

(12)外墙防水层经检查验收合格,确认无渗漏隐患后,做外墙防水层的保护层,并及时进行槽边回填施工。

三、外防内贴法施工

外防内贴法是浇筑混凝土垫层后,在垫层上将永久保护墙全部砌好,将卷材防水层铺贴在永久保护墙和基层上。具体步骤如下:

(1)在已施工好的混凝土垫层上砌筑永久保护墙,并抹好水泥砂浆找平层。

(2)找平层干燥后,施工卷材防水层,铺贴时应先铺立面,后铺平面;先铺转角,后铺大面。

(3)卷材防水层铺完即应按设计要求做好保护层。

(4)施工完防水结构,并将防水层压紧。

(5)槽边回填土施工。

四、合成高分子防水卷材防水层施工

1. 三元乙丙卷材防水层(满粘法)

(1)铺贴前在基层面上排尺弹线,作为掌握铺贴的标准线,使其铺设平直。

(2)涂布基层胶合剂。基层胶合剂使用之前,需经搅拌均匀方可使用,分别涂刷在基层和卷材底面,涂刷应均匀,不漏底,不堆积。

(3)卷材涂布胶合剂。将卷材展开摊铺在干净、平整的基层上,用长把滚刷或扁刷蘸满胶合剂均匀地涂布在卷材表面上,但接头部位 100 mm 不能涂胶,膜基本干燥(手感基本不粘手)后即可进行铺贴卷材。

(4)基层表面涂布胶合剂。待底胶基本干燥后,用滚刷或扁刷蘸满胶合剂均匀涂布在干净

的基层表面上,涂胶后,待指触基本不粘时即可进行铺贴卷材的施工。

(5)卷材粘贴。将卷材用圆木卷好,由两人抬至铺设端头,注意用线控制,位置要正确,粘结固定端头,然后沿弹好的标准线向另一端铺贴,操作时卷材不要拉太紧,并注意方向沿标准线进行,以保证卷材搭接宽度。注意事项:①卷材不得在阴阳角处接头,接头处应间隔错开;②操作中注意排气,每铺完一张卷材,应立即用干净的滚刷从卷材的一端开始横向用力滚压一遍,以便将空气排出;③滚压排除空气后,为使卷材粘结牢固,应用外包橡胶的铁辊滚压一遍。

(6)卷材搭接缝的粘结。卷材铺好压实后,应将搭接部位的结合面清除干净,在搭接部位每隔1 m左右涂刷少许基层胶合剂,将接头部位的卷材翻开临时粘结固定,再用与卷材配套的接缝专用胶合剂,用毛刷在接缝粘合面上分别涂刷均匀,不露底,不堆积,以指触基本不粘手后,用手一边压合一边驱除空气,粘合后再用压辊滚压一遍,粘结牢固不翘边、不起鼓。

(7)收头处理。待全部卷材铺贴完毕后,需对卷材铺贴状况进行全面检查,是否粘合牢固,有无翘边、起鼓现象。然后将全部搭接缝处用毛刷清扫干净尘土、杂物,涂刷一遍基层胶合剂,涂刷宽度应比胶粘带宽度多5~10 mm,等胶合剂基本干燥(手感不粘手),再将密封胶带沿卷材搭接缝压紧在卷材上,不得压偏或出现间断,压实后,取下隔离纸。

(8)卷材防水层经过验收合格后,即可做保护层。

2. 聚氯乙烯(PVC)卷材防水层

(1)先在基层阴阳角处及转角处用满粘法铺贴PVC附加层,宽度不小于500 mm。

(2)根据需防水基层轮廓进行排尺弹线,并确定好卷材铺贴方向。

(3)把PVC卷材依线自然布置在基层上,平整顺直,不得扭曲,尽量少接头,有接头部位应相互错开。

(4)基层四周立面刷胶满粘,大面积平面宜采用空铺法,接缝采用热风焊接,收口部位采用固定件及铝压条固定,并用密封胶密封。

(5)平行于第一幅卷材进行下幅卷材铺贴,焊接前要检查卷材铺放是否平整顺直,搭接尺寸是否准确,卷材焊接部位应干净、干燥,先焊长边焊缝,后焊短边焊缝,依此顺序铺贴至边缘。

(6)焊接时,待焊枪升温至200℃左右,将焊枪平口伸入焊缝处,先进行预焊,后进行施焊,焊嘴与焊接方向呈45°,将PVC卷材用热风吹至表面熔融,用压辊压实,观察焊缝处有亮色提浆。

(7)待焊缝温度降至常温时,用木柄弯针检查焊缝是否有虚焊、脱焊、漏焊。

(8)如遇突出基层的管道,采用PVC板焊成直径略小于管道的圆筒,用焊枪加热紧紧套在管道上根部焊实,收口处用专用铝压条箍紧,边缘裁齐,用密封胶封口。

(9)外墙外立面施工时,采用满粘法,施工方法同三元乙丙防水层满粘法施工。

(10)防水层施工完毕,应对铺设的卷材做全面的质量检查,如有损坏,应及时做修补处理,经验收合格后,及时进行保护层施工。

3. 自粘橡胶高分子防水卷材

(1)在铺贴防水层前应在基层上均匀涂刷专用基层处理剂;在大面积铺贴防水层前,在阴角、阳角、管道口处先做附加层。

(2)铺贴前应先弹线定位,将卷材展开对准基准线试铺(隔离纸朝下)。

(3)将卷材沿中线对折,从中线处将隔离纸裁开。

(4)将隔离纸从卷材背面撕开一段长约500 mm,再将撕开隔离纸的这段卷材对准基准线贴铺定位。

（5）将该半幅卷材重新铺开就位，拉住已撕开的隔离纸纸头均匀用力向后拉，同时用压辊从卷材中部向两侧滚压，直至将该半幅卷材的隔离纸全部撕开。

（6）依照上述方法同样贴铺另半幅卷材。

（7）立面铺贴可依照上述方法自上而下一次铺贴完成。

（8）卷材短边搭接、卷材收头及异型部位等，应采用密封膏密封。卷材四周末端收头，用金属压条固定，再用密封膏密封。

（9）经过检查验收合格后，及时做好保护层。

五、高聚物改性沥青卷材防水层施工

1. 冷粘结法施工

冷粘结法是将冷粘结剂均匀地涂布在基层表面和卷材搭接边上，使卷材与基层、卷材与卷材牢固地粘结在一起的施工方法。其操作要点如下：

（1）涂刷粘结剂要均匀、不露底、不堆积。粘结剂涂布厚度一般为 1~2 mm。

（2）涂刷粘结剂后，铺贴防水卷材，其间隔时间根据粘结剂的性能确定。

（3）铺贴卷材的同时，要用压辊滚压，驱赶卷材下面的空气，使卷材粘牢。

（4）卷材的铺贴应平整顺直，不得有皱褶、翘边、扭曲等现象。卷材的搭接应牢固，接缝处溢出的冷粘结剂随即刮平，或者用热熔法接缝。

（5）卷材接缝口应用密封材料封严，密封材料宽度≥20 mm。

2. 冷自粘结法施工

冷自粘结法是在生产防水卷材的时候，就在卷材底面涂了一层压敏胶，压敏胶表面敷有一层隔离纸。施工时，撕掉隔离纸，直接铺贴卷材即可。操作要点如下：

（1）先在基层表面均匀涂布基层处理剂，处理剂干燥后再及时铺贴卷材。

（2）铺贴卷材时，要将隔离纸撕净。

（3）铺贴卷材时，用压辊滚压以驱赶卷材下面的空气，并使卷材粘牢。

（4）卷材的铺贴应平整顺直，不得有皱褶、翘边、扭曲等现象。卷材的搭接应牢固，接缝处宜采用热风焊枪加热，加热后随即粘牢卷材，溢出的压敏胶随即刮平。

（5）卷材接缝口应用密封材料封严，密封材料宽度≥20 mm。

3. 热熔法施工

热熔法是用火焰喷枪喷出的火焰烘烤卷材表面和基层，待卷材表面熔融至光亮黑色，基层得到预热，立即滚铺卷材。边熔融卷材表面，边滚铺卷材，使卷材与基层、卷材与卷材之间紧密粘结。操作要点如下：

（1）喷枪加热器喷出的火焰，距卷材面的距离应适中；幅宽内加热应均匀，不得过分加热或烧穿卷材，以卷材表面熔融至光亮黑色为宜。

（2）卷材表面热熔后，应立即滚铺卷材，并用压辊滚压卷材，排除卷材下面空气，使卷材粘结牢固、平整，无褶、扭曲等现象。

（3）卷材接缝处，用溢出的热熔改性沥青随即刮平封口。

4. 施工技术要求

（1）采用热熔法或冷粘法铺贴卷材，应符合下列规定。

1）底板垫层混凝土平面部位的卷材宜采用空铺法或点粘法，其他与混凝土结构相接触的部位应采用满粘法。

2) 采用热熔法施工高聚物改性沥青卷材时,幅宽内卷材底表面加热应均匀,不得过分加热或烧穿卷材。采用冷粘法施工合成高分子卷材时,必须采用与卷材材性相容的胶合剂,并应涂刷均匀。

3) 铺贴时应展平压实,卷材与基面和各层卷材间必须粘接紧密。

4) 铺贴立面卷材防水层时,应采取防止卷材下滑的措施。

5) 两幅卷材短边和长边的搭接宽度均不应小于 100 mm。采用合成树脂类的热塑性卷材时,搭接宽度宜为 50 mm,并采用焊接法施工,焊缝有效焊接宽度不应小于 30 mm。采用双层卷材时,上下两层和相邻两幅卷材的接缝应错开 1/3~1/2 幅宽,且两层卷材不得相垂直铺贴。

6) 卷材接缝必须粘贴封严。接缝口应用材性相容的密封材料封严,宽度不应小于 10 mm。

7) 在立面与平面的转角处,卷材的接缝应留在平面上,距立面不应小于 600 mm。

(2) 采用外防外贴法铺贴卷材防水层时,应符合下列规定。

1) 铺贴卷材应先铺平面,后铺立面,交接处应交叉搭接。

2) 临时性保护墙应用石灰砂浆砌筑,内表面应用石灰砂浆做找平层,并刷石灰浆。如用模板代替临时性保护墙时,应在其上涂刷隔离剂。

3) 当不设保护墙时,从底面折向立面的卷材的接槎部位应采取可靠的保护措施。

4) 主体结构完成后,铺贴立面卷材时,应先将接槎部位的各层卷材揭开,并将其表面清理干净,如卷材有局部损伤,应及时进行修补。卷材接槎的搭接长度,高聚物改性沥青卷材为 150 mm,合成高分子卷材为 100 mm。当使用两层卷材时,卷材应错槎接缝,上层卷材应盖过下层卷材。

(3) 当施工条件受到限制时,可采用外防内贴法铺贴卷材防水层,并应符合下列规定。

1) 主体结构的保护墙内表面应抹 1∶3 水泥砂浆找平层,然后铺贴卷材,并根据卷材选用保护层。

2) 卷材宜先铺立面,后铺平面。铺贴立面时,应先铺转角,后铺大面。

(4) 卷材防水层经检查合格后,应及时做保护层,保护层应符合以下规定。

1) 顶板卷材防水层上的细石混凝土保护层厚度不应小于 70 mm,防水层为单层卷材时,在防水层与保护层之间应设置隔离层。

2) 底板卷材防水层上的细石混凝土保护层厚度不应小于 50 mm。

3) 侧墙卷材防水层宜采用软保护或铺抹 20 mm 厚的 1∶3 水泥砂浆。

六、卷材防水层施工质量要求

1. 卷材防水层

(1) 卷材防水层适用于受侵蚀性介质作用或受振动作用的地下工程;卷材防水层应铺设在主体结构的迎水面。

(2) 在进场材料检验的同时,防水卷材接缝粘结质量检验应按《地下防水工程质量验收规范》(GB 50208—2011)的附录 D 执行。

(3) 铺贴防水卷材前,基面应干净、干燥,并应涂刷基层处理剂;当基面潮湿时,应涂刷湿固化型胶粘剂或潮湿界面隔离剂。

(4) 防水卷材的搭接宽度见表 6-8。

表 6-8　防水卷材的搭接宽度

卷 材 品 种	搭接宽度(mm)
弹性体改性沥青防水卷材	100
改性沥青聚乙烯胎防水卷材	100
自粘聚合物改性沥青防水卷材	80
三元乙丙橡胶防水卷材	100/60(胶粘剂/胶粘带)
聚氯乙烯防水卷材	60/80(单焊缝/双焊缝)
	100(胶粘剂)
聚乙烯丙纶复合防水卷材	100(粘结料)
高分子自粘胶膜防水卷材	70/80(自粘胶/胶粘带)

(5)冷粘法铺贴卷材应符合下列规定。

1)胶粘剂应涂刷均匀,不得露底、堆积。

2)根据胶粘剂的性能,应控制胶粘剂涂刷与卷材铺贴的间隔时间。

3)铺贴时不得用力拉伸卷材,排除卷材下面的空气,滚压粘贴牢固。

4)铺贴卷材应平整、顺直,搭接尺寸准确,不得扭曲、皱折。

5)卷材接缝部位应采用专用胶粘剂或胶粘带满粘,接缝口应用密封材料封严,其宽度不应小于 10 mm。

(6)热熔法铺贴卷材应符合下列规定。

1)火焰加热器加热卷材应均匀,不得加热不足或烧穿卷材。

2)卷材表面热熔后应立即滚铺,排除卷材下面的空气,并粘贴牢固。

3)铺贴卷材应平整、顺直,搭接尺寸准确,不得扭曲、皱折。

4)卷材接缝部位应溢出热熔的改性沥青胶料,并粘贴牢固,封闭严密。

(7)自粘法铺贴卷材应符合下列规定。

1)铺贴卷材时,应将有黏性的一面朝向主体结构。

2)外墙、顶板铺贴时,排除卷材下面的空气,滚压粘贴牢固。

3)铺贴卷材应平整、顺直,搭接尺寸准确,不得扭曲、皱折和起泡。

4)立面卷材铺贴完成后,应将卷材端头固定,并应用密封材料封严。

5)低温施工时,宜对卷材和基面采用热风适当加热,然后铺贴卷材。

(8)卷材接缝采用焊接法施工应符合下列规定。

1)焊接前卷材应铺放平整,搭接尺寸准确,焊接缝的结合面应清扫干净。

2)焊接时应先焊长边搭接缝,后焊短边搭接缝。

3)控制热风加热温度和时间,焊接处不得漏焊、跳焊或焊接不牢。

4)焊接时不得损害非焊接部位的卷材。

(9)铺贴聚乙烯丙纶复合防水卷材应符合下列规定。

1)应采用配套的聚合物水泥防水粘结材料。

2)卷材与基层粘贴应采用满粘法,粘结面积不应小于 90%,刮涂粘结料应均匀,不得露底、堆积、流淌。

3)固化后的粘结料厚度不应小于 1.3 mm。

4)卷材接缝部位应挤出粘结料,接缝表面处应涂刮 1.3 mm 厚 50 mm 宽聚合物水泥粘结料封边。

5)聚合物水泥粘结料固化前,不得在其上行走或进行后续作业。

(10)高分子自粘胶膜防水卷材宜采用预铺反粘法施工,并应符合下列规定。

1)卷材宜单层铺设。

2)在潮湿基面铺设时,基面应平整坚固、无明水。

3)卷材长边应采用自粘边搭接,短边应采用胶粘带搭接,卷材端部搭接区应相互错开。

4)立面施工时,在自粘边位置距离卷材边缘 10～20 mm 内,每隔 400～600 mm 应进行机械固定,并应保证固定位置被卷材完全覆盖。

5)浇筑结构混凝土时不得损伤防水层。

(11)卷材防水层完工并经验收合格后应及时做保护层。保护层应符合下列规定。

1)顶板的细石混凝土保护层与防水层之间宜设置隔离层。细石混凝土保护层厚度:机械回填时不宜小于 70 mm,人工回填时不宜小于 50 mm。

2)底板的细石混凝土保护层厚度不应小于 50 mm。

3)侧墙宜采用软质保护材料或铺抹 20 mm 厚 1∶2.5 水泥砂浆。

(12)卷材防水层分项工程检验批的抽样检验数量,应按铺贴面积每 100 m² 抽查 1 处,每处 10 m²,且不得少于 3 处。

2. 主控项目

(1)卷材防水层所用卷材及其配套材料必须符合设计要求。

检验方法:检查产品合格证、产品性能检测报告和材料进场检验报告。

(2)卷材防水层在转角处、变形缝、施工缝、穿墙管等部位做法必须符合设计要求。

检验方法:观察检查和检查隐蔽工程验收记录。

3. 一般项目

(1)卷材防水层的搭接缝应粘贴或焊接牢固,密封严密,不得有扭曲、折皱、翘边和起泡等缺陷。

检验方法:观察检查。

(2)采用外防外贴法铺贴卷材防水层时,立面卷材接槎的搭接宽度,高聚物改性沥青类卷材应为 150 mm,合成高分子类卷材应为 100 mm,且上层卷材应盖过下层卷材。

检验方法:观察和尺量检查。

(3)侧墙卷材防水层的保护层与防水层应结合紧密,保护层厚度应符合设计要求。

检验方法:观察和尺量检查。

(4)卷材搭接宽度的允许偏差应为 -10 mm。

检验方法:观察和尺量检查。

第四节　涂料防水层

涂料防水适用于受侵蚀性介质或振动作用的地下工程主体迎水面或背水面涂刷的涂料防水层。

一、施工要求

（1）涂膜防水层包括无机防水涂料和有机防水涂料。无机防水涂料可选用水泥基防水涂料、水泥基渗透结晶型涂料。有机防水涂料可选用反应型、水乳型、聚合物水泥防水涂料。

（2）潮湿基层宜选用与潮湿基面粘结力大的无机涂料或有机涂料，或采用先涂水泥基类无机涂料而后涂有机涂料的复合涂层。

（3）冬期施工宜选用反应型涂料，如用水乳型涂料，温度不得低于 5℃。

（4）埋置深度较深的重要工程、有振动或有较大变形的工程宜选用高弹性防水涂料。

（5）有腐蚀性的地下环境宜选用耐腐蚀性较好的反应型、水乳型、聚合物水泥涂料并做刚性保护层。

（6）聚合物水泥防水涂料应选用 Ⅱ 型产品。

（7）采用有机防水涂料时，基层阴阳角应做成圆弧形，阴角直径宜大于 50 mm，阳角直径大于 10 mm，在底板转角部位应增加胎体增强材料。

（8）掺外加剂、掺合料的水泥基防水涂料厚度不得小于 3.0 mm；水泥基渗透结晶型防水涂料的用量不应小于 1.5 kg/m²，且厚度不应小于 1.0 mm；有机防水涂料的厚度不得小于 1.2 mm。

二、涂刷前的准备工作

（1）基层干燥程序要求。基层的检查、清理、修整应符合要求。基层的干燥程度应视涂料特性而定，水乳型涂料，基层干燥程度可适当放宽；溶剂型涂料，基层必须干燥。

（2）配料的搅拌。采用双组分涂料时，每份涂料在配料前必须先搅匀。配料应根据材料生产厂家提供的配合比现场配制，严禁任意改变配合比。配料时要求计量准确（过秤），主剂和固化剂的混合偏差不得大于 5%。涂料放入搅拌容器或电动搅拌器内，并立即开始搅拌。搅拌筒应选用圆的铁桶或塑料桶，以便搅拌均匀。采用人工搅拌时，要注意将材料上下、前后、左右及各个角落都充分搅匀，搅拌时间一般在 3～5 min。掺入固化剂的材料应在规定时间使用完毕。搅拌的混合料以颜色均匀一致为标准。

（3）涂层厚度控制试验。涂膜防水施工前，必须根据设计要求的涂膜厚度及涂料的含固量确定（计算）每平方米涂料用量、每道涂刷的用量以及需要涂刷的遍数。如一布三涂，即先涂底层，铺加胎体增强材料，再涂面层，施工时就要按试验用量，每道涂层分几遍涂刷，而且面层最少应涂刷 2 遍以上，合成高分子涂料还要保证涂层达到 1 mm 厚才可铺设胎体增强材料，以有效、准确地控制涂膜层厚度，从而保证施工质量。

（4）涂刷间隔时间试验。涂刷防水涂料前必须根据其表干和实干时间确定每遍涂刷的涂料用量和间隔时间。

三、施工要点

1. 喷涂（刷）基层处理剂

涂（刷）基层处理剂时，应用刷子用力薄涂，使涂料尽量刷进基层表面毛细孔中，并将基层可能留下的少量灰尘等无机杂质，像填充料一样混入基层处理剂中，使之与基层牢固结合。涂刷时须薄而均匀，养护 2～5 h 后进行底层防水涂膜施工。

2. 涂料涂刷

可采用棕刷、长柄刷、橡胶刮板、圆滚刷等进行人工涂布，也可采用机械喷涂。涂布立面最好采用醮涂法，涂刷应均匀一致。涂刷平面部位倒料时要注意控制涂料的均匀倒洒，避免造成涂料难以刷开、厚薄不匀等现象。前一遍涂层干燥后应将涂层上的灰尘、杂质清理干净后再进行后一遍涂层的涂刷。每层涂料涂布应分条进行,分条进行时,每条宽度应与胎体增强材料宽度相一致,每次涂布前,应严格检查前遍涂层的缺陷和问题,并立即进行修补后,方可再涂布下一遍涂层,涂层的总厚度应符合设计要求。

地下工程结构有高低差时,在平面上的涂刷应按"先高后低,先远后近"的原则涂刷。立面则由上而下,先涂转角及特殊应加强部位,再涂大面。同层涂层的相互搭接宽度宜为 30～50 mm,涂料防水层的施工缝(甩槎)应注意保护,搭接缝宽度应大于 100 mm,接涂前应将接槎处表面处理干净。

两层以上的胎体增强材料可以是单一品种的,也可采用玻璃纤维布和聚酯毡混合使用。如果混用时,一般下层采用聚酯毡,上层采用玻璃纤维布。胎体增强材料铺设后,应严格检查表面是否有缺陷或搭接不足等现象。如发现上述情况,应及时修补完整,使它形成一个完整的防水层。

3. 收头处理

为防止收头部位出现翘边现象,所有收头均应用密封材料压边,压边宽度不得小于10 mm。收头处的胎体增强材料应裁剪整齐,如有凹槽时应压入凸槽内,不得出现翘边、皱折、露白等现象,否则应先进行处理后再涂封密封材料。

4. 涂膜保护层施工

涂膜施工完毕后,经检查合格后,应立即进行保护层的施工,及时保护防水层免受损伤。保护层材料的选择应根据设计要求及所用防水涂料的特性而定。保护层应符合下列规定:

(1)底板、顶板应采用 20 mm 厚 1：2.5 水泥砂浆层和 40～50 mm 厚的细石混凝土保护层,顶板防水层与保护层之间宜设置隔离层。

(2)侧墙背水面应采用 20 mm 厚 1：2.5 水泥砂浆层保护。

(3)侧墙迎水面宜选用软保护层或 20 mm 厚 1：2.5 水泥砂浆层保护。

平面的防水层可做 80 mm 厚的 C20 细石混凝土保护层,侧墙宜采用聚苯乙烯泡沫塑料保护层或砌砖保护墙边砌边填实。保护层细石混凝土应设置分仓缝,纵横向均匀为 5 m 设置一条缝,缝宽不大于 10 mm,深 10 mm,缝口呈三角形,内填 PVC 胶泥,分仓缝应与诱导缝对准。

5. 施工注意事项

(1)涂料材料及配套材料为同一系列产品且具有相容性,配料计量准确,拌和均匀,每次拌料在可操作时间内使用完毕。双组分防水涂料操作时必须做到各组分的容器、搅拌棒、取料勺等不得混用,以免产生凝胶。

(2)涂膜防水层的基层一经发现出现有强度不足引起的裂缝应立刻进行修补,凹凸处也应修理平整。基层干燥程度应符合所用防水涂料的要求方可施工。

(3)涂刷程序应先做转角处、穿墙管道、变形缝等部位的涂料加强层,后进行大面积涂刷。节点的密封处理、附加增强层的施工应达到要求。

(4)有胎体增强材料增强层时,在涂层表面干燥之前,应完成胎体增强材料铺贴,涂膜干燥后,再进行胎体增强材料以上涂层涂刷。注意控制胎体增强材料铺设的时机、位置,铺设时要做到平整、无皱折、无翘边,搭接准确;涂料防水层中铺贴的胎体增强材料,同层相邻的搭接宽度应大于 100 mm,上下接缝应错开 1/3 幅宽。涂料应浸透胎体,覆盖完全,不得有胎体外露现象。

(5)严格控制防水涂膜层的厚度和分遍涂刷厚度及间隔时间。涂刷应厚薄均匀、表面平整。涂膜应根据材料特点,分层涂刷至规定厚度,每次涂刷不可过厚,在涂刷干燥后,方可进行上一层涂刷,每层的接槎(搭接)应错开,接槎宽度为 30～50 mm,上下两层涂膜的涂刷方向要交替改变。涂料涂刷应全面、严密。

（6）涂料防水层的施工缝（甩槎）应注意保护，搭接缝宽应大于 100 mm，接涂前应将其甩槎表面处理干净。

（7）防水涂料施工后，应尽快进行保护层施工，在平面部位的防水涂层，应经一定自然养护期后方可上人行走或作业。

四、涂料防水层施工质量要求

1. 涂料防水层

（1）涂料防水层适用于受侵蚀性介质作用或受振动作用的地下工程；有机防水涂料宜用于主体结构的迎水面，无机防水涂料宜用于主体结构的迎水面或背水面。

（2）有机防水涂料应采用反应型、水乳型、聚合物水泥等涂料；无机防水涂料应采用掺外加剂、掺合料的水泥基防水涂料或水泥基渗透结晶型防水涂料。

（3）有机防水涂料基面应干燥。当基面较潮湿时，应涂刷湿固化型胶结剂或潮湿界面隔离剂；无机防水涂料施工前，基面应充分润湿，但不得有明水。

（4）涂料防水层完工并经验收合格后应及时做保护层。

（5）涂料防水层分项工程检验批的抽样检验数量，应按涂层面积每 100 m² 抽查 1 处，每处 10 m²，且不得少于 3 处。

2. 主控项目

（1）涂料防水层所用的材料及配合比必须符合设计要求。

检验方法：检查产品合格证、产品性能检测报告、计量措施和材料进场检验报告。

（2）涂料防水层的平均厚度应符合设计要求，最小厚度不得小于设计厚度的 90%。

检验方法：用针测法检查。

（3）涂料防水层在转角处、变形缝、施工缝、穿墙管等部位做法必须符合设计要求。

检验方法：观察检查和检查隐蔽工程验收记录。

3. 一般项目

（1）涂料防水层应与基层粘结牢固，涂刷均匀，不得流淌、鼓泡、露槎。

检验方法：观察检查。

（2）涂层间夹铺胎体增强材料时，应使防水涂料浸透胎体覆盖完全，不得有胎体外露现象。

检验方法：观察检查。

（3）侧墙涂料防水层的保护层与防水层应结合紧密，保护层厚度应符合设计要求。检验方法：观察检查。

第七章　村镇住宅改造

第一节　村镇住宅安全性改造

一、抗震改造加固

1. 砖混结构

(1)砖混结构房屋的砌体材料较脆,延性差,且整体性也较差,因此它是抗震加固的主要对象之一。抗震加固主要包括增设抗震墙、增设构造柱和增设圈梁。

(2)增设抗震墙的做法见表 7-1。

表 7-1　增设抗震墙的做法

项目	内　容
技术特点	造价较高,改变了房屋的开间,影响了房屋原有的使用功能。抗震设防区多层砖房的抗震横墙间距大于表 7-2 的限值时,应增设抗震墙
技术局限性	现场施工的湿作业时间长,对生产和生活有一定的影响
标准与做法	增设抗震横墙的道数,由抗震墙面积率计算确定。为了使增设的抗震横墙能真正分担地震荷载,抗震横墙厚度应不小于 240 mm,墙下要做基础,墙顶要用细石混凝土与大梁顶紧,并与原纵墙妥善拉结

表 7-2　多层砖房抗震横墙的最大间距　　　　　　(单位:m)

楼　盖　类　别	抗震设防烈度		
	6、7	8	9
现浇和装配整体式钢筋混凝土	18	15	11
装配式钢筋混凝土	15	11	7

(3)增设构造柱的做法见表 7-3。

表 7-3　增设构造柱的做法

项目	内　容
技术特点	在增设构造柱处,需将原来的部分墙拆除,为了保证房屋的安全性,视情况设临时支撑
技术局限性	现场施工的湿作业时间长,对生产和生活有一定的影响
标准与做法	构造柱的设置见表 7-4,为保证外加构造柱有一定的强度,且能与墙体共同工作,其截面尺寸和配筋应满足最小截面尺寸和最小配筋量的要求见表 7-5。构造柱与原有梁、圈梁、板应有可靠的连接构造措施

表7-4 构造柱设置要求

房屋层数				设 置 部 位	
6 度	7 度	8 度	9 度		
四、五	三、四	二、三		楼梯间四角,楼梯段上下端对应的墙体处;外墙四角和对应转角处;错层部位横墙与外纵墙交接处;大房间内外墙交接处;较大洞口两侧	隔15 m 或单元横墙与外纵墙交接处
六、七	五	四	二		隔开间横墙(轴线)与外墙交接处;山墙与内纵墙交接处;抗震设防烈度为7~9度时,楼梯间四角
八	六、七	五、六	三、四		内墙(轴线)与外墙交接处;内墙局部较小墙垛处;抗震设防烈度为7~9度时,楼梯间四角;9度时内外墙与横墙(轴线)交接处

表7-5 构造柱最小截面尺寸及最小配筋量

类别	截面尺寸(mm)	配筋量	
		主筋	箍筋
矩形柱	250×150	4ϕ12	ϕ6@150~200
扁柱	500×70	4ϕ12	ϕ6@200
L 形柱	每边 600×120	12ϕ12 两排	ϕ6@200

(4)增设圈梁的做法见表7-6。

表7-6 增设圈梁的做法

项目	内 容
技术特点	当圈梁设置不符合现行设计规范要求,或纵横墙交接处咬槎有明显缺陷,或房屋的整体性较差时,应增设圈梁进行加固
技术局限性	现场施工的湿作业时间长,对生产和生活有一定的影响
标准与做法	在增设圈梁处,应先增设支撑,再将砖墙凿去,最后浇筑混凝土。外加圈梁应优先采用现浇混凝土圈梁,在特殊情况下,也可采用型钢圈梁,其设置宜符合表7-7的要求,并应满足以下要求: (1)外加圈梁的截面尺寸和配筋应满足最小截面尺寸(240 mm×180 mm)和最小配筋量的要求(主筋 4ϕ12,箍筋 ϕ6@200)。 (2)外加圈梁应在同一水平标高处闭合。变形缝处两侧的圈梁应分别闭合,如遇洞口,应采取措施使圈梁闭合。 (3)圈梁要与砌体墙有效连接。除在浇圈梁前连接处墙面应刷洗干净,保证圈梁混凝土和砖墙的粘结外,可选用普通锚杆、钢筋混凝土销键或其他连接件

表 7-7　砖房圈梁设置要求

墙类	抗震设防烈度		
	6、7	8	9
外墙及内纵墙	屋盖处及每层楼盖处		
内横墙	屋盖处及每层楼盖处,屋盖处间距不应大于 7 m;楼盖处间距不应大于 15 m;构造柱对应部位	屋盖处及每层楼盖处,屋盖处沿所有横墙,且间距不应大于 7 m,楼盖处间距不应大于 7 m;构造柱对应部位	屋盖处及每层楼盖处,各层所有横墙

2. 砖木(瓦)结构

(1)增设墙体和原结构楼盖及墙体间连接的做法见表 7-8。

表 7-8　增设墙体和原结构楼盖及墙体间连接的做法

项目	内　　容
适用情况	适用于增设抗震横墙处,增设墙体与原有结构的连接构造
标准与做法	可以参考图 7-1、图 7-2 进行加固设计

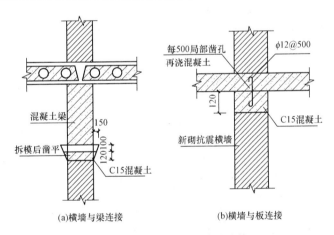

图 7-1　新增横墙与楼盖的连接

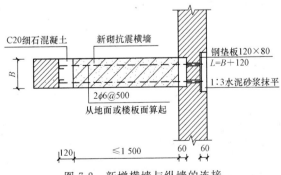

图 7-2　新增横墙与纵墙的连接

（2）房屋内外墙间的连接加固的做法。内墙和外墙连接不符合要求时，可参考如图 7-3 所示用拉结筋加固。

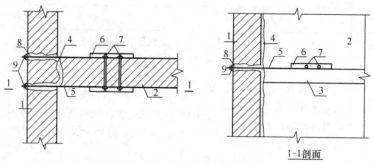

图 7-3　内外墙用拉结筋连接

1—外墙；2—内墙；3—楼板；4—墙接头处的裂缝（用砂浆填充）；5—焊在角钢上的拉杆；

6—角钢；7—螺栓；8—墙中孔洞（放置拉杆后，用水泥砂浆填充）；9—系紧用螺母

（3）墙和楼屋盖间的连接加固的做法。当外墙和楼屋盖的连接不符合要求时，可参考如图 7-4 所示进行加固。

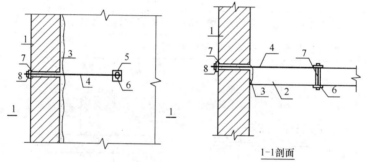

图 7-4　外墙和楼屋盖的连接

1—外墙；2—楼板；3—墙与楼板之间的裂缝（用砂浆填充）；4—焊在角钢上的拉杆；

5—钢板；6—螺栓；7—墙和楼板中的孔洞（放置拉杆和螺栓后，用水泥砂浆填充）；8—系紧用螺母

（4）外墙和圈梁间的连接加固的做法。当外墙和圈梁间的连接不符合要求时，可参考如图 7-5 所示进行加固。

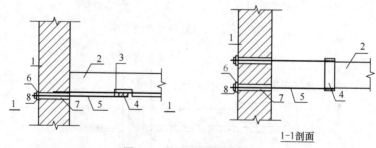

图 7-5　外墙和圈梁的连接

1—外墙；2—圈梁；3—梁的裸露钢筋；4—焊在梁裸露钢筋上的钢板；5—焊在钢板上的拉杆；

6—固定拉杆用垫板；7—墙中的孔洞（放置拉杆和螺栓后，用水泥砂浆填充）；8—系紧用螺母

（5）外墙和外墙间的连接加固的做法。当外墙间连接不符合要求时，可采用钢筋混凝土或钢筋网水泥砂浆层，加固外墙阴角，如图 7-6 所示；也可采用钢板加固外墙转角，如图 7-7 所示。

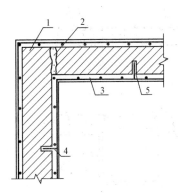

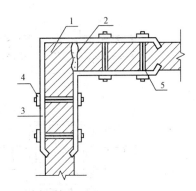

图 7-6　用钢筋砂浆层加固外墙阴角

1—外墙转角;2—墙接头处的裂缝(填以砂浆);

3—钢筋网;4—用变形钢筋做得锚筋

(直径为 10 mm,沿水平线和垂直线每隔 600～800 mm 一个);

5—孔洞(墙中钻好的,深度不小于 100 mm)

图 7-7　用钢板加固外墙转角

1—外墙转角;2—墙接头处的裂缝(填以砂浆);

3—用钢条做得双面钢结合板;4—系紧用螺栓;

5—墙中钻好的孔洞(安放好螺栓后,填以砂浆)

3. 混凝土结构

(1)增设钢筋混凝土抗震墙或翼墙的做法见表 7-9。

表 7-9　增设钢筋混凝土抗震墙或翼墙的做法

项目	内　　容
技术特点	房屋刚度较弱,有明显不均匀或有明显的扭转效应时,可增设钢筋混凝土抗震墙或翼墙加固
技术局限性	现场施工的湿作业时间长,对生产和生活有一定的影响
标准与做法	(1)增设钢筋混凝土抗震墙或翼墙加固房屋时应符合下列要求。 1)抗震墙宜设置在框架的轴线位置,翼墙宜在柱两侧对称布置。 2)抗震墙或翼墙墙体的混凝土强度等级不应低于 C20,且不应低于原框架柱混凝土的强度等级。 3)墙厚不宜小于 140 mm;竖向和横向分布钢筋的最小配筋率,均不应小于 0.15%;钢筋宜双排布置且两排钢筋之间的拉结筋间距不应大于 700 mm。 4)墙与原有框架可采用锚筋或现浇钢筋混凝土套如图 7-8 所示连接;锚筋可采用直径为 10 mm 或 12 mm 的钢筋,与梁、柱边的距离不应小于 30 mm,与梁、柱轴线的间距不应大于 300 mm。钢筋的一端应采用高强胶锚入梁柱的钻孔内,且埋深不应小于锚筋直径的 10 倍,另一端宜与墙体的分布钢筋焊接;现浇钢筋混凝土套与柱的连接应符合相应规定,且厚度不宜小于 50 mm。 (2)抗震墙或翼墙的施工应符合下列要求。 1)原有的梁柱表面应凿毛,浇筑混凝土前应清洗并保持湿润,浇筑后应加强养护。 2)锚筋应除锈,锚孔应采用钻孔成形,不得用手工凿,孔内应采用压缩空气吹净并用水冲洗,浆液应饱满并使锚筋固定牢靠

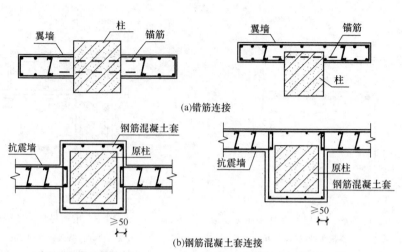

(a)锚筋连接

(b)钢筋混凝土套连接

图 7-8　锚筋或钢筋混凝土套连接

（2）钢构套、现浇钢筋混凝土套加固框架的做法见表 7-10。

表 7-10　钢构套、现浇钢筋混凝土套加固框架的做法

项目	内　　容
技术特点	框架梁柱的抗震承载力不足时,可采用钢构套、现浇钢筋混凝土套加固
标准与做法	(1)当用钢构套加固框架时,应符合下列要求。 1)钢构套加固梁时,应在梁的阳角外贴角钢如图 7-9(a)所示,角钢并应与穿过梁板的型钢缀板和梁底钢缀板焊接;角钢两端应与柱连接。 2)钢构套加固柱时,应在柱四角外贴角钢如图 7-9(b)所示,角钢应与外围的钢缀板焊接;角钢到楼板处应凿洞穿过上下焊接;顶层的角钢应与屋面板可靠连接,底层的角钢应与基础锚固。 3)钢构套的构造应符合:①角钢不宜小于∟50×6,钢缀板截面不宜小于 40 mm×4 mm,其间距不应大于单肢角钢的截面回转半径的 40 倍,且不应大于 400 mm;②钢构套与梁柱混凝土之间应采用粘结料粘结。 (2)钢构套的施工应符合下列要求。 1)原有的梁柱表面应清洗干净,缺陷应修补,角部应磨出小圆角。 2)楼板凿洞时,应避免损伤原有钢筋。 3)钢材表面应涂刷防锈漆,或在构架外围抹 25 mm 厚的 1∶3 保护层。 (3)当采用钢筋混凝土套加固梁柱时,应符合下列要求。 1)采用钢筋混凝土套加固梁时,应将新增纵向钢筋设在梁底面和梁上部如图 7-10 (a)所示,并应在纵向钢筋外围设置箍筋。 2)采用钢筋混凝土套加固柱时,应在柱周围增设纵向钢筋如图 7-10(b)所示,并应在纵向钢筋外围设置封闭箍筋。 3)宜采用细石混凝土,强度等级不应低于 C20,且不应低于原构件混凝土的强度等级;纵向钢筋宜采用 HRB335 级钢,箍筋可采用 HPB235 级钢。 4)柱套的纵向钢筋遇到楼板时,应凿洞穿过上下连接,其根部应伸入基础并满足锚固要求,其顶部应在屋面板处封顶锚固;梁套的纵向钢筋应与柱可靠连接。

项　目	内　　容
标准与做法	5)箍筋直径不宜小于 8 mm,间距不宜大于 200 mm,靠近梁柱节点处应适当加密;柱套的箍筋应封闭,梁套的箍筋应有一半穿过楼板后弯折封闭。 (4)钢筋混凝土套的施工应符合下列要求。 1)原有的梁柱表面应凿毛并清理浮渣,缺陷应修补。 2)楼板凿洞时,应避免损伤原有钢筋。 3)浇筑混凝土前应用水清洗并保持湿润,浇筑后应加强养护

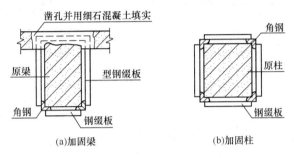

(a)加固梁　　　　　(b)加固柱

图 7-9　钢构套加固

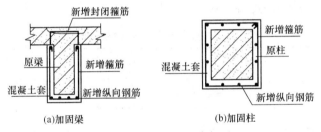

(a)加固梁　　　　　(b)加固柱

图 7-10　钢筋混凝土套加固

（3）加强砌体墙与框架连接的做法见表 7-11。

表 7-11　加强砌体墙与框架连接的做法

项　目	内　　容
技术特点	当墙体与框架柱连接不良时,可增设拉筋连接;当墙体与框架梁连接不良时,可在墙顶增设钢夹套与梁拉结
标准与做法	砌体墙与框架连接的加固应符合下列要求: (1)墙与柱的连接可增设拉筋加强如图 7-11 所示;拉筋直径可采用 6 mm,其长度不应小于 600 mm;沿柱高的间距不宜大于 600 mm;拉筋的一端应用环氧树脂砂浆锚入柱的斜孔内,或与锚入柱内的胀管螺栓焊接;拉筋的另一端弯折后锚入墙体的灰缝内,并用1∶3水泥砂浆将墙面抹平。 (2)墙与梁的连接,可按上面的方法增设拉筋加强与梁连接;也可采用墙顶增设钢夹套加强墙与梁的连接,如图 7-12 所示,钢夹套的角钢不应小于∟ 63×6,螺栓不宜少于 2 根,其直径不应小于12 mm,沿梁轴线方向的间距不宜大于 1.0 m。 (3)拉筋的锚孔和螺栓孔应采用钻孔成形,不得用手工凿;钢夹套的钢材表面应涂刷防锈漆

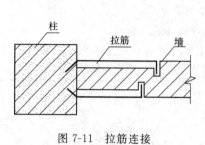

图 7-11　拉筋连接

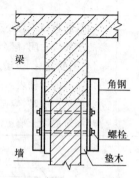

图 7-12　钢夹套连接

4. 木结构

(1)木结构房屋,特别是老旧的木骨架房屋,梁、柱、屋架、檩条等局部范围或个别部位有糟朽、腐蚀、蛀蚀与变形开裂时,应及时采取加固措施。

(2)加强和增设支撑或斜杆的做法见表 7-12。

(3)加强木构架构件间的连接的做法见表 7-13。

表 7-12　加强和增设支撑或斜杆的做法

项　目	内　　容
适用情况	适用于木屋架以及屋架与木柱连接处的加固
标准与做法	(1)木屋架之间,特别是房屋端部木屋架之间,增设垂直的剪刀支撑,并用螺栓锚固。在剪刀支撑交汇处,宜加设垫木,使剪刀支撑连接牢靠。 (2)为增加屋盖的空间抗震能力,可增设上弦横向支撑进行抗震加固。 (3)屋架木柱连接处增设斜撑,斜撑节点如图 7-13 所示;斜撑宜用螺栓连接,如图 7-14 所示。用木夹板做斜支撑,并用螺栓固定,或用三角木做垫木也可起到斜撑作用,如图 7-15 所示

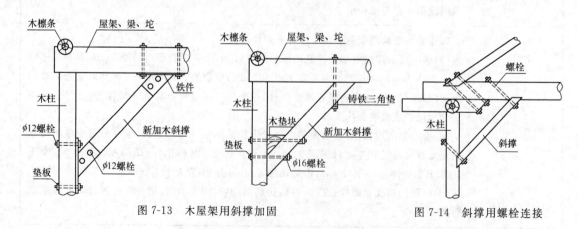

图 7-13　木屋架用斜撑加固　　　　　　　　　图 7-14　斜撑用螺栓连接

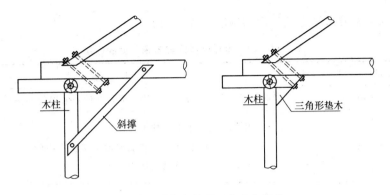

图 7-15 用木夹板或三角木作斜撑

表 7-13 加强木构架构件间的连接的做法

项目	内 容
适用情况	适用于梁与柱、屋架与柱、屋架与砖柱等的连接处
标准与做法	(1)在梁、柱接头处增设托木,并用螺栓锚固以加强整体性。 (2)屋架与柱之间采用铁杆和螺栓连接,如图 7-16 所示。 (3)当木屋架采用开榫方法与柱连接时,因屋架断面削弱过大,容易拉裂和断开,可用如图 7-17 所示的构造措施加固。 (4)木屋架端部与砖柱节点加固如图 7-18 所示。 (5)檩条在屋架上的搭接要牢靠,可把檩条做成燕尾槽并用钉子同屋架连接,也可用扁铁或短木条将檩条与屋架连接

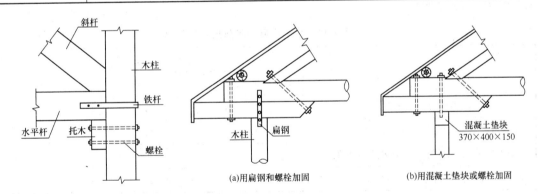

(a)用扁钢和螺栓加固   (b)用混凝土垫块或螺栓加固

图 7-16 屋架与柱节点用铁杆和螺栓连接   图 7-17 柱与木屋架挑檐加固

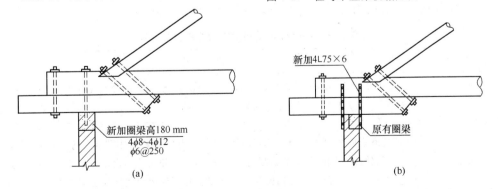

图 7-18 木屋架支座加固

(4)增加木屋架或木梁支承长度的做法见表 7-14。

表 7-14　增加木屋架或木梁支承长度的做法

项目	内　容
技术特点及适用情况	支承长度不足 250 mm,又无锚固措施时可采用此方法加固
标准与做法	(1)采用附木柱或顶砌砖柱方法。 (2)采用沿砖墙内侧加托木和加夹木板接长支座的方法。 (3)在屋架支座处增设锚固加固

5. 土结构

(1)土结构的建筑场地宜选择对抗震有利地段,生土墙应采用平毛石、毛料石、黏土实心砖砌筑的基础或灰土(三合土)基础,基础墙应采用水泥砂浆砌筑。基础可采用条形基础,埋深不小于 500 mm,地基应夯实。优先采用横墙承重或纵横墙共同承重。当抗震设防烈度为 8 度时不应采用硬山搁檩屋盖。

(2)生土结构房屋不宜采用单坡屋面;坡屋顶的坡度不宜大于 30°;屋面宜采用轻质材料;屋顶草泥(包括填土等)厚度不宜大于 120 mm。墙体厚度应在满足保温节能的基础上,依据当地经验选择。对于生土承重墙,外墙厚度不宜小于 400 mm,内墙厚度不宜小于 250 mm。

(3)单层住宅生土墙房屋的檐口高度不宜超过 2.5 m,开间不宜超过 3.3 m,进深不宜超过 5 m。抗震设防烈度为 6、7 度时,门窗洞口宽度不应大于 1.5 m;抗震设防烈度为 8 度时,门窗洞口宽度不应大于 1.2 m。烟囱出屋面高不宜超过 500 mm。生土结构房屋局部尺寸限制宜符合表 7-15 的要求。

表 7-15　生土房屋的局部尺寸限制　　　　　　　　(单位:m)

部　位	抗震设防烈度		
	6 度	7 度	8 度
窗间墙最小宽度	1.0	1.2	1.4
承重外墙尽端距门窗洞边的最小距离	1.0	1.2	1.4
非承重外墙尽端距门窗洞边的最小距离	1.0	1.0	1.0
内墙阳角距门窗洞边的最小距离	1.0	1.2	1.5

(4)整体件连接和抗震构造措施的做法见表 7-16。

表 7-16　整体件连接和抗震构造措施的做法

项目	内　容
适用地区	适用于非抗震设防地区及抗震设防烈度为 6~8 度地区的农村生土结构房屋,包括土坯墙、夯土墙承重的一层木屋盖房屋
标准做法	(1)抗震设防烈度为 6~8 度时,外墙四角及内外墙交接处沿墙高每隔 300~500 mm 设置一层竹片、木条、荆条等编制的拉结网片,每边伸入墙体内不小于 1 000 mm 或至门窗边,窗口上下设置通长拉结网片。生土结构房屋圈梁设置应符合以下要求。

项目	内　容
标准做法	1)抗震设防烈度为6、7度时,应在所有纵横墙基础顶面处设置配筋砖圈梁或配筋砂浆带;墙顶标高处应设置一道木圈梁,木圈梁横截面尺寸不应小于40 mm×120 mm(高×宽)。抗震设防烈度为8度时,应在所有纵横墙基础顶面处设置配筋砖圈梁或配筋砂浆带;墙高中部设置一道木圈梁,其横截面尺寸不应小于40 mm×120 mm(高×宽);墙顶标高处设置一道木圈梁,其横截面尺寸不应小于60 mm×200 mm(高×宽)。 2)抗震设防烈度为8度时外墙四角及内外墙交接处应设置木构造柱,木构造柱的梢径不应小于120 mm;木构造柱应伸入墙体基础内,并应采取防腐和防潮措施。木圈梁、拉结网片与木构造柱应有可靠连接。生土墙门窗洞口两侧宜设木柱(板);门窗洞口两侧宜沿墙体高度每隔300～500 mm左右加入水平荆条、竹片、树枝等编制的拉结网片,每边伸入墙体应不小于1 000 mm。当一个洞口采用多根木杆组成过梁时,木杆上表面宜采用木板、扒钉、钢丝等将各根木杆连接成整体。生土结构房屋在屋檐高度处应设置不少于三道的纵向通长水平系杆,系杆应采用墙缆与各道横墙连接或与屋架下弦杆钉牢。抗震设防烈度为6、7度地区,采用硬山搁檩时应符合以下要求:山墙顶应沿斜面放置木卧梁支撑檩条;檩条应在承重内横墙满搭并用扒钉钉牢,不能满搭时应采用木夹板对接或燕尾榫扒钉连接。 (2)房屋两端开间和中间隔开间应设置竖向剪刀撑,竖向剪刀撑设置在中间檩条和中间细杆处,剪刀撑与檩条、系杆之间及剪刀撑中部采用螺栓连接,剪刀撑两端与檩条、系杆应顶紧不留空隙。硬山搁檩房屋的端檩应出檐,山墙两侧应采用方木墙揽与檩条连接,如图7-19所示。

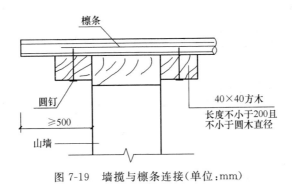

图7-19　墙揽与檩条连接(单位:mm)

二、常用构件改造

1. 地基加固与处理

(1)已有建筑物的地基基础问题较多,主要表现在墙体开裂、基础断裂或拱起、建筑物下沉过大、地基滑动以及地基液化失效五个方面。一旦发现这些现象,要及时查找出地基基础中的问题,对地基进行合理的处理,以改善地基的受力及变形性能,提高其承载力。对已有建筑物地基土进行处理的方法主要有挤密法和灌浆法。

(2)石灰桩挤密加固的做法见表7-17。

表 7-17　石灰桩挤密加固的做法

项　目	内　容
技术特点	石灰桩挤密加固法适用于处理饱和黏性土、淤泥、淤泥质土、素填土和杂填土等地基；用于地下水位以上的土层时,宜增加掺合料的含水量并减少生石灰用量,或采取土层浸水等措施
技术的局限性	由于石灰桩的挤密半径有限(一般有 50～100 mm)以及可能会产生软化现象,所以一般只用它来处理不太严重的湿陷事故
标准与做法	石灰桩加固工艺如下： 　　(1)成孔采用打入钢管法或用洛阳铲成孔。孔可稍向墙中心倾斜,使地基下土层得到直接加固。孔径多为 100～150 mm,孔距取(2.5～3.0) d(d 为桩的直径),深度为 2～4 m。视加固要求可在基础两侧各布置 1～3 排,排距为(2.0～2.6) d,按等边三角形布置,如图 7-20 所示。 　　(2)填灰成孔后,向孔内分层填入粒径为 20～50 mm 的生石灰,每层厚 200～250 mm,用夯锤分层夯实。填灰至基底标高附近为止。 　　(3)封孔基底下 200 mm 以下的孔用 2∶8 灰土或素土回填夯实,并作封孔

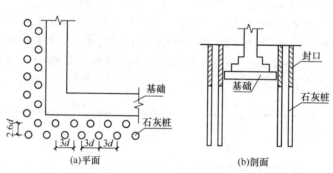

(a)平面　　　　　　　　(b)剖面

图 7-20　石灰桩孔沿基础周边布置

　　(3)混合桩挤密加固的做法见表 7-18。

表 7-18　混合桩挤密加固的做法

项　目	内　容
定　义	混合桩是指将石灰与砂,石灰与土,石灰与粉煤灰等混合体注入孔内并分层夯实形成的桩。 　　(1)灰土桩:将石灰和土按 2∶8 或 3∶7 的体积比拌合,灌入孔中并夯实后形成的桩称为灰土桩。 　　(2)灰砂桩:灰砂桩有两种,一种是将 15％～30％的细砂掺入石灰中,经拌合后灌孔夯实成桩;另一种为先在直径 160～200 mm 的孔内灌入生石灰并压密成桩。2～4 d 后,再在原孔位重新打入外径为 100～120 mm 的钢管,使周围土进一步挤密。钢管拔出后,向孔内填入细砂与小石子的混合料,分层夯实,形成灰砂桩。它的刚度及承载力都较石灰桩高,且不会出现石灰软化现象。 　　(3)二灰桩:由石灰和粉煤灰拌合注入孔中并夯实而形成的桩。 　　(4)灰砂土桩:将水泥、石灰、砂和黄土的混合物灌入孔中并夯实而成的桩。一般 3 d 就可硬化

项目	内 容
技术特点	混合桩能防治石灰软化,提高桩身的刚度及承载力
标准与做法	混合桩的施工工艺与前面纯石灰桩基本相同

(4)水泥灌浆加固的做法见表7-19。

表7-19　水泥灌浆加固的做法

项目	内 容
技术特点及 适用情况	水泥是最便宜的浆液材料。常用普通硅酸盐水泥,水泥浆的水灰比一般取0.8~1.0。适用于地基土为砂土、粉土、淤泥质土的情况
标准与做法	根据灌浆工艺的区别,可分为单液水泥灌浆法和双液灌浆法。 (1)单液水泥灌浆法:单液不完全是指纯水泥浆液,而是指用单一的浆液灌浆。水泥浆掺入土中后,硬凝速度较在混凝土中缓慢。若地下水较多,可在水泥浆中掺入氯化钙、三乙醇胺、水玻璃等速凝剂,掺入量为水泥质量的1%~20%。灌浆施工时可采用自上而下孔口封口分段灌浆法,也可采用自下而上栓塞分段灌浆法。孔可稍向基础中心倾斜,使水泥浆能直接渗入地基下的土层中。由于水泥浆液的浓度较大,一般只能灌入直径大于0.2 mm的孔隙。灌浆时应使用压浆设备对浆液压入。 (2)双液水泥硅化灌浆法:双液水泥硅化法是指分别配制水泥浆液和水玻璃浆液,按照一定比例用两台泵或一台双缸独立分开的泵将两种浆液同时注入土中。双液灌浆的优点是浆液凝固时间的控制较为灵活。若想加快凝固时间,可在水泥浆中加入少量的白灰,若想减缓凝固,则可加入少量的磷酸。双液灌浆还可提高结石率,提高抗压强度

(5)硅化加固的做法见表7-20。

表7-20　硅化加固的做法

项目	内 容
技术特点及 适用情况	硅化加固根据注入方式可分为无压硅化、压力硅化和电动硅化三种。压力硅化又可分为压力单液硅化和压力双液硅化两种。其适用范围如下: (1)渗透系数$k=0.1$ m/d的砂土和黏性土,宜采用压力双液硅化法。双液硅化法是将水玻璃与氯化钙浆液轮流压入土中,将土胶结成整体。 (2)渗透系数≤0.1 m/d的各类土,均可采用电动双液法。 (3)渗透系数$k=0.1$~2 m/d的湿陷性黄土,宜采用无压或压力单液硅化法,即只需将水玻璃注入黄土中。 (4)对粉砂地基土宜采用水玻璃加磷酸钙调和而成的单液。配合比为磷酸:水玻璃=(3~4):1。 这里应注意,对地下水中pH值>9的土,以及被沥青、油脂和石油浸透的土,不宜用硅化法
标准与做法	硅化加固所用的主要设备有:注浆管、接续管、贮液箱、水泵或空压机。注浆管采用钢管,其内径为20~38 mm,管端部设有管尖,接着是0.4~1.0 m长的带孔段,孔眼直径为1~3 mm,1 m长度内应有60~80个孔眼。接续管为1.5~2.0 m长、两端带有螺纹的钢管。当注浆深度不大时,可直接斜向将钢管打入地基中,如土层较深,应事先钻孔,然后采用打入法将管打入

（6）碱液加固的做法见表 7-21。

表 7-21　碱液加固的做法

项目	内　容
技术特点及适用情况	碱液（即氢氧化钠溶液）加固法适用于湿陷性黄土地基的事故处理,具有施工简单、易于掌握、不需复杂机具、加固效果好等优点
标准与做法	（1）确定灌注孔的平面位置。对于独立基础宜在四周设孔,条形基础则在两侧各布置 1 排。若要使相邻两孔固体重合连成整体,孔中距取 700～800 mm。 （2）钻孔。用直径 60～80 mm 的洛阳铲打孔至预定加固深度,孔可竖向也可稍向基础中心倾斜。 （3）埋管。先在孔内填入粒径 20～40 mm 的小石子至灌浆管下端标高处（在基础以下 0.3～0.5 m 处）,然后插入直径为 20 mm 的开口钢管,再在管子四周填充厚约 200～300 mm,粒径小于 10 mm 的砂砾石,其上用灰土或素土分层捣实至地表。 （4）灌浆。用直径 25 mm 的胶管连接灌浆管和碱液桶,然后将碱液加温至 95℃ 以后开启阀门,溶液就会以自流方式注入土中。灌浆速度宜控制在 1～3 L/min 左右。溶液浓度一般在 80～120 g/L,每孔耗用固体烧碱约 40～50 kg

（7）碱灰混合法的做法见表 7-22。

表 7-22　碱灰混合法的做法

项目	内　容
技术特点	（1）石灰吸入碱液中的部分水分,减小了在灌注碱液时因地基湿陷带来的基础附加下沉。 （2）石灰发出的热量促进了碱液与黄土颗粒间的硬化反应,提高了早期强度。 （3）因石灰的挤密等作用,减小了灌浆量,节省了费用,地基受石灰膨胀挤密及胶凝加固双重作用,加固体强度得到了提高
标准与做法	桩孔布置方法是:在每一个碱液孔周围布置了 3～4 个石灰桩;石灰桩与碱液孔间的距离≤500 mm;加固工序为:先夯填石灰,后灌注碱液,但两者间隔时间不超过 4 h

2. 基础改造与加固

（1）基础单面加宽的做法见表 7-23。

表 7-23　基础单面加宽的做法

项目	内　容
技术特点及适用情况	施工简单,所需设备少。常用于基础底面积太小而产生过大沉降或不均匀沉降事故的处理,以及采用直接法加层时对地基基础的补偿加固
技术局限性	现场施工的湿作业时间长,对生产和生活有一定的影响
标准与做法	当原基础承受偏心荷载时,或受相邻建筑基础条件限制,或为不影响室内正常使用时,可用单面加宽基础如图 7-21 所示。为使新加部分与原基础有很好的连接,常将原基础表面凿毛,每隔一定间距设置角钢挑梁,且用膨胀混凝土将其牢靠地锚固在原基础上。在浇捣混凝土前,界面处应涂覆界面剂

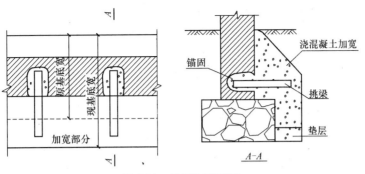

图 7-21　单面加宽基础

（2）基础双面加宽的做法见表 7-24。

表 7-24　基础双面加宽的做法

项目	内　　容
技术特点及适用情况	施工简单，所需设备少。常用于基础底面积太小而产生过大沉降或不均匀沉降事故的处理，以及采用直接法加层时对地基基础的补偿加固
技术局限性	现场施工的湿作业时间长，对生产和生活有一定的影响
标准与做法	当原条形基础承受过大的中心荷载或小偏心荷载时采用双面加宽。如图7-22(a)、(b)所示表示采用钢筋混凝土对砖、石基础加宽。新旧基础的连接，采用掏挖原基础灰浆缝并在原基础上凿凹坑以形成剪力键的办法。如图 7-22(c)、(d)所示为采用型钢或钢筋加强新旧基础连接的方法

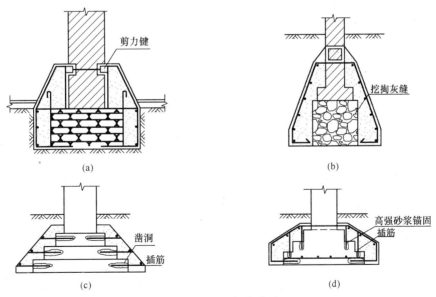

图 7-22　双面加宽基础

（3）基础四面加宽的做法见表 7-25。

表 7-25　基础四面加宽的做法

项目	内　容
技术特点及适用情况	施工简单,所需设备少。常用于基础底面积太小而产生过大沉降或不均匀沉降事故的处理,以及采用直接法加层时对地基基础的补偿加固
技术局限性	现场施工的湿作业时间长,对生产和生活有一定的影响
标准与做法	(1)对于独立基础,采用四面加宽的方法进行加固。当每边加宽小于 300 mm 时,采用素混凝土圈套;当每边加宽大于 300 mm 时,则应在圈套内配置钢筋,如图 7-23 所示。 (2)在采用上述三种方法加宽、加大基础的施工中,应注意以下几点施工要求。 1)在灌注混凝土前应将原基础凿毛并刷洗干净,再涂一层高强度等级水泥浆,沿基础高度每隔一定距离应设置锚固钢筋,也可在墙角处圈梁钻孔穿钢筋,再用植筋胶填满,穿孔钢筋须与加固筋焊牢。 2)对加套的混凝土或钢筋混凝土加宽部分,其地上应铺设的垫层及其厚度,应与原基础垫层的材料及厚度相同,使加套后的基础与原基础的基底标高相同。 3)应特别注意不在基础全长或四周挖贯通式地槽,基底不能裸露,以免饱和土从基底挤出,导致不均匀沉降。施工时,应根据当地水文地质条件将条形基础按 1.5~2 m 长度划分成许多区段,然后分段挖出宽 1.2~2 m,深度达基底的坑。相邻施工段浇筑混凝土 3 天后,才可开挖下一施工段。另外,基坑挖好后应将地基土夯实,并铺设 100 mm 厚碎石垫层,再浇筑新基础混凝土

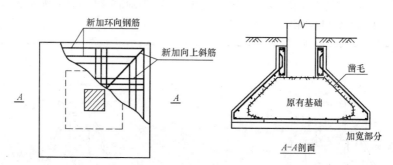

图 7-23　四面加宽基础

(4)外增基础—抬梁法的做法见表 7-26。

表 7-26　外增基础—抬梁法的做法

项目	内　容
技术特点	新加抬墙梁应设置在原基础上或圈梁的下部。这种加固方法具有对原基础扰动少、设置数量较为灵活的特点
标准与做法	如图 7-24、图 7-25 所示,分别表示在原基础两侧新增条形基础、独立基础的抬梁以扩大基底面积。采用抬梁法加大基底面积时,应注意抬梁应避开底层的门、窗和洞口;在抬梁的顶部需要钢板楔紧。对于外增独立基础,可用千斤顶将抬梁顶起,并打入钢楔

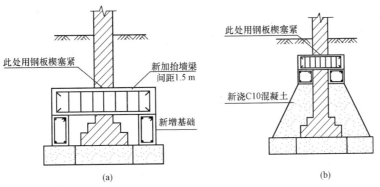

图 7-24 外增条形基础抬梁扩大基底面积

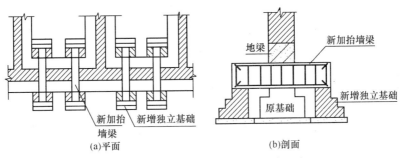

图 7-25 外增独立基础抬梁扩大基底面积

(5)墩式加深(托换)的做法见表 7-27。

表 7-27 墩式加深(托换)的做法

项 目	内 容
技术特点及适用情况	墩式托换适用于土层易于开挖,开挖深度范围内无地下水,或虽有地下水但采取降低地下水位措施较为方便者,因为它难以解决在地下水位以下开挖后会产生土的流失问题,所以坑深和托换深度一般都不大,既有建筑物的基础最好是条形基础。此法对于软弱地基,特别是膨胀土地基事故的处理,是较为有效的
标准与做法	(1)在贴近被托换的基础旁,人工开挖比原基础底面深 1.5 m、长 1.2 m、宽 0.9 m 的导坑。 (2)将导坑横向扩展到原基础下面,如图 7-26(a)所示,并继续下挖至所要求的持力层。 (3)用微膨胀混凝土浇筑基础下的坑体(或砌砖墩),并注意振捣密实和顶紧原基础底面。若没有膨胀剂,则要求在离原基础底面 80 mm 处停止浇筑,待养护 1 d 后,再用 1:1 水泥砂浆填实 80 mm 的空隙。如此间隔分段地重复上述工序,直至全部加深工作完成为止。墩体可以是简短的,也可以是连续的,主要取决于原基础的荷载和地基土的承载力

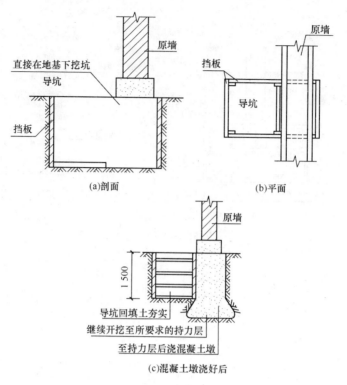

(a)剖面　　　　　　　　(b)平面

(c)混凝土墩浇好后

图 7-26　墩式加深基础开挖示意图

(6)混凝土围套加固的做法见表 7-28。

表 7-28　混凝土围套加固的做法

项　目	内　　容
技术特点	围套加固不仅使基础底面积增大,以降低原基底反力,而且受到围套的约束,原基础的刚度、抗剪、抗弯和抗冲切的能力均得到提高
技术局限性	现场施工的湿作业时间长,对生产和生活有一定的影响
标准与做法	对于独立基础的加固可参考图 7-22 进行

(7)基础加厚加固的做法见表 7-29。

表 7-29　基础加厚加固的做法

项　目	内　　容
适用情况	对旧房加层设计时的基础加固尤为适宜
标准与做法	如图 7-27 所示为采用加厚方法对条形基础进行加固的示意图

3. 砖墙改造与加固

(1)砖墙开裂是砖砌体的常见问题。当发现砌体结构出现裂缝以后,首先要根据裂缝的部位、方向、特征、宽度大小、分布情况等分析裂缝的类型。如果是温度裂缝或沉降裂缝,则应针对原因来根治。例如,温度裂缝应在砌体中增设温度变形缝,或者在屋面增设保温隔热层等。

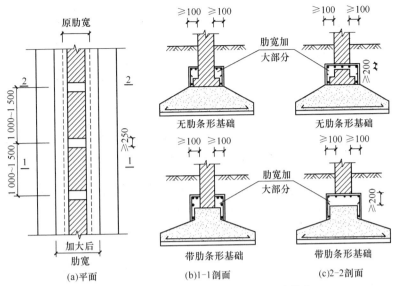

图 7-27　用加厚法提高基础的刚度和承载力

沉降裂缝则应检测裂缝是否已经稳定,如已稳定,可在裂缝中灌抹水泥浆,并在裂缝两端铺贴钢丝网,再抹水泥砂浆面层。如裂缝仍在发展,则应将工作重点放在地基加固上。如果砌体的裂缝属于受力裂缝,则应采取提高砌体承载力的加固方法。常用的提高墙体承载力的加固法有:扶壁柱法、组合砌体法。

(2)扶壁柱法加固砖墙的做法见表 7-30。

表 7-30　扶壁柱法加固砖墙的做法

项目	内　　容
技术特点	施工工艺简单,适应性强,并具有成熟的设计和施工经验
技术局限性	承载力提高有限,且较难满足抗震要求,一般仅在非地震区应用
标准与做法	(1)砖扶壁柱法工艺及构造。如图 7-28 所示是常见的砖扶壁柱,其中图 7-28(a)、(b)表示单面增设的砖扶壁柱,图 7-28(c)、(d)为双面增设的砖扶壁柱。增设的扶壁柱与原砖墙的连接,可采用插筋法或挖镶法实现,以保证两者共同工作。如图 7-28(a)、(b)、(c)所示为插筋法的连接情况。具体做法如下: 1)将新旧砌体接触面间的粉刷层剥去,并冲洗干净。 2)在砖墙的灰缝中打入 $\phi^b 4$ 或 $\phi 6$ 的连接插筋,如果打入插筋有困难,可先用电钻钻孔,然后将插筋打入。插筋的水平间距应小于 120 mm,如图 7-28(a)所示,竖向间距以 240~300 mm 为宜,如图 7-28(c)所示。 3)在开口边绑扎 $\phi^b 3$ 的封口筋,如图 7-28(c)所示。 4)用 M5~M10 的混合砂浆,MU7.5 级以上的砖砌筑壁柱。扶壁柱的宽度不应小于 240 mm,厚度不应小于 125 mm。在砌至楼板底或梁底时,应采用硬木顶撑,或用膨胀水泥砂浆砌筑最后 5 皮砖,以保证补强砌体有效地发挥作用。图 7-28(d)所示为挖镶法的连接情况。具体做法是:先将墙上的顶砖挖去,砌两侧新壁柱时,再将镶砖镶入。镶入时,砖在旧墙内的灰浆最好渗入适量膨胀水泥,以保证镶砖与旧墙能上下顶紧。

项 目	内 容
标准与做法	(2)混凝土扶壁拉法工艺及构造。混凝土扶壁柱的形式如图 7-29 所示,它可以帮助原砖墙承担较多的荷载。混凝土扶壁柱与原墙的连接是十分重要的。对于原带有壁柱的墙,新旧柱之间可采用如图 7-29(a)所示的连接方法,它同砖扶壁柱基本相同。当原墙厚度小于 240 mm 时,U 形连接筋应穿透墙体,并加以弯折,如图 7-29(b)所示。如图 7-29(c)、(e)的加固形式可较多地提高原墙体的承载力。如图 7-29(a)、(b)、(c)中的 U 形箍筋竖向间距不应大于 1 m。混凝土扶壁柱宜采用 C20 级混凝土,截面宽度不宜小于 250 mm,厚度不宜小于 70 mm。如图 7-30 所示为用混凝土加固原砖墙壁柱的方法。补浇的混凝土厚度不宜小于 50 mm,最好采用喷射法施工。为了减小现场工作量,对图 7-30(a)所示的原砖墙壁柱的加固,可采用 2 个开口箍和一个闭口箍间隔放置的办法。开口箍应插入原墙砖缝内,深度不小于 120 mm。闭口箍在穿过墙体后再行弯折。当插入箍筋有困难时,可先用电钻钻孔,再将箍筋插入。纵筋的直径不得小于 8 mm

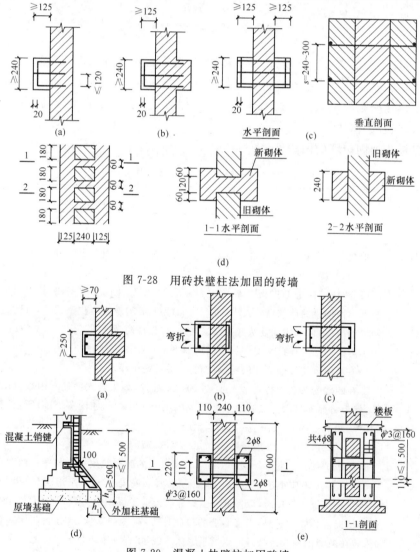

图 7-28　用砖扶壁柱法加固的砖墙

图 7-29　混凝土扶壁柱加固砖墙

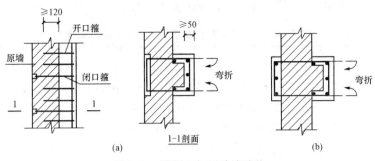

图 7-30　混凝土加固砖墙壁柱

（3）钢筋网水泥浆法加固砖墙的做法见表 7-31。

表 7-31　钢筋网水泥浆法加固砖墙的做法

项　目	内　　容
技术特点	夹板墙可以较大幅度地提高砖墙的承载力、抗侧移刚度及墙体的延性。目前钢筋网水泥浆法常被用于下列情况的加固： （1）因地震或活载而使整片墙的承载力或刚度不足。 （2）因房屋加层或超载而引起砖墙承载力的不足。 （3）因施工质量而使砖墙承载力普遍达不到设计要求等
技术局限性	下述情况不宜采用钢筋网水泥浆法。 （1）孔径大于 15 mm 的空心砖墙。 （2）砌筑砂浆强度等级小于 M4.0 的墙体。 （3）墙体严重酥碱，或油污不易消除，不能保证抹面砂浆粘结质量的墙体夹板墙构造要求
标准与做法	加固层应满足下列构造要求。 （1）采用水泥砂浆面层加固时，厚度宜为 20～30 mm；采用钢筋网水泥砂浆面层加固时，厚度宜为 30～45 mm，钢筋外保护层厚度不应小于 10 mm，钢筋网片与墙面的空隙不宜小于 5 mm。 （2）钢筋网的钢筋直径宜为 $\phi4$ 或 $\phi6$；网格尺寸实心墙宜为 300 mm×300 mm，空斗墙宜为 200 mm×200 mm；间距不宜小于 150 mm，也不宜大于 500 mm。 （3）面层的砂浆强度等级，宜采用 M10。 （4）单面加面层的钢筋网应采用 $\phi6$ 的 L 形锚筋，用水泥砂浆固定在墙上；双面加面层的钢筋网应采用 $\phi6$ 的 S 形穿墙筋连接；L 形锚筋的间距宜为 600 mm，S 形穿墙筋的间距宜为 900 mm，并且呈梅花状布置。 （5）当钢筋网的横向钢筋遇有门窗洞口时，单面加固宜将钢筋弯入窗洞侧边锚固；双面加固宜将两侧横向钢筋在洞口闭合。 （6）墙面穿墙 S 筋的孔洞必须用机械钻孔。楼板穿筋孔洞也宜用机械钻孔。 （7）钢筋网四周应与楼板或大梁、柱或墙体连接，可采用锚筋、插入短筋、拉结筋等连接方法

(4)粘贴纤维增强塑料(FRP)加固法的做法见表7-32。

表7-32　粘贴纤维增强塑料(FRP)加固法的做法

项目	内　容
技术特点及适用情况	施工快速,现场无湿作业,对生产和生活影响小,具有耐腐蚀、耐潮湿,几乎不增加结构自重、耐用、维护费用较低等优点,且加固后对原结构外观和原有净空无显著影响。适用于各种受力性质的结构构件和一般构筑物
技术局限性	需要专门的防火处理
标准与做法	工艺流程:构件基底处理、涂刷底胶、修补整平、粘贴碳纤维布、防护处理。 (1)构件基底处理:混凝土表面用角磨机、砂轮(砂纸)等工具,去除墙体表面的浮浆、油污等杂质,构件基面要打磨平整。用脱脂棉醮丙酮擦拭表面,用吹风机将混凝土表面清理干净并保持干燥。 (2)涂刷底胶:根据配合比确定各种材料用量,严格按照配合比进行配制,并应在现场进行临时配置,每次配胶量以一次用完为宜。胶粘剂配制好后,用滚筒刷或毛刷将胶粘剂均匀涂抹于墙体表面,等胶粘剂固化后,再进行下一道工序。 (3)修补整平:混凝土表面凹陷部位应用刮刀嵌刮整平胶料填平,模板接头等出现高度差的部位应用整平胶料填补,尽量减少高差。转角处应用整平胶料将其修补为光滑的圆弧。整平胶料须固化后,方可再进行下一道工序。 (4)粘贴碳纤维布:按设计要求的尺寸裁剪碳纤维布。配制、搅拌胶粘剂,然后用滚筒刷均匀涂抹于所粘贴部位,在搭接、拐角部位适当多涂抹一些。用特制光滑碾子在碳纤维布表面沿同一方向反复滚压至胶料渗出碳纤维布外表面,以去除气泡,使碳纤维布充分浸润胶料,在碳纤维的外表面均匀涂抹一层粘结胶料。 (5)固化:胶粘剂在常温下固化,3 d即可受力使用

4. 砖柱改造与加固

(1)增大截面法加固砖柱的做法见表7-33。

表7-33　增大截面法加固砖柱的做法

项目	内　容
技术特点及适用情况	当砖柱承受的弯矩较大时,往往采用仅在受压面增设混凝土层的方法,如图7-31(a)所示,或采用在双面增设混凝土层的方法,如图7-31(b)所示。四周外包混凝土加固砖柱的效果较好,对于轴心受压砖柱及小偏心受压砖柱,其承载力的提高效果尤为显著,如图7-31(c)所示
标准与做法	(1)采用侧面加固时,新旧柱的连接、接合非常重要。双面加固应采用连通的箍筋;单面加固应在原砖柱上打入混凝土或膨胀螺栓等物件,以加强两者的连接。此外,无论单面加固还是双面加固,应将原砖柱的角砖每隔5皮打掉1块,使新混凝土与原柱能很好地咬合。 (2)新浇混凝土强度等级宜用C20,受力钢筋距砖柱的距离不应小于50 mm,受压钢筋的配筋率不宜小于0.2%,直径不应小于8 mm。 (3)采用四周外包混凝土加固砖柱时,若外包层较薄,外包层亦可用砂浆。砂浆强度等级不得低于M7.5。外包层应设置$\phi4\sim\phi6$的封闭箍筋,间距不宜超过150 mm

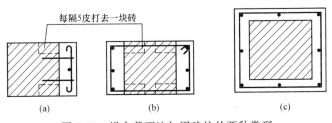

图 7-31 增大截面法加固砖柱的两种类型

(2)外包钢加固砖柱的做法见表7-34。

表 7-34 外包钢加固砖柱的做法

项目	内容
技术特点及适用情况	施工简便、现场工作量和湿作业少,受力较为可靠;适用于不允许增大原构件截面尺寸,却又要求大幅度提高截面承载力的砌体柱的加固
技术局限性	加固费用较高,并需采用类似钢结构的防护措施
标准与做法	外包钢加固砖柱的一般做法是:先将砖柱四周的粉刷层铲除,洗刷干净,在砖柱角表面抹一层10 mm厚水泥砂浆找平,用水泥砂浆将角钢粘贴于受荷砖柱的四周,并用卡具卡紧,随即用缀板将角钢连成整体,最后去掉卡具,粉刷水泥砂浆以保护角钢如图7-32所示。角钢应很好地锚入基础,在顶部也应有可靠的锚固措施,以保证其有效地参加工作。角钢不宜小于∟25×5

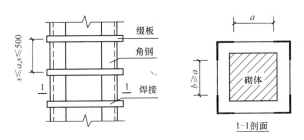

图 7-32 外包钢加固砖柱

5. 混凝土梁、板改造与加固

(1)由于施工质量不良、设计有误、使用不当、意外事故、改变用途和耐久性的终结等问题,导致混凝土梁不能满足预定的承载能力要求时,必须对其进行改造与加固,才能保证构件的安全使用。混凝土梁承载力不足的外观表现是构件的挠度偏大,裂缝过宽、过长,钢筋严重锈蚀或受压混凝土有压坏迹象等。一旦发现这些现象,房主应给予足够的重视,正确判断造成承载力不足的原因,选择合理的加固方案,做到有针对性、适度的补强,牢记"过犹不及"。

(2)增大截面加固法的做法见表7-35。

表 7-35 增大截面加固法的做法

项目	内容
技术特点	增大截面加固法施工工艺简单、适应性强,并具有成熟的设计和施工经验

项目	内　容
技术局限性	现场施工的湿作业时间长,对生产和生活有一定的影响,且加固后的建筑物净空有一定的减小
标准与做法	(1)由于新旧混凝土截面独立工作时的承载能力较其整体工作时低,因此对构件加固应采取以下措施以争取新旧混凝土截面整体工作。 　　1)将原构件在新旧混凝土粘合部位的表面凿毛。具体要求是:板表面不平度不小于4 mm,梁表面不平度不小于6 mm,并在原构件的浇筑面上每隔一定距离凿槽,以形成剪力键;或者将原构件浇筑面凿毛、洗净,并涂覆丙乳水泥浆(或建筑胶聚合水泥浆),同时浇混凝土。 　　2)当在梁上做后浇层时,除按上述方法处理原构件表面外,还应在后浇层中加配箍筋和负弯矩钢筋(或架立筋),并注意其连接。加固的受力纵筋与原构件的受力纵筋采用短筋焊接,尤其在加固筋的两端及其附近处必不可少。 　　(2)如图7-33(a)所示为焊接法将补加的U形筋焊接在原有箍筋上,焊缝长度不小于5d(d为U形箍筋直径)。如图7-33(b)所示为U形箍筋焊接在增设的锚钉上连接措施。锚钉直径d不小于10 mm,锚钉距构件边缘不小于3d,且不小于40 mm,锚钉锚固深度不小于10d,并采用环氧树脂砂浆将锚钉锚固于原梁的钻孔内。钻孔直径应大于锚钉直径4 mm,另外,也可不用锚钉而用上述方法直接将U形箍筋伸进孔内锚固。 　　(3)当构件浇灌叠合层时,应尽量减小原构件承受的荷载,若能加设临时支撑更好。增大截面法加固时,应满足如下构造要求。 　　1)新浇混凝土的强度等级不低于C20,且宜比原构件设计的混凝土强度等级提高一级。 　　2)新增混凝土层的最小厚度,板不应小于40 mm;梁采用人工浇筑时,不应小于60 mm,采用喷射混凝土施工时,不应小于50 mm。 　　3)加固用的钢筋,应采用热轧钢筋。板的受力钢筋直径不应小于8 mm;梁的受力钢筋直径不应小于12 mm;加锚式箍筋直径不应小于8 mm;U形箍直径应与原箍筋直径相同;分布筋直径不应小于6 mm。梁的新增纵向受力钢筋,其两端应可靠锚固。 　　4)对于加固后为整体工作的板,在支座处应配负钢筋,并与跨中分布筋相搭接。分布筋应采用直径为4 mm、间距不大于300 mm的钢筋网,以防止产生收缩裂缝。 　　5)新增受力钢筋与原受力钢筋的净间距不应小于20 mm,并应采用短筋或箍筋与原钢筋焊接。其构造应符合: 　　①当新增受力钢筋与原受力钢筋的连接采用短筋焊接时,短筋的直径不应小于20 mm,长度不应小于其直径的5倍,各短筋的间距不应大于500 mm; 　　②当截面受拉区一侧加固时,应设置U形箍筋。U形箍筋应焊在原有箍筋上,单面焊缝长度应为箍筋直径的10倍,双面焊缝长度应为箍筋直径的5倍; 　　③当用混凝土围套加固时,应设置环形箍筋或加锚式箍筋。 　　6)在浇捣后浇层之前,原构件表面应保持湿润,但不得有积水。后浇层用平板振动器振动出浆,或用滚筒滚压出浆,加固的板应随即加粉光,不再另做面层,以减小恒载

村镇建筑工程

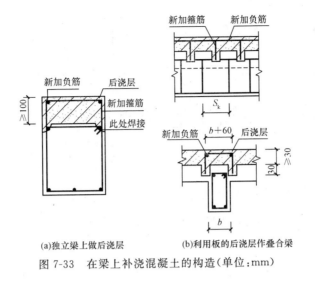

(a)独立梁上做后浇层　　　　(b)利用板的后浇层作叠合梁

图 7-33　在梁上补浇混凝土的构造(单位:mm)

(3)增补受拉钢筋加固法的做法见表 7-36。

表 7-36　增补受拉钢筋加固法的做法

项　目	内　　　容
技术特点	该方法施工工艺简单、适应性强,并具有成熟的设计和施工经验
技术局限性	现场施工的湿作业时间长,对生产和生活有一定的影响
标准与做法	增补钢筋与原梁之间的连接方法有全焊接法、半焊接法和粘结法三种,此外,在增补筋的端部,还可采用预应力筋与原梁的锚固方法。 (1)全焊接法是指把增补筋直接焊接在梁的原筋上,以后不再补浇混凝土做粘结保护,即增补筋是在裸露条件下,依靠焊接参与原梁的工作,如图 7-34 所示。 (2)半焊接法是指增补筋焊接在梁中原筋上后,再补浇或喷射一层细石混凝土进行粘结和保护。这样,增补筋既受焊点锚固,又受混凝土粘结力的固结,使增补筋的受力特征与原筋相近,受力较为可靠,如图 7-35 所示。 (3)粘结法是指增补筋是完全依靠后浇混凝土的粘结力传递来参与原梁的工作,如图 7-36 所示。粘结法施工工艺如下。 1)将需增补钢筋区段的构件表面凿毛,使凹凸不平度大于 6 mm。 2)每隔 500 mm 凿一剪力键,并加配 U 形箍筋。U 形箍筋焊接在原筋上或焊接在锚钉上。 3)将增补纵筋穿入 U 形箍筋并予绑扎,最后涂刷环氧胶粘剂和喷射混凝土

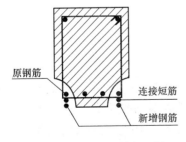

图 7-34　全焊接补筋加固梁

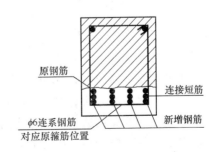

图 7-35　半焊接补筋加固梁

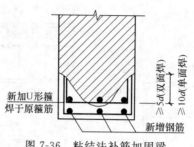

新加U形箍
焊于原箍筋
≥5d(双面焊)
≥10d(单面焊)
新增钢筋

图 7-36 粘结法补筋加固梁

（4）置换混凝土加固法的做法见表 7-37。

表 7-37 置换混凝土加固法的做法

项目	内 容
技术特点及 适用情况	置换混凝土加固法的优点与增大截面加固法相近,且加固后不影响建筑物的净空。该法适用于承重构件受压区混凝土强度偏低或有严重缺陷的局部加固
技术局限性	现场施工的湿作业时间长,对生产和生活有一定的影响
标准与做法	在加固梁式构件时,应注意以下几点: （1）应对原构件加以有效的支撑。 （2）置换用混凝土的强度等级应比原构件混凝土提到一级,且不应低于 C25。 （3）混凝土的置换深度,板不应小于 40 mm;梁,采用人工浇筑时不应小于 60 mm,采用喷射法施工时不应小于 50 mm。对非全长置换的情况,其两端应分别延伸不小于 100 mm 的长度。 （4）置换部分应位于构件截面受压区内,且应根据受力方向,将有缺陷混凝土剔除;剔除位置应在沿构件整个宽度的一侧或对称的两侧;不得仅剔除截面的一隅

（5）预应力加固法的做法与特点。

1）预应力加固法的做法见表 7-38。

表 7-38 预应力加固法的做法

项目	内 容
技术特点	这种方法不仅施工简便,而且在基本不增加梁截面高度和不影响结构使用空间的条件下,可提高梁的抗弯、抗剪承载力和改善其在使用阶段的性能
技术局限性	加固后对原结构外观有一定影响,在无防护的情况下,不能用于温度在 600℃以上环境中,也不宜用于混凝土收缩徐变大的结构

2）预应力加固法的标准与做法。

①预应力筋张拉。通常,加固梁的预应力筋裸露置于梁体之外,所以预应力筋张拉亦是在梁体之外进行的。张拉的方法有多种,常用的有:千斤顶张拉法、横向收紧法、竖向张拉法以及电热张拉法。这里主要介绍适于人工操作的横向收紧法与竖向张拉法。

横向收紧法是一种横向预加应力的方法。其原理是在加固筋两端被锚固的情况下,利用扳手和螺栓等简易工具,迫使加固筋由直变曲产生拉伸应变,从而在加固筋中建立预应力。

②横向收紧法如图 7-37 所示。

a. 将加固筋 2 的两端锚固在原梁上,加固筋可为弯折的下撑式,也可为直线式。

b. 每隔一定距离用撑杆 4(角钢或粗钢筋)撑在两根加固筋 2 之间。

c. 在撑杆间设直 U 形螺栓 3,把两根加固筋横向收紧拉拢,即在其中建立了预应力。

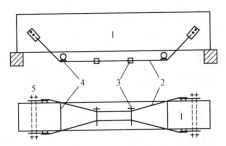

图 7-37　人工横向收紧法张拉预应力

1—原梁;2—加固筋;3—U 形螺栓;4—撑杆;5—高强螺栓

③人工竖向张拉法。如图 7-38 所示为两种人工竖向张拉法的示意图。其中图 7-38(a)所示为人工竖向收紧张拉,带钩的收紧螺栓 3 在穿过带加强肋的钢板 4 后,被钩在加固筋 2 上(拉杆的初始形状可以是直线的,亦可以是曲线形的),当拧动收紧螺栓的螺帽时,加固筋即向下移动,由直变曲或增加曲度,从而建立了预应力;如图 7-38(b)所示为人工竖向顶撑,图中 7 为固定在梁底面的上钢板,8 为焊接在加固筋上的下钢板(其上焊有螺母),当拧动顶紧螺栓 8 时,上下钢板的距离变大,迫使加固筋下移,从而建立预应力。

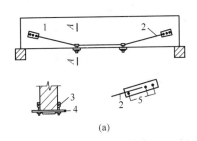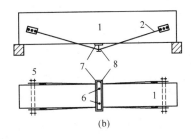

图 7-38　人工竖向张拉预应力

1—原梁;2—加固筋;3—收紧螺栓;4—钢板;5—高强螺栓;

6—顶撑螺栓;7—上钢板;8—下钢板

④预应力锚固。预应力的锚固方法,通常有以下六种。

a. U 形钢板锚固。U 形钢板锚固工艺如下:将梁端头的混凝土保护层凿去,并在其上涂以环氧砂浆。然后把与梁同宽的 U 形钢板紧紧地卡在环氧砂浆上。最后将加固筋焊接在如图 7-39(a)中的 A 端,或锚接在如图 7-39(a)中的 B 端,在 U 形钢板的两侧。

b. 高强螺栓摩擦——粘结锚固。本方法是根据钢结构中高强螺栓的工作原理提出来的,其工艺为:在原梁及钢板上钻出与高强螺栓直径相同的孔。然后在钢板和原梁上各涂一层环氧砂浆或高强水泥砂浆后,用高强螺栓将钢板紧紧地压在原梁上,以产生粘结力和摩擦力。最后将预应力筋锚固在与钢板相焊接的凸缘上如图 7-39(b)中的 B 端,或直接焊接在钢板上,如图 7-39(b)中的 A 端。

c. 焊接粘结锚固。焊接粘结锚固是把加固筋直接焊接在原钢筋应力较小区段上,并用环氧砂浆粘结的锚固方法如图7-39(c)所示。在钢筋混凝土梁中,钢筋在某区段的应力很小,甚至为零(例如,连续梁反弯点处、简支梁的端部)。这说明钢筋强度没有被充分利用,尚有潜力可挖。因此,把加固筋焊接在这些部位的原筋上,并用环氧砂浆将加固筋粘结在斜向的沟槽内。

d. 扁担式锚固。它是指在原梁的受压区增设钢板如图7-39(d)中的A端或钢板托套如图7-39(d)中的B端,将加固固定在钢板(或托套)上的一种锚固方法。施工时,应用环氧砂浆将钢板粘固在原梁上,以防钢板滑动。

e. 利用原预埋件锚固。若被加固的梁端有合适的预埋件,宜将加固筋焊接在此预埋件上,即可达到锚固的目的。

f. 套箍锚固。它是指把型钢做成的钢框嵌套在原梁上,并将预应力筋锚固在钢框上的一种锚固方法。施工时,应除去钢框处的混凝土保护层,并用环氧砂浆固定钢框如图7-39(e)所示。

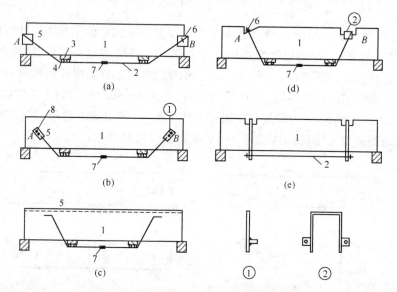

图 7-39 预应力筋锚固方法示意图

1—原梁;2—加固筋;3—上钢板;4—下钢板(棒);5—焊接;6—螺栓;7—锚接接头;8—高强螺栓

3)用预应力法加固混凝土梁结构,应遵循以下构造要求。

①预应力筋一般宜采用直径12～30 mm的钢筋或钢绞线束;当采用预应力钢丝时,宜取直径4～8 mm。

②直线预应力筋或下撑式预应力筋的水平段与被加固梁底面间的净距离应小于100 mm,以30～80 mm为宜。

③张拉结束后,应对外露的加固筋进行防锈处理。处理的方法有喷涂水泥砂浆法和涂刷防锈漆法。

④采用横向张拉法时,收紧螺栓的直径应不小于16 mm,螺帽高度应不小于螺栓直径的1.5倍。

⑤预应力筋的锚固应牢固可靠,不产生位移。

⑥在下撑式预应力筋弯折处的原梁底面上,应设置支撑钢垫板,其厚度≥10 mm,其宽度不小于厚度的 4 倍,其长度应与被加固的梁宽相等。支承钢垫板与预应力筋之间应设置钢垫棒如图 7-40(a)所示或钢垫板,垫棒直径应≥20 mm;长度应不小于被加固的梁宽加 2 倍预应力筋直径,再加 40 mm。有时为减小摩擦损失,在垫棒上套一个与梁同宽的钢筒如图 7-40(b)所示。

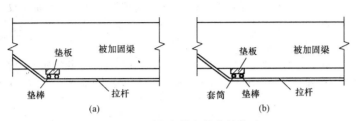

图 7-40　预应力筋弯折点的构造

(6)粘贴纤维增强塑料(FRP)加固梁的做法见表 7-39。

表 7-39　粘贴纤维增强塑料(FRP)加固梁的做法

项 目	内 容
技术特点及适用情况	施工快速,现场无湿作业,对生产和生活影响小,具有耐腐蚀、耐潮湿、几乎不增加结构自重、耐用、维护费用较低等优点,且加固后对原结构外观和原有净空无显著影响。适用于各种受力性质的混凝土结构构件和一般构筑物
技术局限性	需要专门的防火处理
标准与做法	FRP 加固梁的施工工艺如下: (1)基层处理,清除梁表面剥落、腐蚀等松散混凝土层,如有裂缝用环氧砂浆进行灌缝处理。用磨光机将结构面层打磨平整,除去灰尘、油污等,直到露出混凝土结构层新面。梁棱角倒角打磨,倒角半径不小于 20 mm。混凝土表面用压缩空气吹净并保持干燥待用。 (2)修补找平、涂底胶,对加固混凝土表面凹陷及接头处有高差部位的地方用专用环氧树脂找平腻子(TE)修补找平。对加固混凝土结构转角处,用 TE 腻子将其修补为半径≥20 mm 的圆角。用毛刷将专用环氧树脂底胶(TP)均匀涂刷在待用的结构面上,厚度不超过 0.14 mm。底胶固化后如有气泡,用砂纸磨光后再补刷底胶一次。 (3)粘贴碳纤维布,用毛刷将专用环氧树脂粘贴胶(TR)均匀涂刷在粘贴部位,在搭接、转角、残缺修补等处适当多涂刷一些。粘贴碳纤维布后用罗拉(一种特制光滑刮子)顺纤维方向反复刮压,至胶液渗出碳纤维布外表面。确认碳纤维布粘在树脂胶涂面后,再用罗拉沿纤维方向在碳纤维布上滚压多次,使 TR 渗透到纤维中并除去空气。多层粘贴重复以上步骤。布长方向的搭接长度≥100 mm。最外一层碳纤维布粘贴 20～90 min(根据干燥程度)后,再在其上表面均匀涂刷一层胶粘剂。碳纤维布端部贴 200 mm 通长碳纤维布压条。外层涂刷 3 h 左右后开始进行固化后的空鼓处理。每平方米多于 10 个、直径在 10～30 mm 的空鼓,以及直径在 30 mm 以上的空鼓均需要修补。碳纤维布粘贴完毕,24 h 自然养护达到固化,固化期间不得受到任何干扰

6. 混凝土柱改造与加固

(1)增大截面法加固混凝土柱的做法见表 7-40。

表 7-40　增大截面法加固混凝土柱的做法

项目	内　容
技术特点	(1)由于加大了原柱的混凝土截面积及配筋量,因此这种方法不仅可提高原柱的承载力,对于提高轴心受压柱及小偏心受压柱的受压能力尤为显著,还可降低柱子的长细比,提高柱子的刚度。 (2)当柱承受的弯矩较大时,往往采用仅在与弯矩作用平面垂直的侧面进行加固的办法。如果柱子的受压面较薄弱,则应对受压面进行加固。反之,应对受拉面进行加固。不少情况,需两面都加固
技术局限性	现场施工的湿作业时间长,对生产和生活有一定的影响
标准与做法	在加固柱的设计和施工中,应保证新旧柱之间的结合和联系,使它们能整体工作,以较好地发展它们之间的内力重分布,充分发挥新柱的作用。加固的构造设计及施工应特别注意如下几点: (1)当采用四周外包混凝土加固法时,应将原柱面凿毛、洗净,箍筋采用封闭型,间距应符合《混凝土结构设计规范》(GB 50010—2010)规定。 (2)当采用单面或双面增浇混凝土的方法加固时,应将原柱表面凿毛,凸凹不平度≥6 mm,并应采取下述构造中的一种: 1)当新浇层的混凝土较薄时,用短钢筋将加固的受力钢筋焊接在原柱的受力钢筋上。短钢筋直径不应小于 20 mm,长度不小于 5d(d 为新增纵筋和原有纵筋直径的较小值),各短筋的中距≤500 mm; 2)当新浇层混凝土较厚时,应用 U 形箍筋固定纵向受力钢筋,U 形箍筋与原柱的连接可用焊接法,也可用锚固法。当采用焊接法时,单面焊缝长度为 10d,双面焊缝长为 5d(d 为 U 形箍筋直径)。锚固法的做法是:在距柱边缘不小于 3d,且不小于 40 mm 处的原柱上钻孔,孔深应≥10d,孔径应比箍筋直径大 4 mm,然后用环氧树脂浆或环氧砂浆将箍筋锚固在原柱的钻孔内。此外,也可先在孔内锚固直径≥10 mm 的锚钉,然后再把 U 形箍筋焊接在锚钉上。 (3)新增混凝土的最小厚度≥60 mm,用喷射混凝土施工时不应小于 50 mm。 (4)新增纵向受力钢筋宜用带肋钢筋,最小直径应≥14 mm,最大直径应≤25 mm。 (5)新增纵向受力钢筋应锚入基础,柱顶端应有锚固措施。在框架柱加固中,受拉钢筋不得在楼板处切断,受压钢筋应有 50%穿过楼板。新浇混凝土上部与大梁的底面间需确保密实,不得有缝隙

(2)外包钢加固混凝土柱的做法见表 7-41。

表 7-41　外包钢加固混凝土柱的做法

项目	内　容
技术特点及适用情况	施工快速,可较大提高原构件承载力;基本不影响结构外观尺寸。适用于使用上不允许显著增大原构件截面尺寸,但又要求大幅度提高其承载能力的混凝土结构加固

项目	内　　容
技术局限性	用钢量大
标准与做法	混凝土柱采用外包钢法加固时,应符合如下构造要求: (1)外包钢的肢长,不宜小于25 mm;缀板截面不宜小于25 mm×3 mm,间距不宜大于20 r(r为单根角钢截面的最小回转半径),同时不宜大于500 mm。 (2)外包角钢需通长、连续,在穿过各层楼板时不得断开,角钢下端应伸到基础顶面,用环氧砂浆加以粘锚(图7-41),角钢两端应有足够的锚固长度,如有可能应在上端设置与角钢焊接的柱帽。 (3)当采用环氧树脂化学灌浆外包钢加固时,缀板应紧贴混凝土表面,并与角钢平焊连接。焊好后,用环氧胶泥将型钢周围封闭,并留出排气孔,然后进行灌浆粘结。 (4)当采用乳胶水泥砂浆粘贴外包钢时,缀板可焊于角钢外面。乳胶含量不应小于5%。 (5)型钢表面宜抹厚25 mm的1∶3水泥砂浆保护层,亦可采用其他饰面防腐材料加以保护。

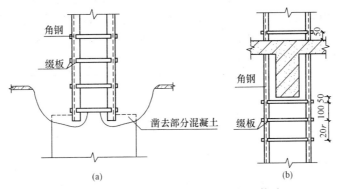

图7-41　外包钢穿过楼板及底脚的锚固构造

(3)置换法加固混凝土柱的做法见表7-42。

表7-42　置换法加固混凝土柱的做法

项目	内　　容
技术特点及适用情况	本方法适用于承重构件受压区混凝土强度偏低或有严重缺陷的局部加固
技术局限性	现场施工的湿作业时间长,对生产和生活有一定的影响
标准与做法	置换法的构造规定同混凝土梁加固时的构造规定

7. 木梁(屋架)改造与加固

(1)嵌补加固法的做法见表7-43。

表 7-43　嵌补加固法的做法

项　目	内　　容
适用情况	当梁裂缝不大或轻微糟朽时可采用嵌补加固法
技术局限性	由于木构件相当于由两部分组成,故受力性能不如原木
标准与做法	当构件的水平裂缝深度(当有对面裂缝时为两者之和)小于梁宽或梁直径的 1/4 时,可采取嵌补的方法进行修整,即先用木条和耐水性胶粘剂将缝隙嵌补粘结严实,再用两道以上钢箍或玻璃钢箍箍紧

(2)铁件加固法的做法见表 7-44。

表 7-44　铁件加固法的做法

项　目	内　　容
适用情况	当梁裂缝较大时,对其进行嵌补的同时还需要进行铁件加固
维护与检查	要注意连接螺栓卡口闭合后应有间隙,这样才能使螺栓紧固严密,并与梁表面贴附,梁的裂缝应填实
标准与做法	铁件加固法通常是用扁钢将梁构件箍牢或者用扁钢将梁柱节点进行连接。扁钢箍制作要求外形规整,保证尺寸准确,与梁结合贴附。加工时要足尺放样,安装时应逐个拧紧固定螺栓,各扁钢箍不得松动

(3)支顶加固法的做法见表 7-45。

表 7-45　支顶加固法的做法

项　目	内　　容
技术特点	通过对梁架进行支顶来减小其挠度的方法
标准与做法	支顶加固通常有两种形式:当木梁下有梁枋时,可在梁枋上设置木柱作为附加支座;当木梁下没有梁枋时,可在木梁侧方设置铁钩拉结,铁钩一端钉入木梁内,另一端钉入附近梁架内,该铁钩同样起到附加支座的作用

(4)构件更换的做法见表 7-46。

表 7-46　构件更换的做法

项　目	内　　容
技术特点	若梁出现劈裂折断、底部断裂或糟朽深度较大时,说明构件底部承受拉力断面减小,对剩余完整断面需进行力学计算,如超过允许应力 20%以上,应考虑更换。更换时,宜选用与原构件相同树种的干燥木材,并预先做好防腐处理
标准与做法	设置临时支撑,将待更换的构件取出,再将新木材装上,保证新构件与原结构的连接

(5)化学加固法的做法见表7-47。

表 7-47　化学加固法的做法

项目	内　容
适用情况	适用于遭受菌、虫和机械损害的木材
标准与做法	木结构维修中常用的化学加固所用材料配比如下：304号不饱和聚酯树脂100 g；1号固化剂（过氧化环乙酮苯）4 g；1号促进剂（环烷酸钴苯乙酸液）2～3 g；石英粉100g。使用时，先加固化剂，搅拌均匀，再加促进剂，搅拌均匀后加石英粉即可。化学加固法除了能增加木材的强度外，还能增加木材的尺寸稳定性和提高其防腐、防虫能力

(6)粘贴纤维增强塑料(FRP)加固法加固木结构的做法见表7-48。

表 7-48　粘贴纤维增强塑料(FRP)加固法加固木结构的做法

项目	内　容
技术特点	施工快速，现场无湿作业，对生产和生活影响小，具有耐腐蚀、耐潮湿，几乎不增加结构自重、耐用、维护费用较低等优点，且加固后对原结构外观和原有净空无显著影响。用FRP加固木梁，不仅可以提高木梁的承载力和延性，还能提高其耐久性和徐变能力
技术局限性	需要专门的防火处理
标准与做法	一般来说，粘贴FRP加固木结构的思路主要有：抗弯加固，利用FRP抗拉强度高的特性，将其粘贴在木梁受拉区，使之与木梁共同承受荷载，以提高木梁的受弯承载力，从而达到加固补强的作用；抗剪加固，把FRP粘贴于厚的剪跨区，起到与箍筋类似的作用，从而提高构件抗剪承载力。FRP加固木结构的施工要点包括：木构件粘贴面应平整和清洁；粘贴时木构件粘贴面应干燥；保持FRP粘贴面应干净无油污；粘贴时环境温度应高于10℃，温度较低将导致养护时间延长

(7)木夹板加固屋架的做法见表7-49。

表 7-49　木夹板加固屋架的做法

项目	内　容
技术特点	屋架上弦、斜腹杆以及下弦个别节点因斜纹偏大，出现断裂或有危害性木节时，可采用木夹板加固
标准与做法	(1)屋架上弦个别节点因斜纹偏大，出现断裂或有危害性木节时，可采用木夹板加固。这类问题出现在上弦节间时更为不利，此时可在有缺陷部位的上弦下面贴附一根新木料，但新木料两端的支承要处理得可靠，方能有效地帮助原有上弦受力。 (2)上弦及斜腹杆加夹板加固。 (3)屋架下弦严重糟朽，损坏长度较大时，可将糟朽部分全部锯掉，换上新的上下弦头子，再加木夹板或钢夹板螺栓加固

(8)木夹板串杆加固屋架的做法。木夹板串杆加固施工时，应按先固定木夹板、填配料、固定钢件、后串拉杆顺序进行。钢件与木件的承压面结合紧密，位置准确，串杆顺直，安装对称平

行,固定牢靠。对圆钢串杆的螺栓,必须用双螺帽,伸出螺帽的长度不应小于螺栓直径的 0.8 倍,木夹板串杆加固屋架的要求如下:

1)下弦受拉接头受剪面出现裂缝,或原木下弦只采用单排螺栓,而下弦的其他部位完好时,可局部采用新的受拉装置代替原来的螺栓连接。当采用木夹板串杆加固时,应选择有利的夹板方向和位置,并应核算夹板螺栓对下弦的削弱影响。

2)屋架端部严重糟朽、原有节点的木材已不能利用时,可按下面方法加固:①如能根除造成糟朽的条件,可将腐材切除后更换新材;②如无法根除造成糟朽的条件,则切除糟朽后需要型钢焊成件或用钢筋混凝土节点代替原有木质节点构造。

(9)钢拉杆加固木竖杆的做法见表 7-50。

表 7-50　钢拉杆加固木竖杆的做法

项目	内　　容
适用情况	木拉杆用钢拉杆加固,可用在屋架中央,也可用于节间木竖杆的加固
标准与做法	钢拉杆一般有两根或四根,这种形式的串拉杆必须穿过钢件孔眼与原木竖杆应对称对应平行串附。钢件加工须规整,与屋架连接紧密,钢拉杆顺直,固定牢靠。用钢拉杆加固中间的木竖杆前,应拆除局部屋面,临时支撑脊檩加固屋架。用钢拉杆加固节间木竖杆时,可以不拆除屋面进行加固

(10)立贴式木构架牮正的做法。施工顺序是牮正的关键环节,牮正施工应按放松、同步、间歇、复位的顺序分组进行。

1)牮正前,应先卸除屋面及楼层荷载,拆开与木构件相连的部分砌体。在木构架上合理布置牵引点,牵引绳连接端点,柱根撑木均应可靠固定,牵引绳、回拉绳及张拉设备必须有足够的强度。原有屋架有缺陷时,应先进行加固处理。施工前应设观测装置,由专人观测并进行试拉,经检查符合要求后才能牮正。

2)牮正时,牵引绳长进和回拉绳放松必须同步进行,并应有间歇,检查牮正量和结构状态正常时方可继续牮拉。牮正过程中应随时观测构架的垂直和节点变化,并做好记录,牮正的构架的牵拉过正一般不超过 20 mm,但验收时应达到垂直稳定。

3)牮正后,应对构架的连接节点进行修复固定,砌筑墙体,修好屋面后才能拆除牮正工具,并做到各立贴构架的柱轴线垂直,且在统一垂直平面内。

4)两层构架牮正时,应根据房屋实际情况增设牵引点、回拉绳及张拉设备。构架双向倾斜时,应牮正一个方向达到设计要求后再牮正另一个方向

8. 木柱改造与加固

(1)柱子如出现糟朽现象,对于轻微的糟朽,即柱皮小局部的糟朽深度不超过柱子直径的 1/2 时,采取挖补的方法;对于糟朽部分较大,但在沿柱身周圈一半以上深度不超过柱子直径的 1/4 时,可采取包镶的方法;对于糟朽严重自根部向上高度不超过柱高 1/4 时,通常采用墩接柱根的方法。用砖砌或混凝土接墩柱,锯截的木柱截面应垂直于柱轴线。柱与柱墩相接处,应做好防腐防潮处理。柱墩混凝土达到设计强度的 50% 以上后,方可拆除临时支撑,柱和柱墩的连接面应平整、接合严密,锚固钢件的规格、尺寸、位置、预埋深度等应符合设计要求。钢件与木柱连接的孔眼应顺孔钻通,螺栓拧紧固定。

(2)柱子如由于木材在干燥过程中或年久失修而受大气干湿变化出现劈裂现象,则较细裂

缝常常留待油饰或断白时用腻子勾严实;缝宽超过 5 mm 的用旧木条粘牢补严;缝宽在 30～50 mm 以上,深达木心的粘补后还需加铁箍 1～2 道。

(3)柱子如由于原建时选料不慎或白蚁蛀害,出现表皮比较完整而内部糟朽中空的现象,通常采用高分子材料灌浆加固的方法

9. 土墙改造与加固

(1)山墙高厚比(墙高与墙厚之比)大于 10 时应设置山墙扶壁墙垛,如图 7-42 所示。

图 7-42　山墙扶壁墙垛

(2)生土结构房屋应在墙顶处沿房屋外墙设置一道木圈梁,当房屋为 4 开间或大于 4 开间时,内横墙隔道加设一道木圈梁与外墙木圈梁连接。土坯墙体应在外墙转角设置构造柱(砖或料石),构造柱截面不应小于 240 mm×240 mm,与土坯咬槎砌筑,构造柱应伸入墙基础,且沿墙高每 500 mm 左右配置钢筋、荆条、竹片、木条等伸入墙体内 750 mm 或至洞口边,如图 7-43 所示。

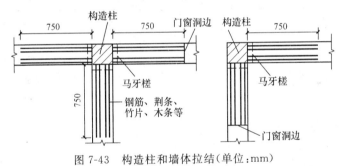

图 7-43　构造柱和墙体拉结(单位:mm)

10. 阳台、雨棚和楼板改造与加固

(1)沟槽嵌筋法的做法见表 7-51。

表 7-51　沟槽嵌筋法的做法

项目	内　　容
适用情况	这种方法用于配筋不足或位置偏下的悬臂构件加固是较为奏效的
技术局限性	现场施工的湿作业时间长,对生产和生活有一定的影响
标准与做法	嵌入沟槽中的补配钢筋能否有效地参加工作,主要取决于它的锚固质量,以及新旧混凝土间的粘结强度。为了增强新旧混凝土间的粘结,常在浇捣新混凝土之前,在原板面及后补钢筋上刷一层建筑胶聚合水泥浆或丙乳水泥或乳胶水泥浆,此外,由于后补钢筋参与工作晚于板中原筋而出现应力滞后现象,因此验算使用阶段的原筋的应力是有必要的,使其不超过允许应力,并控制加固梁的裂缝和挠度。为了减弱后补钢筋的应力滞后现象,以及保证施工安全,在加固施工时应对原悬臂构件设置顶撑,并施加预顶力。后

项 目	内 容
标准与做法	补钢筋的锚固,可通过其端部的弯钩或焊上 $\phi12\sim\phi14$ 的短钢筋的办法解决。具体操作步骤如下: (1)将悬臂板上的表面凿毛,凸凹不平度不小于 4 mm。 (2)沿受力钢筋方向,按所需补加钢筋的数量和间距,凿出 25 mm×25 mm 的沟槽,直到板端并凿通墙体(当无配重板时,如檐口板应将屋面的空心板凿毛,长度一般为一块空心板宽)。 (3)在阳台根部裂缝处,凿 V 形沟槽,其深度大于裂缝深,以便灌筑新混凝土,修补原裂缝。 (4)清除浮灰砂砾,冲水清洗板面。 (5)就位主筋,并绑扎分布筋,分布筋用 $\phi4@200$ 或 $\phi6@250$。 (6)在沟槽内和板面上,涂刷丙乳水泥浆或乳胶水泥浆。若原料有困难,应至少刷一道素水泥浆。 (7)紧接上道工序,浇捣比原设计强度高一级的细石混凝土(厚度一般取 30 mm),并压平抹光。 (8)若钢筋穿过墙体,还需用混凝土填实墙体孔洞

(2)板底加厚法的做法见表 7-52。

表 7-52 板底加厚法的做法

项 目	内 容
适用情况	如果阳台的配筋足够,但其强度不足,这是由于原配筋的位置偏下或混凝土强度未达到设计要求所致。在这种情况下,可采用加厚板底的办法来达到补强加固的目的,如图 7-44 所示
技术局限性	现场施工的湿作业时间长,对生产和生活有一定的影响
标准与做法	(1)凿毛板底,并涂刷乳胶或丙乳水泥浆。 (2)在板底喷射混凝土,如果喷射一遍达不到厚度要求,可喷射两遍。 (3)如果缺少喷射机具,在增厚不超过 50 mm 时,也可采用逐层抹水泥砂浆的办法施工。水泥浆强度等级不小于 M10,每次抹厚 20 mm 并拉毛,隔 1～2 d 再抹厚 20 mm,直至厚度达到设计要求

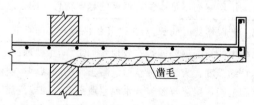

图 7-44 板底加厚法加固阳台示意图

(3)板端加梁增撑法的做法见表 7-53。

表 7-53 板端加梁增撑法的做法

项目	内 容
适用情况	当悬臂板中的主筋错配至板下部,而混凝土强度足够时,则可采用板端加梁增撑法进行加固。小梁的支撑方法有下斜支撑、上斜拉杆和增设立柱三种
技术局限性	现场施工的湿作业时间长,对生产和生活有一定的影响
标准与做法	(1)下斜支撑法是指阳台端部下面增设两道斜向撑杆,以支撑小梁的一种加固方法(图 7-45)。支撑可用角钢制作,其下端用混凝土固定在砖墙上,上端浇筑在新增设的小梁两端。小梁的浇筑方法是:将原阳台板整个宽度的外沿混凝土凿掉 100 mm,清除钢筋表面的粘结物,并弯折 90°,然后支模,并将小梁的钢筋骨架与凿出的板内钢筋以及斜向支撑绑扎在一起,最后浇捣混凝土。这样,小梁和板及斜撑就很好地连成一个整体。加固后的悬臂板变为一端固定、另一端铰支的构件。 (2)上斜拉杆法是在阳台悬臂端上部增设两道斜向拉杆,以悬吊小梁的支撑方法即为上斜拉杆法,如图 7-46 所示。斜向拉杆可采用钢筋或角钢制作。拉杆的下端应焊接短钢筋,以增加与小梁的锚固。小梁的制作方法同下斜支撑法中的小梁制作方法。为美化建筑外观,斜向拉杆可用轻质挡板遮掩。斜向拉杆上端在墙上的锚固有两种方法:一种是在横墙上钻洞,然后用膨胀水泥砂浆将钢筋锚入孔洞内;另一种方法为 U 形筋锚固法。U 形筋锚固法的施工工艺为:将锚固钢筋弯折成 U 形,插入横墙上事先打好的孔洞内,U 形钢筋的两条边被嵌入事先在墙面上凿好的两条沟槽内。然后在孔洞内浇捣混凝土,用高强砂浆填平沟槽。待混凝土和砂浆强度达到 70% 设计强度后,在锚固的端头焊以挡板,并与斜向拉杆焊接在一起。 (3)增设立柱法是指用增设混凝土柱子的办法来支撑悬臂板端的小梁。这种方法的优点是受力可靠,因此对于地震区及跨度较大的悬臂板是适宜的,但其缺点是混凝土用量较大,加固费用也高,约比前两种高 25%,且外观上也欠佳

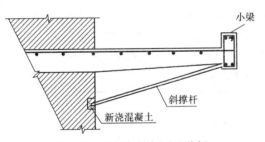

图 7-45 下加斜撑加固悬臂板

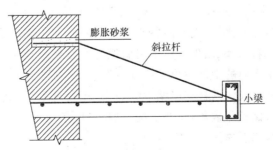

图 7-46 上增斜撑加固悬臂板

（4）剥筋重浇法的做法见表7-54。

表 7-54　剥筋重浇法的做法

项 目	内　　容
适用情况	当现浇钢筋混凝土阳台的混凝土强度偏低,钢筋错动严重,已无法用沟槽嵌筋法、板底加厚法、板端加梁增撑法加固补强时,可采用剥筋重浇法,对阳台进行二次浇筑加固
技术局限性	现场施工的湿作业时间长,对生产和生活有一定的影响
标准与做法	（1）打掉阳台和室内配重板的混凝土,把钢筋剥离出来。 （2）按配重板的负筋间距在墙内打洞,将负筋伸入墙内。 （3）适当降低阳台标高,支模内重新浇筑。考虑到从混凝土剥离出的主筋可能受到损伤,二次浇捣时混凝土强度等级应提高一级,并将阳台加厚 10 mm

（5）拆换法的做法见表7-55。

表 7-55　拆换法的做法

项 目	内　　容
适用情况	适用于木楼梯加固
标准与做法	（1）木楼梯加固,常用的两种类型为明帮三角木楼梯及装帮三角木楼梯。对明帮楼梯加固考虑了拆换打夹板,装帮楼梯只考虑了换帮一种形式。 （2）加固和拆换楼梯斜梁前,必要时应加临时支撑。拆换楼梯斜梁时,三角木应制作准确,与梁粘钉牢固,蹬板粘钉平整,楼梯斜梁的上、下两端固定牢靠,其靠墙和着地部分应做好防腐处理。 （3）拆换装帮楼梯斜梁时,斜梁的踏步刻槽位置准确,踏步斜梁吻合严实,楼梯斜梁的两端应固定牢靠,楼梯斜梁之间应拉结牢固。 （4）楼梯端部打夹板加固时,应按设计和构件实际尺寸制作足尺样板,逐件编号,严格按样板制作加固构件

三、其他改造

（1）加强屋盖系统自身的整体性和连接的做法。

屋架与柱的连接处应设置斜撑;屋架与屋架之间的连接可采用上弦水平支撑、下弦水平支撑、横向支撑及垂直支撑等方式,两端开间屋架和中间隔开间屋架应设置竖向剪刀撑,防止屋架随山墙的倒塌向外翻倒;山墙、山尖墙应采用墙揽与木屋架或檩条拉结;内隔墙墙顶应与梁或屋架下弦拉结;在房屋横向的中部屋檐高度处应设置纵向通长水平系杆,并在横墙两侧设置墙揽与纵向系杆连接牢固,或将系杆与屋架下弦钉牢,墙揽可采用木块、木坊、角铁等材料,屋盖系统中的檩条与屋架、椽子与檩条,以及檩条与檩条、檩条与木柱（小式屋架）之间应采用木夹板、铁件、扒钉、钢丝等相互连接牢固。

（2）加强屋盖系统与其承重墙体（或承重柱）的连接的做法。

当房屋采用砖(石)木结构时,应加强墙体与木构架的连接;木构架承重房屋的围护墙应与木柱在配筋砖圈梁和外墙转角及纵横墙交接处用拉结钢筋连接牢固;砖、生土和石砌体承重房屋的木屋架、硬山搁檩的檩条应与埋置在1/2墙高处的铁件竖向拉结,以保证屋盖不被台风掀翻。

(3)门窗的防风措施。

对遭受台风袭击频率较高的沿海地区,门窗玻璃可采用简易有效的钢筋栅栏、钢丝网、尼龙网等防护措施,防止台风扬起物对门窗玻璃的打击破坏。

(4)提高房屋的抗变形能力和整体性的措施。

工程实践表明,外加钢筋混凝土构造柱、圈梁和钢拉杆是增强房屋整体性的有效方法。针对原房屋的实际情况,选择合适的加固方法。

1)原房屋既无构造柱又无圈梁或无足够圈梁时,可采用外加构造柱、圈梁和钢拉杆系统的整体加固方法。

2)原房屋无足够圈梁时,可采用外加圈梁和钢拉杆的加固办法。

3)原房屋已有足够圈梁但无构造柱时,可采用外加构造柱的加固方法,但必须使构造柱和原圈梁及墙体间有足够的连接强度和延性。

(5)低层房屋屋面的临时加固措施见表7-56。

表 7-56　低层房屋屋面的临时加固措施

项 目	内 容
适用情况	台风来临前房屋的临时加固措施
标准与做法	对于装配式有檩体系的轻钢屋盖,有密铺望板的木屋盖、瓦材屋面的木屋盖和轻钢屋盖,由于其重量轻、整体性差,易遭台风的破坏。除了采取有效措施,加强屋面板或屋面瓦与檩条之间,檩条与屋架之间以及屋架与屋架之间的连接或支撑之外,还可以在台风来临之前,可以采取以下措施: (1)在屋面尤其是屋檐、屋脊、山墙顶边和四周外墙转角等部位放置石块、砖块或沙袋等重物增加屋面的重量,防止屋面材料被风卷走。在设置时应注意屋面排水通畅。 (2)在屋面的瓦片上每隔一定距离设置木条或竹片等,采用钢丝将之与椽条或檩条连接牢固,防止瓦片被风掀起吹走

(6)低层房屋门窗的临时加固措施见表7-57。

表 7-57　低层房屋门窗的临时加固措施

项 目	内 容
适用情况	台风来临前房屋的临时加固措施
标准与做法	(1)在台风来临前,用木板将门窗封死,防止门窗被强风突破而进入室内,从而造成屋面和墙体破坏。调查发现:在苍南、平阳等地,当地居民在窗户外上下各设置一条木滑道,可以装卸木板,在台风来临之前装上木板,即可有效地抵抗强风的侵袭。 (2)用胶带纸在门窗的玻璃上呈"米"字形粘贴牢固,以便增强玻璃的强度和整体性,防止强风扬起物对玻璃的破坏

第二节　村镇住宅修复

一、村镇住宅墙体裂缝修复

1. 结构裂缝加大截面修复法

结构裂缝加大截面修复法的做法见表 7-58。

表 7-58　结构裂缝加大截面修复法的做法

项目	内容
技术特点及适用情况	加大截面面积应经过计算,以满足承载力要求。修复施工工艺较复杂。适用于墙体因基础承载力不够,或因结构荷载过大或砌体截面过小而产生的具有破坏可能危险性很大的裂缝
技术的局限性	现场施工的湿作业时间长,对生产或生活有一定的影响
标准与做法	单边加固(图 7-47)为加设扶壁砖柱或钢筋混凝土壁柱。扩大的柱子部分要紧靠老基础,开挖深度不超过老基础底。基础高度要满足冲切承载力要求,配筋按基底反力受弯验算。 双边加固是在老墙基大方脚上加设抬梁和基础梁,在原基础两侧挖坑并做新基础,后通过钢筋混凝土梁将墙体荷载部分转移到新做的基础上,从而加大原基础的底面积。抬梁下支在基础梁上,抬梁沿墙间距为 1.5 m,基础梁按连续梁配筋,抬梁按反悬臂梁配筋。 基础需要加大截面时,新旧基础之间必须有可靠的连接措施确保新旧基础协同工作,结合牢固。连接受力钢筋应按悬臂受弯构件配置,钢筋网中双向钢筋的直径不应小于 8 mm,间距不应大于 200 mm。 扶壁砖柱或钢筋混凝土壁柱与原墙应连接可靠,一般沿高度方向每隔 500 mm 间距,设置 2φ6 拉结钢筋,伸入砖墙、扶壁砖柱或钢筋混凝土壁柱内的长度不小于 200 mm。其拉结钢筋锚固方法亦可采用钻孔浆锚、现浇混凝土销键、膨胀螺栓焊锚等

图 7-47　单边加固

2. 压浆修复法

水玻璃水泥浆压浆修复法的做法见表 7-59。

表 7-59　水玻璃水泥浆压浆修复法的做法

项目	内　　容
技术特点及适用情况	以经济、早期强度较高的水玻璃磨细矿渣砂浆为修补剂,以一般工地都能具备的手电钻和小型空气压缩机为主要修补设备,在工艺上既简易又便于操作。对一般性裂缝,经过若干年不再发展,不影响结构安全使用,局部裂缝用水玻璃水泥浆压浆修复即可
技术的局限性	仅适用于宽度不大的局部裂缝
标准与做法	主要设备有空气压缩机、浆罐。浆液材料采用 42.5 级普通硅酸盐水泥,1‰ 水玻璃溶液,水灰比为 0.6。工艺流程: 　　(1)钻孔:用直径 12 mm 钻头每隔 150～250 mm 左右沿砖墙裂缝钻孔,具体部位可根据裂缝形状选择,如缝端、灰缝垂直交叉点、拐角等处如图 7-48 所示,为确保压浆质量,孔洞应对穿墙体,采用双面灌浆。 　　(2)清除破碎酥松部分,用空气压缩机吹干净。 　　(3)封缝:在已清理的裂缝两侧洒水 1～2 次,并以水泥净浆涂刷后,用 1∶2.5 的水泥砂浆封缝,在孔洞处预留压浆孔,封缝宽度 30～50 mm。 　　原材料要求:矿渣粉水淬高炉矿渣磨细,磨细度为 4 900,孔筛余量 10％～20％。因矿渣有活性,长期储存或受潮后会使砂浆强度降低。因此,在使用前要做试验,按上述配合比配制砂浆,在常温下 3 d 强度不得低于 10 N/mm²。砂:过 0.6 mm 筛,含泥量不得大于 3％,含水量不得大于 2％。氟硅酸钠:纯度在 90％ 以上无硬结的粉末

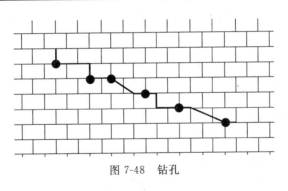

图 7-48　钻孔

3. 抹浆、喷浆法

抹浆、喷浆法的做法见表 7-60。

表 7-60　抹浆、喷浆法的做法

项目	内　　容
技术特点	不但能消除众多裂缝的扩大,而且可有效地增加墙的抗剪强度,不但修补了裂缝,而且在绝大多数情况下,可以达到一定的抗震能力。对于裂缝较多又贯穿的墙面,用抹浆、喷浆修复即可
技术的局限性	现场施工的湿作业时间长,对生产或生活有一定的影响

项 目	内　　容
标准与做法	施工前必须先将原墙体的粉刷层刮去,然后冲洗干净,施工时墙体保持湿润,使配筋砂浆或混凝土与原墙体粘结良好。打墙眼宜用电钻凿洞,做法如图 7-49 所示。采用喷射法混凝土能射入裂缝内,混凝土与墙体有良好的咬合和粘结作用。 　　混凝土的配合比为:水泥∶砂∶石子＝1∶2∶(1.5～2)。材料用 52.5 级普通硅酸盐水泥,中粗砂,小于 15 mm 粒径的石子。喷射时,喷头应尽量垂直墙面,先喷裂缝、空洞处,喷头距墙面 300～700 mm,后喷墙面,喷头距墙面 1 m 左右。喷射后 1～2 h,必须对墙面进行养护,保持表面湿润不少于 7 d。 　　如墙面出现单一裂缝,可喷射厚 50 mm、宽 400～500 mm 的条状混凝土进行修补。当裂缝有不大的错位时,可沿裂缝的竖直方向加设金属夹板或扒钉,设金属夹板或扒钉长 400～600 mm,喷射混凝土在金属夹板或扒钉范围内全部喷满

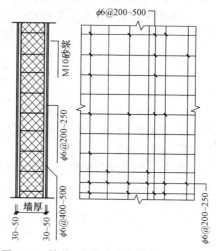

图 7-49　抹浆、喷浆法裂缝修复(单位:mm)

4. 压力灌浆法

压力灌浆法的做法见表 7-61。

表 7-61　压力灌浆法的做法

项 目	内　　容
技术特点	造价低、省工、劳动强度低、施工快、效果好,震裂的墙体能较快地恢复其整体性。适用于满丁满条、满铺满挤砌筑的砖墙(黏土砖、灰砂砖、煤渣砖、砌块),对于空斗砖墙、掺灰泥砌筑的老墙采用此方法时应采取适当措施
技术局限性	需要专用的灌浆设备
标准与做法	胶浆材料如下:水泥采用 42.5～62.5 级普通硅酸盐水泥,如有少量凝结块可用窗纱过筛。砂子粒径不大于 1.2 mm,用窗纱过筛即可。108 胶即聚乙烯醇缩甲醛,固体含量 12％,掺入水泥量 15％～20％。二元乳液固体含量 50％,掺入水泥量 15％～20％。水玻璃即硅酸钠,相对密度 1.36～1.52,模数 2.3～3.3,以悬浮试验及流动度符合要求为合格,否则适当调整含量。掺入水泥量 1％～2％。聚酯酸乙烯固体含量 40％,掺入水泥量 5％～6％。

项　目	内　　容
标准与做法	灌浆设备:空气压缩机、灌注枪、通气管、供灰管、灌浆芯子、胶塞等。 　　操作要点:用钢丝刷除去裂缝屑浮渣,刷丙酮和二甲苯在裂缝处,等其干燥。裂缝灌浆段,每隔400～500 mm(水平缝每隔200～300 mm)用环氧粘上一个钢嘴,再用腻子骑缝抹上 30 mm 宽、1～2 mm厚的长带,离缝两侧各 20～40 mm 范围内,满刮环氧腻子。 　　钢嘴周围还要用腻子加封,以防漏气。这样就将裂缝形成一个封闭腔,隔2～3 d就可试气,若无漏气现象,即可灌浆,其顺序如下: 　　接通各条管路,浆液倒入灌浆桶,将压缩空气输入储气罐,打开阀门把浆顶入裂缝,待临近嘴出浆立即止浆,卸压换临近嘴打开阀门进浆顶入裂缝,顺序换嘴进浆,如图 7-50 所示。 　　对竖向裂缝换嘴顺序由下向上,如图 7-51 所示。否则裂缝中空气不易排除。对水平裂缝按嘴顺序由中向右再向左,如图 7-52 所示

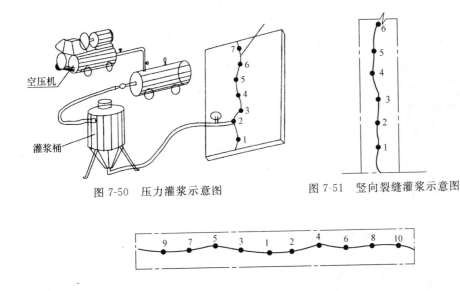

图 7-50　压力灌浆示意图　　　　图 7-51　竖向裂缝灌浆示意图

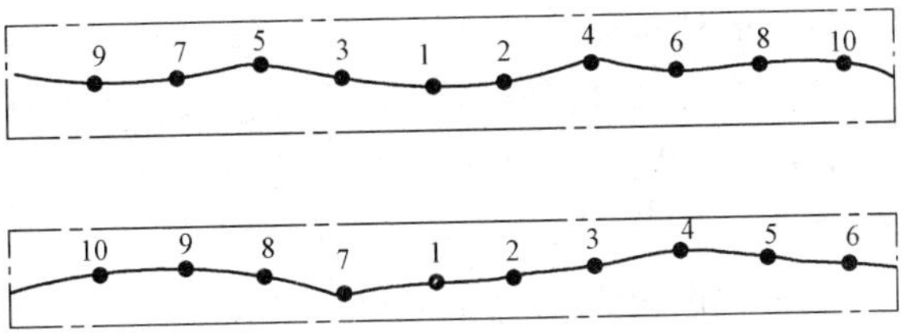

图 7-52　水平向裂缝灌浆示意图

　　5. 墙体裂缝的预防措施

　　(1)温度裂缝的预防措施。由温度变化引起的砌体结构裂缝,主要是由于组成砌体结构的各种材料在太阳日照等温度变化的条件下,因材料本身的线膨胀系数的不同,当结构内部的温度应力足够大时,即产生温度裂缝。所以,对于温度裂缝的控制,不外乎就是"减少温差、抗放结合"的原则,提出相应控制措施如下。

　　1)温差产生的墙体裂缝主要在房屋顶层,减少温差的首要前提,就是设置保温及架空隔热层,这不仅是建筑节能的需要,同时也可达到降低屋盖温差的需要。并且,架空板应做成浅色以提高热量反射效果。

2)如果屋面为刚性细石混凝土屋面,可在找平层与刚性层之间增设一道柔性防水层,这样做,不仅可以起到防水作用,而且可以使刚性层与基层之间自由滑动,减少约束温度应力,这是"放"的有效措施。

3)屋盖沿开间应设置分隔缝,分隔缝内用弹性油膏嵌缝,且分隔缝处的钢筋必须断开。这是"放"的措施。

4)在顶侧端部或伸缩缝两侧起2个开间范围内外纵墙及横墙从顶层底板至顶板下砖砌体设置水平缝钢筋,一般370 mm厚墙加3ϕ6,240 mm厚墙加2ϕ6;从圈梁底部每8皮砖加设一道,共设置3道配筋砌体。

5)规范顶层砂浆配制,不仅要考虑结构设计强度的要求,还要适当提高其强度满足温度应力的要求。因而顶层的砂浆强度等级应比设计要求适当提高,杜绝传统的降低顶层砂浆强度等级的做法。

6)在屋面部分及现浇挑檐范围内,每隔15~20 m左右设后浇带一道,后浇带宽600~800 mm,缝内混凝土断开,钢筋不断,待28 d后浇筑,混凝土强度等级适当提高,并掺入膨胀剂。

7)增加顶层圈梁的平面布置密度,加强顶层内外纵墙端开间门窗洞口周边的抗力(门窗洞口边设置钢筋混凝土芯柱,设置钢筋混凝土窗台梁),用配筋的方法来抵抗温度应力。这是"抗"的措施。

8)在顶层端部起2个开间或伸缩缝两侧2个开间易开裂部位增加构造柱(外纵墙与内横承重墙交叉处、山墙与内纵墙交叉处),在内纵墙与内横承重墙交叉处视具体情况设抗裂柱。抗裂柱一般只在顶层设置,其上下两端锚固在上下圈梁内,也可将抗裂柱伸入至下一层,即两层抗裂柱,其下端锚固于更下一层的圈梁内。

9)对于女儿墙裂缝。适当增加屋面保温层厚度或增设架空隔热板,减少屋面温度变形量。尽量将屋面施工安排在春秋季,避开高温季节。顶层结构施工完后及时做保温层,使屋面板和圈梁处在正常温度环境中,减缓其冷缩和热胀。建筑物长度超过限值,除墙面设伸缩缝外,还应增设屋面伸缩缝,尽量减少屋面板端部膨胀积累值,尤其注意在女儿墙内侧与屋面材料之间设50 mm宽的伸缩缝。

内纵墙尽量不开窗。较长的建筑在端部屋顶及墙上采取重点加强措施,设置一定数量的钢筋网。房屋两端单元1~2个开间的内外纵墙窗台下二皮砖处设钢筋砖砌体。

(2)沉降裂缝的预防措施。沉降裂缝出现的主要原因就在于地基的不均匀沉降,因此对该类裂缝的预防主要考虑对地基的处理或者对上部结构设置沉降缝,具体措施如下。

1)加强地基探槽工作。对于较复杂的地基,在基槽开挖后进行普遍钎探,对探出的软弱部位要进行换填处理。

2)合理设置沉降缝。在建筑平面的转折部位、建筑结构(或基础)类型不同处、高度差异较大处等部位设置沉降缝。

3)窗台下的竖向裂缝在窗台下一至二皮砖处,设置3ϕ6钢筋,每边伸进窗间墙500 mm。

4)加强上部结构的刚度,提高墙体的抗剪强度。上部结构刚度加强,可以使砌体上部荷载均匀传递,避免由于不均匀荷载产生裂缝,可在砌体中顶部设置钢筋混凝土圈梁,出现不均匀沉降时,圈梁将发挥应力重分配的作用。

5)减小建筑物长高比,对软弱地基,长高比宜小于或等于2.5,以增加建筑物的整体刚度。

(3)因砌体质量而引起裂缝的预防措施。首先,设计人员应严格按照规范的设计要求和构造规定进行设计;施工人员要有良好职业道德和专业技术素质,能及时发现、提出问题,严把质量关;其次,要做到灰缝均匀饱满、厚度适中,以减少砌体内复杂应力的不利作用,提高砌体抗压强度;砌块在砌筑前要提前润湿,以免砌块过多地吸收砂浆中的水分,降低砌体的抗压强度;在满足砂浆和易性的条件下,要注意控制砂浆的强度等级,如掺入塑化材料后,砂浆实际强度低于设计强度,应适当调整配合比;最后,墙体的砌筑应采用一顺一丁、梅花丁、三顺一丁法砌筑,避免采用包心砌法,以保证墙体的整体性。

(4)材料使用不当造成裂缝的预防措施。严格控制砌筑材料的质量。采用新型墙体材料的砌体,其裂缝主要由材料自身的干缩变形引起的,故对于龄期达不到 28 d 的砌块,不得立即使用。采用正确的施工工艺。因铺浆法易造成灰缝砂浆不饱满、易失水、粘结力差,故宜采用"三一"砌筑法(即一块砖,一铲灰,一揉挤)。砌块砌筑前 2 d 浇水湿润,砌筑时应向砌筑面适量浇水,墙底部应砌烧结普通砖,其高度不小于 200 mm。1 d 砌筑高度不超过 1.4 m。在较长的墙体上设置控制缝,控制缝为单墙设缝,缝内用高弹性防水材料嵌缝。该缝允许墙体沿墙长方向自由伸缩变形。

(5)其他裂缝的预防措施。对于在较长的多层房屋楼梯间处,楼梯休息平台与楼板连接部位发生的竖直裂缝,以及用窗间墙大梁底部产生局部竖直裂缝,可在易发生裂缝部位的几层墙体中,增设 2~3 道钢筋焊接网片或 2ϕ6 钢筋通长钢筋,以提高墙体整体性。有大梁集中荷载作用的窗间墙,应有一定的宽度,梁下应设置足够面积的现浇混凝土梁垫,当大梁荷载较大时,墙体应考虑横向配筋,对宽度较小的窗间墙,施工中应避免留脚手眼或加设边延。有些墙体裂缝具有地区性特点,应会同设计单位、施工单位,结合本地区气候、环境和结构形式、施工方法等进行综合调查分析,然后采取措施加以解决。

6. 墙体裂缝修复典型案例

某教学楼为三层砖混结构,预应力空心板楼(屋)盖,屋面为平屋顶,周边设通长闭合挑檐。基础形式为片石条形基础,±0.000 处设满堂闭合钢筋混凝土地圈梁。该工程 1985 年竣工,1986 年投入使用。使用后墙身即持续不断地出现裂缝,至 1994 年,裂缝开展严重,影响教学楼的正常使用。裂缝形状以斜向为主,兼有少量水平缝及竖向缝。裂缝宽度一般在 1~5 mm 左右,内横墙斜裂缝以 30°~40°方向向下斜向窗口;纵墙裂缝向下斜向外墙;水平裂缝多出现在板底附近。裂缝严重的三层中部电化教室两侧横墙裂缝宽约 3~5 mm,从板下 1 m 开始先沿水平向后呈 30°~45°方向,向窗口延伸,裂缝长度约 5~6 m。裂缝外形大部分为两端细中间粗的枣核状。

分析影响墙体裂缝的因素有多种。由于裂缝首先和主要出现在顶层纵横墙两端且发现屋面保温效果很差,预计裂缝应先由温差引起;从地基情况、基础形式及施工质量结合上部结构刚度情况分析,建筑物也存在产生不均匀沉降的可能性,导致裂缝情况趋于严重,并逐步发展到二层。

裂缝处理方法:屋面保温层处理。屋面保温层不符合现行规范要求,施工质量低劣,是产生墙身温度裂缝的主要原因,应全部按现行规范进行更换。

墙身大部分裂缝较细小(1~3 mm),不危及结构安全,仅做一般性修补即可,做法如下:首先,铲除裂缝附近墙面抹灰,铲除面两端需比裂缝末端长 300 mm 以上;其次,将 1:1 水泥砂浆压入缝内,压缝前将缝隙清理干净,用水充分润湿,修补后要浇水养护,最后,用 15 mm 厚,1:2.5 水泥砂浆打底,10~15 mm 厚麻刀灰罩面,与原墙齐平。

横墙裂缝宽度较大,数量较多,已影响墙体承载力及抗震性能,需进行加固处理。首先,将墙面两侧抹灰全部铲除,露出砖墙,处理干净后,垛成麻面;其次,将灰缝剔进 10~15 mm,用水冲刷湿润,裂缝处剔成八字槽,用 M10 水泥砂浆填补,表面做成麻面;再次,用打眼机在砖墙上钻孔,水平及垂直间距各 400 mm,最好从灰缝通过;然后,用 $\phi4@200$ 双向钢筋网片贴在墙两侧,并用钢筋钩住,遇洞口处加焊斜钢筋。最后,在墙的两侧抹 30 mm 厚的 1:2.5 水泥砂浆。此外,电化教室横墙裂缝较严重,为防止两侧横墙地震时向外倾斜破坏,于南墙外侧增设四根钢筋混凝土壁柱进行抗震加固。该建筑物于 1995 年进行了加固处理,沉降观测稳定,未出现新的墙体裂缝。

二、村镇住宅屋顶裂缝修复

1. 凿沟填塞沥青炉灰法

凿沟填塞沥青炉灰法的做法见表 7-62。

表 7-62 凿沟填塞沥青炉灰法的做法

项 目	内 容
适用情况	用此法处理的屋顶裂缝可经久不坏,适用于贯穿性裂缝的修补
技术的局限性	沿裂缝凿出槽沟时,施工时间长
标准与做法	沿裂缝凿出宽 50～60 mm、深 70～80 mm 的槽沟,沟帮要陡直,不得呈反"八"字形。彻底清除碎渣和粉尘,并用拧去喷头的喷雾器或气管子把麻坑中的细粉尘吹干净。注意,清除槽沟内粉末时不得用水冲洗,沥青在潮湿的基层上不能粘结。随即在沟槽底壁上仔细涂刷一道冷底子油。冷底子油干后,向槽沟内填塞热熔状的沥青灰泥。槽沟上部要留出 20～30 mm 的高度,用水泥砂浆填抹光平。虽然这层水泥砂浆与沥青灰泥的粘结强度不太理想,但它能起到保护、沥青不老化的作用。 冷底子油是沥青与灰顶基层之间的结合层,由于它有"入木三分"的强渗透作用,才能把沥青牢固地维系在灰顶基层上。其配制方法是将沥青砸成栗子大小的碎块,按沥青与汽油 3:7 的比例(质量比)把沥青与汽油放入密闭的容器中浸沤 24 h,搅拌均匀后即可涂用。汽油挥发之后便成干燥的沥青薄膜。 沥青灰泥的配制方法,是将从炉灰中筛出的细粉用锅炒干,待沥青被热熔后,按沥青与炉灰细粉为 1:2 的比例(体积比)把炉灰细粉倒入沥青锅中,边倒边搅拌,充分拌匀后即可趁热使用。切记,必须把槽沟填塞密实

2. 用防水油膏糊缝法

用防水油膏糊缝法的做法见表 7-63。

表 7-63 用防水油膏糊缝法的做法

项 目	内 容
技术特点及适用情况	此法处理的屋顶裂缝可经久不漏,修补效果较好。适用于宽度较大的屋顶裂缝的修补
技术的局限性	施工时如裂缝干燥和洁净处理不好,在含水气或不洁净的基层上涂刷这种油膏,极易翘鼓甚至脱落

项目	内 容
标准与做法	用防水油膏处理屋顶裂缝时,对裂缝的干燥和洁净要求严格。裂缝清扫处理好后,即把油膏直接涂刷在干燥洁净的裂缝处,涂刷宽度约 100 mm,要反复刷平、刷匀。刷后立即贴上一层拉力较好的纸(如牛皮纸或棉纸),纸的宽度不得超过第一遍油膏的涂痕,如油膏涂宽 100 mm,纸宽可取 80 mm。贴纸时要随贴随用刷子拨匀、压实,绝对不能出现空鼓或虚边。贴纸后在纸上再涂刷一遍油膏并注意挤出纸下的气泡。 　　防水油膏是棕黑色黏稠防水材料,是处理屋顶裂缝的常用材料。它与沥青性质接近,但呈液态,使用时无需热熔,几米长的裂缝约 1 kg 即够使用

3. 两油一纸平贴法

两油一纸平贴法的做法见表 7-64。

表 7-64　两油一纸平贴法的做法

项目	内 容
技术特点及适用情况	经济实用,是用沥青处理屋顶裂缝最简易的做法。适用于宽度不大的屋顶裂缝的修补
技术的局限性	施工时如裂缝干燥和洁净处理不好,在含水气或不洁净的基层上涂刷这种油膏,极易翘鼓甚至脱落
标准与做法	沿裂缝用钢刷子刷出宽约 100 mm 的麻面,刷时力求在屋顶光面上刷出破茬,然后彻底清除粉末,随即在处理好的麻面上涂刷一层配好备用的冷底子油,把麻面涂满。冷底子油干后约需半个小时,再涂宽约 80 mm 热沥青,并随手在沥青上覆一层宽约 60 mm 的绵纸(衣服底衬用绵纸即可),用刷子荡平刷匀。然后再在绵纸上涂刷一层热沥青,力求把绵纸压全压死,勿使有折或露边翘边现象。第二层沥青涂匀后要在面上撒一层石粉或面砂,免得以后暴晒把沥青晒熔。各道工序务要仔细做好

4. 用蜡液灌缝处理法

用蜡液灌缝处理法的做法见表 7-65。

表 7-65　用蜡液灌缝处理法的做法

项目	内 容
技术特点及适用情况	经济实用,如裂缝深度较大,用此法处理过后可经久不漏。适用于宽度较大的屋顶裂缝修补
技术的局限性	不适用于贯通裂缝的修补
标准与做法	先将裂缝处彻底冲刷干净,用喷枪或吹风机把裂缝吹干。若裂缝宽度允许灌注,则把蜡块加热熔化,边熔边灌注,同时用喷枪或吹风机助熔,以求蜡液灌灌满。若裂缝较窄,无法直接灌注,可在裂缝充分干燥后,用蜡块在裂缝上揉蹭。再用喷枪或吹风机把蜡屑吹熔,并使蜡液流进缝内,直至灌满裂缝

5. 用密封胶抹缝处理法

用密封胶抹缝处理法的做法见表 7-66。

表 7-66 用密封胶抹缝处理法的做法

项目	内　容
技术特点及 适用情况	方法简便效果也很好,能确保 5～8 年不漏。适用于裂缝宽度不超过 2 mm 的修补
技术的局限性	不适用于宽度较大的裂缝修补
标准与做法	先把屋顶裂缝处彻底擦拭干净,然后一手沿缝挤出胶液,一手在后边把缝上的胶液涂抹均匀即可。密封性能长期保持软而黏的状态。 　密封胶是处理铝合金门窗边缝的材料,建材商店有售。用它处理铝合金门窗边缝可保持 8～10 年的密封效果

6. 裂缝(漏水)的检查与预防

(1)坡屋顶裂缝(漏水)的检查与预防措施。

由于屋面的坡顶部位自身结构形式的不完善,导致雨水从"坡顶"处下流至"平顶"处,引发坡屋顶漏水。要在施工中,特别注意坡顶部位最外层的卷材防水层的质量控制工作,并要加强对混凝土现浇板的振捣质量及预制板板缝搭接质量的检查。

通气管排出的废气,导致坡屋顶漏水,应将通气管中的废气排向室外,避免废气与屋顶内壁接触,冷凝成液态水而导致坡屋顶渗漏。施工中,可将通气管在坡屋顶内用一根"连接管"合为一根管道,伸出屋面,直接将废气排放至屋顶外部。施工中,合并后的管道直径宜放大一级。

坡屋顶内通风不畅,导致坡屋顶漏水,可以考虑在坡屋顶楼前楼后两侧设"窗",以便组织过堂风,加快屋顶内潮湿饱和空气的流通速度;也可采取增大窗户面积的方法,来提高坡屋顶内空气的流通效果,例如采用"老虎窗"等。

(2)平屋顶裂缝(漏水)的检查与预防措施。

首先检查室内,然后再查屋面。室内主要的是看大面,然后是屋面如表面障碍物、空地、预制板接缝、伸缩缝、沉降缝等连接处。特别是女儿墙与防水层、檐沟、压顶处、排水系统、构造节点、爬梯、天线座等部位。

屋面施工后,在一定时间内,女儿墙往往会出现损坏,所以,应在施工时采取隔绝法处理。卷材施工上,铺成斜的平边,并延伸到墙顶,且内墙面须采用防水剂处理,在镶缝处应做成柔性。

排水不畅现象,可能是因屋面坡度不当,加之出水口小,产生了积水,长时间易出现薄弱处渗漏,施工时,多留出水口或做有效溢流口。

化学物与生物的破坏。如:碳氢化合物、有机酸和工业产物对屋面的影响。所以,应避免油的污染或采取加耐侵蚀覆盖层等。

温度影响。柔性材料高温时易流淌和产生气泡,低温时材料收缩和产生脆性,自发开裂。而刚性材料由于构件产生移动和膨胀,处理时,柔性高温的易选用高软化材料,低温可加增塑剂、改性材料,刚性屋面进行分仓留伸缩缝,保障自由膨胀。

对贯穿性裂缝的修补。可按裂缝走向进行开槽,开槽宽控制在 250～300 mm,开槽深

200 mm。在处理开槽时,上大下小,深浅一致,并用钢刷刷掉粘在表面上的杂质,然后用吹尘器吹净浮土,可用聚氯乙烯胶泥或塑料油膏填补灌实,但缝内必须干燥,不可潮湿,胶泥、油膏应灌得饱满。

当然,出现渗漏,还要根据实际情况分析原因,采取有效的根治方法。维修检查时,一般在春季和秋季进行比较好,因为在这期间渗漏容易出现,做到及时处理,能使小问题不致发展到严重程度。

7. 修复的典型案例

(1)工程概况。某2层住宅楼是平顶带女儿墙屋面,有组织排水,采用塑料油膏防水,建成后第2年发现部分地方漏水,后经维修,但不到两年时间又出现漏水现象,而且更加严重。

(2)漏水原因。由于原工程防水屋面施工时就出现了许多弊端:女儿墙上的泛水虽预留木砖和凹槽,但未按施工要求或规范做,形成雨水顺女儿墙渗入防水油膏层下部;珍珠岩隔热层上的找平层未留伸缩缝,因面积太大而出现拱裂现象,涨裂油膏防水层而漏水;原排气孔高度只有120 mm,高度不够且盖板与出气孔之间未做滴水处理,以致雨水大时,雨水进入排气孔内而漏雨;由于找平层清理不彻底,致使油膏防水层与找平层之间有间隙,使雨水在防水油膏层下渗透,以致出现了"雨天不漏晴天漏",室内漏水处上面的防水油膏却做得较好的现象;由于设计原因,屋面面积较大而采用有组织单面排水,排水水管相对较少,特别是个别水管堵塞后出现屋面窝水现象;油膏防水已属于淘汰产品,在防水性能上存在一定的缺陷。

(3)维修方案。由于本工程漏水主要原因已清楚,最终达成以下维修方案。

1)原女儿墙泛水未做或做得不合格的,维修时必须重做,并按规范要求在预留木砖处用钉固定防水层,未留木砖处,应采用电钻钻孔加塞木楔的方法再用钉固定防水层,之后用水泥砂浆粉住接槎处。

2)找平层未留伸缩缝,弥补方法是用切割机将屋面找平层切割伸缩缝,再做好伸缩缝的防水处理。

3)对原粘合不牢、有缝或间隙的部位进行清理,将油膏层揭掉,重新做一层面层。将原排气孔砌体加高至300 mm并重新做好四周泛水,盖板做好滴水。

4)对原有下水管进行清理,同时每两个落水管之间新做一个落水管,以加大加快雨水的排流量。

5)由于PVC油膏已是淘汰产品,现采用新型材料SBS卷材。

(4)施工过程。

1)在两落水管之间定位打洞,重新安装新落水管。对于新旧落水管处的泛水处理按施工规范和设计要求施工。

2)将屋面找平层切割伸缩缝。伸缩缝割成50 mm宽,并将切掉的砂浆块清理出去,然后在找平层面用单砖砌至300 mm高,水泥砂浆外侧粉刷并做好底部阴角处的弧度,铺好SBS卷材后,在上面钉好带有折线形的镀锌薄钢板,如图7-53所示。

3)清理防水层与找平层不牢的部位,将防水层揭掉,清理干净之后用108胶和水泥做成的水泥膏重做一层面层。

4)清理面层所有垃圾,并对落水管附近的有尘土部位用水清洗干净。

5)工程采用热熔铺贴法。首先对清理掉PVC油膏的基层涂刷水乳型橡胶沥青涂料,然后待干燥后铺设SBS卷材,铺设时将卷材按位置摆正,由两端向中间铺贴,同时要求按长方向配位,并从水坡的下坡开始,由两端向高处顺序铺贴,顺水搭槎。用喷灯加热时要使卷材受热均匀,待卷材表面熔化后再向前滚铺,并注意不要卷入空气及异物,然后再用辊子压实压平,在卷材未冷却前用喷灯对接缝处加热,抹平压好,以防止翘边。

6)女儿墙泛水部位要钉牢固,以防脱落后从女儿墙缝隙处渗水。女儿墙底阴角用水泥砂浆补成弧形,以防 SBS 因弯曲而断裂,构造做法如图 7-54 所示。

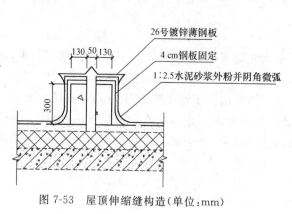

图 7-53 屋顶伸缩缝构造(单位:mm)　　　　图 7-54 屋顶女儿墙泛水构造(单位:mm)

三、村镇住宅楼板(地坪)裂缝修复

1. 密封胶封闭处理法

密封胶封闭处理法的做法见表 7-67。

表 7-67　密封胶封闭处理法的做法

项目	内　　容
技术特点及适用情况	方法简便,修补效果好。适用于修补宽度不大的楼板裂缝
技术的局限性	不适用于宽度较大的裂缝修补
标准与做法	沿裂缝位置凿除细石混凝土面层至楼板结构面,槽宽 80～100 mm。找到楼板结构上的裂缝位置,沿裂缝凿成 15 mm×15 mm"V"形凹槽,清理干净并使其干燥。硅胶注满"V"形槽,其上加注 30 mm×3 mm(宽度×厚度)硅胶封闭。槽中蓄水检查楼板有无渗漏。板面湿润后抹水泥浆,用 C25 半干硬性细石混凝土精心捣实,二次抹平后保湿养护。底裂缝在清除抹灰后用掺 108 胶的腻子嵌缝,平整后补白

2. 压力灌浆法处理法

压力灌浆法处理法的做法见表 7-68。

表 7-68　压力灌浆法处理法的做法

项目	内　　容
技术特点及适用情况	施工方法简便,修补效果好。低压注入适合宽度较小、深度较浅的楼板裂缝;高压注入适用于宽度较宽、深度较深的裂缝
技术的局限性	需要专用灌浆设备

项目	内　容
标准与做法	压力灌浆使用的材料以环氧树脂为主。对于继续变形裂缝应采用具有跟随性的柔性环氧。有时也采用甲基丙烯酸酯类和水泥类材料。对于注入材料应符合相关标准:黏度小,可灌性好,收缩性小,抗渗性好;固化物抗压、抗拉强度高,有较高的粘结强度;固化时间可以调节,灌浆工艺简便;无毒或低毒材料。施工步骤: (1)基层处理。沿裂缝两侧 20～50 mm 的距离内进行清理工作。清除表面的灰尘、油污、松动物等,缝中不得进水。 (2)确定注入口。注入口位置尽量设置在裂缝较宽、开口较通畅的部位,在预计要粘注浆嘴的位置,贴上医用白胶布条(宽 10 mm,长 20 mm 左右),预留位置。 (3)封闭裂缝和粘注胶嘴。配制封缝浆料,调匀后,沿裂缝表面涂剂,封闭裂缝,留出注入口。配制粘嘴浆料,调匀;揭去注入口上胶布,用调好的粘嘴浆料将注胶嘴骑缝粘在预留的裂缝上,整个底座都要用粘嘴浆料包严,固化(固化时间 3 h 左右)后周边如有裂口,必须反复用浆料补上。 (4)试漏。每条连通的裂缝,先将所有的注胶嘴用堵头堵上,留一个嘴,用注胶器压气,在封闭的裂缝上涂肥皂水进行试漏。 (5)灌浆。配制灌浆材料混合均匀,用注胶器吸取混合好的灌浆材料插入注胶嘴中流出时,就可以拔出注胶器,堵上堵头,将注胶器移到相邻注胶嘴重复注胶,直至裂缝全部注满。 (6)清理表面。一般注胶后 1 d 左右,灌缝胶固化后,就可以铲除注胶嘴和封缝材料,并将表面清理干净

3. 填充处理法

填充处理法的做法见表 7-69。

表 7-69　填充处理法的做法

项目	内　容
技术特点及适用情况	方法简便,实用性强。适合于修补比较宽的裂缝(一般宽度大于 0.5 mm)
技术的局限性	V 形槽凿起来方便简单,但填充物易于产生剥离或脱落
标准与做法	操作方法是沿裂缝以大约 10 mm 的宽度将混凝土凿成 U 形或 V 形槽,在开槽处填充密封材料、柔韧性环氧树脂及聚合物水泥砂浆等,以此修补裂缝。当钢筋已经腐蚀时,应先将钢筋除锈并做防锈处理后再作填充。填充法使用的聚合物水泥砂浆的性能指标见相关标准

4. 表面处理法

表面处理法的做法见表 7-70。

表 7-70　表面处理法的做法

项目	内　容
技术特点	主要用来提高结构的防水性和耐水性,适用于微细裂缝(一般宽度小于 0.2 mm)
技术的局限性	无法深入到裂缝内部及对延伸裂缝难于追踪变化

项目	内 容
标准与做法	清除混凝土表面附着物后洗净；充分干燥后，用表面处理材料将裂缝及周边均匀涂抹，干燥时再涂一遍；在涂膜完全固化前注意防止有害物质破坏。 大面积处理时应注意防止空鼓、起皮。使用材料分为弹性涂漠防水材料、聚合物灰浆等

5. 楼板裂缝种类及预防措施

（1）现浇混凝土板的裂缝种类及预防措施。

1）板表面收缩裂缝。①在楼板表面处分布不规则，成龟裂形状的裂缝，缝宽度较小，一般为 0.05～0.2 mm。这种裂缝为收缩裂缝，多发生在现浇板浇筑后的前期，约在混凝土浇筑成型终凝后 2 h 至 7 d。其原因是：混凝土结硬过程的前期，产生大量水化热，强度增长快，混凝土水胶比大及养护不良，快速失水，收缩变形过大。②在支承板的四角处，如果板的边缘受到约束，则出现与板边呈 45°的一系列平行裂缝如图 7-55 所示，或在梁式板的中部出现一条贯通裂缝。这种裂缝宽度较小，属收缩裂缝而非受力裂缝，一般出现在现浇板浇筑混凝土的后期。由于板收缩变形过大，而板角附近的梁、墙相对刚度大，约束了板的自由收缩，从而形成与板边成 45°角的斜裂缝。

预防上述裂缝的措施是控制好混凝土的水胶比，掺加适量减水剂降低单位用水量，以提高混凝土的密实性；加强保温保湿养护。上述裂缝较细，一般不影响结构安全或正常使用，可不处理，或可用环氧树脂或砂浆进行表面涂刷。

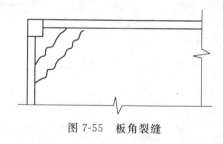

图 7-55　板角裂缝

2）沿板支座纵向裂缝。①在混凝土板支座上表面出现沿支座长度方向的纵向裂缝。原因是：在混凝土浇捣过程中，板支座负钢筋数量不足，各工种交叉作业，将负钢筋踩踏下沉而没有修复纠正，使板的负筋不能有效抵抗支座负弯矩的作用。另一种可能的原因是因周转材料不足，拆模过早没有按规定恢复局部支模，或因赶进度，在混凝土早期强度还较低时，过早上料堆砖，进行下一道工序，使其产生过大变形，在跨中产生开裂的同时，在板支座上表面还出现纵向裂缝。②预防该裂缝的措施是：加强混凝土的浇筑振捣工作，严禁在现浇混凝土过程中乱踩乱踏钢筋，确保板支座负钢筋位置的准确性。严格控制现浇板的拆模时间，在拆模之前应检验混凝土的抗压强度，达到规定标准后方可拆模。

3）沿埋设电线套管分布裂缝。①使用 PVC 管代替钢管埋设在现浇混凝土板的板底，产生沿电线套管埋设方向的分布裂缝，裂缝一般较短且与管长度方向大体垂直，缝间隔较为均匀。裂缝产生原因是：PVC 管的存在削弱了板的有效截面；PVC 管与混凝土的粘结效果较差且与混凝土的温度线膨胀系数不一致。②预防该裂缝的措施是：PVC 管应设置在混凝土板底层钢筋网之上，上部钢筋之下，尽量平行于板支座的短边方向，禁止随意乱放。施工时应沿 PVC 管位置上下埋设 400 mm 宽钢筋网片,同时进行混凝土补强处理,提高埋设管附近混凝土的抗拉强度。

(2)预应力混凝土空心板的裂缝种类及预防措施。

1)板面纵向裂缝。①预应力混凝土空心板板面纵向裂缝如图 7-56 所示。这种裂缝多发生在抽模生产的空心板,一般在抽拔芯管时产生,裂缝在空洞的上方,沿板面纵向分布,是一种塑性塌落裂缝。其原因是:混凝土水胶比较大;抽拔管时,芯管有上下跳动现象,抽管速度不均匀或偏心受力等。②预防这种裂缝和处理的措施是:采用适宜的配合比(控制水胶比或坍落度);抽管时速度要均匀;避免偏心受力,并防止芯管产生上下跳动现象,如已产生上述裂缝,可在塌落终止后,立即将混凝土表面重新抹面压光。

2)板面横向裂缝。①板面横向裂缝如图 7-57 所示,多产生在混凝土终凝后和养护期间,这种裂缝的特点是每隔一段距离就出现一条,其深度一般不超过板的上翼缘厚度。裂缝产生的原因:一种可能是塑性收缩裂缝,即在混凝土浇筑后未及时采取防晒、防大风及湿养护措施,由于空气干燥、温差较大,混凝土产生塑性收缩;另一种可能是超张拉应力裂缝,即预应力钢丝超张拉形成偏心受压引起混凝土裂缝的现象。不过,这种超张拉应力裂缝,其横向裂缝多分布在板面中部,两端则较少发现,且裂缝宽度比塑性收缩裂缝为小。②预防这种裂缝的措施是:加强混凝土湿养护、避免暴晒;控制好预应力钢筋的张拉应力,避免过量超张拉。如已出现上述裂缝,则应对裂缝用环氧水泥浆或高强度水泥砂浆进行嵌补。

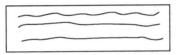

图 7-56　板面纵向裂缝

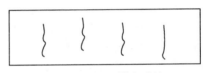

图 7-57　板面横向裂缝

3)板底纵向裂缝。①板底纵向裂缝如图 7-58 所示,这种裂缝多在混凝土硬化后数十天甚至数月数年内出现,其特点是裂缝多沿纵向钢筋分布,且随时间增长,裂缝有进一步发展的趋势,一般系钢筋锈蚀引起,即由于混凝土保护层过薄或使用外加剂不当引起钢筋锈蚀膨胀所致。②预防这种裂缝的措施是:保证混凝土保护层厚度满足规定要求;选用对钢筋无锈蚀的外加剂。由于上述裂缝是铁锈生成中体积膨胀所致,故将降低钢筋与混凝土之间的粘结力,且随时间的推移,甚至会导致混凝土保护层剥落,影响结构的安全和耐久性。因此有这类裂缝的板应禁止使用,如已安装上房则应更换或进行加固处理。

4)板底横向裂缝。①板底横向裂缝如图 7-59 所示,多发生在起吊、运输中或上房以后,多在跨中有一条或数条裂缝,裂缝一般较窄,裂缝深度一般不超过板高的 2/3。造成这种裂缝的原因有:起吊时,台座吸附力过大运输过程中支点不当或猛烈振动;施工过程中出现超载;混凝土质量低劣。②预防这种裂缝的措施是:采用性能良好的模板隔离剂;运输过程中将空心板按规定垫好,并防止猛烈振动;注意勿使施工荷载超载;确保混凝土质量。如上述裂缝仅是由于起吊、运输、施工瞬时超载所造成(空心板质量和混凝土强度合格),则可将裂缝用环氧水泥浆嵌补处理。如上述裂缝是由于混凝土强度过低或质量低劣造成,则应禁止使用。

图 7-58　板底纵向裂缝

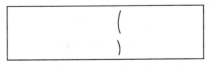

图 7-59　板底横向裂缝

5)板底接缝裂缝。①板底接缝裂缝如图 7-60 所示,多在楼板粉刷交工使用后发生,有的甚至在使用数年后发生。这种接缝裂缝,在楼板或屋面板底都可能发生。产生这种裂缝的原因:空心板铺设间距过密,未能保证必要的板缝宽度;由于空心板板缝灌缝质量不满足质量要求,如灌缝前未将缝内清洗干净等;如果这种裂缝发生在屋面板底面,则是由于屋面保温层保温隔热性能不好,引起屋面板产生"温度起伏"或"温度变形"所致。②预防这种裂缝的措施是:预应力混凝土空心板作为楼面板时,应注意将板缝拉开,使空心板下口缝(即底板处)为 200～300 mm左右,用 C20～C25 细石混凝土灌缝,并加强养护,以确保灌缝质量;预应力混凝土空心板作为屋面板时,设计上保温层应达到节能标准,施工时应确保质量,以减少屋面板的温度变形。上述裂缝如已发生,如为楼面板,则应重新做好灌缝;对于屋面板则应重新做好保温层。

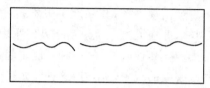

图 7-60　板底接缝裂缝

6)板端支座处裂缝。板端支座处裂缝如图 7-61 和图 7-62 所示。这种裂缝多在建筑物交工使用一段时间后出现。其特点是如果空心板支座处为矩形梁,则出现如图 7-61 所示沿梁长的一条裂缝;如果空心板支座处为花篮梁,则出现如图 7-62 所示沿梁长的两条裂缝。这种裂缝还随时间的增长有逐渐发展的趋势。产生上述裂缝的原因是:目前楼板一般设计为简支,且在支座处多未采取局部加强措施,因此,当楼板负荷后,由于楼板挠度较大致使支座产生一定转角造成板端开裂。

预防这种裂缝的措施是:保证楼板的灌缝质量,提高楼板的整体受力性能;在楼板端支座处,沿梁长放置钢筋网片,以抵抗板支座处的负弯矩。

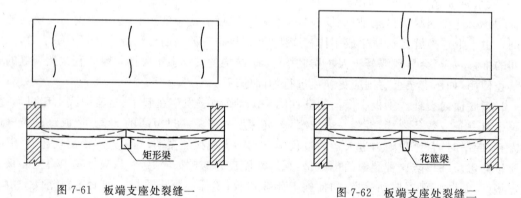

图 7-61　板端支座处裂缝一　　　　　　　图 7-62　板端支座处裂缝二

6. 典型案例

(1)工程概况。某住宅楼,现浇板混凝土设计强度等级 C30,板厚 120 mm。使用后不久,二层板大面积出现裂缝。裂缝形状:中间宽、两头细。裂缝位置:大部分裂缝出现在楼板中部,板上面裂缝宽度大,板底面裂缝宽度小,有些裂缝只在板面出现、板底未见裂缝。裂缝宽度:部分裂缝的宽度超过 0.2 mm,最大裂缝宽度达 0.6 mm。

(2)裂缝成因。经过分析,建筑结构及构件的裂缝可以分为以下几类。

1)荷载造成的裂缝。

2)材料自身变形和结构变形所造成的裂缝。

3)施工不当造成的裂缝。

4)与耐久性能相关的裂缝。

(3)裂缝修复。虽然该工程出现裂缝对结构安全性并没有明显的影响,但为了保证其适用性和耐久性,应及时对其进行处理。根据本工程裂缝宽度的大小和严重程度,提出以下修复方案:

1)根据多次现场实测表明,夏季的下午时裂缝宽度较大,由于混凝土本身具有抗拉弱、抗压强的特点,宜在裂缝张开时修补。

2)对于最大裂缝宽度≤0.2 mm且裂缝较浅的情况,采用表面涂刷树脂浆液封闭处理。按下列程序处理:清理缝面,去除表面水泥薄膜及杂物→清洗缝面→涂刷树脂浆液→干后再涂一道树脂增厚涂料。

3)对于最大裂缝宽度>0.2 mm的,应采用压力灌浆处理。按以下程序处理:清理缝面,去除表面钙质分解物及杂物→清洗缝面→沿裂缝方向凿槽并清洗干净→封面止封,可直接用高强度结构胶腻子止封→配方(按专业厂方提供的配合比进行配置,温度控制在30℃以下)→灌浆(在压力下进浆,灌浆压力0.2～0.3 MPa,进浆一直至整个缝面都灌满浆液为止)→48 h后,去掉灌浆管,用结构胶封填平整。

4)对于个别裂缝宽度大于0.4 mm的裂缝,除了压力灌浆外,在裂缝两侧增设抵抗收缩应力的玻璃纤维布,沿着裂缝方向骑缝粘贴,并保证其锚固长度。

该工程现浇板裂缝处理使用1年后未发现渗漏开裂现象。

四、村镇住宅防潮处理

1. 涂刷防水涂料或防水剂法

涂刷防水涂料或防水剂法的做法见表7-71。

表7-71　涂刷防水涂料或防水剂法的做法

项目	内　　容
技术特点及适用情况	方法简单,地面、墙身无返潮现象。适用于普通水泥砂浆地面
技术的局限性	现场湿作业大,对生产或生活有一定影响
标准与做法	裂缝、空鼓处理。对于有规则的地面裂缝,应凿成"V"形缝,将缝内清理干净后,用沥青油膏进行封闭。如能用火焰烘烤,使裂缝处充分干燥,效果更佳,一般发丝裂缝,作大面积封闭。对有空鼓的地方,应将面层敲掉,将垫层部分凿毛,在垫层上刷一道水泥浆,随即用与面层相同的材料修补平整。 　　地面裂缝和空鼓局部处理完后,再对面层进行全面防潮封闭处理,处理的原则是阻塞水泥砂浆或混凝土中毛细管渗水通道。涂刷前,先将面层凿毛,清扫干净,涂刷两道防水涂料。第一道涂刷时应用力,使其深入毛细孔内。待第一道涂料实干后(一般24 h左右)再涂刷第二遍,这样形成整体防水涂膜。在地面与墙面转角处,涂料应刷至墙面踢脚板高度。在对原地面进行防潮处理后,再做新面层。新面层材料的选取应考虑选用强度高、耐磨、有一定防潮能力、易于清洗、实用美观的地面材料,亦可用水泥砂浆做面层

2. 用塑料薄膜处理法

用塑料薄膜处理法的做法见表 7-72。

表 7-72　用塑料薄膜处理法的做法

项目	内　容
技术特点及适用情况	方法简单,地面、墙身无返潮现象,可取得良好的防潮效果。适用于普通水泥砂浆地面
技术的局限性	施工时塑料薄膜易被刺破而渗水
标准与做法	在原来的垫层上做 1 : 3 水泥砂浆找平层 30 mm 厚,表面压平。不得有尖角、高低不平,以防将塑料薄膜刺破而渗水,在找平层上再纵横交错铺 2 层塑料薄膜,铺平压实,搭缝不得少于100 mm。在已铺好的薄膜上浇 C20 细石混凝土整体面层,厚为 60 mm,捣实整平,随打随抹,添浆压光

3. 返潮的原因及检查

室内返潮现象主要发生在住宅的底层地面。一般有两种原因:一是温度较高的潮湿空气(相对湿度在 90% 以上)遇到温度较低而又光滑不吸水的地面时,易在地面表面产生凝结水(一般温度在 2℃ 左右时即会产生)。这种情况多数发生在梅雨季节,雨水多,气温高,湿度大。一旦气候转晴干燥,返潮现象即可消除。二是地面垫层下地基土壤中的水通过毛细管作用上升,以及汽态水向上渗透,使地面材料潮湿,并随之恶化整个房间的湿度情况。这种情况往往常年发生,较难处理。还有室外排水不畅、房间通风不好等原因造成的返潮现象。南方大部分地区地表层多属黏土和粉质黏土。黏土毛细孔水位上升高度可达 2～2.5 m,粉质黏土则可达 1～1.3 m。密实性差的建筑材料做室内地面时,会增加毛细作用,使地面返潮严重。

对返潮地面的检查与处理,先检查地面是否有裂缝,裂缝是地下水向上渗透的主要通道。水泥砂浆或整浇的混凝土地面,一般宽度 0.05 mm 以上的裂缝均为可见裂缝。有规则裂缝通常是沿房间纵向或横向出现的,是材料收缩龟裂形成的。再检查地面是否有空鼓现象,检查方法可用一木棍沿着地面轻轻垂直敲击,所敲击的响声有空响,该处即有空鼓。

五、沿海村镇住宅修复

海水、海风、海雾中的氯盐、不合理地使用海砂以及除冰盐等是造成沿海村镇住宅混凝土和钢筋混凝土结构破坏和不能耐久的主要原因。海洋环境对村镇住宅结构的作用区域通常处在大气区,较少的处在浪溅区。处于大气区的村镇住宅混凝土结构主要受海风和海雾影响。碳化和氯离子扩散是耐久性损伤的主要原因。但海风不同于内陆风,其风速高、动压力大、施力点高而且更为频繁。同时其 CO_2 和 Cl^- 含量高,对结构的影响更为严重。浪溅区的混凝土长期处于干湿交替状态,碳化与氯离子渗透的共同作用,导致该部分结构更易被破坏,同时由于海浪的机械撞击和磨蚀等原因,浪溅区是结构耐久性损伤最严重的区域。

常规的修复和加固方法有以下几种。

1. 加大截面修复技术的标准与做法

梁、板采用加高(厚)截面加固方法,只要采用必要的构造措施和施工工艺,就能确保新旧混凝土整体工作,且整体工作承载力大于单体的叠加。为了确保新旧混凝土的整体工作,必须做到以下几方面。

（1）将原构件与新混凝土粘结部位的表面凿毛。板表面不平度大于 4 mm，梁表面不平度大于 6 mm，并在原构件的浇筑面上每隔一定距离凿槽，以使新混凝土形成剪力键。

（2）将原构件浇筑面凿毛、冲洗干净，并涂覆丙乳水泥浆（或 108 胶聚合水泥浆），同时浇筑混凝土。丙乳水泥浆的强度是普通砂浆强度的 2～3 倍。108 胶聚合水泥浆是在水泥中加入 108 胶并搅拌后配制而成。

（3）当在梁上做后浇层时，除按上述两条处理原构件表面外，还应在后浇层中加配箍筋及负弯矩钢筋（或架立筋），并注意其连接。加固的受力纵筋与原构件的受力纵筋采用短筋焊接，使其在加固筋的两端及其附近必不可少。如图 7-63(a) 所示为焊接法将补加的 U 形箍焊接在原有箍筋上，双面焊缝长度不小于 5d（d 为 U 形箍直径）。如图 7-63 (b) 所示为 U 形箍焊接在增设的锚钉上的连接措施。采用环氧胶泥或环氧砂浆将锚钉锚固于原梁的锚钻孔内，锚孔直径应比锚钉直径大 4 mm。另外，也可不用锚钉而用上述方法直接将 U 形箍筋伸进锚孔内锚固。构造要求包括下列内容。

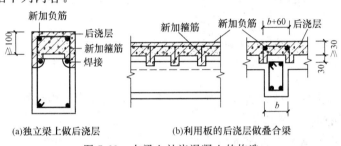

(a)独立梁上做后浇层　　　　　　　(b)利用板的后浇层做叠合梁

图 7-63　在梁上补浇混凝土的构造

1）新增混凝土的最小厚度，加固板时不应小于 40 mm，加固梁时不应小于 60 mm；用喷射混凝土施工时不应小于 50 mm。

2）石子宜用坚硬的卵石或碎石，其最大粒径不宜大于 20 mm。

3）加固板的受力钢筋直径宜用 6～8 mm；加固梁的纵向受力钢筋宜用带肋（变形）钢筋，钢筋最小直径不宜小于 12 mm；最大直径不宜大于 25 mm；封闭式箍筋直径不宜小于 8 mm；U 形箍筋直径宜与原有箍筋直径相同。

4）后加的受力钢筋与原构件的受力钢筋间的净距不应小于 20 mm，并应用短筋焊接连接，箍筋应采用封闭箍筋或 U 形箍筋，并按照现行国家标准《混凝土结构设计规范》（GB 50010－2010）对箍筋的构造要求进行设置。加固的受力钢筋与原构件采用短筋焊接时，短筋的直径不应小于 20 mm，长度不小于 5d（d 为新增纵筋和原有纵筋直径的较小者），各短筋的中心距不大于 500 mm，如图 7-64(a) 所示。用单侧或双侧加固时，应设置 U 形箍筋如图 7-64(b) 所示。U 形箍筋应焊在原有箍筋上，单面焊缝长度为 10d，双面焊缝为 5d（d 为 U 形箍筋直径）。U 形箍筋可焊在增设的植筋或锚钉上，也可直接植入锚孔内如图 7-64(c) 所示，植筋或锚钉直径 d 不应小于 10 mm，锚钉距构件边缘不小于 3d，且不小于 40 mm，锚钉锚固深度不小于 10d，并采用环氧树脂浆或环氧树脂砂浆将锚钉锚固于原有梁柱的锚孔内，锚孔直径应大于锚钉直径 4 mm。

5）梁的纵向加固受力钢筋的两端应可靠锚固。新加纵向钢筋的锚固可以采用如下几种方法：对类似于简支梁的受弯构件，荷载作用下是单向受弯，跨中弯矩最大，可以把纵向钢筋弯曲成弧形，两端与原纵向钢筋焊接成一体。对于连续梁或框架中间支座，新加钢筋宜穿过主梁（柱子），或在主梁（柱子）上与预埋短钢筋锚固，然后与新加钢筋焊接。对于连续梁或框架边支

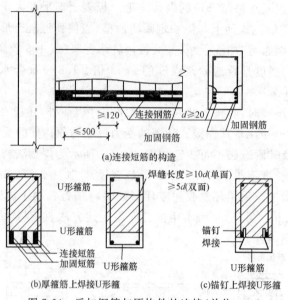

(a)连接短筋的构造

(b)厚箍筋上焊接U形箍　　(c)锚钉上焊接U形箍

图 7-64　后加钢筋与原构件的连接(单位:mm)

座,新加纵筋可穿过梁(柱或墙)加节点锚固板进行锚固,或采用结构胶锚固。

2. 粘钢修复法标准与做法

(1)结构胶的强度指标。目前所用的 JGN 建筑结构胶,其强度指标见表 7-73。

表 7-73　JGN 结构胶的粘粘强度表

被粘基层材料种类	破坏特征	抗剪强度(MPa)			轴心抗拉强度(MPa)		
		试验值 f_{v0}	标准值 f_{vk}	设计值 f_v	试验值 f_{v0}	标准值 f_{tk}	设计值 f_t
钢—钢	胶层破坏	≥ 8	9	3.6	≥ 33	16.5	6.8
钢—混凝土	混凝土破坏	$\geq f_v^0$	f_{cvk}	f_{cv}	$\geq f_{cv}^0$	f_{ctk}	f_{ct}
混凝土—混凝土	混凝土破坏	$\geq f_v^0$	f_{cvk}	f_{cv}	$\geq f_{cv}^0$	f_{ctk}	f_{ct}

(2)钢板的锚固。外部粘结加固法中钢板的锚固至关重要,必须保证钢板在拉断之前不发生脱胶、滑移等粘结破坏现象。如图 7-65、图 7-66 所示为钢板锚固的几种方法。

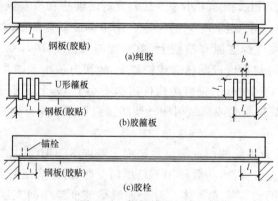

(a)纯胶

(b)胶箍板

(c)胶栓

图 7-65　钢板锚固示意

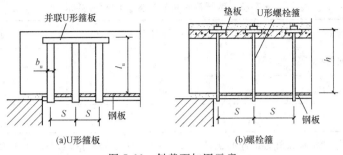

图 7-66 斜截面加固示意

(3)粘钢加固构造要求。由于粘钢加固结合面的粘结强度主要取决于混凝土强度,因此,被加固构件的混凝土强度不能太低,强度等级不应低于 C15。粘结钢板厚度主要根据结合面混凝土强度、钢板锚固长度及施工要求而定。钢板愈厚,所需锚固长度就愈长,钢板潜力难于充分发挥,而且很硬,不好粘贴;反之,钢板越薄,相对用胶量就越大,钢板防腐处理也较难保证。根据经验,粘钢加固的钢板最佳厚度可按表 7-74 采用。

表 7-74 粘钢加固钢板最佳厚度

混凝土强度等级	<C20	C20～C25	<C25
钢板厚度(mm)	2～3	3～4	4～5

钢板的锚固长度,除满足计算规定外,还必须满足一定的构造要求:对于受拉区的锚固,不得小于 $200t_a$(t_a 为钢板厚度),且不得小于 600 mm;对于受压区的锚固,不得小于 160 t_a,且不得小于 480 mm;对于大跨结构或可能经受反复荷载的结构,锚固区尚应采取增设锚固螺栓或 U 形箍板等附加锚固措施。

水、日光、大气(氧)、烟雾、温度及应力作用均会使胶层逐渐老化,粘结强度逐渐降低,钢板逐渐锈蚀。为延缓胶层老化,防止钢板锈蚀,钢板及其连接的混凝土表面,应进行防水防腐处理。简单有效的处理办法是用 M15 水泥砂浆或聚合物防水砂浆抹面,对于梁抹面层厚度不应小于 20 mm,对于板抹面层厚度不应小于 15 mm。

3. 贴碳纤维布修复法标准与做法

(1)由于碳纤维材料的极限拉应变很大,为了避免原钢筋过早屈服,保证结构在正常使用条件的使用性能,加固后在荷载短期效应组合(标准组合)下钢筋的拉应力不宜超过钢筋抗拉强度设计值。

(2)外贴碳纤维加固一般适用于温度不超过 60℃,承受静力作用的一般受弯构件,当不符合上述使用条件或处于其他特殊环境中时,应采取有效的防护措施。另外,为保证加固效果,被加固构件的混凝土强度等级不宜小于 C15。

(3)碳纤维材料的力学性能应按照国家有关标准通过试验确定。选用的碳纤维材料应具有产品合格证书、应用许可证以及碳纤维材料和配套胶粘剂等的产品规格和主要物理力学性能指标,对配套胶粘剂尚应提供耐久性指标及施工和使用环境条件等。用于加固的碳纤维片材的主要力学指标一般应满足表 7-75 规定的要求,配套胶粘剂(底层树脂、找平材料和浸渍树脂或粘结树脂)的主要力学指标一般应满足表 7-76 和表 7-77 规定的要求。

表 7-75　碳纤维片材的主要力学指标要求

性能	碳纤维布	碳纤维板
抗拉强度标准值（MPa）	＞3 000	＞2 000
弹性模量（MPa）	＞2.1×10⁵	＞1.4×10⁵
延伸率（%）	＞1.5	＞1.5

注：碳纤维布的性能指标按纤维的净面积计算；碳纤维板的性能指标按板材的截面面积计算。

表 7-76　底层树脂、找平材料性能指标

性能	指标要求
正拉粘结强度	＞2.5 MPa，且大于被加固构件混凝土抗拉强度标准值

表 7-77　浸渍树脂或粘结树脂性能指标

性能	指标要求
拉伸剪切强度	＞10 MPa
拉伸强度	＞30 MPa
弯曲强度	＞40 MPa
正拉粘结强度	＞2.5 MPa，且大于被加固构件混凝土抗拉强度标准值

4. 外包钢修复法标准与做法

对于方形或矩形柱，大多在柱的四周包以角钢，并在横向用缀板连成整体；对于圆形柱、烟囱等圆形构件，多采用扁钢加套箍的方法，如图 7-67 所示。

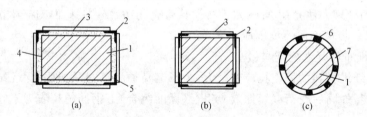

图 7-67　外包钢加固混凝土柱示意
1—原柱；2—角钢；3—缀板；4—填充混凝土或砂浆；5—胶粘剂；6—扁钢；7—套箍

习惯上把型钢与原柱间留有一定间隔，并在其间填塞乳胶水泥砂浆或环氧砂浆或浇灌细石混凝土，将两者粘结成一体的加固方法称为湿式外包钢加固法，如图 7-67（a）所示。型钢直接外包于原柱（与原柱间没有粘结）或填塞有水泥砂浆但不能保证结合面剪力有效传递的加固方法称为干式外包钢加固法，如图 7-67（b）、（c）所示。

外包钢加固柱的构造要求主要包括以下内容：

（1）外包角钢的边长不宜小于 25 mm；缀板截面不宜小于 25 mm×3 mm，间距不宜大于 $20r$（r 为单根角钢截面的最小回转半径），同时不宜大于 500 mm。

(2)外包角钢须通长、连续,在穿过各层楼板时不得断开,角钢下端应伸到基础顶面,用环氧砂浆加以粘锚,如图 7-68 所示;角钢上端应有足够的锚固长度,如有可能应在上端设置与角钢焊接的柱帽。

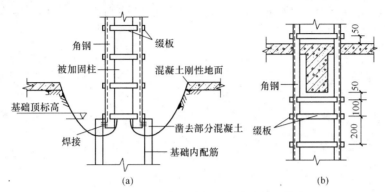

图 7-68　外包钢穿过楼板及底脚的锚固构造

(3)当采用环氧树脂化学灌浆进行外包钢加固时,缀板应紧贴在混凝土表面,并与角钢平焊连接。焊好后,应用环氧胶泥将型钢周围封闭,并留出排气孔,然后按有关方法进行灌浆粘结。

(4)当采用乳胶水泥砂浆(乳胶含量应不少于 5%)粘贴外包钢时,缀板可焊于角钢外面。

(5)型钢表面宜抹厚 25 mm 的 1∶3 水泥砂浆保护层,亦可采用其他饰面防腐材料加以保护。

5. 钢筋网修复技术标准与做法

(1)采用水泥砂浆面层加固时,厚度宜为 20～30 mm;采用钢筋网水泥砂浆面层加固时,厚度宜为 30～45 mm,钢筋外保护层厚度不应小于 10 mm,钢筋网片与墙面的空隙不宜小于5 mm。

(2)钢筋网的钢筋直径宜为 $\phi4$ 或 $\phi6$;网格尺寸实心墙宜为 300 mm×300 mm,空斗墙宜为 200 mm×200 mm;间距不宜小于 150 mm,也不宜大于 500 mm。

(3)面层的砂浆强度等级,宜采用 M10。

(4)单面加面层的钢筋网应采用 $\phi6$ 的 L 形锚筋,用水泥砂浆固定在墙体上;双面加面层的钢筋网应采用 $\phi6$ 的 S 形穿墙筋连接;L 形锚筋的间距宜为 600 mm,S 形穿墙筋的间距宜为900 mm,并且呈梅花状布置。

(5)当钢筋网的横向钢筋遇有门窗洞口时,单面加固宜将钢筋弯入窗洞侧边锚固;双面加固宜将两侧横向钢筋在洞口闭合。

(6)墙面穿墙 S 筋的孔洞必须用机械钻孔。楼板穿筋孔洞也宜用机械钻孔。

(7)钢筋网四周应与楼板或大梁、柱或墙体连接,可采用锚筋、插入短筋、拉结筋等连接方法

6. 提高沿海地区混凝土结构耐久性的基本措施

(1)最大限度提高混凝土的密实性。采用优质混凝土、密实性混凝土、高性能混凝土等,都能提高阻挡氯离子渗入混凝土中的能力,减缓氯离子的扩散速度。从而延长了氯离子到达钢筋表面并达到"临界值"的时间,延长结构物的使用寿命。

(2)增加混凝土保护层厚度。有关研究结果表明,氯离子在混凝土中的浓度(含量)是随混凝土的深度(厚度)的增加而减小,说明增加混凝土保护层厚度,对于减缓氯离子的渗透量是有效的。

（3）最大限度地防止混凝土裂缝的产生。混凝土的裂缝（宏观、微观）是影响钢筋锈蚀和混凝土耐久性的最重要因素之一。裂缝的存在大大促进氯离子进入混凝土中的速度，从而更快导致钢筋腐蚀破坏的发生。

对于拟建结构应重视设计、选材和施工，对于已建结构则应重视检测、鉴定、评估预测和加固。

参 考 文 献

[1] 中华人民共和国建设部,国家质量监督检验检疫总局.GB 50300－2001 建筑工程施工质量验收统一标准[S].北京:中国建筑工业出版社,2001.

[2] 中华人民共和国建设部,国家质量监督检验检疫总局.GB 50204－2002 混凝土结构工程施工质量验收规范(2011 版)[S].北京:中国建筑工业出版社,2011.

[3] 中华人民共和国建设部,国家质量监督检验检疫总局.GB 50202－2002 建筑地基基础工程施工质量验收规范[S].北京:中国建筑工业出版社,2002.

[4] 中华人民共和国建设部,国家质量监督检验检疫总局.GB 50108－2008 地下工程防水技术规范[S].北京:中国计划出版社,2001.

[5] 中华人民共和国建设部,国家质量监督检验检疫总局.GB 50208－2011 地下防水工程质量验收规范[S].北京:中国建筑工业出版社,2011.

[6] 中华人民共和国国家质量监督检验检疫总局,中国国家标准化管理委员会.GB 1499.2－2007/XG1－2009 钢筋混凝土用钢 第 2 部分热轧带肋钢筋国家标准第 1 号修改单[S].北京:中国标准出版社,2009.

[7] 中华人民共和国建设部.GB 50367－2006 混凝土结构加固设计规范[S].北京:中国建筑工业出版社,2006.

[8] 中华人民共和国住房和城乡建设部.GB 50345－2012 屋面工程技术规范[S].北京:中国建筑工业出版社,2012.

[9] 中华人民共和国住房和城乡建设部.JGJ 18－2012 钢筋焊接及验收规范[S].北京:中国建筑工业出版社,2012.

[10] 中华人民共和国住房和城乡建设部.JGJ 116－2009 建筑抗震加固技术规程[S].北京:中国建筑工业出版社,2009.

[11] 中华人民共和国建设部.JGJ/T 27－2001 钢筋焊接接头试验方法标准[S].北京:中国建筑工业出版社,2001.

[12] 中华人民共和国建设部.JGJ 123－2000 既有建筑地基基础加固技术规范[S].北京:中国标准出版社,2000.

[13] 吕西林.建筑加固设计[M].北京:科学出版社,2001.

[14] 卜良桃、王济川.建筑结构加固改造设计与施工[M].长沙:湖南大学出版社,2002.

[15] 曹双寅、邱洪兴、王恒华.结构可靠性鉴定与加固技术[M].北京:中国水利水电出版社,2002.

[16] 肖建庄.再生混凝土[M].北京:中国建筑工业出版社,2008.

[17] 李汉章.建筑节能技术指南[M].北京:中国建筑工业出版社,2006.

[18] 赵群雄.东南沿海低层房屋抗风研究[D].上海:同济大学,2007.

[19] 薛志峰.超低能耗建筑技术及应用[M].北京:中国建筑工业出版社,2005.